AF357963

GUIDE

DU

CONSTRUCTEUR

OU

ANALYSE DE PRIX

DES TRAVAUX DE BATIMENTS ET OUVRAGES D'ART

comprenant

LA TERRASSE, LA MAÇONNERIE,
LA PLATRERIE, LE CARRELAGE ET LE PAVAGE, L'ASPHALTE, LA CHARPENTE,
LA COUVERTURE ET LA ZINGUERIE, LA MENUISERIE, LA SERRURERIE, LA FUMISTERIE,
LA VITRERIE, LA MARBRERIE, LA PEINTURE, LA DORURE,
LA TENTURE, LES CONDUITES D'EAU ET LES CANALISATIONS POUR LE GAZ,
LA MIROITERIE, LA POSE DES VOIES,

avec

UN TABLEAU DU POIDS DES FERS CARRÉS, MÉPLATS ET RONDS,
DES FILS DE FER, DE LA TÔLE, DE LA FONTE, DES CONDUITES EN FONTE, DU PLOMB,
DES TUYAUX EN PLOMB, DU CUIVRE, DES TUYAUX EN CUIVRE, DU ZINC,
UN TABLEAU DE LA RÉDUCTION DES PIEDS, POUCES ET LIGNES EN MÈTRES,
DU POIDS DE DIVERS MATÉRIAUX DE CONSTRUCTION,
DE LA DILATATION LINÉAIRE DES SOLIDES ;

PAR DUFFAU

Agent du service de la voie et des bâtiments aux Chemins de fer du Midi.

TROISIÈME ÉDITION

Prix : 8 francs.

PARIS

LIBRAIRIE SCIENTIFIQUE, INDUSTRIELLE ET AGRICOLE
EUGÈNE LACROIX, ÉDITEUR
LIBRAIRE DE LA SOCIÉTÉ DES INGÉNIEURS CIVILS
15, QUAI MALAQUAIS, 15

Tout exemplaire non revêtu de ma signature sera réputé contrefait.

TABLE DES MATIÈRES.

ABRÉVIATIONS.

le m. l.....................	le mètre linéaire.
le m. s.....................	le mètre superficiel.
le m. c.....................	le mètre cube.
le k.....................	le kilogramme.
les °/₀ k.....................	les cent kilogrammes.
les °/₀₀ k.....................	les mille kilogrammes.
le °/₀.....................	le cent.
le °/₀₀.....................	le mille.

OBSERVATIONS GÉNÉRALES.

Les prix de règlement se composent :

    1° Des débours pour la main-d'œuvre et pour les fournitures ;

    2° Des faux frais appliqués à la main-d'œuvre seulement;

    3° Du bénéfice appliqué aux prix de la main-d'œuvre et des fournitures, et aux faux frais.

Tous les prix de journées sont des prix moyens établis pour des journées de dix heures de travail effectif.

Pour les travaux exécutés en régie, les journées devront être payées au vu des rôles ou feuilles d'attachements, d'après les prix payés aux ouvriers augmentés de 5 p. °/₀ pour avances de fonds et frais d'outils.

Les journées de nuit doivent être payées :

    1° A une fois et demi lorsque les frais d'éclairage des chantiers sont au compte de l'entrepreneur;

    2° A une fois et un tiers lorsque les frais d'éclairage des chantiers ne sont pas au compte de l'entrepreneur.

GUIDE
DU CONSTRUCTEUR.

TERRASSEMENTS

C

1. **Cassage** de moellons pour chaussée devant passer en tous sens dans un anneau de 0,10 de diamètre, compris emmétrage, le m. c.................... 1ʹ20
2. — pour chaussée devant passer en tous sens dans un anneau de 0,06 de diamètre, compris emmétrage, le m. c................. .... 2 50
3. — pour chaussée devant passer en tous sens dans un anneau de 0,05 de diamètre, compris emmétrage, le m. c.................................... 3 00
4. **Charge** en brouette de déblais de toute espèce, le m. c. 0 12
5. — en tombereau de déblais de toute nature, le m. c. 0 15
6. — en wagon de déblais de toute nature, le m. c. ... 0 16

D

Déblais. (Voyez *Fouilles et Transports.*)

7. **Déchargement** de wagons de déblais de toute nature, le m. c. 0 12
8. Nota. Ce prix ne comprend pas le temps perdu par les ouvriers accompagnant un train pendant les manœuvres et la marche du train.   *Observ.*
9. **Dressement** des surfaces horizontales, le m. s...... 0 03
10. — des talus, le m. s...... .... 0 03

E

11. **Emmétrage** de moellons bruts ou cassés, le m. c.... 0 25
12. **Empierrement** en moellons cassés, une couche de 0,15 d'épaisseur à l'anneau de 0,10, une couche de 0,05

à l'anneau de 0,06, pour façon, concassage de moellons et fourniture de la matière d'agrégation :

Concassage de moellons 0,15 à 1ᵐ20, nº 1......	0ᶠ18
— 0,05 à 2ᶠ50, nº 2......	0 13
Matière d'agrégation......................	0 15
Répandage des matériaux	0 08
Cylindrage ou pilonnage, non compris la fourniture du rouleau compresseur....	0 20

Le mètre superficiel....——   0ᶠ74

F

13. Fouille et mise au profil de déblais de première espèce, sable pur, tel que le sable des Landes, le m. c.   0 20

14. — de déblais de seconde espèce, terres végétales, argiles, terres fortes et pierreuses, le m. c.....   0 25

15. — de déblais de troisième espèce, argiles compactes, glaises, tufs et calcaires tendres, alios des Landes et terres mélangées de galets de plus de 0,10 de diamètre, le m. c...........................   0 40

16. — de déblais de quatrième espèce, rochers à la pince, le m. c............................   1 00

17. — de déblais de cinquième espèce, rochers à la mine ou à la masse, le m. c............. ....   2 75

18. Plus-value pour fouille de fondations, compris dressement des parois et du fond, un tiers en sus de la fouille ordinaire..........................   1/3

19. — pour fouille dans l'embarras des étais ou étrésillons, deux tiers en sus de la fouille dans chaque espèce.   2/3

20. — — dans l'eau, sans embarras d'étais ou étrésillons, une fois en sus.......................   1

21. — — dans l'eau, avec embarras d'étais ou étrésillons, une fois deux tiers en sus................   1 2/3

22. — — en sous-œuvre de construction, deux fois un tiers en sus............................   2 1/3

23. — — en sous-œuvre de construction et dans l'eau, trois fois en sus   3

G

24. Gazonnement de talus, non compris indemnité de terrain :

Dégazonnement par carreaux de 0ᵐ40 de côté et 0ᵐ15 d'épaisseur moyenne.................	0ᶠ10
Façon du gazonnement posé à plat et à joints croisés, compris arrosage, fourniture et emploi de broches et tous faux frais et bénéfices....	0 45

Le mètre superficiel.....——   0 55

J

25. **Jet sur berge** de déblais provenant de fouilles de fondations jusqu'à 2,00 de profondeur, le m. c.. 0ᶠ 15

26. — — au-dessous des deux premiers mètres et par chaque deux mètres indivisibles d'élévation des déblais, le m. c.................................... 0 20

27. **Jet de° pelle** jusqu'à 4ᵐ00 de distance horizontale, le m. c.................................... 0 14

28. Les jets de pelle au-delà de 4ᵐ00 de distance horizontale seront payés, les distances étant toujours comptées du centre de figure des déblais et des remblais, par mètre cube et par mètre ou fraction de mètre de distance en excédant............. 0 035

29. Nota. Lorsque le centre de gravité des remblais sera supérieur à celui des déblais de plus de 0,50, on tiendra compte de cette différence en ajoutant à la distance horizontale deux fois la hauteur verticale entre les deux centres de gravité. *Observ.*

30. **Journée** de manœuvre ordinaire................... 2 65

31. — de fort manœuvre et de charretier......... 3 00

32. — de voiture ou tombereau, à un collier, conducteur compris..................... 8 50

33. Par chaque collier en sus du premier...... 4 50

P

34. **Pilonnage** de terre avec nivellement, par couches de 0,20 d'épaisseur, le m. c..................... 0 15

R

35. **Régalage** de terre et sable, le m. c................ 0 03
Règlement des surfaces. (Voyez *Dressement*.)

36. **Repiquage** de terre jusqu'à 0,20, le m. s.......... 0 06
Reprise de déblais de toute espèce, ou 2ᵉ fouille lorsque cette reprise sera le résultat d'un dépôt momentané prescrit :

37. Jusqu'à 15 jours de durée de dépôt, le m. c...... 0 05

38. De 16 jours à 1 mois de durée de dépôt, le m. c.. 0 10

39. De 1 mois à 3 mois de durée de dépôt, le m. c.... 0 15

40. De 3 mois à 6 mois de durée de dépôt, le m. c... 0 20

41. Après une durée de plus de 6 mois de dépôt, la reprise sera considérée comme 1ʳᵉ fouille............ *Observ.*

T

42. Transport à la brouette de déblais de toute nature, par mètre cube et par mètre de distance, le m. c.   0ᶠ 004

43. — au tombereau de déblais de toute nature, à un relai de 100 mètres, sur un chantier de terrassements :

> Constante pour perte de temps au chargement et au déchargement, 0,029 (17'), à 8ᶠ50, n° 31.   0ᶠ 25
> Transport .... ˙0 11
>
>   Le mètre cube..... ———   0 36

44.   Par chaque relai en sus du premier, le m. c.   0 11

45. — — sur une route empierrée :

> Constante comme au n° 43 .... 0ᶠ 25
> Transport 0 08
>
>   Le mètre cube..... ———   0 33

46.   Par chaque relai en sus du premier, le m. c.   0 08

47. — de matériaux, compris manutentions, pour les 4 premiers kilomètres, par tonne de 1,000 kilog., les deux tiers des prix ci-dessus, n°ˢ 43, 44, 45, 46. *Observ.*

48. — — au-delà des 4 premiers kilomètres, pour les kilomètres au-delà, par tonne de 1,000 kilog., la moitié des prix n°ˢ 44, 46............... *Observ.*

49. Nota. Les fractions de relai s'évaluent par cinquième.   *Observ.*

50. Nota. Pour les transports qui s'exécuteront en rampe, on ajoutera à la distance du transport douze fois la hauteur verticale entre le centre de gravité des déblais et celui des remblais.

> Pour les terrassements des ouvrages d'art et de bâtiments, on ajoutera dix-huit fois la hauteur.   *Observ.*

51. Transport par wagon, à traction de chevaux, d'un mètre cube de déblais de toute espèce, par relais de 100 mètres :

	Constante.	Pour chaque relais de 100ᵐ et par conséquent pour le 1ᵉʳ.
Fourniture des voies, rails, coussinets, coins, chevillettes, traverses, changements et croisements	0,12	0,010
Fournitures de wagons..................	0,08	0,007
Ouverture de cunettes pour le placement des wagons, remaniement et transport à la brouette d'une partie des déblais........	0,05	»
Pose et dépose des voies.................	»	0,008
Frais de traction, entretien des voies et des wagons et graissage (traction ..... 0,022 66 / entretien, etc. 0,007 34	»	0,030
Temps perdu à la charge et à la décharge, frais de surveillance et main-d'œuvre quelconque............................	0,10	»
	0,35	0,055 0,405

52. Transport par wagon poussé à bras, compris manœuvre sur les plaques tournantes et toute perte de temps occasionnée par le service de l'exploitation ; par m. c. et par m. de distance................ 0ᶠ 0005

MODÈLE DE MÉMOIRE.

Mémoire des travaux de terrassements exécutés par M demeurant à   rue

NUMÉRO de la série.	INDICATION DÉTAILLÉE DES TRAVAUX.	QUANTITÉ.	PRIX de l'unité.	PRODUIT.
15.27.28. 29.4.42. 35.34.	Fouille de déblais de 3ᵉ espèce (n° 15), jetés à la pelle à 4ᵐ00 de distance et 3ᵐ00 de hauteur (nᵒˢ 27, 28, 29), chargés en brouette (n° 4), transportés à 90ᵐ00 (n° 42), régalés (n° 35), et pilonnés (n° 34).			
	Enlèvement d'un massif en contre-haut de la rue, 10ᵐ × 20ᵐ × 2ᵐ50.........................	500,00	1,41	705,00
13.18.25. 37.4.42. 35.	Fouilles de fondations en déblais de 1ʳᵉ espèce (nᵒˢ 13, 18) à 2ᵐ00 de profondeur (n° 25), repris et chargés en brouette (nᵒˢ 37, 4), transport à 15ᵐ00 (n° 42), et régalés (n° 35).			
	Murs de faces, ensemble 60ᵐ × 0ᵐ90 × 2ᵐ00 = 108,00 Murs de refend dᵒ 18ᵐ20 × 0ᵐ80 × 2ᵐ00 = 29,12 Déblais de la cave, 9ᵐ10 × 10ᵐ00 × 2ᵐ00 = 182,00	319,12	0,68	217,00
13.18.26. 37.4.42. 35.	Même fouille que ci-dessus au-dessous des 2 premiers mètres jusqu'à 3ᵐ00 de profondeur (nᵒˢ 13, 18 [2 fois n° 26], 37, 4, 42, 35).			
	Murs de faces, ensemble 60ᵐ00 × 0ᵐ90 × 1ᵐ00 = 54,00 Murs de refend, dᵒ 18ᵐ20 × 0ᵐ80 × 1ᵐ00 = 14,56 Déblais de la cave, 9ᵐ10 × 10ᵐ00 × 0ᵐ80 = 72,80	141,36	0,93	131,46
13.18.19. 26.	Fouille de fondations en déblais de 1ʳᵉ espèce, dans l'embarras des étais ou étrésillons (nᵒˢ 13, 18, 19), à 4ᵐ00 de profondeur (2 fois 26).			
	Partie inférieure des murs de faces, 30ᵐ × 0ᵐ90 × 1ᵐ00	27,00	0,95	25,65
13.18.21. 26.	Fouille de fondations en déblais de 1ʳᵉ espèce, dans l'eau, avec embarras d'étais ou étrésillons (nᵒˢ 13, 18, 21), à 4ᵐ00 de profondeur (2 fois 26).			
	Partie inférieure des murs de faces, 30ᵐ × 0ᵐ90 × 1ᵐ00	27,00	1,12	30,24
4.42.	Charge en brouette des déblais des parties inférieures des fondations (n° 4), et transport à 30ᵐ00 (n° 42)........................	54,00	0,24	12,96
	Total...............	......	....	1122,31

MAÇONNERIE

A

53. Abattage de chanfreins, en sous-œuvre, en pierre
dure, le m. l.. 0ᶠ 50

54. Appareil inodore pour lieux d'aisances, à tirage avec
cuvette en faïence :

Appareil............................. 18ᶠ 70
Pose et garnissage, toutes mains d'œuvre
et fourniture de mortier.............. 4 50

La pièce...........—— 23 20

55. — — tournant avec cuvette en faïence :

Appareil............................. 22ᶠ 00
Pose et garnissage, toutes mains d'œuvre
et fourniture de mortier.............. 4 50

La pièce...........—— 26 50

56. — — tournant à effet d'eau avec cuvette en faïence :

Appareil............................. 30ᶠ 80
Pose et garnissage, toutes mains d'œuvre
et fourniture de mortier.............. 4 50

La pièce...........—— 35 30

56 *bis*. — — Rogier-Mothes en fonte émaillée, avec cuvette, pour lieux d'aisances, avec siége
ou à la turque :

Appareil............................. 34ᶠ 00
Cuvette en fonte émaillée............. 5 50
Pose et garnissage, toutes main-d'œuvre et
fourniture de mortier................. 4 50

La pièce...........—— 44 00

56 *ter*. — — en fonte ordinaire, avec cuvette en faïence,
pour lieux d'aisances, avec siége ou à la
turque :

Appareil............................. 17ᶠ 60
Cuvette en faïence.................... 4 95
Pose et garnissage, toutes main-d'œuvre et
fourniture de mortier................. 4 50

La pièce...........—— 27 05

57. Plus-value pour appareil avec cuvette en porcelaine, la pièce............................ 3 30

Atre de cheminée. (Voyez *Carrelage*.)

B

58. Balcons au-dessus de 1ᵐ00 de largeur, non compris la taille, qui doit être comptée comme parements vus :

  1ᵐ05 de pierre à 31ᶠ90 .... 33ᶠ50
  Mortier et plâtre 1 00
  Bardage, montage et mise en place...... 17 50
    Le mètre superficiel..... ——— 52ᶠ00

59. Banquettes jusqu'à 1ᵐ00 de largeur, non compris la taille, qui doit être comptée comme parements vus:

  1ᵐ05 de pierre à 22ᶠ00 .... 23ᶠ10
  Mortier et plâtre 1 25
  Bardage, montage et mise en place...... 15 50
    Le mètre superficiel..... ——— 39 85

60. Banquettes et balcons posés en sous-œuvre, pour plus-value, une fois en sus la main d'œuvre de bardage, montage et mise en place........... *Observ.*

61. Béton avec mortier de chaux hydraulique des environs de Bordeaux, et grosse grave :

  Gravier. 0,85, à 4ᶠ15, Nᵒ 154 .... 3ᶠ53
  Mortier. 0,56, à 16ᶠ58, Nᵒ 258 .... 9 28
  Façon : 0,50 de fort manœuvre, à 3ᶠ, Nᵒ 173... 1 50
    0,50 de manœuvre ordʳᵉ, à 2ᶠ65, Nᵒ 172 1 33
    Le mètre cube..... ——— 15 64

62. — avec mortier de chaux hydraulique d'Échoisy :

  Gravier. 0,85, à 4ᶠ15, Nᵒ 154 .... 3ᶠ53
  Mortier. 0,56, à 18ᶠ05, Nᵒ 259 .... 10 11
  Façon : 0,50 de fort manœuvre, à 3ᶠ, Nᵒ 173... 1 50
    0,50 de manœuvre ordʳᵉ, à 2ᶠ65, Nᵒ 172 1 33
    Le mètre cube..... ——— 16 47

63. Le ciment qui pourrait être employé dans la composition du béton sera payé au kilogramme........ *Observ.*

64. Blanchissage au lait de chaux, une couche sans colle, le m. s................................... 0 05

65.   Chaque couche supplémentaire, le m. s 0 03

66. — au lait de chaux, une couche à la colle, le m. s... 0 08

67.   Chaque couche supplémentaire, le m. s...... 0 04

68. Briques ordinʳᵉˢ simples (0,25 × 0,12 × 0,03), le ⁰/₀₀. 29 70

69. —   —   — (0,27 × 0,13 × 0,03), le ⁰/₀₀. 35 00

70. —   —   doubles (0,25 × 0,12 × 0,045), le ⁰/₀₀. 47 30

71. — dites *marseillaises* (0,25 × 0,12 × 0,04), le ⁰/₀₀... 55 00

72. Briques comprimées $(0{,}235 \times 0{,}115 \times 0{,}06)$, le $^0/_{00}$.   66^f 00

73. — réfract^{res} comprimées $(0{,}22 \times 0{,}11 \times 0{,}06)$, le $^0/_{00}$.   82 50

74. — demi-réfractaires $(0{,}26 \times 0{,}125 \times 0{,}06)$, le $^0/_{00}$..   82 50

75. — réfractaires non comprimées, dites *fumistes* $(0{,}245$
     $\times\ 0{,}125 \times 0{,}055)$, le $^0/_{00}$.....................   60 00

76. Buses en ciment de Portland, de 0^m10 de diamètre
     intérieur :

Buses. 1^{m}00, à 2^{f}10......................	2^{f}10
Ciment pour les joints. 1^{k}500, à 100^f, N° 96	0 15
Tranchée et pose......................	0 60

            Le mètre linéaire...——   2 85

77. — — de 0^m15 de diamètre intérieur :

Buses. 1^{m}00, à 2^{f}90	2^{f}90
Ciment pour les joints. 2^k, à 100^f, N° 96..	0 20
Tranchée et pose......................	0 60

            Le mètre linéaire...——   3 70

78. — — de 0^m20 de diamètre intérieur :

Buses. 1^{m}00, à 4^{f}10	4^{f}10
Ciment pour les joints. 2^{k}500, à 100^f, N° 96	0 25
Tranchée et pose......................	0 60

            Le mètre linéaire...——   4 95

79. — — de 0^m25 de diamètre intérieur :

Buses. 1^{m}00, à 6^{f}35	6^{f}35
Ciment pour les joints. 3^{k}000, à 100^f, N° 96	0 30
Tranchée et pose......................	0 65

            Le mètre linéaire...——   7 30

80. — — de 0^m30 de diamètre intérieur :

Buses. 1^{m}00, à 8^{f}10	8^{f}10
Ciment pour les joints. 3^{k}500, à 100^f, N° 96	0 35
Tranchée et pose......................	0 70

            Le mètre linéaire...——   9 15

81. — — de 0^m40 de diamètre intérieur :

Buses. 1^{m}00, à 11^{f}60	11^{f}60
Ciment pour les joints. 4^{k}500, à 100^f, N° 96	0 45
Tranchée et pose......................	0 90

            Le mètre linéaire...——   12 95

C

82. Carreaux en faïence pour fourneaux de cuisine, de
     $^{0{,}11}/_{0{,}11}$, sans pose, le $^0/_0$.....................   12 00

83. — — mis en place, le $^0/_0$......................   20 00

84. Chaux vive ordinaire, le m. c......................   22 00

85. — ordinaire en pâte, le m. c...................   15 00

86. **Chaux** hydraulique des environs de Bordeaux (Bouscat, Cenons, Ste-Eulalie, etc.), les %oo kil..   32ᶠ 50

87. — hydraulique d'Échoisy, les %oo kil 36 70

88. **Chape** en mortier de chaux ordinaire, de 0,02 d'épaisseur :

     Mortier. 0,022, à 11ᶠ 35, Nº 257 ....   0ᶠ 25
     Façon.................................   0 50
          Le mètre superficiel...——   0 75

89. — en mortier de chaux ordinaire, de 0,03 d'épaisseur :

     Mortier 0,033, à 11ᶠ 35, Nº 257 ....   0ᶠ 37
     Façon.................................   0 65
          Le mètre superficiel...——   1 02

90. — — de 0,05 d'épaisseur :

     Mortier. 0,055, à 11ᶠ 35, Nº 257 ....   0ᶠ 62
     Façon.................................   0 75
          Le mètre superficiel...——   1 37

91. — en mortier de chaux hydraulique, de 0,02 d'épaissʳ :

     Mortier. 0,022, à 18ᶠ 05, Nº 259 ....   0ᶠ 40
     Façon.................................   0 50
          Le mètre superficiel...——   0 90

92. — — de 0,03 d'épaisseur :

     Mortier. 0,033, à 18ᶠ 05, Nº 259 ....   0ᶠ 60
     Façon.................................   0 65
          Le mètre superficiel...——   1 25

93. — — de 0,05 d'épaisseur :

     Mortier. 0,055, à 18ᶠ 05, Nº 259 ....   0ᶠ 99
     Façon.................................   0 75
          Le mètre superficiel...——   1 74

94. **Ciment** de tuilaux, le m. c......................   18 00

95. — de Vassy, les %oo kil.....................   100 00

96. — de Portland naturel, les %oo kil............   100 00

97. — de Boulogne, les %oo kil...................   90 00

98. — ordinʳᵉ de toute autre provenance, les %oo kil.   75 00

99. **Conduits** de ventilation ou de descente des lieux d'aisances, en poterie vernissée, en place, de 0,135 de diamètre :

     Tuyaux en poterie. 1,00, à 1ᶠ 00, Nº 319..   1ᶠ 00
     Ciment pour les joints. 2ᵏ500, à 0ᶠ 10, Nº 96   0 25
     Crochet à scellement..................   0 50
     Façon de pose........................   0 70
          Le mètre linéaire...——   2 45

100. — — de 0,162 de diamètre :

     Tuyaux en poterie. 1,00, à 1ᶠ 40, Nº 320..   1ᶠ 40
     Ciment pour les joints. 3ᵏ00, à 0ᶠ 10, Nº 96   0 30
     Crochet à scellement..................   0 50
     Façon de pose........................   0 70
          Le mètre linéaire...——   2 90

101. Conduits de ventilation ou de descente des lieux d'aisances, en poterie vernissée, en place, de de 0,189 de diamètre :

Tuyaux en poterie. 1,00, à 1ᶠ 75, Nᵒ 321..	1ᶠ 75
Ciment pour les joints. 3ᵏ 500, à 0ᶠ 10, Nᵒ 96	0 35
Crochet à scellement...................	0 60
Façon de pose........................	0 80

Le mètre linéaire...——— 3ᶠ 50

102. — — de 0,216 de diamètre :

Tuyaux en poterie. 1,00, à 2ᶠ 15, Nᵒ 322..	2ᶠ 15
Ciment pour les joints. 4ᵏ 00, à 0ᶠ 10, Nᵒ 96	0 40
Crochet à scellement...................	0 60
Façon de pose........................	0 80

Le mètre linéaire...——— 3 95

103. — de ventilation, de descente des lieux d'aisances ou gaînes de cheminées, en fonte, pour pose, la fonte comptée au kil., le m. l................ 2 00

104. Consoles pour banquettes ou balcons (à compter comme pierre de taille d'appareil)........... *Observ.*

105.   Plus-value pour pose d'une console en sous-œuvre, la pièce......................... 9 00

Corps de cheminée. (Voyez *Gaînes*.)

106. Crépis à une couche, en mortier de chaux ordinaire, sur vieux mur, piquage du mur compris :

Mortier. 0,018, à 11ᶠ 35, Nᵒ 257.........	0ᶠ 20
Façon..............................	0 35

Le mètre superficiel...——— 0 55

107. — — sur mur neuf :

Mortier. 0,015, à 11ᶠ 35, Nᵒ 257.........	0ᶠ 17
Façon..............................	0 25

Le mètre superficiel...——— 0 42

108.   Chaque couche en sus, le m. s........... 0 30

109. — à une couche, en mortier de chaux hydraulique, sur murs vieux, piquage du mur compris :

Mortier. 0,018, à 18ᶠ 05, Nᵒ 259.........	0ᶠ 32
Façon..............................	0 38

Le mètre superficiel...——— 0 70

110. — — sur mur neuf :

Mortier. 0,015, à 18ᶠ 05, Nᵒ 259........	0ᶠ 27
Façon..............................	0 28

Le mètre superficiel...——— 0 55

111.   Chaque couche en sus, le m. s........... 0 25

112. Cuvette pour lieux d'aisances. (Voyez *Appareils inodores, Siéges d'aisances*.)................... *Observ.*

D

113. **Dalles** en ciment pour urinoirs, de 0,20 de largeur sur 0,12 de hauteur, en place, le m. l......... 4ᶠ 60

114. — schisteuses de Lourdes, pour couvertures d'aqueducs, jusqu'à 2,00 de longueur et 0,25 d'épaisseur, le m. c........................... 85 50

115.   Plus-value pour dalles de plus de 2,00 de longʳ, l'épaisseur augmentant en conséquence, le m. c. 7 50

116. **Décrottage** de briques simples provenant de démolition, le °/₀₀ 5 00

117. — de briques doubles, — le °/₀₀ 7 00

118. **Dégradation** soignée au crochet, jusqu'à 0,04 de profondeur, de joints de vieille maçonnerie, pour être rejointée, le m. l. 0 10

119. **Démolitions,** compris triage de matériaux, de murs en moellons ou béton, soit en fondations, soit en élévation, le m. c........................ 1 70

120. — — pour percement, le m. c................... 2 25

121. — — avec emploi de coins ou de masses, le m. c.. 6 50

122. — de murs en demi-parpaing, le m. s............ 0 35

123. — de maçonnerie de pierre de taille, le m. c...... 2 50

124. — de maçonnerie de briques, le m. c............. 2 50

125. — — pour percement, le m. c.................. 3 00

126. — de tuyaux de cheminée isolés, le m. l. de tuyaux. 1 50

127. —   —   —   groupés, le m. l. de tuyaux. 1 00

128. — de cloisons en briques, le m. s................. 0 25

129. **Denticules** ordinaires dans la pierre tendre, le mètre linéaire développé à l'équerre, la mesure prise dans le sens de la retombée, sans que dans aucun cas le prix de chaque denticule puisse être inférieur à 0ᶠ08, le m. l. 2 00

130. — avec langue de chat, le mètre linéaire développé à l'équerre, la mesure prise dans le sens de la retombée, sans que dans aucun cas le prix de chaque denticule puisse être inférieur à 0ᶠ12, le m. l................................... 3 00

131. **Dépose** de marches d'escalier en pierre dure, compris dépose de la rampe, la marche.............. 1 25

132. **Descente** de pierre, la pierre descendue avec soin

pour être réemployée, par m. c. et par m. de hauteur............................... 0ᶠ 27

Descente de gravois. (Voyez *Transport*.)

E

133. Enduits polis au bouclier, sur crépis, en mortier de chaux ordinaire :

    Mortier. 0,010, à 11ᶠ 35, Nº 257 .... 0ᶠ 11
    Main-d'œuvre 0 40
                  Le mètre superficiel...——— 0 51

134. — — en mortier de chaux hydraulique :

    Mortier. 0,010, à 18ᶠ 05, Nº 259 .... 0ᶠ 18
    Main-d'œuvre........................ 0 50
                  Le mètre superficiel...——— 0 68

135. Enduit tyrolien en mortier de chaux hydraulique, à trois couches, sur renformis préalable en mortier de chaux hydraulique, de 0,015 à 0,02 d'épaisseur :

  Renformis :   Mortier. 0,02, à 18ᶠ 05, Nº 259..... 0ᶠ 36
                Façon 0 20
  Enduit tyrolien : Mortier. 0,015, à 18ᶠ 05, Nº 259... 0 27
                Sable épuré..................... 0 25
                Façon : Par chaque jetée. 3, à 0ᶠ 30. 0 90
                  Le mètre superficiel...——— 1 98

136. Enduit en ciment de Portland parfaitement lissé, de 0,015 d'épaisseur :

    Ciment, compris déchet. 16ᵏ, à 100ᶠ, Nº 96 1ᶠ 60
    Sable. 0,02, à 3ᶠ 00, Nº 350............. 0 06
    Façon et emploi..................... 1 25
                  Le mètre superficiel...——— 2 91

136 *bis*.   Par chaque 0,01 d'épaisseur en plus, le m. s. 0 60

137. Entailles, le cube refouillé compté comme refouillement, et les surfaces de parements comme sciage ou parements vus dans leur espèce, sans que toutefois le prix de chaque entaille puisse être inférieur à 0ᶠ 25 .... *Pour mém.*

138. Évier en pierre dure de Saint-Macaire, mesuré avant la mise en place :

    1,05 de pierre, à 16ᶠ 50 le mètre superficiel. 17ᶠ 33
    0,030 de refouillement, à 81ᶠ, Nº 342.... 2 43
    1,60 de taille, à 4ᶠ 40, Nº 278........... 7 04
    Mortier 0 50
    Bardage et pose..................... 2 00
                  Le mètre superficiel...——— 29 30

F

139. Feuillures pour dormants de portes et croisées, dans
la pierre dure, le m. l. . . . .   0^f 90

140. — — dans la pierre d'Angoulême ou la brique, le m. l.   0 50

141. — — dans la pierre tendre, le m. l. 0 30

142. Fourneau de cuisine à deux réchauds, construit en
briques, compris fers et fontes, et revêtement de
murs en carreaux en faïence :

<pre>
Briques.. 70, à 29^f 70, N° 68. . . . .   2^f 08
Plâtre ... 25^k, à 4^f 62, N° 464 . . . .   1 16
Fers..... 2^k 30, à 0^f 55, N° 2331 . . . .   1 27
Fontes 2 50
Carreaux en faïence. 42, à 12^f, N° 82. . . . .   5 04
Main-d'œuvre 8 00
</pre>

La pièce. . . . .—— 20 05

143. Par chaque réchaud en plus. 9 00

144. — de cuisine à deux réchauds, construit en pierre de
Bourg, compris fers et fontes, et revêtement de
murs en carreaux en faïence :

<pre>
Pierres. 5, à 115^f 50, N° 308. . . . .   5^f 78
Mortier et plâtre 1 00
Fers. 2^k 30, à 0^f 55, N° 2331. . . . .   1 27
Fontes 2 50
Carreaux en faïence. 42, à 12^f, N° 82. . . .   5 04
Main-d'œuvre 9 00
</pre>

La pièce. . . . .—— 24 59

145. Par chaque réchaud en plus. 10 00

G

146. Gaînes de cheminées en briques à plat avec mortier
bâtard :

<pre>
Briques. 80, à 47^f 30, N° 70. . . . .   3^f 78
Plâtre.. 6^k, à 4^f 62, N° 464. . . . .   0 26
Mortier. 0,035, à 11^f 35, N° 257. . . . .   0 40
Façon. 2 50
</pre>

Le mètre superficiel. . .—— 6 94

147. — — en pierre de Langoiran, pour tuyaux géminés,
de 0,20 à 0,30 de section :

<pre>
Pierre.. 3, à 115^f 50, N° 308. . . . .   3^f 47
Taille.. 3, à 0^f 30 . . . .   0 90
Sciage.. 0,65, à 0^f 45, N° 367. . . . .   0 29
Mortier. 0,025, à 11^f 35, N° 257. . . . .   0 28
Pose 1 35
</pre>

Le mètre linéaire. . .—— 6 29

148.   Plus-value pour conduits isolés, le m. l.....   1ᶠ 00
149.   Plus-value pour souches de cheminées, chaque
            mètre de hauteur à compter pour deux
            mètres de gaîne......................... *Observ.*
150. **Gaînes** de cheminées en pierre de Bourg :

Pierre. 3. à 165ᶠ, Nº 304.............. 4ᶠ 95
Taille, sciage, mortier et pose, Nº 147... 2 82
            Le mètre linéaire——   7 77

151.   Plus-value pour conduits isolés, le m. l.....   1 35
152.   Plus-value pour souches de cheminées, chaque
            mètre de hauteur à compter pour deux
            mètres de gaîne .... *Observ.*
153. — — noyés dans l'épaisseur des murs, les deux tiers
            des prix ci-dessus.   2,3
     — — en fonte. (Voyez *Conduits en fonte*.)
   Garnissage de rainures d'anciennes cloisons. (Voyez
            Plâtrerie.)
     —   de menuiserie. (Voyez *Plâtrerie*.)
154. **Gravier** rendu à pied d'œuvre et cassé, d'une grosseur
            telle que tous les fragments puissent passer dans
            un anneau de 0,05, le m. c.................   4 15

J

155. **Jointoiement** sur maçonnerie de moellons, avec
            mortier de chaux grasse, le m. s.............   0 45
156. — sur maçonnerie de briques, — le m. s..........   0 50
157. — sur maçonnerie de moellons, avec mortier de
            chaux hydraulique, le m. s. 0 60
158. — à la règle de maçonnerie de briques, jusqu'à 0,04
            de profondeur, compris lissage au fer, le m. s.   1 75
159. — — non compris lissage au fer, avec emploi de
            mortier blanc ou coloré, le m. s. 1 15
160. — sur maçonnerie de briques, — le m. s. 0 70
161. — sur vieux murs en moellons, avec mortier de
            chaux ordinaire, compris dégradations des
            joints, le m. s.............................   0 75
162. — — en briques, — le m. s. 0 90
163. — sur vieux murs en moellons, avec mortier de
            chaux hydraulique, compris dégradations des
            joints, le m. s.............................   0 90
164. — — en briques, — le m. s. 1 10

165. **Jointoiement** sur murs en moellons, avec ciment
      romain, le m. s.............................   1ᶠ 00
166. — — en briques, — le m. s. 1 20
167. — sur vieux murs en moellons, avec ciment romain,
      compris dégradations des joints, le m. s. 1 45
168. — — en briques, — le m. s. 1 70
169. — sur vieille maçonnerie de pierre de taille, compris
      dégradations des joints : chaux ordinaire, le m. s.   0 45
170. —   chaux hydraul., le m. s.   0 50
171. — au ciment lissé au fer, de joints de vieille maçon-
      nerie, compris raclage au crochet des joints,
      jusqu'à 0,04 de profondeur :

    Dégradation des joints 0ᶠ 10
    Rejointoiement ...,....................   0 15
            Le mètre linéairé...——   0 25

172. **Journée** de manœuvre ordinaire................   2 65
173. —   de fort manœuvre et de charretier........   3 00
174. —   de voiture ou tombereau, à un collier, con-
      ducteur compris .,...................   8 50
175.   Par chaque collier en sus du premier.   4 50
176. —   d'appareilleur.....................   5 50
177. —   d'ouvrier tailleur de pierre, maçon, rava-
      leur ou rejointoyeur.................   4 40
178. —   d'ouvrier porte-pièce................   4 00
179. —   de manœuvre bardeur ou chargeur.......   3 25
180. —   de porte-mortier 2 45

M

181. **Maçonnerie** de moellons tendres et mortier de chaux
      ordinaire :

    Moellons. 1,15, à 7ᶠ 15, Nº 255 ...,..........   8ᶠ 22
    Mortier .. 0,35, à 11ᶠ 35, Nº 257..............   3 97
    Façon.... 0,50 de maçon, à 4ᶠ 40, Nº 177......   2.20
          0,30 de porte-mortier, à 2ᶠ45, Nº 180.   0 74
          0,30 de manœuvre, à 3ᶠ 25, Nº 179..   0 98
        Le mètre cube.......——   16 11

182. — — durs et mortier de chaux ordinaire :

    Moellons. 1,10, à 6ᶠ 60, Nº 254..............   7ᶠ 26
    Mortier.. 0,35, à 11ᶠ 35, Nº 257 ....   3 97
    Façon ... Comme au Nº 181................   3 92
        Le mètre cube.......——   15 15

183. Maçonnerie de moellons durs et mortier de chaux hydraulique des environs de Bordeaux :

Moellons. 1,10, à 6f 60, No 254	7f 26
Mortier.. 0,40, à 16f 58, No 258.	6 63
Façon ... Comme au No 181	3 92
Le mètre cube . . . . ——	**17f 81**

184. — — et mortier de chaux hydraulique d'Échoisy :

Moellons. 1,10, à 6f 60, No 254	7f 26
Mortier.. 0,40, à 18f 05, No 259	7 22
Façon ... Comme au No 181	3 92
Le mètre cube . . . . ——	**18 40**

185. Les maçonneries de blocage ou de fondations sans parement subiront une moins-value par mètre cube de un quart de la façon, soit : $\frac{3,92,\ N^o\ 181}{4}$ **0 98**

Nota. Les prix nos 181, 182, 183, 184, sont établis pour les maçonneries en fondations et en élévation jusqu'à 4 m. de hauteur au-dessus du sol.

186.   Plus-value par mètre cube et par chaque mètre de hauteur en plus **0 35**

187. Maçonnerie en moellons durs posés à sec :

Moellons. 1,10, à 6f 60, No 254	7f 26
Façon	2 50
Le mètre cube . . . . ——	**9 76**

188. — de moellons durs piqués et mortier de chaux hydraulique des environs de Bordeaux :

1,05 de moellons, à 34f 65, No 256	36f 38
0,20 de mortier, à 16f 58, No 258	3 32
Bardage et pose : 0,50 de maçon, à 4f 40, No 177	2 20
0,20 de bardeur, à 3f 25, No 179 . . .	0 65
0,30 de porte-pièce, à 4f 00, No 178.	1 20
0,20 de porte-mortr, à 2f 45, No 180.	0 49
Le mètre cube . . . . ——	**44 24**

189. — — et mortier de chaux hydraulique d'Échoisy :

1,05 de moellons, à 34f 65, No 256	36f 38
0,20 de mortier, à 18f 05, No 259	3 61
Bardage et pose. Comme au No 188	4 54
Le mètre cube . . . . ——	**44 53**

190.   Plus-value pour maçonneries de moellons de toute nature, pour murs circulaires verticaux, pour toute main-d'œuvre de triage des moellons et de démaigrissement vers l'intrados et toute sujétion, le mètre superficiel de parement **1 25**

191.   Plus-value pour maçonneries de moellons de toute nature, en arcades ou voûtes, pour toute main-d'œuvre de triage des moellons et de démaigris-

sement vers l'intrados, et tous frais de cintres,
le mètre superficiel de parement de douelle ...   2^f 00

192 Maçonnerie de pierre de taille de Bourg ou de
Merlet, compris toute taille, sauf les moulures,
et mortier de chaux ordinaire :

15 pierres, à 168^f 15 le º/₀, Nº 306........ ....   25^{f}22
0,10 de mortier, à 11^f 35, Nº 257................   1 14
Taille. 15 pierres, à 0^f 25......................   3 75
Bardage et pose : 0,45 de maçon, à 4^f 40, Nº 177....   1 98
0,65 de porte-pièce, à 4^{f}00, Nº 178.   2 60
0,20 de chargeur, à 3^f 25. Nº 179..   0 65
0,40 de porte-mort^r, à 2^f 45, Nº 180.   0 98

Le mètre cube.......——   36 32

193. ⸺ — et mortier de chaux hydraulique des environs
de Bordeaux :

15 pierres, à 168^f 15, Nº 306 ....   25^{f}22
0,10 de mortier, à 16^f 58, Nº 258 ....   1 66
Taille, bardage et pose. Comme au Nº 192.   9 96

Le mètre cube.......——   36 84

194. ⸱⸱ — et mortier de chaux hydraulique d'Échoisy :

15 pierres, à 168^f 15. Nº 306 ....   25^{f}22
0,10 de mortier, à 18^f 05, Nº 259 ....   1 81
Taille, bardage et pose. Comme au Nº 192.   9 96

Le mètre cube.......——   36 99

195.   Plus-value pour maçonneries en pierres de
premier choix, le m. c.................   2 00

196. ⸺ de pierre de taille de St-Germain, premier choix,
compris toute taille, sauf les moulures, et mortier de chaux ordinaire :

15 pierres, à 126^f 50, Nº 307 ....   18^{f}98
0,10 de mortier, à 11^f 35, Nº 257 ....   1 14
Taille, bardage et pose. Comme au Nº 192.   9 96

Le mètre cube.......——   30 08

197. ⸺ — et mortier de chaux hydraulique des environs
de Bordeaux :

15 pierres, à 126^f 50, Nº 307 ....   18^{f}98
0,10 de mortier, à 16^f 58, Nº 258 ....   1 66
Taille, bardage et pose. Comme au Nº 192.   9 96

Le mètre cube.......——   30 60

198. - — et mortier de chaux hydraulique d'Échoisy :

15 pierres, à 126^f 50, Nº 307............   18^{f}98
0,10 de mortier, à 18^f 05, Nº 259 ....   1 81
Taille, bardage et pose. Comme au Nº 192.   9 96

Le mètre cube.......——   30 75

199. ⸺ de pierre de taille de Langoiran (de choix), La

Tresne ou petit Bourg, compris toute taille, sauf les moulures, et mortier de chaux ordinaire :

```
18 pierres, à 115f 50, No 308............. 20f 79
0,10 de mortier, à 11f 35, No 257........   1 14
Taille. 18 pierres, à 0f 15...............   2 70
Bardage et pose. Comme au No 192.......    6 21
```
Le mètre cube.......——— 30f 84

200. **Maçonnerie** de pierre de taille de Langoiran (de choix), La Tresne ou petit Bourg, compris toute taille, sauf les moulures, et mortier de chaux hydraulique des environs de Bordeaux :

```
18 pierres, à 115f 50, No 308............. 20f 79
0,10 de mortier, à 16f 58, No 258.........  1 66
Taille, bardage et pose. Comme au No 199.  8 91
```
Le mètre cube.......——— 31 36

201. — — et mortier de chaux hydraulique d'Échoisy :

```
18 pierres, à 115f 50, No 308............. 20f 79
0,10 de mortier, à 18f 05, No 259.........  1 81
Taille, bardage et pose. Comme au No 199.  8 91
```
Le mètre cube.......——— 31 51

202. — de pierre de taille de Camblannes, Langoiran (second choix) ou La Roque, compris toute taille, sauf les moulures, et mortier de chaux ordinaire :

```
18 pierres, à 104f 50, No 309............. 18f 81
0,10 de mortier, à 11f 35, No 257.........  1 14
Taille, bardage et pose. Comme au No 199.  8 91
```
Le mètre cube.......——— 28 86

203. — — et mortier de chaux hydraulique des environs de Bordeaux :

```
18 pierres, à 104f 50, No 309............. 18f 81
0,10 de mortier, à 16f 58, No 258.........  1 66
Taille, bardage et pose. Comme au No 199.  8 91
```
Le mètre cube.......——— 29 38

204. — — et mortier de chaux hydraulique d'Échoisy :

```
18 pierres, à 104f 50, No 309............. 18f 81
0,10 de mortier, à 18f 05, No 259.........  1 81
Taille, bardage et pose. Comme au No 199.  8 91
```
Le mètre cube.......——— 29 53

205. Nota. Les maçonneries en pierres de taille employées dans les murs d'épaisseur (de 0,55 à 0,60) pour murs mitoyens ou de refend, subiront une moins-value de 1 fr. 50 c. par mètre cube............................ 1 50

206. Les pierres de taille employées comme libages de fondations seront payées au prix de la maçonnerie dans chaque espèce, déduction faite de la valeur de la taille .... *Observ.*

207. Maçonnerie de pierre de taille de Beaufort et mortier de chaux ordinaire :

1,07 de pierre, à 27ᶠ 50, Nᵒ 310............. 29ᶠ 43
0,10 de mortier, à 11ᶠ 35, Nᵒ 257.......... 1 14
Bardage et pose. Comme au Nᵒ 192....... 6 21

Le mètre cube.......——   36ᶠ 78

208. — — et mortier de chaux hydraulique des environs de Bordeaux :

1,07 de pierre, à 27ᶠ 50, Nᵒ 310............. 29ᶠ 43
0,10 de mortier, à 16ᶠ 58, Nᵒ 258.......... 1 66
Bardage et pose. Comme au Nᵒ 192....... 6 21

Le mètre cube.......——   37 30

209. — — et mortier de chaux hydraulique d'Échoisy :

1,07 de pierre, à 27ᶠ 50, Nᵒ 310............. 29ᶠ 43
0,10 de mortier, à 18ᶠ 05, Nᵒ 259.......... 1 81
Bardage et pose. Comme au Nᵒ 192....... 6 21

Le mètre cube.......——   37 45

210. — de pierre de taille d'Angoulême ou Chancelade, et mortier de chaux ordinaire :

1,12 de pierre, à 33ᶠ 70, Nᵒ 311.................. 37ᶠ 74
0,10 de mortier, à 11ᶠ 35, Nᵒ 257................. 1 14
Bardage et pose : 0,50 de maçon, à 4ᶠ 40, Nᵒ 177 .... 2 20
                  0,80 de porte-pièce, à 4ᶠ, Nᵒ 178... 3 20
                  0,30 de bardeur, à 3ᶠ 25, Nᵒ 179.... 0 98
                  0,30 de porte-mortr, à 2ᶠ 45, Nᵒ 180. 0 74

Le mètre cube.......——   46 00

211. — — et mortier de chaux hydraulique des environs de Bordeaux :

1,12 de pierre, à 33ᶠ 70, Nᵒ 311.......... 37ᶠ 74
0,10 de mortier, à 16ᶠ 58, Nᵒ 258.......... 1 66
Bardage et pose. Comme au Nᵒ 210....... 7 12

Le mètre cube.......——   46 52

212. — — et mortier de chaux hydraulique d'Échoisy :

1,12 de pierre, à 33ᶠ 70, Nᵒ 311....... ... 37ᶠ 74
0,10 de mortier, à 18ᶠ 05, Nᵒ 259.......... 1 81
Bardage et pose. Comme au Nᵒ 210....... 7 12

Le mètre cube.......——   46 67

213. — de pierre de taille de Rauzan ou Frontenac, et mortier de chaux ordinaire :

1,07 de pierre, à 63ᶠ 50, Nᵒ 313.................. 67ᶠ 95
0,10 de mortier, à 11ᶠ 35, Nᵒ 257................. 1 14
Bardage et pose : 0,50 de maçon, à 4ᶠ 40, Nᵒ 177 .... 2 20
                  0,65 de porte-pièce, à 4ᶠ, Nᵒ 178.. 2 60
                  0,20 de bardeur, à 3ᶠ 25, Nᵒ 179... 0 65
                  0,40 de porte-mortr, à 2ᶠ45, Nᵒ 180. 0 98

Le mètre cube.......——   75 52

214. Maçonnerie de pierre de taille de Rauzan ou Frontenac, et mortier de chaux hydraulique des
environs de Bordeaux :

    1,07 de pierre, à 63f 50, No 313 .... 67f 95
    0,10 de mortier, à 16f 58, No 258 .... 1 66
    Bardage et pose. Comme au No 213 .... 6 43
        Le mètre cube .... ——— 76f 04

215. — — et mortier de chaux hydraulique d'Échoisy :

    1,07 de pierre, à 63f 50, No 313 .... 67f 95
    0,10 de mortier, à 18f 05, No 259 .... 1 81
    Bardage et pose. Comme au No 213 .... 6 43
        Le mètre cube .... ——— 76 19

216. — de pierre de taille dure des carrières de Barsac,
Preignac, Cérons, Verdelais ou Saint-Macaire,
et mortier de chaux ordinaire :

    1,07 de pierre, à 52f 50, No 315 .... 56f 18
    0,10 de mortier, à 11f 35, No 257 .... 1 14
    Bardage et pose. Comme au No 213 .... 6 43
        Le mètre cube .... ——— 63 75

217. — — et mortier de chaux hydraulique des environs
de Bordeaux :

    1,07 de pierre, à 52f 50, No 315 .... 56f 18
    0,10 de mortier, à 16f 58, No 258 .... 1 66
    Bardage et pose. Comme au No 213 .... 6 43
        Le mètre cube .... ——— 64 27

218. — — et mortier de chaux hydraulique d'Échoisy :

    1,07 de pierre, à 52f 50, No 315 .... 56f 18
    0,10 de mortier, à 18f 05, No 259 .... 1 81
    Bardage et pose. Comme au No 213 .... 6 43
        Le mètre cube .... ——— 64 42

219.   Plus-value pour maçonnerie de pierre de taille
d'appareil, le m. c. 12 00
Cette plus-value n'est pas applicable aux
pierres d'Angoulême ou de Beaufort.

NOTA. Les prix de maçonnerie de pierre de taille de toute nature sont établis pour les maçonneries jusqu'à 10 m. de hauteur.

220.   Plus-value par mètre cube et par chaque mètre de hauteur en plus de 10 mètres 0 35

221.   Pour les pierres de taille portant moulures ou
évidées, on les cubera, à moins d'indication
contraire au devis, d'après les dimensions
du plus petit parallélipipède rectangle cir-
conscrit de la pièce en œuvre .... *Observ.*

222.   .Plus-value pour maçonnerie de pierre de taille en arcades, pour tous frais de cintres, le mètre superficiel de parement de douelles..   2ᶠ 00

223. **Maçonnerie** de briques doubles et mortier de chaux ordinaire :

     630 briques, à 47ᶠ 30, Nᵒ 70.............. 29ᶠ 80
     0,25 de mortier, à 11ᶠ 35, Nᵒ 257........ 2 84
     Bardage et pose. Comme au Nᵒ 238....... 10 92
           Le mètre cube........———   43 56

224. — — et mortier de chaux hydraulique des environs de Bordeaux :

     630 briques, à 47ᶠ 30, Nᵒ 70 .... 29ᶠ 80
     0,27 de mortier, à 16ᶠ 58, Nᵒ 258........ 4 48
     Bardage et pose. Comme au Nᵒ 238....... 10 92
           Le mètre cube........———   45 20

225. — — et mortier de chaux hydraulique d'Échoisy :

     630 briques, à 47ᶠ 30, Nᵒ 70 .... 29ᶠ 80
     0,27 de mortier, à 18ᶠ 05, Nᵒ 259......... 4 87
     Bardage et pose. Comme au Nᵒ 238....... 10 92
           Le mètre cube........———   45 59

226. — de briques comprimées, et mortier de chaux ordinaire :

     550 briques, à 66ᶠ, Nᵒ 72................ 36ᶠ 30
     0,21 de mortier, à 11ᶠ 35, Nᵒ 257......... 2 38
     Bardage et pose. Comme au Nᵒ 237....... 10 00
           Le mètre cube........———   48 68

227. — — et mortier de chaux hydraulique des environs de Bordeaux :

     550 briques, à 66ᶠ, Nᵒ 72................ 36ᶠ 30
     0,23 de mortier, à 16ᶠ 58, Nᵒ 258......... 3 81
     Bardage et pose. Comme au Nᵒ 237....... 10 00
           Le mètre cube........———   50 11

228. — — et mortier de chaux hydraulique d'Échoisy :

     550 briques, à 66ᶠ, Nᵒ 72................ 36ᶠ 30
     0,23 de mortier, à 18ᶠ 05, Nᵒ 259......... 4 15
     Bardage et pose. Comme au Nᵒ 237....... 10 00
           Le mètre cube........———   50 45

229.   Plus-value de main-d'œuvre pour maçonneries de briques en arcades ou en voûtes, pour toute sujétion et y compris frais de cintres, le m. superficiel de parement de douelles.   4 00

230.   Plus-value pour remplissage de pans-de-bois, avec frottis de la brique, le m. c. 5 00

231.   Plus-value pour murs droits en maçonnerie de briques posées en carreaux et présentant

un appareil régulier, le mètre cube....... 3ᶠ 60

232. Plus-value pour maçonneries de briques posées par assises alternées avec la pierre de taille, le mètre cube 5 00

Nota. Prix moyens de main-d'œuvre applicables au mètre cube de maçonneries de briques, d'après le nombre entrant par mètre cube :

233. A 150 briques au mètre cube : 0,90 de maçon, à 4ᶠ 40.... 3ᶠ96
0,55 de manœuvre, à 2ᶠ 65. 1 46

Le mètre cube.......... 5 42

234. A 250 briques au mètre cube : 1,10 de maçon, à 4ᶠ 40.... 4ᶠ84
0,65 de manœuvre, à 2ᶠ 65. 1 72

Le mètre cube.......... 6 56

235. A 350 briques au mètre cube : 1,30 de maçon, à 4ᶠ 40.... 5ᶠ72
0,75 de manœuvre, à 2ᶠ 65. 1 99

Le mètre cube.......... 7 71

236. A 450 briques au mètre cube : 1,50 de maçon, à 4ᶠ 40.... 6ᶠ60
0,85 de manœuvre, à 2ᶠ 65. 2 25

Le mètre cube.......... 8 85

237. A 550 briques au mètre cube : 1,70 de maçon, à 4ᶠ 40.... 7ᶠ48
0,95 de manœuvre, à 2ᶠ 65. 2 52

Le mètre cube.......... 10 00

238. A 650 briques au mètre cube : 1,85 de maçon, à 4ᶠ 40.... 8ᶠ14
1,05 de manœuvre, à 2ᶠ 65. 2 78

Le mètre cube.......... 10 92

Nota. Les prix de toutes les maçonneries comprennent le dressement des surfaces pour recevoir les crépis ou enduits.

239. **Maçonnerie** de briques réfractaires :

600 briques, à 82ᶠ 50, Nᵒ 73 .... 49ᶠ50
Mortier : chaux, 0,08, à 15ᶠ, Nᵒ 85 .... 1 20
terre réfractaire, 0,20, à 15ᶠ, Nᵒ 375 ..... 3 00
Bardage et pose : 3,50 de maçon, à 4ᶠ 40, Nᵒ 177.... 15 40
1,40 de manœuvre, à 2ᶠ 65, Nᵒ 172. 3 71

Le mètre cube....... 72 81

240. **Maçonnerie** de briques semi-réfractaires :

450 briques, à 82ᶠ 50, Nᵒ 74 .... 37ᶠ13
Mortier : chaux, 0,08, à 15ᶠ, Nᵒ 85 .... 1 20
terre réfractaire, 0,20, à 15ᶠ, Nᵒ 375 ...... 3 00
Bardage et pose : 3,00 de maçon, à 4ᶠ 40, Nᵒ 177 ... 13 20
1,20 de manœuvre, à 2ᶠ 65, Nᵒ 172. 3 18

Le mètre cube....... 57 71

Plus-value pour maçonneries de toute nature exécutées en sous-œuvre de construction :

241. En matériaux neufs, un tiers en sus de la main-d'œuvre.................... 1/3

242. En matériaux vieux, un demi en sus de la main-d'œuvre.................... 1/2

Marches d'escalier en granit. (Voyez *Carrelage* et
Pavage.)

243. — — à l'anglaise, en pierre dure premier choix,
des carrières de Barsac ou St-Macaire, jusqu'à
0,40 de largeur moyenne, le délardement de la
marche taillé et rustiqué propre à être enduit :

1,05 de pierre, à 5ʳ 50 le m. l.	5ʳ 78
Taille. 1,20 de tailleur de pierre, à 4ʳ 40, Nᵒ 177.	5 28
Mortier.	0 20
Bardage, tranchée et pose :	
2 bardeurs pendant 1 heure = 0,20, à 4ʳ, Nᵒ 178.	0 80
2 maçons poseurs = 0,20, à 4ʳ 40, Nᵒ 177	0 88

Le mètre linéaire. . . . . . .——— 12ʳ 94

244. Plus-value pour délardements de marches
taillés et ripés ou bouchardés entre ciselu-
res, le m. l. 0 75

245. — — droits (marches pour escaliers de cave ou de
quais) en pierre dure, plate, de Saint-Macaire :

1,00 de pierre, à 3ʳ 55 le m. l.	3ʳ 55
Taille du parement et du lit.	2 75
Mortier. 0,04, à 11ʳ 35, Nᵒ 257.	0 45
Bardage et pose	1 15

Le mètre linéaire. . .——— 7 90

246. Plus-value pour marches à giron, le m. l. . . . 1 25

247. — — en dalles d'Armissan, près Narbonne, de 0,035
à 0,04 d'épaisseur, polies au grès :

Marche.	5ʳ 20
Contre-marche.	0 95
Plâtre gris. 40ᵏ, à 4ʳ 62, Nᵒ 464.	1 85
Id. blanc 3ᵏ, à 5ʳ 50, Nᵒ 465	0 17
Briques. 20, à 29ʳ 70, Nᵒ 68	0 59
Bois. 0,08, à 4ʳ 50, Nᵒ 1547.	0 36
Main-d'œuvre de pose pour tranchées, gar- nissage, dressage et enduits du plafond de l'escalier.	2 75

Le mètre linéaire. . .——— 11 87

248. Nota. Chaque mètre superficiel d'excédant de largeur de marche en sus de
0,40 ou de plafond en pierre, sera compté pour trois marches. La portée
de chaque marche sera comptée. . . . . *Observ.*

249. Les marches d'escalier en pierre de Rauzan ou Frontenac seront comptées
au même prix que celles de Saint-Macaire. La plus-value du prix d'achat
est compensée par la moins-value de la taille . . . . *Observ.*

250. La longueur des marches sera prise suivant celle du rectangle qui les cir-
conscrira . . . . *Observ.*

251. **Mastic** Dihl, le k. 0 45

252. **Mitre** en terre cuite jusqu'à 0,18 de diamètre, pour
fourniture, la pièce. 1 70

253. — — pour toute fourniture et pose, en place, la
pièce. 3 00

254. Moellons bruts durs, le m. c.................... 6ᶠ 60

255.   —   bruts tendres, le m. c.................. 7 15

256.   —   smillés, piqués, de Barsac, Preignac ou
        Saint-Macaire, le m. c................. 34 65

257. Mortier de chaux ordinaire (chaux grasse) :

Chaux. 0,40, à 15ᶠ, Nᵒ 85 .... 6ᶠ 00
Sable.. 0,90, à 3ᶠ, Nᵒ 350 .... 2 70
Façon. 1,00 de manœuvre, à 2ᶠ 65, Nᵒ 172. 2 65
        Le mètre cube.......—— 11 35

258. — de chaux hydraulique des environs de Bordeaux :

Chaux. 350ᵏ, à 32ᶠ 50, Nᵒ 86 .... 11ᶠ 38
Sable.. 0,85, à 3ᶠ, Nᵒ 350 .... 2 55
Façon. 1,00 de manœuvre, à 2ᶠ 65, Nᵒ 172. 2 65
        Le mètre cube.......—— 16 58

259. — de chaux hydraulique d'Échoisy :

Chaux. 350ᵏ, à 36ᶠ 70, Nᵒ 87 .... 12ᶠ 85
Sable.. 0,85, à 3ᶠ, Nᵒ 350 .... 2 55
Façon. 1,00 de manœuvre, à 2ᶠ 65, Nᵒ 172. 2 65
        Le mètre cube.......—— 18 05

P

260. Parements vus de moellons tétués, à joints incertains
        (moellons en mosaïque), à parements parfaite-
        ment plans, rejointoyés et lissés au fer, le m. s.   2 00

261. — de moellons tétués, compris rejointoiemᵗ, le m. s.   1 25

262. —   —   à joints rectangulaires, le m. s.   2 50

263. — de moellons smillés, compris rejointoiemᵗ, le m. s.   0 75

264. — de moellons smillés ciselés, compris rejointoie-
        ment, le m. s.............................   1 75

265. — de moellons piqués, les parements bouchardés
        ou rustiqués entre ciselures :

Parement vu. 1,00, à 2ᶠ 50 le m. s 2ᶠ 50
Lits et joints. 1,60, à 0ᶠ 85 le m. s........ 1 36
Mortier............................... 0 15
Ravalement et rejointoiement 0 43
        Le mètre superficiel...—— 4 44

266. — de moellons piqués, les parements layés ou ripés :

Parement vu. 1,00, à 3ᶠ 20 le m. s........ 3ᶠ 20
Lits et joints. 1,60, à 0ᶠ 85 le m. s........ 1 36
Mortier 0 15
Ravalement et rejointoiement 0 51
        Le mètre superficiel...—— 5 22

267. — de pierre tendre de Bourg, St-Germain, ou pierres

analogues, pour moulures, corniches et entablements, compris rejointoiement, le m. s....... 3ᶠ 50

268. Parements vus de pierre tendre de Langoiran, Camblannes, ou autres analogues, pour moulures,
corniches et entablements, compris rejointoiement, le m. s...................... 2 50

269. Les moulures dans la pierre de taille tendre
seront développées au fil sans aucune plus-
value. La mesure sera prise à 0ᵐ03 de
l'arête du dernier membre de moulure.... *Observ.*

270. Les moulures poussées circulairement sur plan
droit seront comptées à fois et demi...... *Observ.*

271. Les moulures poussées sur plan circulaire seront comptées doubles .... *Observ.*

272. Pour les moulures formant ressaut, il sera
ajouté à la longueur 0ᵐ10 pour chaque angle
saillant et 0ᵐ20 pour chaque angle rentrant.
Pour les amortissements, il sera ajouté
0ᵐ05............................... *Observ.*

273. — de pierre de taille de Beaufort :

Parement vu. 1,00, à 0ᶠ 95 le m. s.......	0ᶠ95	
Lits et joints. 2,15, à 0ᶠ 30 le m. s........	0 65	
Mortier	0 15	
Ravalement et rejointoiement	0 35	
Le mètre superficiel...————		2 10

274. — de pierre de taille d'Angoulême :

Parement vu. 1,00, à 1ᶠ 25 le m.s........	1ᶠ25	
Lits et joints, compris sciage	1 20	
Mortier................................	0 15	
Ravalement et rejointoiement	0 45	
Le mètre superficiel...————		3 05

275. — de pierre de taille dure de Rauzan ou Frontenac,
bouchardés ou rustiqués entre ciselures :

Parement vu. 1,00, à 3ᶠ le m. s	3ᶠ00	
Lits et joints. 2,15, à 1ᶠ 05 le m. s.......	2 26	
Mortier	0 15	
Ravalement et rejointoiement	0 59	
Le mètre superficiel...————		6 00

276. — — proprement layés avec repiquage ou ripés :

Parement vu. 1,00, à 4ᶠ le m. s	4ᶠ00	
Lits et joints. 2,15, à 1ᶠ 05 le m. s	2 26	
Mortier	0 15	
Ravalement et rejointoiement	0 70	
Le mètre superficiel...————		7 11

277. Parements vus de pierre de taille dure de Barsac, Preignac, Cérons, Verdelais ou Saint-Macaire, bouchardés ou rustiqués entre ciselures :

```
Parement vu. 1,00, à 3ᶠ 40 le m. s........   3ᶠ 40
Lits et joints. 2,15, à 1ᶠ 20 le m. s........   2 58
Mortier............................   0 15
Ravalement et rejointoiement ..........   0 67
```
                        Le mètre superficiel...——   6ᶠ 80

278. — — proprement layés avec repiquage ou ripés :

```
Parement vu. 1,00, à 4ᶠ 40 le m. s........   4ᶠ 40
Lits et joints. 2,15, à 1ᶠ 20 le m. s........   2 58
Mortier ...........................   0 15
Ravalement et rejointoiement ..........   0 79
```
                        Le mètre superficiel...——   7 92

279. — à plans inclinés, à compter à un parement 1/5 ... *Observ.*

280. — à moulures. Les parements à moulures seront développés au fil. Chaque ciselure sera comptée, en plus-value, pour 0ᵐ04 pour sujétion de formation d'arête. Chaque membre de moulure à simple courbure sera compté en plus-value 1/4 en sus dans son développement. Chaque membre de moulure à double courbure (les moulures à double courbure sont celles portant au moins 1/2 circonférence) sera compté en plus-value 1/2 en sus dans son développement............. *Observ.*

281. Parements vus sur plan circulaire et moulures poussées circulairement sur plan droit, à compter à fois et demi dans chaque espèce .... *Observ.*

282. — à moulures sur plan circulaire, à compter à deux parements................................. *Observ.*

283. Nota. Pour les moulures formant ressaut, il sera ajouté à la longueur 0ᵐ10 pour chaque angle saillant, 0ᵐ20 pour chaque angle rentrant et 0ᵐ05 pour chaque amortissement.. *Observ.*

284. S'il n'était fait application que du prix du parement vu, abstraction faite des lits et joints et du ravalement, les plus-values des parements à moulures devraient être doublées... *Observ.*

Parements de briques. (V. *Taille* et *Rejointoiement*.)

285. Nota. Le prix de la taille des lits et joints est évalué à 0,35 de celui de la taille du parement vu.... .... *Observ.*

286. La taille étant *un* (1,00), le ravalement et le rejointoiement sont 0,1125.... *Observ.*

287. Parpaings en pierre de gros Bourg, second choix, de 0,30 d'épaisseur :

```
4 pierres 1/2, à 165ᶠ, Nᵒ 304 .....................   7ᶠ 43
Taille. 4 pierres 1/2, à 0ᶠ 18 l'une.................   0 81
Mortier. 0,05, à 11ᶠ 35, Nᵒ 257....................   0 57
Bardage et pose : 0,15 de maçon, à 4ᶠ 40, Nᵒ 177....   0 66
                  0,20 de porte-pièce, à 4ᶠ, Nᵒ 178 ..   0 80
                  0,10 de porte-mortʳ, à 2ᶠ45, Nᵒ 180.   0 25
```
                        Le mètre superficiel...——   10 52

288. Parpaings en pierres de gros Bourg, second choix,
de 0,30 d'épaiss^r, circulaires ou à pans coupés :

5 pierres 1/2, à 165^f, N° 304	9^f 08
Taille, à 0^f 25 l'une...........................	1 38
Mortier. 0,055, à 11^f 35, N° 257..................	0 62
Bardage et pose : 0,18 de maçon, à 4^f 40, N° 177....	0 79
0,24 de porte-pièce, à 4^f, N° 178 ..	0 96
0,10 de porte-mort^r, à 2^f45, N° 180.	0 25
Le mètre superficiel... ———	13^f 08

289. — en pierre de Langoiran (de choix), La Tresne ou
petit Bourg, de 0,28 d'épaisseur :

5 pierres, à 115^f 50, N° 308	5^f 78
Taille, à 0^f 12 l'une........................	0 60
Mortier. 0,045, à 11^f 35, N° 257.................	0 51
Bardage et pose : 0,10 de maçon, à 4^f 40, N° 177 ...	0 44
0,15 de porte-pièce, à 4^f, N° 178 ..	0 60
0,10 de porte-mort^r, à 2^f45, N° 180.	0 25
Le mètre superficiel... ———	8 18

290. — — circulaires ou à pans coupés :

6 pierres, à 115^f 50, N° 308	6^f 93
Taille, à 0^f 18 l'une	1 08
Mortier. 0,05, à 11^f 35, N° 257..................	0 57
Bardage et pose : 0,14 de maçon, à 4^f 40, N° 177....	0 62
0,18 de porte-pièce, à 4^f, N° 178 ..	0 72
0,10 de porte-mort^r, à 2^f45, N° 180.	0 25
Le mètre superficiel... ———	10 17

291. — Camblannes, Langoiran (second choix) ou La Roque, de 0,28 d'épaisseur :

5 pierres, à 104^f 50, N° 309	5^f 23
Mortier, taille, bardage et pose. Comme au N° 289..	2 40
Le mètre superficiel... ———	7 63

292. — — circulaires ou à pans coupés :

6 pierres, à 104^f 50, N° 309	6^f 27
Mortier, taille, bardage et pose. Comme au N° 290..	3 24
Le mètre superficiel... ———	9 51

293. — *(demi-parpaings)* en pierre de gros Bourg (second
choix), de 0,14 à 0,15 d'épaisseur :

2 pierres 1/4, à 165^f, N° 304	3^f 71
Taille, à 0^f 18 l'une..........................	0 40
Sciage. 0,50, à 0^f 55, N° 366	0 28
Mortier. 0,03, à 11^f 35, N° 257..................	0 34
Bardage et pose : 0,10 de maçon, à 4^f 40, N° 177....	0 44
0,12 de porte-pièce, à 4^f, N° 178 ..	0 48
0,06 de porte-mort^r, à 2^f45, N° 180.	0 15
Le mètre superficiel... ———	5 80

294. — — — circulaires ou à pans coupés :

2 pierres 3/4, à 165^f, N° 304	4^f 54
Taille, à 0^f 25 l'une	0 69
Sciage. 0,50, à 0^f 55, N° 366.....................	0 28
Mortier. 0,035, à 11^f 35, N° 257.................	0 40
Bardage et pose : 0,14 de maçon, à 4^f 40, N° 177....	0 61
0,15 de porte-pièce, à 4^f. N° 178 ..	0 60
0,06 de porte-mort^r, à 2^f45, N° 180.	0 15
Le mètre superficiel... ———	7 27

295. Parpaings *(demi-parpaings)* en pierre de Langoiran
(de choix), La Tresne ou petit Bourg, de 0,13
à 0,14 d'épaisseur :

        2 pierres 1/2, à 115f 50, N° 308 ....   2f 89
        Taille, à 0f 12 l'une....................   0 30
        Sciage. 0,50, à 0f 43, N° 367...........   0 23
        Mortier. 0,025, a 11f 35, N° 257..........   0 28
        Bardage et pose. Comme au N° 293.......   1 07

                    Le mètre superficiel...———   4f 77

296. — — — circulaires ou à pans coupés :

        3 pierres, à 115f 50, N° 308.............   3f 47
        Taille, à 0f 18 l'une 0 54
        Sciage. 0,50, à 0f 45, N° 367 ....   0 23
        Mortier. 0,03, à 11f 35, N° 257..........   0 34
        Bardage et pose. Comme au N° 294 ......   1 36

                    Le mètre superficiel...———   5 94

297. — — en pierre de Camblannes, Langoiran (second
choix) ou La Roque, de 0,13 à 0,14 d'épaiss' :

        2 pierres 1/2, à 104f 50, N° 309..........   2f 61
        Mortier, taille, sciage, bardage et pose.
        Comme au N° 295...................   1 88

                    Le mètre superficiel...———   4 49

298. — — — circulaires ou à pans coupés :

        3 pierres, à 104f 50, N° 309.............   3f 14
        Mortier, taille, sciage, bardage et pose.
        Comme au N° 296 ....   2 47

                    Le mètre superficiel...———   5 61

299.   Les parpaings et demi-parpaings exécutés en
        mortier de chaux hydraulique subiront une
        augmentation proportionnelle à la valeur
        du mortier .... *Observ.*

NOTA. Les prix des parpaings comprennent le dressement des surfaces pour
recevoir les enduits.

300. Percement de puits, pour puits de 1,00 de diamètre
        intérieur au moins, à partir de la profondeur de
        2,00, la partie supérieure étant comptée comme
        fouilles de fondations, y compris tous frais d'é-
        trésillonnements, le montage des terres sur
        berge, le mètre cube de déblais.............   3 50

301.   Plus-value de percement de puits au-delà de
        4,00 de profondeur, par mètre cube de dé-
        blais et par mètre de hauteur 0 25

302.   Plus-value de percement de puits dans les
        parties où il sera rencontré des rochers,
        par mètre cube de déblais 3 00

Pierre des carrières de Bourg ou des carrières de
    Merlet (doublerons de 0,33 × 0,33 × 0,66 à
    0,70) :

303.	Premier choix, le %............	181f 50
304.	Second choix, le %............	165 00
305.	Troisième choix, le %..........	158 00
306.	— Prix moyen, le %.....................	168 15
307.	— de Saint-Germain, premier choix (doublerons de 0,33 × 0,33 × 0,66), le %.................	126 50

NOTA. Le cent de ces doublerons contient 7ᵐᶜ187.

308.	— de Langoiran (de choix), La Tresne et petit Bourg (doublerons de 0,33 × 0,30 × 0,60), le %....	115 50
309.	— de Camblannes, Langoiran (second choix) ou La Roque (doublerons de 0,33 × 0,30 × 0,60), le %.	104 50

NOTA. Le cent de ces doublerons contient 5ᵐᶜ940.

310.	— de Beaufort (Mussidan), le m. c.	27 50
311.	— d'Angoulême ou Chancelade, le m. c.	33 70
312.	— dure des carrières de Rauzan ou Frontenac : d'appareil, le m. c.	74 50
313.	— — doublerons (0,66 × 0,33 × 0,33), le m. c...	63 50
314.	— de Barsac, Preignac, Cérons, Verdelais ou Saint-Macaire : d'appareil, le m. c..	63 50
315.	— — doublerons (0,66 × 0,33 × 0,33), le m. c...	52 50

316. NOTA. Les pierres tendres de 0ᵐ33 d'épaisseur sur 0ᵐ33 de largeur dépassant 0ᵐ70 de longueur jusqu'à 1ᵐ00, et de 0ᵐ33 sur 0ᵐ50 jusqu'à 0ᵐ70 de longueur, sont comptées comme doublerons, pour pierres 1/4 ou pierres 1/2, suivant leurs dimensions. Toute pierre qui, mise en œuvre, présenterait des dimensions telles qu'elle ne pût s'extraire des blocs ci-dessus, sera considérée comme pierre d'appareil............................... *Observ.*

317. Pour les pierres dures, toute pierre ne pouvant s'extraire d'un bloc dit doubleron ayant 0ᵐ33 de largeur sur 0ᵐ33 d'épaisseur et 0ᵐ70 de longueur, sera comptée comme pierre d'appareil...... .... *Observ.*

318.	**Pots** creux pour planchers, de 0,10 à 0,12 de hauteur, et de 0,10 de diamètre, le %₀₀..........	70 00
	— en terre cuite, pour latrines :	
319.	de 0,135 de diamètre, le m. l........	1 00
320.	de 0,162 — —	1 40
321.	de 0,189 — —	1 75
322.	de 0,216 — —	2 15

— en terre cuite, pour conduite d'eau, vernissés à
    l'intérieur. (Voyez *Tuyaux*.)

Puits. (Voyez *Revêtement*.)

R

323. **Ravalement,** ragrément et rejointoiement de parement de maçonnerie de pierre tendre de Bourg,
Saint-Germain, le m. s. 0 50

324. — — — de pierre tendre de Langoiran, Camblannes ou autres analogues, le m. s. 0 40

325. — sur vieux murs, avec recoupement de la pierre
jusqu'à 0,01, compris rejointoiement, évalué à
0,50 de parement......................... *Observ.*

326. 　　　Chaque centimètre de recoupement en sus évalué à 0,07 de parement..................... *Observ.*

— sur vieux murs en pierre tendre de Bourg ou de
Saint-Germain, avec recoupement de la pierre
jusqu'à 0,01, compris rejointoiement :

327. 　　　　　Parties planes, le m. s. 0 95
328. 　　　　　Parties à moulures, le m. s. 1 45

— sur vieux murs en pierre tendre de Langoiran,
Camblannes, avec recoupement de la pierre jusqu'à 0,01, compris rejointoiement :

329. 　　　　　Parties planes, le m. s. 0 85
330. 　　　　　Parties à moulures, le m. s. 1 25

331. 　　　Par chaque centimètre de recoupement en sus
dans la pierre tendre, 1/10 des prix ci-dessus.. *Observ.*

332. **Refends.** Les refends seront comptés comme parements moulurés pour chaque nature de pierre,
mesurés à 0,03 de leurs arêtes. Tout refend ou
partie de refend qui, en ligne droite, ne mesurerait pas 0,50, sera compté pour 0,50 de longueur................................. *Observ.*

Refouillement entre trois ou un plus grand nombre
de côtés, dans la pierre tendre :

333. 　　　　　Sur le chantier, le m. c................ 27 00
334. 　　　　　Sur le tas : grandes parties, le m. c..... 28 50
335. 　　　　　— 　　petites parties, le m. c...... 31 50

— dans la pierre de Beaufort :

336. 　　　　　Sur le chantier, le m. c................ 35 00
337. 　　　　　Sur le tas : grandes parties, le m. c..... 37 00
338. 　　　　　— 　　petites parties, le m. c...... 41 00

Refouillement entre trois ou un plus grand nombre de côtés, dans la pierre d'Angoulême :

339.	Sur le chantier, le m. c...............	52ᶠ 00
340.	Sur le tas : grandes parties, le m. c.....	55 00
341.	— petites parties, le m. c......	60 00

— dans la pierre de taille dure des carrières de Rauzan, Barsac, Preignac, Verdelais ou Saint-Macaire :

342.	Sur le chantier, le m. c...............	81 00
343.	Sur le tas : grandes parties, le m. c.....	84 00
344.	— petites parties, le m. c......	90 00

345. Nota. Seront considérées comme petites parties les refouillements dont la surface n'atteindra pas 0,30 sur 0.30, et 0,20 de profondeur............ *Observ.*

346. Les refouillements dans la pierre de taille des parties simplement évidées sont implicitement compris dans les prix des tailles des pierres ou des parements vus. Ils ne doivent être comptés qu'accidentellement pour les maçonneries sortant des règles ordinaires de la construction et lorsque le devis des travaux à exécuter le mentionne explicitement............... *Observ.*

Rejointoiement. (Voyez *Jointoiement.*)

Renformis. (Voyez *Chape.*)

Retaille de pierre. (Voyez *Ravalement.*)

347. **Revêtement** de puits en pierre de Langoiran ; puits de 1,00 de diamètre intérieur :

18 pierres, à 104ᶠ 50, Nᵒ 309.............	18ᶠ 81
Taille. 18, à 0ᶠ 10...................	1 80
Mortier. 0,05, à 11ᶠ 35, Nᵒ 257..........	0 57
Façon pour toute main-d'œuvre et bardage (0ᶠ25 × 18 pierres)...................	4 50
Le mètre montant de puits.——	25 68

348. — — de 1,20 de diamètre intérieur :

21 pierres, à 104ᶠ 50, Nᵒ 309.............	21ᶠ 95
Taille. 21, à 0ᶠ 10...................	2 10
Mortier. 0,06, à 11ᶠ 35, Nᵒ 257..........	0 68
Façon pour toute main-d'œuvre et bardage.	5 25
Le mètre montant de puits.——	29 98

Rumfort de cheminée en briques de champ. (Voyez *Fumisterie.*)

S

349.	**Sable** de carrière, gros, le m. c.................	2 75
350.	— — fin, le m. c.................	3 00
350 *bis.*	— de rivière, le m. c.................	2 75

351. Sable pour fondations (la chaux hydraulique employée payée au kilog.) :

> Sable. 1,00, à 2f 75, No 349.............. 2f 75
> Main-d'œuvre pour bardage, pilonnage et
> arrosage 3 00
> Le mètre cube....... ——   5f 75

Scellement en mortier, de pièces de charpente de $^{0,20}/_{0,20}$ d'équarrissage et au-dessus (0,040 de section) :

352.	Murs en moellons, la pièce............	0 75
353.	Murs en pierre, la pièce	0 35

— — au-dessous de $^{0,20}/_{0,20}$ jusqu'à $^{0,11}/_{0,11}$ (0,040 de section jusqu'à 0,012) :

354.	Murs en moellons, la pièce............	0 50
355.	Murs en pierre, la pièce	0 20

— — au-dessous de $^{0,11}/_{0,11}$:

356.	Murs en moellons, la pièce............	0 15
357.	Murs en pierre, la pièce	0 10

— pour gros fer, de 0,15 de profondeur :

358.	Au plâtre, la pièce...................	0 25
359.	Au ciment, la pièce...................	0 40

— — au-dessous de 0,15 jusqu'à 0,08 :

360.	Au plâtre, la pièce...................	0 18
361.	Au ciment, la pièce...................	0 27

— — au-dessous de 0,08 :

362.	Au plâtre, la pièce...................	0 10
363.	Au ciment, la pièce...	0 15

— de pattes :

364.	Au plâtre, la pièce...................	0 05
365.	Au ciment, la pièce	0 07
366.	**Sciage** de pierre de Bourg et St-Germain, le m. s..	0 55
367.	— — de Langoiran, Camblanne ou autres pierres analogues, le m. s............	0 45
368.	— — de Beaufort, le m. s.............	0 85
369.	— — d'Angoulême, le m. s.............	1 75

370. Siége d'aisances en pierre de petit Bourg, et cuvette en faïence de 0,25 de diamètre :

> 2 pierres 3/4, à 115f 50, No 308 .... 3f 18
> Massif en maçonnerie. 0,09, à 15f15, No 182. 1 86
> Cuvette en faïence 2 75
> Façon pour toute main-d'œuvre............ 2 50
> La pièce.......... ——   9 79

371. **Siége** d'aisances en pierre de petit Bourg, mais avec
  cuvette en faïence de 0,30 de diamètre, la pièce.   10ᶠ 89
372. — à la turque, en pierre dure de Saint-Macaire, de
  0,18 à 0,20 d'épaisseur :

    1,05 de pierre, à 16ᶠ 50 le mètre superficiel. 17ᶠ 33
    Refouillement et parement de la cuvette..   4 50
    Parement vu du dessus. 1,00, à 4ᶠ40, Nᵒ 278   4 40
    Lits et joints. 0,80, à 1ᶠ 20, Nᵒ 278........   0 96
    Mortier. 0,03, à 11ᶠ 35, Nᵒ 257...........   0 34
    Bardage et pose......................   1 50

          Le mètre superficiel....———   29 03

Souches de cheminées. (Voyez *Gaînes*. Plus-value
  pour souches.)

T

373. **Taille** de briques pour frottis, le mètre superficiel
  de surface frottée......................   1 50
374. — de parement uni de briques au ciseau, compris
  tout frottis, le mètre superficiel de taille......   3 00
374 *bis*. — moulurée. (Mêmes plus-values que pour la
  pierre de taille.) .... *Observ.*
375. **Terre** réfractaire, le m. c.....................   15 00
376. **Transport** de gravois ou de déblais aux décharges
  publiques, le m. c. 1 20
377. — de débris chargés au mannequin, du rez-de-
  chaussée dans la rue, le m. c..............   1 50
378.   Plus-value par étage, le m. c...........   0 40
  Trémies de cheminée. (Voyez [*Foyer*] *Plâtrerie*.)
  Trous pour pièces de charpente, de 0,040 carrés de
  section et au-dessus :

379.   Murs en moellons, la pièce............   0 65
380.   — en pierre tendre, la pièce........   0 90
381.   — en pierre dure, la pièce..........   2 10

  — pour pièces de charpente, au-dessous de 0,040
  carrés de section jusqu'à 0,020 :

382.   Murs en moellons, la pièce............   0 50
383.   — en pierre tendre, la pièce........   0 75
384.   — en pierre dure, la pièce..........   1 75

Trous pour pièces de charpente, de 0,020 carrés de
section jusqu'à 0,012 :

385.	Murs en moellons, la pièce............	0ᶠ 40
386.	— en pierre tendre, la pièce.........	0 35
387.	— en pierre dure, la pièce...........	1 40

— pour pièces de charpente, au-dessous de 0,012
carrés de section :

388.	Murs en moellons, la pièce............	0 20
389.	— en pierre tendre, la pièce.........	0 25
390.	— en pierre dure, la pièce...........	1 05

391. — pour pièces de charpente (poutres, solives, arba-
létriers, entraits, pannes, etc.), exécutés sur
murs neufs au fur et à mesure de la construction. A compter comme entailles; chaque trou,
qu'il soit ou non dans le même bloc de pierre,
compté comme une seule entaille .... *Observ.*

— pour soliveaux de faux plancher :

392.	Murs en moellons, la pièce............	0 10
393.	— en pierre tendre, la pièce.........	0 10
394.	— en pierre dure, la pièce...........	0 75

— pour pattes, chaque trou au-dessous de 0,05 étant
compté pour 0,05 :

395.	Dans la pierre tendre, le m. l............	0 75
396.	— d'Angoulême ou la brique, le m. l...............	1 35
397.	— dure, le m. l...........	2 00

— pour gonds et autres analogues, chaque trou au-
dessous de 0,05 étant compté pour 0,05 :

398.	Dans la pierre tendre, le m. l...........	1 50
399.	— d'Angoulême ou la brique, le m. l...............	2 70
400.	— dure, le m. l...........	4 00

— pour ancres, boulons, mandrins, passage de tuyaux
de descente, etc. :

401.	Dans la pierre tendre, le m. l...........	2 00
402.	— d'Angoulême ou la brique, le m. l...............	4 25
403.	— dure, le m. l...........	6 50

Tuyaux en terre cuite, vernissés à l'intérieur, pour
conduite d'eau, pour fourniture, de :

404.	0,045 de diamètre sur 0,50 de longueur, le m. l..					0f 57
405.	0,068	—	sur 0,50	—	—	.. 0 70
406.	0,081	—	sur 0,50	—	—	.. 0 92
407.	0,108	—	sur 0,50	—	—	.. 1 15
408.	0,121	—	sur 0,70	—	—	.. 1 47
409.	0,135	—	sur 0,70	—	—	.. 1 65
410.	0,162	—	sur 0,70	—	—	.. 2 05
411.	0,189	—	sur 0,70	—	—	.. 2 45
412.	0,216	—	sur 0,70	—	—	.. 2 87
413.	0,243	—	sur 0,70	—	—	.. 3 28
414.	0,270	—	sur 0,70	—	—	.. 3 70

415.　　　Par chaque centimètre de diamètre en plus,
　　　　le m. l. 0 16

Tuyaux de descente des lieux d'aisances. (Voyez
Conduits.)

— en ciment. (Voyez *Buses en ciment.*)

V

416. **Voûte** de cave en pierre de Langoiran ou petit
Bourg, de 0,28 à 0,30 d'épaisseur :

6 pierres, à 104f 50, n° 309..............	6f 27
Taille. 6 pierres, à 0f 15................	0 90
Mortier. 0,06, à 11f 35, N° 257......	0 68
Cintres...........................	0 60
Bardage et pose....................	1 50

　　　　　Le mètre superficiel.... ——— 9 95

MODÈLE DE MÉMOIRE.

Mémoire des travaux de maçonnerie exécutés par M
demeurant à   rue

NUMÉRO de la série.	INDICATION DÉTAILLÉE DES TRAVAUX.	QUANTITÉ.	PRIX de l'unité.	PRODUIT.
62.	Béton avec mortier de chaux hydraulique d'É-choisy, et grosse grave : Fondations du mur de face : $10,00 \times 1,00 \times 1,10 = 11,00$ Massif sous l'escalier : $2,00 \times 1,50 \times 1,00 = 3,00$	14,00	16,47	230,58
183.	Maçonnerie de moellons bruts durs, et mortier de chaux hydraulique des environs de Bordeaux : Fondations des murs de face, ensemble : $20,00 \times 2,70 \times 0,80 = 43,20$ Fondations des murs mitoyens, ensemble : $35,00 \times 2,70 \times 0,70 = 66,15$ Fondations des murs de refend, ensemble : $40,00 \times 2,70 \times 0,60 = 64,80$	174,15	17,81	3101,61
216.	Maçonnerie de pierre dure de Saint-Macaire, et mortier ordinaire : Socle de la façade. (Détail du cube)...	6,50	63,75	414,38
199.205.	Maçonnerie de pierre de taille de Langoiran, et mortier de chaux ordinaire, pour le mur mitoyen de 0,60 d'épaisseur (n° 199, moins 205) : $17,50 \times 9,00 \times 0,60 =$	94,50	29,34	2772,63
192.	Maçonnerie de pierre de taille de Bourg, et mortier de chaux ordinaire, jusqu'à 10^m de hauteur. (Détail du cube).....	70,00	36,32	2542,40
192.220.	Maçonnerie de pierre de taille de Bourg, et mortier de chaux ordinaire, jusqu'à 14^m de hauteur moyenne (n° 192, plus 4 fois n° 220). (Détail du cube).....	30,00	37,72	1181,60
289.	Parpaing en pierre de petit Bourg : 2ᵉ mur de refend, $9,50 \times 7,00 = 66,50$ A déduire 4 portes de $1,00 \times 2,10 = 8,40$	58,10	8,18	475,26
290.	Parpaing circulaire de la cage d'escalier, en petit Bourg..................... $8,00 \times 7.00 =$	56,00	10,17	569,52
	A reporter.........	......	.....	11237,98

Mémoire des travaux de maçonnerie (suite).

NUMÉRO de la série.	INDICATION DÉTAILLÉE DES TRAVAUX.	QUANTITÉ.	PRIX de l'unité.	PRODUIT.
	Report...............	......	.....	11237,98
278.	Parements vus de pierre de taille dure des carrières de Saint-Macaire (on entend sous cette dénomination les surfaces apparentes des pierres une fois en œuvre), layés et ripés.			
	(Détail de la surface).....	12,00	7,92	95,04
323.	Ravalement, ragrément et rejointoiement de maçonnerie de pierre tendre de Bourg. (Le ravalement et ragrément consiste dans la retaille sur place de toutes les petites saillies, bavures, etc., résultant d'imperfections dans la pose; le rejointoiement consiste dans la dégradation jusqu'à 0,012 ou 0,015 de profondeur des joints, tant verticaux qu'horizontaux, dans leur nettoyage, lavage et remplissage avec du mortier.)			
	(Détail de la surface).....	150,00	0,50	75,00
377.378.	Transport de débris, chargés au mannequin, du 3ᵉ étage dans la rue (nᵒ 377, plus 3 fois nᵒ 378)..	10,00	2,70	27,00
	TOTAL............	......	....	11435,02

PLATRERIE

A

Atre de cheminée en carreaux de Gironde. (Voyez *Carrelage.*)

B

417. **Briques** ordin.ʳᵉˢ simples (0,25 × 0,12 × 0,03), le %ₒₒ. 29ᶠ 70
418. — — doubles (0,25 × 0,12 × 0,045), le %ₒₒ. 47 30
419. — — simples, percées de trois trous (0,24 × 0,12 × 0,03), le %ₒₒ......... 30 50
420. — — doubles, percées de deux trous (0,22 × 0,11 × 0,055), le %ₒₒ.. ..... 44 00
421. — — — de 0,25 × 0,12 × 0,055, le %ₒₒ................. 55 00
422. — — — de 0,25 × 0,12 × 0,045, le %ₒₒ................. 50 00
423. — — doubles, percées de quatre trous (0,23 × 0,11 × 0,05), le %ₒₒ......... 55 00

C

Cannelures. (Comptées comme refend.)

424. **Cloisons** en briques ordinaires simples, sans enduits :

Briques. 32, à 29ᶠ 70, Nᵒ 417............ 0ᶠ 95	
Plâtre. 3ᵏ500, à 4ᶠ 62, Nᵒ 464............ 0 16	
Façon, compris frais d'échafaudage....... 0 25	
Le mètre superficiel.....———	1 36

425. — en briques doubles, sans enduits :

Briques. 32, à 47ᶠ 30, Nᵒ 418............ 1ᶠ 51	
Plâtre. 5ᵏ500, à 4ᶠ 62, Nᵒ 464............ 0 25	
Façon, compris frais d'échafaudage....... 0 35	
Le mètre superficiel.....———	2 11

426. — sourdes, en briques simples percées de trois trous :

Briques. 33, à 30ᶠ 50, Nᵒ 419............ 1ᶠ 00	
Plâtre. 5ᵏ000, à 4ᶠ 62, Nᵒ 464............ 0 23	
Façon, compris frais d'échafaudage 0 30	
Le mètre superficiel...———	1 53

427. Cloisons sourdes, en briques doubles, de 0,055 d'épaisseur, percées de deux trous :

> Briques. 39, à 44ᶠ, Nᵒ 420, ou 31, à 55ᶠ,
> Nᵒ 421............................... 1ᶠ 71
> Plâtre. 7ᵏ500, à 4ᶠ 62, Nᵒ 464............ 0 35
> Façon, compris frais d'échafaudage....... 0 40
>
> Le mètre superficiel...—— 2ᶠ 46

428. — — briques doubles, de 0,045 d'épaisseur, percées de deux trous :

> Briques. 31, à 50ᶠ. Nᵒ 422................ 1ᶠ 55
> Plâtre. 7ᵏ500, à 4ᶠ 62, Nᵒ 464............ 0 35
> Façon, compris frais d'échafaudage....... 0 40
>
> Le mètre superficiel...—— 2 30

429. — sourdes, en briques doubles percées de quatre trous :

> Briques. 38, à 55ᶠ, Nᵒ 423................ 2ᶠ 09
> Plâtre. 7ᵏ500, à 4ᶠ 62, Nᵒ 464............ 0 35
> Façon, compris frais d'échafaudage....... 0 40
>
> Le mètre superficiel...—— 2 84

430. — circulaires (comptées à une fois un tiers) .... *Observ.*
— sur lattis. (Voyez *Enduit sur lattis*.)
Consoles. (Voyez *Ornements*.)

431. Corniches ordinaires et moulures en plâtre, y compris saillie masse, le m. s. 7 00

432. Nota. Les corniches et moulures seront développées au fil, la mesure prise à 0,03 de l'arête du dernier membre de moulure...................... *Observ.*

433. Il sera ajouté à la longueur 0,10 pour chaque angle saillant, 0,20 pour chaque angle rentrant et 0,05 pour chaque amortissement.................... *Observ.*

434. Les corniches et moulures circulaires en plan ou rampantes droites seront comptées à un et un tiers (1 1/3) .... *Observ.*

435. Les corniches et moulures circulaires rampantes seront comptées à un deux tiers (1 2/3) .... *Observ.*

D

436. Décrottage de brique simple après démolition, le %₀₀. 5 00
437. — — double — le %₀₀. 7 00
438. Démolition de cloisons en briques simples ou doubles, le m. s. 0 25
439. — de plafond, compris enlèvement du lattis, le m. s. 0 20
440. — de cloisons sourdes, le m. s. 0 30
441. Denticules ordinaires sur plâtre, le mètre linéaire développé à l'équerre, la mesure prise dans le sens de la retombée, sans que, dans aucun cas, le prix de chaque denticule puisse être inférieur à 0ᶠ04, le m. l. 1 00

442. Denticules avec langue de chat, le mètre linéaire développé à l'équerre, la mesure prise dans le sens de la retombée, sans que, dans aucun cas, le prix de chaque denticule puisse être inférieur à 0ᶠ06, le m. l. 1ᶠ 50

Descente de gravois. (Voyez *Transport de gravois, Maçonnerie.*)

E

443. Enduit en plâtre gris pour première couche, de 0,006 d'épaisseur :

Plâtre. 5ᵏ000, à 4ᶠ 62, Nᵒ 464............. 0ᶠ 23
Façon, compris échafaudage............. 0 15
     Le mètre superficiel...—— 0 38

444. — en plâtre blanc pour seconde couche, de 0,003 à à 0,004 d'épaisseur :

Plâtre. 3ᵏ500, à 5ᶠ 50, Nᵒ 465............. 0ᶠ 19
Façon, compris échafaudage et eu égard à la sujétion 0 20
     Le mètre superficiel...—— 0 39

445.   Par chaque 0,001 d'épaisseur en plus ou en moins, le m. s....................... 0 065

446. — en plâtre jaune, de 0,003 à 0,004 d'épaisseur :

Plâtre. 3ᵏ500, à 5ᶠ 50, Nᵒ 465............. 0ᶠ 19
Ocre jaune. 0ᵏ140, à 0ᶠ 55........... .... 0 08
Façon, compris échafaudage et eu égard à la sujétion...................... 0 20
     Le mètre superficiel...—— 0 47

447. — sur lattis, à deux couches de plâtre gris, de 0,012 d'épaisseur de plâtre, pour cloisons sourdes, pour les deux faces, l'enduit en blanc étant payé à part :

Pour une face : 0,75 de lattis, à 0ᶠ75, Nᵒ 456. 0ᶠ 56
Plâtre gris. 15ᵏ700, à 4ᶠ 62, Nᵒ 464....... 0 73
Façon et clous, compris frais d'échafaudage 0 70
Pour la deuxième face 1 99
     Le mètre superficiel...—— 3 98

448. — sur lattis dans l'intérieur de lanternes, ou enduits sur lattis pour revêtement de pièces de charpente. Ces enduits seront comptés comme une face d'enduit sur lattis pour cloisons sourdes. Il sera ajouté à la longueur ou à la largeur 0,15 pour chaque angle saillant ou rentrant....... *Observ.*

449. Enduits circulaires et enduits des délardements des marches ou plafonds d'escaliers. (A compter à une fois et demi.) . . . . *Observ.*

F

Fourneau de cuisine. (Voyez *Maçonnerie.*)

450. Foyer de cheminée en briques posées à plat :

Briques. 73, à 47f 30, No 418 . . . .   3f 45
Plâtre. 34k000, à 4f 62, No 464 . . . .   1 57
Façon de pose et bardage. 2 50
Le mètre superficiel. . . ——   7f 52

G

451. Garnissage de menuiseries, chambranles, dormants, plinthes, cymaises, etc., le m. l. 0 15

452. — de rainures d'anciennes cloisons et raccords de plafonds, le m. l. 0 35

453. Nota. Les deux faces d'un jonc d'angle ne seront comptées que pour un garnissage. . . . . *Observ.*

Gorges. (Voyez *Corniches.*)

J

454. Journée de plâtrier. 4 00
455. — d'aide. 2 50

L

456. Lattis en nerva pour plafonds, de 0,04 de largeur sur 0,007 à 0,009 d'épaisseur, le mètre linéaire 0f03, soit le m. s. 0 75

M

Modillons. (Voyez *Ornements.*)
Moulures. (Voyez *Corniches.*)

O

Ornements (pose d'), non compris fourniture :

457. — d'une rosace en cul de lampe, le mètre linéaire de diamètre. 10 00

Ornements (pose d'), non compris fourniture :

458. — d'un modillon ou d'une console (toute pièce au-dessous de 0^m01 carré comptant pour 0,01), le m. s. . . . . 25^f 00

459. — d'une rosette dans l'intervalle des modillons, la pièce 0 10

460. — d'un grand motif dans une gorge ou corniche, le m. s. 14 00

461. — de cymaises, tores, frises (toute partie au-dessous de 0,10 de largeur comptant pour 0,10), le m. s. 7 00

P

462. **Pilastres** unis massés en plâtre ou en briques, la mesure prise de leurs arêtes extrêmes sans aucun développement, mais avec une plus-value de 0,10 pour chaque angle rentrant ou saillant, et comptés suivant la partie la plus saillante du fût, par chaque millimètre d'épaisseur :

Plâtre. 1^{k}000, à 4^f 62, N° 464 . . . . 0^f 046
Façon pour toute main-d'œuvre 0 039
Le mètre superficiel. . .———. 0 085

463. Les moulures, cannelures et ornements des pilastres seront payés à part . . . . *Observ.*

464. **Plâtre** gris, les °/₀ k 4 62

465. — blanc, les °/₀ k 5 50

466. — aluné, les °/₀ k 40 00

467. **Plafond** de 0,012 d'épaisseur de plâtre, en plâtre gris, enduit en plâtre blanc, compris lattis espacés de 0,01 :

Lattis. 0,75, à 0^f 75, N° 456 . . . . 0^f 56
Plâtre gris. 14^{k}500, à 4^f 62, N° 464 . . . . 0 67
Plâtre blanc. 2^{k}70, à 5^f 50, N° 465 . . . . 0 15
Façon : Pointes 0 05
Pose des lattes 0 10
Gobetage ou premier enduit 0 15
Deuxième enduit gris 0 20
Enduit en blanc 0 15
Le mètre superficiel. . .——— 2 03

468. — — — sur vieux lattis non recloué, compris dégradation de l'ancien plafond :

Plâtre gris. 14^{k}000, à 4^f 62, N° 464 . . . . 0^f 65
Plâtre blanc. 2^{k}700, à 5^f 50, N° 465 . . . . . . 0 15
Façon, compris frais d'échafaudage 0 50
Le mètre superficiel. . .——— 1 30

469.   Par chaque millimètre d'épaisseur en plus ou
             en moins, le m. s........................... 0f 05
470. **Plafond** réenduit, une couche de plâtre blanc, le m. s. 0 50
471.   —   repiqué et enduit à une couche de plâtre
             blanc, le m. s............................. 0 75
472.   —   repiqué et enduit à deux couches, dont une
             en plâtre blanc, le m. s. 1 00
          —   d'escaliers. (Voyez *Enduits*.)
473. **Plinthes** en plâtre aluné, de 0,18 de hauteur, avec
             moulures, le m. l. 1 40
474. — — de 0,14 de hauteur, le m. l................ 1 10
475. — — rampantes, de 0,19 de hauteur, avec moulures,
             le m. l.................................... 2 70

R

476. **Rainures** ou tranchées dans les murs pour liaisons
             des cloisons, le m. l. 0 25
477. **Refends**. Les refends seront comptés comme parties
             à moulures, et leur mesure sera prise à 0,03 de
             l'arête formant le nu du parement. Les surfaces
             planes entre les refends seront comptées comme
             enduits, suivant leur épaisseur .... *Observ*.
478. **Repiquage** et raccord des lézardes des plafonds,
             le m. l.................................... 0 25
     Rosaces. (Voyez *Ornements*.)
     Rumfort de cheminée. (Voyez *Fumisterie*.)

T

     Tranchées. (Voyez *Rainures*.)
     Trémies de cheminée. (Voyez *Foyer*.)

MODÈLE DE MÉMOIRE.

Mémoire des travaux de plâtrerie exécutés par M.
demeurant à   rue

NUMÉRO de la série.	INDICATION DÉTAILLÉE DES TRAVAUX.	QUANTITÉ.	PRIX de l'unité.	PRODUIT.
424.443.	Cloisons en briques ordinaires simples (n° 424), avec enduit en plâtre gris d'un seul côté (n° 443) : Languettes de face et de côté des cheminées : $6 \times 2,20 \times 1,00 = 13,20$ Cloisons dans le grenier : $5,00 \times 3,00 = 15,00$	28,20	1,74	49,07
424.443.	Cloisons en briques ordinaires simples (n° 424), avec enduit en plâtre gris sur les deux faces (2 fois n° 443) : 1er étage : salon............ $5,00 \times 3,20 = 16,00$ salle à manger..... $4,00 \times 3,20 = 12,80$ chambre à coucher. $4,25 \times 3,20 = 13,60$ cabinet........... $3,00 \times 3,20 = 9,60$ 2e étage : ensemble......... $35,00 \times 3,00 = 105,00$ $\underline{\qquad\qquad}$ 157,00 A déduire : 1er étage, 6 portes de $2,30 \times 0,90 = 12,42$ 2e étage, 8 portes de $2,20 \times 0,80 = 14,08$ $\underline{\qquad\qquad}$ 26,50	130,50	2,12	276,66
424.443. 444.	Cloisons en briques ordinaires simples (n° 424), avec enduit en plâtre gris sur les deux faces (2 fois n° 443), et un enduit en plâtre blanc sur une face (n° 444) : Cloison du corridor..... $20,00 \times 3,50 =$	70,00	2,51	175,70
443.	Enduits des murs en plâtre gris, de 0,005 d'épaisseur................ (Détail de la surface.)	250,00	0,38	95,00
467.	Plafond de 0,012 d'épaisseur, en plâtre gris enduit en plâtre blanc, compris lattis espacés de 0,01 : Plafonds du 2e étage. (Détail de la surface.)	75,00	2,03	152,25
467.469.	Plafond de 0,015 d'épaisseur, en plâtre gris enduit en plâtre blanc, compris lattis espacés de 0,01 (n° 467, plus 3 fois n° 469) : Plafonds du 1er étage et du rez-de-chaussée. (Détail.)	150,00	2,18	327,00
431.	Corniches en plâtre : Salon, compris 4 angles rentrants : $18,80 \times 0,60 = 11,28$ Salle à manger : $17,50 \times 0,50 = 8,75$	20,03	7,00	140,21
	TOTAL................	......	.....	1215,89

CARRELAGE ET PAVAGE

A

479. **Atre** de cheminée en carreaux de Gironde, la pièce.   2^f 50

B

480. **Bordures** en granit, compris taille, de $^{0,22}/_{0,25}$:

1,00 de bordure, à 7^f 25................	7^f 25
0,04 de mortier, à 16^f 58, N° 258.........	0 66
Bardage et pose.......................	0 75
Le mètre linéaire...——	8 66

481. — — de $^{0,22}/_{0,30}$:

1,00 de bordure, à 8^f 10...............	8^f 10
0,04 de mortier, à 16^f 58, N° 258.........	0 66
Bardage et pose.......................	0 75
Le mètre linéaire...——	9 51

482.   Plus-value pour les parties courbes sur les n°s 480 et 481, le m. l.................   2 00

C

483. **Carreaux** spéciaux pour soles de fours, de 0,34 $\times$ 0,34 $\times$ 0,07, le %.....................   99 00
484. — en terre cuite, bruts, de 0,33 $\times$ 0,33 $\times$ 0,023, le %.........................   16 50
485. — — taillés, — le %.........................   26 40
486. **Carrelage** en dalles dures de Barsac (petites), sur mortier de chaux ordinaire, les dalles taillées à la boucharde entre ciselures relevées :

Dalles.. 1,00, à 6^f 99, N° 497............	6^f 99
Mortier. 0,05, à 11^f 35, N° 257...........	0 57
Façon..............................	1 00
Le mètre superficiel...——	8 56

487. — — les dalles layées ou ripées :

Dalles.. 1,00, à 7^f 43, N° 498............	7^f 43
Mortier. 0,05, à 11^f 35, N° 257...........	0 57
Façon...............................	1 00
Le mètre superficiel...——	9 00

488. Carrelage en dalles dures de Barsac (grandes), sur mortier de chaux ordinaire, les dalles taillées à la boucharde entre ciselures relevées :

<pre>
Dalles.. 1,00, à 10f 56, No 499 .... 10f 56
Mortier. 0.05, à 11f 35, No 257........... 0 57
Façon 1 00
                Le mètre superficiel...—— 12f 13
</pre>

489. — — les dalles layées ou ripées :

<pre>
Dalles.. 1,00, à 11f, No 500 .... 11f 00
Mortier. 0,05, à 11f 35, No 257........... 0 57
Façon................................... 1 00
                Le mètre superficiel...—— 12 57
</pre>

490. — en dalles en granit, sur mortier de chaux ordinaire :

<pre>
Dalles.. 1,00, à 15f 40, No 501.......... 15f 40
Mortier. 0,05, à 11f 35, No 257.......... 0 57
Façon, compris retaillage des joints 3 00
                Le mètre superficiel...—— 18 97
</pre>

491.   Plus-value pour emploi de mortier de chaux hydraulique, le m. s. 0 26

492. — en briques doubles posées de champ, dans le sens de leur largeur, sur mortier de chaux ordinaire :

<pre>
75 briques, à 47f 30, No 70.............. 3f 55
Mortier. 0,04, à 11f 35, No 257.......... 0 45
Façon................................... 1 50
                Le mètre superficiel...—— 5 50
</pre>

493.   Plus-value pour emploi de mortier de chaux hydraulique, le m. s..................... 0 21

494. — en carreaux de Gironde, bruts, sur mortier de chaux ordinaire :

<pre>
10 carreaux, à 16f 50, No 484 .... 1f 65
Mortier. 0,03, à 11f 35, No 257.......... 0 34
Façon................................... 1 00
                Le mètre superficiel...—— 2 99
</pre>

495. — — taillés et posés à damier, sur mortier de chaux ordinaire :

<pre>
10 carreaux, à 26f 40, No 485 .... 2f 64
Mortier. 0,03, à 11f 35, No 257........... 0 34
Façon................................... 1 50
                Le mètre superficiel...—— 4 48
</pre>

496.   Plus-value pour emploi de mortier de chaux hydraulique, le m. s. 0 16

D

Dallage. (Voyez *Carrelage*.)

497. **Dalles** (petites) dures, de Barsac, taillées à la boucharde entre ciselures relevées :

    Dalles brutes. 1,10, à 3ᶠ 75 . . . .   4ᶠ 13
    Taille. 0,65 de tailleur de pierre, à 4ᶠ 40, Nᵒ 177.   2 86
            Le mètre superficiel... ——   6ᶠ 99

498. — — la taille layée ou ripée :

    Dalles brutes. 1,10, à 3ᶠ 75 . . . .   4ᶠ 13
    Taille. 0,75 de tailleur de pierre, à 4ᶠ 40, Nᵒ 177.   3 30
            Le mètre superficiel... ——   7 43

499. — (grandes) dures, de Barsac, taillées à la boucharde entre ciselures relevées :

    Dalles brutes. 1,10, à 7ᶠ 7ᶠ 70
    Taille. 0,65 de tailleur de pierre, à 4ᶠ 40, Nᵒ 177.   2 86
            Le mètre superficiel... ——   10 56

500. — — la taille layée ou ripée :

    Dalles brutes. 1,10, à 7ᶠ 7ᶠ 70
    Taille. 0,75 de tailleur de pierre, à 4ᶠ 40, Nᵒ 177.   3 30
            Le mètre superficiel... ——   11 00

501. — en granit, second choix, le m. s. 15 40
502. **Décrottage** de carreaux, le %ₒₒ 5 50
503. **Dépose**, compris triage des matériaux, de carrelage en carreaux de terre cuite, le m. s. 0 10
504. — de carrelage en dalles en pierre, le m. s. 0 25
504 *bis*. — de pavage en pavés de grès. le m. s. 0 20

F

505. **Foyer** de cheminée, en carreaux de Gironde. la pièce.   2 50
506. — de cheminée, à compartiments, frise de 0,30 à 0,35, les carreaux posés sur mortier de chaux hydraulique, le m. l. de frise 5 00

J

507. **Jointoiement** très soigné en ciment de Vassy, de carrelage ou dallage, le m. l. 0 25
508. **Journée** de carreleur 4 00
509. — de paveur 4 75
510. — de garçon 2 75

M

511. Marches et seuils en granit, jusqu'à 0,33 de large, premier choix :

1,00 de marche, à 23f.....................	23f 00
0,04 de mortier, à 11f 35, N° 257.........	0 45
Bardage et pose........................	1 00
Le mètre linéaire.......——	**24f 45**

512. — — second choix :

1,00 de marche, à 15f....................	15f 00
0,04 de mortier, à 11f 35, N° 257.........	0 45
Bardage et pose........................	1 00
Le mètre linéaire.......——	**16 45**

513. Moellons durs, smillés et échantillonnés, de 0,16 à 0,22 de tête et 0,20 de queue, le m. s........ **3 70**

P

514. Pavage en moellons durs, smillés et échantillonnés, sur forme de sable de 0,10 d'épaisseur :

0,95 de moellons, à 3f 70, N° 513........	3f 52
0,17 de sable, à 2f 75, N° 349...........	0 47
Façon................................	0 75
Le mètre superficiel...——	**4 74**

515. — — sur mortier de chaux hydraulique et forme de sable de 0,10 d'épaisseur :

0,95 de moellons, à 3f 70, N° 513........	3f 52
0,12 de sable, à 2f 75, N° 349...........	0 33
0,05 de mortier, à 16f 58, N° 258........	0 83
Façon................................	0 90
Le mètre superficiel...——	**5 58**

516. — en pavés de grès de Bergerac ou de Laluque de premier choix, de 0,20 à 0,22 de tête et de 0,18 à 0,20 de queue, sur forme de sable de 0,10 d'épaisseur :

22 pavés, à 44f, N° 528.................	9f 68
0,17 de sable, à 2f 75, N° 349...........	0 47
Façon................................	0 55
Le mètre superficiel...——	**10 70**

517. — — sur mortier de chaux hydraulique et forme de sable de 0,10 d'épaisseur :

22 pavés, à 44f, N° 528.................	9f 68
0,12 de sable, à 2f 75, N° 349...........	0 33
0,05 de mortier, à 16f 58, N° 258........	0 83
Façon................................	0 70
Le mètre superficiel...——	**11 54**

518. Pavage en pavés de grès de Bergerac ou de Laluque,
de second choix, de 0,20 à 0,22 de tête et de
0,18 à 0,20 de queue, sur forme de sable de
0,10 d'épaisseur :

22 pavés, à 38ᶠ, Nᵒ 529.................	8ᶠ 36
0,17 de sable, à 2ᶠ 75, Nᵒ 349...........	0 47
Façon................................	0 55
Le mètre superficiel...——	9ᶠ 38

519. — — sur mortier de chaux hydraulique et forme de
sable de 0,10 d'épaisseur :

22 pavés, à 38ᶠ, Nᵒ 529.................	8ᶠ 36
0,12 de sable, à 2ᶠ 75, Nᵒ 349...........	0 33
0,05 de mortier, à 16ᶠ 58, Nᵒ 258.........	0 83
Façon................................	0 70
Le mètre superficiel...——	10 22

520. — en pavés de grès de Bergerac, de 0,10 à 0,12 de
tête et 0,08 à 0,10 de queue, sur mortier de
chaux hydraulique et forme de sable de 0,10
d'épaisseur :

72 pavés, à 9ᶠ, Nᵒ 530.................	6ᶠ 48
0,12 de sable, à 2ᶠ 75, Nᵒ 349...........	0 33
0,035 de mortier, à 16ᶠ 58, Nᵒ 258.........	0 58
Façon................................	0 95
Le mètre superficiel... ——	8 34

521. — en pavés de grès de Saint-Jean-de-Luz (Ascain) :

72 pavés, à 8ᶠ 50, Nᵒ 531.................	6ᶠ 12
0,12 de sable, à 2ᶠ 75, Nᵒ 349...........	0 33
0,035 de mortier, à 16ᶠ 58, Nᵒ 258.........	0 58
Façon................................	0 95
Le mètre superficiel...——	7 98

522. — en pavés de Cherbourg, de 0,12 à 0,14 de tête et
de 0,12 à 0,16 de queue, sur forme de sable
de 0,10 d'épaisseur :

53 pavés, à 25ᶠ 50, Nᵒ 532.................	13ᶠ 52
0,18 de sable, à 2ᶠ 75, Nᵒ 349...........	0 50
Façon................................	0 70
Le mètre superficiel...——	14 72

523. — — sur mortier de chaux hydraulique et forme de
sable de 0,10 d'épaisseur :

53 pavés, à 25ᶠ 50, Nᵒ 532.................	13ᶠ 52
0,12 de sable, à 2ᶠ 75, Nᵒ 349...........	0 33
0,06 de mortier, à 16ᶠ 58, Nᵒ 258.........	0 99
Façon................................	0 85
Le mètre superficiel...——	15 69

7

524. Pavage en pavés de Cherbourg, de 0,14 à 0,16 de tête et de 0,12 à 0,16 de queue, sur forme de sable de 0,10 d'épaisseur :

    41 pavés, à 32ᶠ 50, Nᵒ 533................ 13ᶠ 33
    0,18 de sable, à 2ᶠ 75, Nᵒ 349............ 0 50
    Façon.................................... 0 65
                Le mètre superficiel...———   14ᶠ 48

525. — — sur mortier de chaux hydraulique et forme de sable de 0,10 d'épaisseur :

    41 pavés, à 32ᶠ 50, Nᵒ 533................ 13ᶠ 33
    0,12 de sable, à 2ᶠ 75, Nᵒ 349............ 0 33
    0,06 de mortier, à 16ᶠ 58, Nᵒ 258......... 0 99
    Façon.................................... 0 80
                Le mètre superficiel...———   15 45

526. — en pavés de Cherbourg, de 0,16 à 0,18 de tête et de 0,12 à 0,16 de queue, sur forme de sable de 0,10 d'épaisseur :

    32 pavés, à 35ᶠ, Nᵒ 534.................. 11ᶠ 20
    0,17 de sable, à 2ᶠ 75, Nᵒ 349............ 0 47
    Façon.................................... 0 60
                Le mètre superficiel...———   12 27

527. — — sur mortier de chaux hydraulique et forme de sable de 0,10 d'épaisseur :

    32 pavés, à 35ᶠ, Nᵒ 534.................. 11ᶠ 20
    0,12 de sable, à 2ᶠ 75, Nᵒ 349............ 0 33
    0,05 de mortier, à 16ᶠ 58, Nᵒ 258......... 0 83
    Façon.................................... 0 75
                Le mètre superficiel...———   13 11

— en briques de champ. (Voyez *Carrelage.*)

528. Pavés de grès de Bergerac ou de Laluque, de premier choix, de 0,20 à 0,22 de tête et de 0,18 à 0,20 de queue, le %.......................... 44 00

529. — — de second choix, — le %................... 38 00

530. — de grès de Bergerac, dits *cales*, de choix, de 0,10 à 0,12 de tête et de 0,08 à 0,10 de queue, le %. 9 00

531. — — de Saint-Jean-de-Luz (Ascain), — le %..... 8 50

532. — de grès de Cherbourg, de 0,12 à 0,14 de tête et de 0,12 à 0,16 de queue, le %.................. 25 50

533. — — mais de 0,14 à 0,16 de tête, le %.......... 32 50

534. — — mais de 0.16 à 0,18 de tête, le %.......... 35 00

R

Rejointoiement. (Voyez *Jointoiement.*)

S

Seuils. (Voyez *Marches.*)

ASPHALTE

A

535. **Asphalte** de Seyssel (de la Cie générale), les % kil.   18^f 00
— factice. (Voyez *Bitume factice*.)
536. — de Maestu (Espagne), les % kil........   13 10

B

Béton. (Voyez *Maçonnerie*.)
537. **Bitume** factice en pain, les % kil...............   8 00
538. — minéral raffiné (goudron), les % kil.......   47 20

C

Chape en mortier de chaux hydraulique. (Voyez *Ma-çonnerie*.)

D

539. **Dallage** en bitume factice, de 0,015 d'épaisseur :

Bitume factice. 22^k500, à 8^f, N° 537......   1^f 80
Goudron minéral. 1^k125, à 47^f 20, N° 538..   0 53
Sable à chaudière et lavé. 0,006 (9^k), à 20^f
N° 573...............................   0 12
Main-d'œuvre, compris tous faux frais et
combustible........................   0 80
Le mètre superficiel...———   3 25

540. — — sur une couche de béton avec mortier de chaux hydraulique des environs de Bordeaux, de 0,10 d'épaisseur :

Béton. 0,10, à 15^f 64, N° 61..............   1^f 56
Bitume, goudron, sable et main-d'œuvre.
Comme au N° 539...................   3 25
Le mètre superficiel...———   4 81

541. — — sur une couche de béton avec mortier de chaux hydraulique d'Échoisy, de 0,10 d'épaisseur :

Béton. 0,10, à 16^f 47, N° 62.............   1^f 65
Bitume, goudron, sable et main-d'œuvre.
Comme au N° 539...................   3 25
Le mètre superficiel...———   4 90

542. Dallage en bitume factice, de 0,015 d'épaisseur, sur chape en mortier hydraulique de 0,02 d'épaiss' :

     Chape, N° 91 . . . . 0' 90
     Bitume, goudron, sable et main-d'œuvre.
     Comme au N° 539 . . . . 3 25
         Le mètre superficiel. . .———   4' 15

543. — — sur chape en mortier hydraulique, de 0,03 d'épaisseur :

     Chape, N° 92. . . . . 1' 25
     Bitume, goudron, sable et main-d'œuvre.
     Comme au N° 539 . . . . 3 25
         Le mètre superficiel. . .———   4 50

544. — — sur chape en mortier hydraulique, de 0,05 d'épaisseur :

     Chape, N° 93 . . . . 1' 74
     Bitume, goudron, sable et main-d'œuvre.
     Comme au N° 539 . . . . 3 25
         Le mètre superficiel. . .———   4 99

545.   Par chaque millimètre d'épaisseur de bitume au-dessus de 0,015, le m. s. 0 20

546. — en asphalte de Seyssel, de 0,015 d'épaisseur :

     Asphalte. 22^k500, à 18', N° 535. . . . . 4' 05
     Goudron minéral. 1^k125, à 47' 20, N° 538. . 0 53
     Sable à chaudière et lavé. 0,006 (9^k), à 20'
     N° 573. . . . . 0 12
     Main-d'œuvre, compris tous faux frais et
     combustible. 0 80
         Le mètre superficiel. . .———   5 50

547. — en asphalte de Seyssel, de 0,015 d'ép', sur une couche de béton avec mortier de chaux hydraulique des environs de Bordeaux, de 0,10 d'épaisseur :

     Béton. 0,10, à 15' 64, N° 61. . . . . 1' 56
     Asphalte, goudron, sable et main-d'œuvre.
     Comme au N° 546 . . . . 5 50
         Le mètre superficiel. . .———   · 7 06

548. — — sur une couche de béton avec mortier de chaux hydraulique d'Échoisy, de 0,10 d'épaisseur :

     Béton. 0,10, à 16' 47, N° 62 . . . . 1' 65
     Asphalte, goudron, sable et main-d'œuvre.
     Comme au N° 546. 5 50
         Le mètre superficiel. . .———   7 15

549. — — sur chape en mortier de chaux hydraulique, de 0,02 d'épaisseur :

     Chape, N° 91 . . . . 0' 90
     Asphalte, goudron, sable et main-d'œuvre.
     Comme au N° 546 . . . . 5 50
         Le mètre superficiel. . .———   6 40

550. **Dallage** en asphalte de Seyssel, de 0,015 d'épaisseur,
   sur chape en mortier de chaux hydraulique, de
   0,03 d'épaisseur :

> Chape, N° 92 .... 1ᶠ25
> Asphalte, goudron, sable et main-d'œuvre.
> Comme au N° 546 .... 5 50
> Le mètre superficiel...——   6ᶠ75

551. — — sur chape en mortier de chaux hydraulique,
   de 0,05 d'épaisseur :

> Chape, N° 93........................... 1ᶠ74
> Asphalte, goudron, sable et main-d'œuvre.
> Comme au N° 546 .... 5 50
> Le mètre superficiel...——   7 24

552.   Par chaque millimètre d'épaisseur d'asphalte
   au-dessus de 0,015, le m. s.............   0 35

553. — en asphalte de Maestu (Espagne), de 0,015 d'é-
   paisseur :

> Asphalte. 22ᵏ500, à 13ᶠ10, N° 536........ 2ᶠ95
> Goudron minéral. 1ᵏ125, à 47ᶠ20, N° 538.. 0 53
> Sable à chaudière et lavé. 0,006 (9ᵏ), à 20ᶠ
>   N° 573............................. 0 12
> Main-d'œuvre, compris tous faux frais et
>   combustible........................ 0 80
> Le mètre superficiel...——   4 40

554. — — de 0,015 d'épaisseur sur une couche de béton,
   avec mortier de chaux hydraulique des environs
   de Bordeaux, de 0,10 d'épaisseur :

> Béton. 0,10, à 15ᶠ64, N° 61.............. 1ᶠ56
> Asphalte, goudron, sable et main-d'œuvre.
> Comme au N° 553.................... 4 40
> Le mètre superficiel...——   5 96

555. — — — sur une couche de béton, avec mortier de
   chaux hydraulique d'Échoisy, de 0,10 d'épaissʳ :

> Béton. 0,10, à 16ᶠ47, N° 62 .... 1ᶠ65
> Asphalte, goudron, sable et main-d'œuvre.
> Comme au N° 553 .... 4 40
> Le mètre superficiel...——   6 05

556. — — sur chape en mortier de chaux hydraulique,
   de 0,02 d'épaisseur :

> Chape, N° 91 .... 0ᶠ90
> Asphalte, goudron, sable et main-d'œuvre.
> Comme au N° 553 .... 4 40
> Le mètre superficiel...——   5 30

557. Dallage en asphalte de Maestu (Espagne), de 0,015 d'épaisseur, sur chape en mortier de chaux hydraulique, de 0,03 d'épaisseur :

Chape, N° 92 .... 1f 25
Asphalte, goudron, sable et main-d'œuvre.
Comme au N° 553 .... 4 40

Le mètre superficiel...——   5f 65

558. — — sur chape en mortier de chaux hydraulique, de 0,05 d'épaisseur :

Chape, N° 93 .... 1f 74
Asphalte, goudron, sable et main-d'œuvre.
Comme au N° 553 .... 4 40

Le mètre superficiel...——   6 14

559.   Par chaque millimètre d'épaisseur d'asphalte au-dessus de 0,015 d'épaisseur, le m. s...   0 28

560. Nota. Lorsque dans les dallages il sera employé du goudron de gaz en remplacement du bitume minéral, les prix des dallages subiront une réduction de 0f35 par mètre superficiel....................................   0 35

G

561. Goudron de gaz, les % kil.....................   16 00

J

562. Joints de pavés, en asphalte de Seyssel, ayant de 0,01 à 0,012 de largeur et 0,03 à 0,04 de profondeur, pour pavés de 0,18 à 0,22 de côté :

Asphalte. 13k00, à 18f, N° 535 .... 2f 34
Goudron minéral. 0k650, à 47f 20, N° 538. 0 31
Main-d'œuvre, compris tous faux frais et
   combustible. 2 00

Le mètre superficiel...——   4 65

563. — — ayant de 0,01 à 0,012 de largeur et 0,02 à 0,03 de profondeur, pour pavés de 0,10 à 0,12 de côté :

Asphalte. 19k500, à 18f, N° 535 .... 3f 51
Goudron minéral. 0k975, à 47f 20, N° 538. 0 46
Main-d'œuvre, compris tous faux frais et
   combustible. 3 00

Le mètre superficiel...——   6 97

564. — de pavés, en bitume factice, ayant de 0,01 à 0,012

de largeur et 0,03 à 0,04 de profondeur, pour
pavés de 0,18 à 0,22 de côté :

Bitume factice. 13ᵏ00, à 8ᶠ, Nº 537.......   1ᶠ04
Goudron et main-d'œuvre. Comme au Nº 562   2 31

Le mètre superficiel.. ——   3ᶠ 35

565. Joints de pavés, en bitume factice, ayant de 0,01 à
0,012 de largeur et 0,02 à 0,03 de profon-
deur, pour pavés de 0,10 à 0,12 de côté :

Bitume factice. 19ᵏ500, à 8ᶠ, Nº 537......   1ᶠ56
Goudron et main-d'œuvre, compris tous
  faux frais et combustible, Nº 563.......   3 46

Le mètre superficiel...——   5 02

566. — de pavés en asphalte de Maestu (Espagne), ayant
de 0,01 à 0,012 de largeur et 0,03 à 0,04 de
profondeur, pour pavés de 0,18 à 0,22 de côté :

Asphalte. 13ᵏ00, à 13ᶠ 10, Nº 536........   1ᶠ70
Goudron minéral. 0ᵏ650, à 47ᶠ 20, Nº 538..   0 31
Main-d'œuvre, compris tous faux frais et
  combustible......................   2 00

Le mètre superficiel...——   4 01

567. — — ayant de 0,01 à 0,012 de largeur et 0,02 à
0,03 de profondeur, pour pavés de 0,10 à 0,12
de côté :

Asphalte. 19ᵏ500, à 13ᶠ 10, Nº 536.......   2ᶠ55
Goudron minéral. 0ᵏ975, à 47ᶠ 20, Nº 538.   0 46
Main-d'œuvre, compris tous faux frais et
  combustible 3 00

Le mètre superficiel...——   6 01

568. Journée d'applicateur en asphalte...............   4 50
569.   — d'aide.................................   2 65

R

570. Réfection de dallage en asphalte ou bitume factice,
de 0,015 d'épaisseur, sur chape en mortier de
chaux hydraulique, de 0,02 d'épaisseur :

Chape, Nº 91 ....   0ᶠ90
Goudron minéral. 1ᵏ350, à 47ᶠ 20, Nº 538.   0 64
Main-d'œuvre, compris tous faux frais et
  combustible......................   0 80

Le mètre superficiel...——   2 34

571. — — sur chape en mortier hydraulique, de 0,03
d'épaisseur :

Chape, Nº 92.......................   1ᶠ25
Goudron et main-d'œuvre. Comme au Nº 570.   1 44

Le mètre superficiel...——   2 69

572. Réfection de dallage en asphalte ou bitume factice, de 0,015 d'épaisseur, sur chape en mortier hydraulique, de 0,05 d'épaisseur :

Chape, N° 93...................... 1ʳ 74
Goudron et main-d'œuvre. Comme au N° 570.   1 44
Le mètre superficiel...——   3ʳ 18

S

573. Sable à chaudière et lavé, les grains n'ayant pas de dimension supérieure à 0,005 dans chaque sens, le mètre cube.......................... 20 00

574. Solins en asphalte, jusqu'à 0,05 de largeur, le mètre linéaire............................... 0 45

575.   Par chaque centimètre de largeur en plus ou en moins, le mètre linéaire............. 0 05

CHARPENTE

A

576. **Assemblages** à trait de Jupiter, jusqu'à 0,40 de longueur, la pièce........................... 1ᶠ 50
577.   Par chaque centimètre de longueur en plus..   0 02
578. — à tenon et mortaise, avec ou sans épaulement,
dans le bois de sapin, par chaque centimètre
carré de section de la mortaise jusqu'à 0,05 de
longueur de tenon...................... 0 01
579.   Par chaque centimètre de longueur de tenon
en sus de la longueur prévue, on ajoutera
au prix précédent...................... 0 0005
580.   Les assemblages sur bois de chêne seront payés
un tiers en sus......................... *Observ.*
581. Nota. Les prix ci-dessus ne seront appliqués qu'accidentellement et lorsque
le prix du travail exécuté ne tiendra pas compte de ces assemblages...... *Observ.*
582. **Assemblages** faits sur le tas : mortaises, la pièce..   0 50
583.   tenons, la pièce.....   0 40

B

584. **Battage** de pieux de 0,25 à 0,30 de diamètre, compris location et entretien d'une sonnette à mouton
de 600 kil. Les pieux étant battus au refus de
0,02 par volée de dix coups d'une sonnette de
600 kil. tombant de 2,00 de hauteur, le m. l. de
fiche de pieux, compris recepage et pose des
frettes et des sabots...................... 4 25
585. — de palplanches, le m. s. 3 50
    Bordage. (Voyez [*Cloisons*] *Menuiserie*.)
586. **Brulement** de poteaux de barrières, la pièce......   0 50
587. **Buchement** sur le tas et dressage de la surface, à
0,03 d'épaisseur, le m. s. 2 70
588.   Chaque centimètre en plus, le m. s. 0 30

C

Cales d'étrésillons. (Voyez [*Tasseaux*] *Menuiserie*.)

589. **Chanfreins** sur le tas, sur pièces de charpente, chaque arrêt compté pour 0m50, le m. l. 0f 35

— abattus au ciseau. (V. [*Chanfreins*] *Menuiserie*.)

— — au rabot. (V. [*Feuillures*] *Menuiserie*.)

590. **Chantignoles** ordinaires (plus-value pour), la pièce. 0 35

591. — chantournées, à gorge (—), la pièce. 0 50

592. **Chantournements** d'abouts de pièces de charpente, la pièce 0 50

593. — (plus-value pour) de consoles, le mètre linéaire de découpage, mesuré suivant le développement du galbe 1 00

594. **Charpente** en chêne ordinaire du pays, équarri, sans assemblages :

> Bois, compris déchet. 1m05, à 81f 40, No 616.. 85f 47
> Main-d'œuvre pour façon, bardage et mise au levage. 2,60 de charpentier, à 4f 25, No 640. 11 05
>
> Le mètre cube —— 96 52

595. — — avec assemblages :

> Bois, compris déchet. 1,08, à 81f 40, No 616.. 87f 91
> Main-d'œuvre pour façon, bardage et mise au levage. 5,00 de charpentier, à 4f 25, No 640. 21 25
>
> Le mètre cube —— 109 16

596. — en chêne de choix du pays, équarri à vive arête, de sciage, sans assemblages :

> Bois. 1,05, à 103f 40, No 617 108f 57
> Main-d'œuvre pour façon, bardage et mise au levage. 2,60 de charpentier, à 4f 25, No 640. 11 05
>
> Le mètre cube —— 119 62

597. — — avec assemblages :

> Bois. 1,08, à 103f 40, No 617 111f 67
> Main-d'œuvre pour façon, bardage et mise au levage. 5,00 de charpentier, à 4f25, No 640. 21 25
>
> Le mètre cube —— 132 92

598. — — avec assemblages, bois refait (bois blanchis) :

> Bois. 1,08, à 103f 40, No 617 111f 67
> Main-d'œuvre pour façon, bardage et mise au levage. 8,00 de charpentier, à 4f25, No 640. 34 00
>
> Le mètre cube —— 145 67

599. Charpente en chêne de choix du pays, équarri à vive arête, de sciage, avec assemblages, bois refait, avec chanfreins sur les arêtes :

Bois. 1,08, à 103ᶠ 40, Nᵒ 617............... 111ᶠ 67
Main-d'œuvre pour façon, bardage et mise au
   levage. 8,70 de charpentier, à 4ᶠ25, Nᵒ 640. 36 98
      Le mètre cube.......——— 148ᶠ 65

600. — en sapin du Nord, à vive arête, de sciage, sans assemblages :

Bois. 1,05, à 66ᶠ 70, Nᵒ 654............... 70ᶠ 04
Main-d'œuvre pour façon, bardage et mise au
   levage. 2,60 de charpentier, à 4ᶠ25, Nᵒ 640. 11 05
      Le mètre cube.......——— 81 09

601. — — avec assemblages :

Bois. 1,07, à 66ᶠ 70, Nᵒ 654............... 71ᶠ 37
Main-d'œuvre pour façon, bardage et mise au
   levage. 5,00 de charpentier, à 4ᶠ25, Nᵒ 640. 21 25
      Le mètre cube.......——— 92 62

602. — — avec assemblages, bois refait (bois blanchis) :

Bois. 1,07, à 66ᶠ 70, Nᵒ 654............... 71ᶠ 37
Main-d'œuvre pour façon, bardage et mise au
   levage. 6,80 de charpentier, à 4ᶠ25, Nᵒ 640. 28 90
      Le mètre cube.......——— 100 27

603. — — bois refait, avec chanfreins sur les arêtes :

Bois. 1,07, à 66ᶠ 70, Nᵒ 654............... 71ᶠ 37
Main-d'œuvre pour façon, bardage et mise au
   levage. 7,40 de charpentier, à 4ᶠ25, Nᵒ 640. 31 45
      Le mètre cube.......——— 102 82

604. Plus-value pour charpente en sapin du Nord, avec bois au-dessus de 0,28 sur 0,28 d'équarrissage et de plus de 12,00 de longueur, le m. c....................................... 13 00

605. — en pin grossièrement équarri, sans assemblages :

Bois. 1,05, à 35ᶠ, Nᵒ 650.................. 36ᶠ 75
Main-d'œuvre pour façon, bardage et mise au
   levage. 2,60 de charpentier, à 4ᶠ25, Nᵒ 640. 11 05
      Le mètre cube.......——— 47 80

606. — — avec assemblages :

Bois. 1,08, à 35ᶠ, Nᵒ 650.................. 37ᶠ 80
Main-d'œuvre pour façon, bardage et mise au
   levage. 5,00 de charpentier, à 4ᶠ25, Nᵒ 640. 21 25
      Le mètre cube.......——— 59 05

607. **Charpente** en pin, à vive arête, de sciage, sans assemblages :

> Bois. 1,05, à 48f 40, No 651 .... 50f 82
> Main-d'œuvre pour façon, bardage et mise au levage. 2,60 de charpentier, à 4f25, No 640. 11 05
>
> Le mètre cube .... ———— 61f 87

608. — — avec assemblages :

> Bois. 1,08, à 48f 40, No 651 .... 52f 27
> Main-d'œuvre pour façon, bardage et mise au levage. 5,00 de charpentier, à 4f25, No 640. 21 25
>
> Le mètre cube .... ———— 73 52

609. — avec assemblages, bois refait (bois blanchis) :

> Bois. 1,08, à 48f 40, No 651 .... 52f 27
> Main-d'œuvre pour façon, bardage et mise au levage. 6,80 de charpentier, à 4f25, No 640. 28 90
>
> Le mètre cube .... ———— 81 17

610. — — bois refait, avec chanfreins sur les arêtes :

> Bois. 1,08, à 48f 40, No 651 .... 52f 27
> Main-d'œuvre pour façon, bardage et mise au levage. 7,40 de charpentier, à 4f25, No 640. 31 45
>
> Le mètre cube .... ———— 83 72

611. Plus-value de main-d'œuvre pour charpente, avec bois au-dessous de 0,010 de section, deux tiers en sus du prix de la façon 2/3

612. Nota. Les chevronnages des combles et solivages des planchers jusqu'à 0,006 de section, seront comptés au mètre cube. Toute pièce au-dessous de 0,006 de section sera comptée au mètre linéaire .... *Observ.*

613. Seront considérées comme charpente sans assemblages toutes les pièces mises en œuvre, jointives ou isolées ou réunies bout à bout, coupées droites ou en biseau. Toutes les autres pièces comportant des assemblages, soit entre elles, soit avec les fers et fontes pour charpentes mixtes ou fermes moisées, seront classées comme charpente avec assemblages. La longueur des tenons et assemblages sera toujours comptée .... *Observ.*

Les charpentes en bois refait non blanchi sur les quatre faces subiront une moins-value par mètre carré de surface non blanchie :

614. Sapin, le m. s. 0 30
615. Chêne, le m. s. 0 50

616. **Chêne** ordinaire du pays, équarri, de toute grosseur, avec tolérance de flache de 0,03, le m. c. 81 40

617. — de choix du pays, de tout équarrissage, à vive arête, de sciage, le m. c. 103 40

618. — du Nord, le m. c. 126 50

Chevalements. (Voyez *Échafaudages.*)

619. **Clôtures** provisoires pour clôturer les chantiers, pour toute location de bois et main-d'œuvre, le mètre superficiel 0 75

620. — pour main-d'œuvre seulement, le m. s. 0 50

621. **Coupement** sur le tas, à la scie, de chevrons, la pièce.   0ᶠ 05
622.   —   — de solives et sablières, la pièce...   0 15
623.   —   — d'enchevêtrures et chevêtres, la p.   0 30
624.   —   — de poutres, la pièce............   0 45
625.   —   à l'ébauchoir, le double des prix ci-
            dessus......................... *Observ.*

D

626. **Dépose** de charpente avec repérage des bois, le m. c.   5 50
627.   —   de bordage avec couvre-joints, le m. s.....   0 20
628.   —   de plancher, le m. s....................   0 25

E

629. **Échafaudages**, étais ou chevalements, en bois neuf,
            pour location et toute main-d'œuvre de pose et
            dépose, pour premier emploi. un tiers de la
            valeur du bois en œuvre...................   1,3
630. — — par chaque nouvel emploi après le premier,
            un cinquième de la valeur du bois en œuvre...   1/5
631. — en vieux bois de toute nature ou ayant déjà servi
            sur un autre chantier, pour location et toute
            main-d'œuvre de pose et dépose, le m. c......   20 00
632. — par chaque nouvel emploi après le premier, le m. c.   12 00
633. Nota. Ces prix ne sont pas applicables aux échafaudages ordinaires employés
      par les divers corps d'état. Ce matériel est fourni par les entrepreneurs et
      fait partie des faux frais de l'entreprise .... *Observ.*
634. Il ne sera fait application des prix d'échafaudages en bois neufs que lorsque
      le travail aura été ainsi prescrit par ordre spécial................... *Observ.*
Échantignoles. (Voyez *Chantignoles*.)
635. **Entailles** sur le tas, pour corbeau, la pièce........   0 20
636.   —   —   pour étrier, la pièce 0 25
637.   —   —   pour panne, la pièce 0 25
Étais. (Voyez *Échafaudages*.)
Étrésillons en sapin, entre solives. (V. [*Chevrons*]
      Menuiserie.)

F

638. **Feuillures** sur le tas, sapin, le m. l..............   0 35
639.   —   —   chêne, le m. l..............   0 55
Fourrures. (Voyez *Menuiserie*.)

J

640. **Journée** de charpentier 4f 25
641.   —   —   gâcheur 5 50
642.   —   de scieur de long 4 25

M

643. **Moulures** sur chêne, sur le tas, droites, simples,
      le m. l. 0 50
644. — sur chêne, sur le tas, composées d'une doucine et
      d'un filet, le m. l. 1 10
645. — — composées de deux doucines et d'un filet, le m.l. 1 35
646. — sur sapin, sur le tas, droites, simples, le m. l... 0 40
647. — — composées d'une doucine et d'un filet, le m. l. 0 80
648. — — composées de deux doucines et d'un filet, le m.l. 1 10

P

649. **Pin** du pays, de toute grosseur, en grume, le m. c. 30 00
650.   —   de toute grosseur, grossièrem^t équarri,
          avec tolérance de flache de 0,03, le
          m. c 35 00
651.   —   de toute grosseur, équarri à vive arête,
          de sciage, le m. c 48 40
652.   —   pour pieux de 0,30 de diamètre moyen
          jusqu'à 15,00 de longueur, le m. c.. 50 00

R

653. **Repose** de charpente sans retaille des bois, le m. c. 8 50

S

654. **Sapin** du Nord, jusqu'à 0,28 d'équarrissage et jusqu'à
       12,00 de longueur, le m. c. 66 70
655. — — de 0,28 d'équarrissage et au-dessus et de
       plus de 12,00 de longueur, le m. c 78 80

656. Sciage sur bois dur, le m. superfic. de trait de scie.　1ᶠ 00

657. — sur bois tendre, — ...　0 60

658. — sur vieux bois, non compris arrachage des clous, un tiers en sus des prix ci-dessus...　1/3

659. Nota. Le sciage pour débitage d'un mètre cube de bois représente en moyenne 12,50 superficiels de trait de scie...........................　*Observ.*

T

660. Taquets pour abouts de pannes ou autres pièces de charpente, la pièce ....　0 50

661. Trous de boulons de 0,10 de longueur, avec pose des dits et encastrement des têtes et des écrous (posés en sous-œuvre), la pièce..............　0 30

662. — — sans encastrement des têtes ni des écrous, la pièce ....　0 20

663. Par chaque centimètre de longueur en sus, la pièce ....　0 025

664. Trous et pose d'une cheville posée en sous-œuvre, la pièce ....　0 15

COUVERTURE ET ZINGUERIE

A

Ardoises d'Angers, modèle anglais :

665.	— — N° 1, de 0,64 × 0,36, le %..	33f 30
666.	— — N° 2, de 0,608 × 0,36, le %..	30 75
667.	— — N° 3, de 0,608 × 0,304, le %..	25 85
668.	— — N° 4, de 0,558 × 0,279, le %..	20 40
669.	— — N° 5, de 0,508 × 0,254, le %..	15 90
670.	— — N° 6, de 0,458 × 0,254, le %..	13 70
671.	— ordin^res, grande carrée, de 0,324 × 0,222, le %..	56 65
672.	— — carrée forte, de 0,297 × 0,216, le %..	55 00
673.	— — carrée 1/2 forte, de 0,297 × 0,216, le %..	45 65
674.	— — 2e carrée..... de 0,297 × 0,195, le %..	31 90
675.	— de Tarbes, ordinaires, grande carrée, de 0,325 × 0,225, le %..............................	50 00
676.	**Augmentation** pour les ardoises modèle anglais, taillées en ogive, le %.....................	1 65

B

Balayage de couverture. (Voyez *Émoussage*.)

C

677.	**Charbon** de chêne, l'hectolitre...	4 50
678.	— de pin, —	2 75
	Châssis à tabatière, en fonte, avec crémaillère, pour couverture en ardoises, sans pose :	
679.	N° 1, de 0,25 sur 0,40 de jour, la pièce....	6 90
680.	N° 2, de 0,30 sur 0,45 de jour, —	8 05
681.	N° 3, de 0,35 sur 0,50 de jour, —	9 20
682.	N° 4, de 0,40 sur 0,55 de jour, —	10 35
683.	N° 5, de 0,45 sur 0,60 de jour, —	11 50
684.	N° 6, de 0,50 sur 0,65 de jour, —	12 65
685.	N° 7, de 0,55 sur 0,70 de jour, —	14 95
686.	N° 8, de 0,60 sur 0,80 de jour, —	17 25
687.	N° 9, de 0,70 sur 0,90 de jour, —	19 55
688.	N° 10, de 0,80 sur 1,00 de jour, —	24 15

Châssis à tabatière, en fonte, avec crémaillère, pour couverture en tuiles creuses, sans pose :

689.	N° 1, de 0,25 sur 0,40 de jour, la pièce....	8f 95
690.	N° 2, de 0,30 sur 0,45 de jour, —	10 45
691.	N° 3, de 0,35 sur 0,50 de jour, —	11 95
692.	N° 4, de 0,40 sur 0,55 de jour, —	13 45
693.	N° 5, de 0,45 sur 0,60 de jour, —	14 95
694.	N° 6, de 0,50 sur 0,65 de jour, —	16 45
695.	N° 7, de 0,55 sur 0,70 de jour, —	19 45
696.	N° 8, de 0,60 sur 0,80 de jour, —	22 40
697.	N° 9, de 0,70 sur 0,90 de jour, —	25 50
698.	N° 10, de 0,80 sur 1,00 de jour, —	31 40

699. **Clous** en cuivre rouge (525 au kilog.), le °/₀₀ 10 00

700. — à ardoises ordinaires (750 au kilog.), le °/₀₀.. 1 25

701. — à voliges (350 au kilog.), le °/₀₀............ 2 50

702. **Colliers** à pointe pour tuyaux de descente, en place, la pièce 0 25

703. — en fer demi-rond, à vis, en place, compris vis, la pièce............................ 0 60

704. — — à scellement, compris scellement, la pièce... 0 60

705. **Couverture** en tuiles creuses, avec recouvrement du tiers de leur longueur, non compris lattis, le lattis étant payé à part selon son espèce :

Tuiles. 33, à 58f 30, N° 789	1f 92
Main-d'œuvre, compris montage et pose...	0 35
Le mètre superficiel...————	2 27

706. — en tuiles plates imprimées mécaniques :

Tuiles. 14, à 200f, N° 788	2f 80
Lattis. 3,00, à 0f 10, N° 767..............	0 30
Pointes...........................	0 05
Main-d'œuvre, compris montage et pose...	0 30
Le mètre superficiel...————	3 45

707. — en tuiles remaniées, compris nettoyage de la tuile. le m. s............................. 0 35

708. — en ardoises d'Angers, modèle anglais, n° 1, sur voliges en sapin taillées en sifflet, de $0.08 \times 0,025$, moyenne :

Ardoises. 10 1/2, à 33f 30, N° 665.........	3f 50
Clous en cuivre. 20, à 10f, N° 699.........	0 20
Voliges. 3m60, à 0f 22, N° 813	0 79
Pointes à voliges. 18, à 2f 50, N° 701......	0 05
Façon, compris faux frais, etc...........	0 50
Le mètre superficiel...————	5 04

709. Couverture en ardoises d'Angers, **modèle anglais,**
n° 2, sur voliges en sapin taillées en sifflet, de 0,08
× 0,025, moyenne :

Ardoises. 11, à 30f 75, N° 666............	3f 38
Clous en cuivre. 21, à 10f, N° 699........	0 21
Voliges. 3m80, à 0f 22, N° 813............	0 84
Pointes à voliges. 19, à 2f 50, N° 701.....	0 05
Façon, compris faux frais, etc............	0 50

    Le mètre superficiel...——   **4f 98**

710. — — modèle anglais, n° 3, sur voliges en sapin
taillées en sifflet, de 0,08 × 0,025, moyenne :

Ardoises. 13, à 25f 85, N° 667............	3f 36
Clous en cuivre. 25, à 10f, N° 699........	0 25
Voliges. 3m80, à 0f 22, N° 813............	0 84
Pointes à voliges. 19, à 2f 50, N° 701.....	0 05
Façon, compris faux frais, etc............	0 50

    Le mètre superficiel...——   **5 00**

711. — — modèle anglais, n° 4, sur voliges en sapin
taillées en sifflet, de 0,08 × 0,025, moyenne :

Ardoises. 15 3/4, à 20f 40, N° 668........	3f 21
Clous en cuivre. 30, à 10f, N° 699........	0 30
Voliges. 4m20, à 0f 22, N° 813............	0 92
Pointes à voliges. 21, à 2f 50, N° 701.....	0 05
Façon, compris faux frais, etc............	0 55

    Le mètre superficiel...——   **5 03**

712. — — modèle anglais, n° 5, sur voliges en sapin
taillées en sifflet, de 0,08 × 0,025, moyenne :

Ardoises. 19 1/4, à 15f 90, N° 669........	3f 06
Clous en cuivre. 37, à 10f, N° 699........	0 37
Voliges. 4m65, à 0f 22, N° 813............	1 02
Pointes à voliges. 24, à 2f 50, N° 701.....	0 06
Façon, compris faux frais, etc............	0 60

    Le mètre superficiel...——   **5 11**

713. — — modèle anglais, n° 6, sur voliges en sapin
taillées en sifflet, de 0,08 × 0,025, moyenne :

Ardoises. 22, à 13f 70, N° 670............	3f 01
Clous en cuivre. 41, à 10f, N° 699........	0 41
Voliges. 5m30, à 0f 22, N° 813............	1 17
Pointes à voliges. 27, à 2f 50, N° 701.....	0 07
Façon, compris faux frais, etc............	0 65

    Le mètre superficiel...——   **5 31**

714. — — ordinaires, grande carrée, sur voliges en sapin,
de 0,08 × 0,015 :

Ardoises. 40, à 56f 65, N° 671............	2f 27
Clous à ardoises. 76, à 1f 25, N° 700......	0 10
Voliges. 8m00, à 0f 12, N° 811............	0 96
Clous à voliges. 40, à 2f 50, N° 701......	0 10
Façon, compris faux frais, etc............	0 85

    Le mètre superficiel...——   **4 28**

715. Couverture en ardoises d'Angers, ordinaires, grande
carrée, sur mur :

Ardoises. 41, à 56ᶠ 65, Nᵒ 671................	2ᶠ 32
Clous à ardoises. 85, à 1ᶠ 25, Nᵒ 700........	0 11
Façon, eu égard à la difficulté de pose et d'échafaudage......................	1 03

Le mètre superficiel...——   3ᶠ 46

716. — — carrée forte, sur voliges en sapin, de 0,08 sur
0,015 :

Ardoises. 45, à 55ᶠ, Nᵒ 672..............	2ᶠ 48
Clous à ardoises. 86, à 1ᶠ 25, Nᵒ 700	0 11
Voliges. 8ᵐ00, à 0ᶠ 12, Nᵒ 811.............	0 96
Clous à voliges. 40, à 2ᶠ 50, Nᵒ 701........	0 10
Façon, compris faux frais, etc.............	0 90

Le mètre superficiel...——   4 55

717. — — carrée forte, sur mur :

Ardoises. 46, à 55ᶠ, Nᵒ 672..............	2ᶠ53
Clous à ardoises. 93, à 1ᶠ 25, Nᵒ 700	0 12
Façon, eu égard à la difficulté de pose et d'échafaudage......................	1 20

Le mètre superficiel...——   3 85

718. — — carrée demi-forte, sur voliges en sapin, de
0,08 sur 0,015 :

Ardoises. 45, à 45ᶠ 65, Nᵒ 673............	2ᶠ05
Clous à ardoises. 86, à 1ᶠ 25, Nᵒ 700	0 11
Voliges. 8ᵐ00, à 0ᶠ 12, Nᵒ 811............	0 96
Clous à voliges. 40, à 2ᶠ 50, Nᵒ 701	0 10
Façon, compris faux frais, etc............	0 90

Le mètre superficiel...——   4 12

719. — — carrée demi-forte, sur mur :

Ardoises. 46, à 45ᶠ 65, Nᵒ 673............	2ᶠ 10
Clous à ardoises. 93, à 1ᶠ 25, Nᵒ 700	0 12
Façon, eu égard à la difficulté de pose et d'échafaudage......................	1 20

Le mètre superficiel...——   3 42

720. — — deuxième carrée, sur voliges en sapin, de 0,08
× 0,015 :

Ardoises. 50, à 31ᶠ 90, Nᵒ 674............	1ᶠ 60
Clous à ardoises. 96, à 1ᶠ 25, Nᵒ 700	0 12
Voliges. 8ᵐ00, à 0ᶠ12, Nᵒ 811............	0 96
Clous à voliges. 40, à 2ᶠ 50, Nᵒ 701	0 10
Façon, compris faux frais, etc............	0 95

Le mètre superficiel...——   3 73

721. — — deuxième carrée, sur mur :

Ardoises. 51, à 31ᶠ 90, Nᵒ 674............	1ᶠ63
Clous à ardoises. 105, à 1ᶠ25, Nᵒ 700......	0 13
Façon, eu égard à la difficulté de pose et d'échafaudage......................	1 27

Le mètre superficiel...——   3 03

722. Couverture en ardoises de Tarbes, grande carrée,
sur voliges en sapin, de 0,08 × 0,015 :

> Ardoises. 42, à 50ᶠ, Nᵒ 675................. 2ᶠ 10
> Clous à ardoises. 76, à 1ᶠ 25, Nᵒ 700....... 0 10
> Voliges. 8ᵐ00, à 0ᶠ 12, Nᵒ 811............ 0 96
> Clous à voliges. 40, à 2ᶠ 50, Nᵒ 701 .... 0 10
> Façon, compris faux frais, etc............. 0 85

Le mètre superficiel...————   4ᶠ 11

723. — — grande carrée. sur mur :

> Ardoises. 43, à 50ᶠ, Nᵒ 675 .... 2ᶠ 15
> Clous à ardoises. 85, à 1ᶠ 25, Nᵒ 700 ...... 0 11
> Façon, eu égard à la difficulté de pose et
> d'échafaudage.................... 1 03

Le mètre superficiel...————   3 29

724.   Plus-value pour couverture de parties man-
sardées, le m. s.....................   0 15

725.   Plus-value pour raccords autour des lucarnes,
châssis, gaînes, le m. l................   0 30

726. Nota. Tous les prix de couverture en ardoises sont établis pour un recouvrement *minima* de 0,08 sur toute la partie de l'ardoise................. *Observ.*

727. La couverture sur mur pour entablements ou cordons sera payée le double de
la couverture sur mur......................... *Observ.*

728.   Plus-value pour couverture avec emploi de
crochets en zinc, fer étamé ou galvanisé
(brevet Hugla), le m. s................   1 10

728 *bis*. — — (brevet Lacrampe), le m. s.............   0 65

729.   Plus-value pour couverture sur voliges en
sapin, de 0,08 sur 0,02, le m. s........   0 32

Couverture en zinc. (Voyez *Zinguerie*.)

730. Crapaudines soudées sur les tuyaux, la pièce 0 40

731. Crochet de sûreté pour échelle, en fer forgé, fixé
avec boulons sur les chevrons, la pièce.......   1 50

732. — pour gouttières, de 0,25, la pièce............   0 25

733. —   —   de 0,28   — 0 30

734. —   —   de 0,31   — 0 35

D

735. Dalles de 0,25 de développement, compris crochets,
en place, en zinc nᵒ 12 :

> Zinc. 1ᵏ279, à 75ᶠ 90, Nᵒ 814............. 0ᶠ 97
> Crochet....................... 0 25
> Façon et pose, y compris soudure....... 0 90

Le mètre linéaire...————   2 12

736. Dalles de 0,25 de développement, compris crochets, en place, en zinc n° 13 :

      Zinc. 1ᵏ457, à 75ᶠ 90, Nᵒ 814 .... 1ᶠ11
      Crochet, façon et pose. Comme au Nᵒ 735.. 1 15
              Le mètre linéaire... ———   2ᶠ 26

737. — — en zinc n° 14 :

      Zinc. 1ᵏ635, à 75ᶠ 90, Nᵒ 814............ 1ᶠ24
      Crochet, façon et pose. Comme au Nᵒ 735.. 1 15
              Le mètre linéaire... ———   2 39

738. — de 0,28 de développement, compris crochets, en place, en zinc n° 12 :

      Zinc. 1ᵏ432, à 75ᶠ 90, Nᵒ 814............ 1ᶠ09
      Crochet.............................. 0 30
      Façon et pose, compris soudure........... 0 90
              Le mètre linéaire... ———   2 29

739. — — en zinc n° 13 :

      Zinc. 1ᵏ632, à 75ᶠ 90, Nᵒ 814............ 1ᶠ24
      Crochet, façon et pose. Comme au Nᵒ 738.. 1 20
              Le mètre linéaire... ———   2 44

740. — — en zinc n° 14 :

      Zinc. 1ᵏ832, à 75ᶠ 90, Nᵒ 814............ 1ᶠ39
      Crochet, façon et pose. Comme au Nᵒ 738.. 1 20
              Le mètre linéaire... ———   2 59

741. — de 0,31 de développement, compris crochets, en place, en zinc n° 12 :

      Zinc. 1ᵏ585, à 75ᶠ 90, Nᵒ 814............ 1ᶠ20
      Crochet.............................. 0 35
      Façon et pose, compris soudure 0 90
              Le mètre linéaire... ———   2 45

742. — — en zinc n° 13 :

      Zinc. 1ᵏ807, à 75ᶠ 90, Nᵒ 814............ 1ᶠ37
      Crochet, façon et pose. Comme au Nᵒ 741.. 1 25
              Le mètre linéaire... ———   2 62

743. — — en zinc n° 14 :

      Zinc. 2ᵏ028, à 75ᶠ 90, Nᵒ 814............ 1ᶠ54
      Crochet, façon et pose. Comme au Nᵒ 741.. 1 25
              Le mètre linéaire... ———   2 79

744. Dépose de couverture en tuiles, compris descente et rangement de la tuile, le m. s................ 0 10

745. — — avec enlèvement du lattis, le m. s.......... 0 20

746. **Dépose** de couverture en ardoises, compris descente
et rangement de l'ardoise, le m. s. 0ᶠ 15
747. — — avec enlèvement du lattis, le m. s. 0 25
748.   Plus-value lorsque les matériaux seront des-
cendus de plus de 5ᵐ00 de hauteur, par
mètre superficiel et par mètre de hauteur.   0 01
749. — de couverture en zinc, compris dévoligeage, le
m. s. 0 30

E

750. **Émoussage** d'une couverture en tuiles creuses, y
compris raccords de pureaux, le m. s. 0 15
751. **Engravures** dans la pierre tendre, Bourg et autres
analogues, le m. l. 0 12
752. — dans la pierre dure, le m. l. 0 25
753. — dans la brique, le m. l. 0 15
754. **Étain**, le kil. 3 50

F

Faîtages. (Voyez *Rives*.)
755.   — en tuiles creuses avec mortier de chaux
hydraulique, le m. l. 0 65
756. **Fonte** pour dauphins, le kil. 0 35
757. **Fourrures** en sapin, de 0,05 × 0,03, pour couverture en zinc, le m. l. 0 30
Fraisettes. (Voyez *Crapaudines*.)
758. **Frise** ou socle pour chéneaux et gouttières, en sapin
brut, de 0,025 d'épaisseur :

       Bois 1ᵐ10, à 2ᶠ 15, Nº 1681 . . . .   2ᶠ 37
       Clous 0 10
       Façon et pose 0 80
                     Le mètre superficiel. . . ———   3 27

759. — — en sapin brut, de 0,032 d'épaisseur :

       Bois. 1ᵐ10, à 2ᶠ 60, Nº 1682 . . . .   2ᶠ 86
       Clous, façon et pose. Comme au Nº 758 . . . .   0 90
                     Le mètre superficiel. . . ———   3 76

760. — — en pin brut, de 0,03 d'épaisseur :

       Bois. 1ᵐ10, à 2ᶠ 06, Nº 1684 . . . .   2ᶠ 27
       Clous, façon et pose. Comme au Nº 758 . . . .   0 90
                     Le mètre superficiel. . . ———   3 17

G

761. Garnissage au mastic Dihl des engravures, le m. l.   0ᶠ 15
Gouttières. (Voyez *Dalles.*)

J

762. Journée de couvreur en tuiles.................   4 00
763.   —   d'aide.......................   2 50
764.   —   de couvreur en ardoises (compagnon).....   4 50
765.   —   de garçon......................   2 75
766.   —   de plombier ou zingueur...............   4 40

L

767. Lattis en sapin du Nord, de 0,034 sur 0,034, le m. l.   0 10
       —   pour couverture. (Voyez *Voligeage.*)

M

Mitre en terre cuite. (Voyez *Maçonnerie.*)
768. Moignons soudés aux chéneaux, la pièce..........   0 60

P

769. Plomb en saumon, pour fourniture, le kil.........   0 60
770.   —   laminé, pour fourniture, le kil............   0 70
771.   —   —   en œuvre, pour ouvrages de combles,
                         pour façon, le kil..............   0 12
772.   —   —   vieux remis en œuvre, le kil.......   0 30
Pointes. (Voyez *Clous.*)
773. Pose et ajustement d'un châssis à tabatière, la pièce.   0 90

R

Rainures. (Voyez *Engravures.*)
774. Repose de vieilles fourrures, le m. l. 0 07
775. Rives et faîtages, en mortier, le m. l.............   0 35
776.   —   —   regarnis en mortier, le m. l.....   0 10

S

Socle pour chéneaux. (Voyez *Frise.*)

777. **Solins** en plâtre, mortier bâtard ou ciment, le m. l.   0ᶠ 50

778. **Soudure** sur zinc, pour fourniture :

    Étain. 0ᵏ400, à 3ᶠ 50, Nᵒ 754............... 1ᶠ 40
    Plomb. 0ᵏ625, à 0ᶠ 60, Nᵒ 769............ 0 38
    Combustible et main-d'œuvre............ 0 30
               Le kilogramme...——   2 08

779. **Soufre** pour scellement, mis en place, le kil.......   1 50

T

780. **Tasseaux** en sapin du Nord, pour faîtage ou pour former la pente des chéneaux, en place, de 0,034 d'épaisseur sur 0,05 de large :

    Bois. 0,055, à 2ᶠ 65, Nᵒ 1680............ 0ᶠ 15
    Façon, pose et pointes................. 0 15
               Le mètre linéaire.....——   0 30

781.   Par chaque centimètre de largeur en plus ou en moins......................   00 22

782. —— de 0,034 à 0,041 d'épaisseur sur 0,05 de large :

    Bois. 0ᵐ055, à 3ᶠ 15, Nᵒ 1679........... 0ᶠ 17
    Façon, pose et pointes................. 0 20
               Le mètre linéaire.....——   0 37

783.   Par chaque centimètre de largeur en plus ou en moins......................   0 027

784. —— de 0,041 à 0,054 d'épaisseur sur 0,05 de large :

    Bois. 0,055, à 4ᶠ 15, Nᵒ 1544....... ..... 0ᶠ 23
    Façon, pose et pointes................. 0 25
               Le mètre linéaire.....——   0 48

785.   Par chaque centimètre de largeur en plus ou en moins......................   0 034

786. — pour faîtage, de 0,054 à 0,076 d'épaisseur sur 0,10 de large :

    Bois. 0,11, à 4ᶠ 50, Nᵒ 1547............. 0ᶠ 50
    Façon, pose et pointes................. 0 35
               Le mètre linéaire.....——   0 85

787.   Par chaque centimètre carré de section en plus ou en moins...................   0 01

788. Tuiles plates imprimées mécaniques (tuiles de Marseille), le °/₀₀ 200ᶠ 00

789. — creuses, le °/₀₀ 58 30

     — faîtières. (Voyez *Faîtages*.)

790. Tuyaux de descente, de 0,08 de diamètre, compris crochets, en place, en zinc n° 12 :

> Zinc. 1ᵏ227, à 75ᶠ 90, N° 814. . . . .   0ᶠ 93
> Collier à pointe 0 25
> Façon et pose, compris soudure 0 90
>
>   Le mètre linéaire . . . . . ———   2 08

791. — — en zinc n° 13 :

> Zinc. 1ᵏ399, à 75ᶠ 90, N° 814. . . . .   1ᶠ 06
> Collier à pointe, façon et pose. Comme au
>   N° 790. . . . .   1 15
>
>   Le mètre linéaire . . . . . ———   2 21

792. — — en zinc n° 14 :

> Zinc. 1ᵏ570, à 75ᶠ 90, N° 814. . . . .   1ᶠ 19
> Collier, façon et pose. Comme au N° 790 . .   1 15
>
>   Le mètre linéaire . . . . . ———   2 34

793. — de descente, de 0,09 de diamètre, compris crochets, en place, en zinc, n° 12 :

> Zinc. 1ᵏ380, à 75ᶠ 90, N° 814. . . . .   1ᶠ 05
> Collier à pointe 0 25
> Façon et pose, compris soudure. 0 90
>
>   Le mètre linéaire . . . . . ———   2 20

794. — — en zinc n° 13 :

> Zinc. 1ᵏ570, à 75ᶠ 90, N° 814. . . . .   1ᶠ 19
> Collier à pointe, façon et pose. Comme au
>   N° 793. . . . .   1 15
>
>   Le mètre linéaire . . . . . ———   2 34

795. — — en zinc n° 14 :

> Zinc. 1ᵏ772, à 75ᶠ 90, N° 814. . . . .   1ᶠ 34
> Collier à pointe, façon et pose. Comme au
>   N° 793. . . . .   1 15
>
>   Le mètre linéaire . . . . . ———   2 49

796. — de descente, de 0,10 de diamètre, compris crochets, en place, en zinc n° 12 :

> Zinc. 1ᵏ534, à 75ᶠ 90, N° 814. . . . .   1ᶠ 16
> Collier à pointe 0 25
> Façon et pose, compris soudure 0 90
>
>   Le mètre linéaire . . . . ———   2 31

797. Tuyaux de descente, de 0,10 de diamètre, compris crochets, en place, en zinc n° 13 :

Zinc. 1ᵏ749, à 75ᶠ 90, N° 814............	1ᶠ 33
Collier à pointe, façon et pose. Comme au N° 796....................	1 15
Le mètre linéaire..... ——	2ᶠ 48

798. — — en zinc n° 14 :

Zinc. 1ᵏ963, à 75ᶠ 90, N° 814............	1ᶠ 49
Collier à pointe, façon et pose. Comme au N° 796....................	1 15
Le mètre linéaire..... ——	2 64

799. Plus-value pour coudes de tuyaux, par chaque coude, évaluée à 0,20 de tuyaux........ *Observ.*

800. Plus-value pour tuyaux fixés avec colliers à vis ou à scellement, par collier.......... 0 35

V

801. Voligeage en pin, de 0.015 à 0,018 d'épaisseur, à joints carrés :

Bois. 0,50, à 2ᶠ 27, N° 1683............	1ᶠ 14
Sciage. 0,50, à 0ᶠ 60, N° 657............	0 30
Clous	0 06
Pose	0 35
Le mètre superficiel... ——	1 85

802. — en sapin du Nord, de 0,015 d'épaisseur, à joints carrés :

Bois. 0,50, à 2ᶠ 65, N° 1680............	1ᶠ 33
Sciage. 0,50, à 0ᶠ 60, N° 657............	0 30
Clous	0 06
Pose	0 35
Le mètre superficiel... ——	2 04

803. — — les joints dressés à la varlope :

Bois. 0,50, à 2ᶠ 65, N° 1680............	1ᶠ 33
Sciage. 0,50, à 0ᶠ 60, N° 657............	0 30
Façon de joints.................	0 10
Clous	0 06
Pose	0 35
Le mètre superficiel... ——	2 14

804. — — assemblé à rainure et languette :

Bois. 0,55, à 2ᶠ 65, N° 1680............	1ᶠ 46
Sciage. 0,55, à 0ᶠ 60, N° 657............	0 33
Clous	0 06
Façon et pose...................	0 90
Le mètre superficiel... ——	2 75

805. Voligeage en sapin du Nord, de 0,015 d'épaisseur.
assemblé à rainure et languette et blanchi d'un
côté :

Bois. 0,55, à 2f 65, No 1680	1f 46
Sciage. 0,55, à 0f 60, No 657	0 33
Clous	0 06
Façon et pose	1 30

Le mètre superficiel... ——   3f 15

806. — — de 0,018 à 0,02 d'épaisseur, à joints carrés :

Bois. 0,50, à 3f 15, No 1679	1f 58
Sciage, clous et pose. Comme au No 802......	0 71

Le mètre superficiel... ——   2 29

807. — — les joints dressés à la varlope :

Bois. 0,50, à 3f 15, No 1679	1f 58
Sciage, clous, façon et pose. Comme au No 803	0 81

Le mètre superficiel... ——   2 39

808. — — assemblé à rainure et languette :

Bois. 0,55, à 3f 15, No 1679	1f 73
Sciage, clous, façon et pose. Comme au No 804	1 29

Le mètre superficiel... ——   3 02

809. — — assemblé à rainure et languette et blanchi
d'un côté :

Bois. 0,55, à 3f 15, No 1679	1f 73
Sciage, clous, façon et pose. Comme au No 805	1 69

Le mètre superficiel... ——   3 42

810. Nota. Les voligeages d'une épaisseur supérieure à celles prévues ci-dessus
seront comptés comme cloisons dans chaque espèce. (Voyez [*Cloisons*]
Menuiserie.).. *Observ.*

811. Voliges en sapin du Nord, de 0,08 sur 0,015, pour
couverture en ardoises ordinaires, le m. 1.....   0 12

812. — — de 0,08 sur 0,02, le m. 1. ....   0 16

813. — en sapin du Nord, taillées en sifflet, de 0,08 sur
0,025, moyenne, pour couverture en ardoises
modèle anglais, le m. 1.....................   0 22

Voliges. (Voyez *Lattis*.)

Z

814. Zinc laminé pour fourniture. Prix à fixer au cours du
jour, augmenté de 10 p. %, pour tous faux frais
et bénéfices. Les ouvrages de zinguerie seront
modifiés en conséquence. Les % kil..........   75 90

815. **Zinc** fondu pour ornements, ajusté et mis en place,
le kil. 0ᶠ 90

816. — nº 12, mis en place, pour couverture, pour toute
fourniture et main-d'œuvre, les feuilles soudées.
mesuré en œuvre :

    Zinc. 5ᵏ115, à 75ᶠ 90, Nº 814. . . . .   3ᶠ 88
    Fourrures. 1,40, à 0ᶠ 30, Nº 757. . . . .   0 42
    Façon et pose, compris pointes et soudure.   0 95
                Le mètre superficiel. . .————   5 25

817. — nº 12, mis en place, pour couverture, pour toute
fourniture et main-d'œuvre, les feuilles posées à
dilatation libre, mesuré en œuvre :

    Zinc. 5ᵏ580, à 75ᶠ 90, Nº 814. . . . .   4ᶠ 24
    Fourrures. 1,50, à 0ᶠ 30, Nº 757. . . . .   0 45
    Façon et pose, compris pointes. 0 95
                Le mètre superficiel. . .————   5 64

818. — nº 13, mis en place, pour couverture, pour toute
fourniture et main-d'œuvre, les feuilles soudées,
mesuré en œuvre :

    Zinc. 5ᵏ830, à 75ᶠ 90, Nº 814. . . . .   4ᶠ 42
    Fourrures. 1,40, à 0ᶠ 30, Nº 757. . . . .   0 42
    Façon et pose, compris pointes et soudure.   0 95
                Le mètre superficiel. . .————   5 79

819. — nº 13, mis en place, pour couverture, pour toute
fourniture et main-d'œuvre, les feuilles posées à
dilatation libre, mesuré en œuvre :

    Zinc. 6ᵏ360, à 75ᶠ 90, Nº 814. . . . .   4ᶠ 83
    Fourrures. 1,50 à 0ᶠ 30, Nº 757. . . . .   0 45
    Façon et pose, compris pointes. 0 95
                Le mètre superficiel. . .————   6 23

820. — nº 14, mis en place, pour couverture, pour toute
fourniture et main-d'œuvre, les feuilles soudées,
mesuré en œuvre :

    Zinc. 6ᵏ545, à 75ᶠ 90, Nº 814. . . . .   4ᶠ 97
    Fourrures. 1,40, à 0ᶠ 30, Nº 757. . . . .   0 42
    Façon et pose, compris pointes et soudure.   0 95
                Le mètre superficiel. . .————   6 34

821. — — les feuilles posées à dilatation libre, mesuré
en œuvre :

    Zinc. 7ᵏ140, à 75ᶠ 90, Nº 814. . . . .   5ᶠ 42
    Fourrures. 1,50, à 0ᶠ30, Nº 757. . . . .   0 45
    Façon et pose, compris pointes. 0 95
                Le mètre superficiel. . .————   6 82

822. **Zinc** ondulé continu, n° 14, mis en place, pour couverture, pour toutè fourniture et main-d'œuvre. les feuilles se recouvrant de 0,12, mesuré en œuvre sans tenir compte des ondulations ni du recouvrement des feuilles :

Zinc. 8ᵏ150, à 75ᶠ 90, N° 814............. 6ᶠ 19
Main-d'œuvre pour pose, façon d'agrafes, fourniture de soudure et frais d'échafaudage............................... 1 30
Le mètre superficiel...—— 7ᶠ 49

823.   Plus-value pour couverture en zinc ondulé, exécutée avec tasseaux, de manière à laisser échapper les gouttes d'eau produites par les effets de la buée........................ 0 65

824. **Zinc** n° 12, mis en place, pour bandes d'égout, bandes de rive, couvre-joints, noquets, faîtages, chéneaux, etc. (les chéneaux à ressaut et à dilatation libre), pour toute fourniture et main-d'œuvre :

Zinc. 5ᵏ580, à 75ᶠ 90, N° 814............. 4ᶠ 24
Façon pour toute main-d'œuvre.......... 1 55
Le mètre superficiel...—— 5 79

825. — n° 13, mis en place, comme ci-dessus :

Zinc. 6ᵏ360, à 75ᶠ 90, N° 814............. 4ᶠ 83
Façon pour toute main-d'œuvre.......... 1 55
Le mètre superficiel...—— 6 38

826. — n° 14, mis en place, pour bandes d'égout, bandes de rive, couvre-joints, noquets, faîtages, chéneaux, etc. (les chéneaux à ressaut et à dilatation libre), pour toute fourniture et main-d'œuvre :

Zinc. 7ᵏ140, à 75ᶠ 90, N° 814............. 5ᶠ 42
Façon pour toute main-d'œuvre.......... 1 55
Le mètre superficiel...—— 6 97

MODÈLE DE MÉMOIRE.

Mémoire des travaux de couverture exécutés par M
demeurant à   rue

NUMÉRO de la série.	INDICATION DÉTAILLÉE DES TRAVAUX.	QUANTITÉ.	PRIX de l'unité.	PRODUIT.
711.	Couverture en ardoises, modèle anglais, n° 4, sur volige en sapin taillée en sifflet : Façade à l'est. 50,00 $\times$ 7,00 = 350,00 Croupes...... 2 $\times$ 13,00 $\times$ 7,00 = 182,00 A déduire : 532,00 Lanterne de l'escalier. 4,00 $\times$ 5,00 = 20,00 Lanternes....... 2 $\times$ 2,00 $\times$ 1,50 = 6,00 26,00	506,00	5,03	2545,18
711.728.	Couverture en ardoises d'Angers, modèle anglais, n° 4, sur volige en sapin taillée en sifflet (art. 711), avec crochets en fer galvanisé (brevet Hugla) (art. 728) : Façade à l'ouest.......... 50,00 $\times$ 7,00	350,00	6,13	2145,50
705.	Couverture en tuiles creuses : Chai, 2 parties de........ 15,00 $\times$ 5,00	150,00	2,27	340,50
775.	Rives et faîtages en mortier	45,00	0,35	15,75
714.729.	Couverture en ardoises d'Angers, grande carrée, sur voliges en sapin, de 0,08 sur 0,02 (art. 714, plus art. 729) : Remise, 2 parties de.. ... 12,00 $\times$ 4,50	108,00	4,60	496,80
786.	Tasseaux de faîtage en sapin, de 0,076 sur 0,10 : Faîtage du bâtiment .... 45,00 Id. remise 12,00	57,00	0,85	48,45
738.	Socle en sapin brut, de 0,025, pour chéneaux et gouttières : Bâtiment principal.. 126,00 $\times$ 0,50 = 63,00 Remise .... 24,00 $\times$ 0,30 = 7,20	70,20	3,27	229,55
780.781.	Tasseaux pour former la pente des chéneaux, en sapin, de 0,034 sur 0,04 (art. 780 moins art. 781).	35,00	0,278	9,73
777.	Solins en mortier bâtard, autour des cheminées..	20,00	0,50	10,00
743.	Dalles de 0,31 de développement, en zinc n° 14 : Chai.......... 2 $\times$ 15,00 = 30,00 Remise........ 2 $\times$ 12,00 = 24,00	54,00	2,79	150.66
	A reporter.........	....	......	5992,12

Mémoire des travaux de couverture (suite).

NUMÉRO de la série.	INDICATION DÉTAILLÉE DES TRAVAUX.	QUANTITÉ.	PRIX de l'unité.	PRODUIT.
	Report...............	......	.....	5992,12
798.	Tuyaux de descente en zinc n° 14, de 0,10 de diamètre : Bâtiment....... $12 \times 10,00 = 120,00$ Chai.......... $4 \times 5,00 = 20,00$ Remise .... $4 \times 6,00 = 24,00$	164,00	2,64	432,96
804.	Voligeage en sapin du Nord, de 0,015, à rainure et languette : Marquise....... $10,00 \times 5,00 =$	50,00	2,75	137,50
821.	Couverture de la marquise en zinc n° 14, à dilatation libre .... $10,00 \times 5,00 =$	50,00	6,82	341,00
826.	Zinc n° 14 pour chéneaux, bandes d'égout, noquets, faîtage, etc. : Faîtage du bâtiment.... $50,00 \times 0,50 = 25,00$ Faîtage de la remise.... $12,00 \times 0,50 = 6,00$ Chéneaux du bâtiment.. $126,00 \times 0,60 = 75,60$ Noquets....... $150 \times 0,56 \times 0,28 = 23,52$ Bandes d'égout. $2 \times 50,00 \times 0,20 = 20,00$ Bandes de rive. $4 \times 7,00 \times 0,20 = 5,60$	155,72	6,97	1085,37
	Total.............	......	....	7988.95

MENUISERIE

TABLEAU de la valeur moyenne approximative de la colle entrant par mètre superficiel de menuiserie.

ÉPAISSEURS des bois.	PLANCHES entières.	PLANCHES à lames (lames de 0ᵐ10 de largeur).
de 0,020	0f 08	0f 11
0,027	0 09	0 12
0,034	0 10	0 14
0,041	0 11	0 15
0,054	0 13	0 18
0,08	0 17	0 24
0,10	0 20	0 28

TABLEAU de la valeur moyenne approximative des pointes entrant dans les travaux de menuiserie.

ÉPAISSEURS des bois.	Pour TRAVAUX au mètre linéaire.	Pour TRAVAUX au mètre superficiel.
de 0,020	0f 02	0f 06
0,027	0 03	0 10
0,034	0 04	0 14
0,041	0 06	0 19
0.054	0 08	0 25
0,08	0 10	»

Observations générales.

Tous les prix sont établis pour des ouvrages exécutés avec des bois de première qualité et de choix. Ceux qui, par tolérance, seraient exécutés avec des bois de qualité ordinaire, subiront une moins-value proportionnelle à la valeur du bois employé. (Art. 1544 à 1548 et 1679 à 1682.)

Les cotes de la série indiquent les dimensions *minimâ* marchandes des bois.

Les ouvrages cotés 0,0254 d'épaisseur seront compris, sans supplément de prix, entre cette dimension et 0,027.

Ceux cotés 0,0318 seront compris entre cette dimension et 0,034.

—	0,0381	—	—	—	0,041.
—	0,0508	—	—	—	0,054.
—	0,076	—	—	—	0,08.

Il doit être toléré une différence de 0,0015 dans les épaisseurs pour les ouvrages en œuvre au mètre superficiel.

A

Accoudoirs en bois de chêne, profil à olive. (Voyez *Main courante.*)

Alaises et frises de parquet :

827. — Sapin de 0,018 d'épaisseur et au-dessous, sur 0,10 de large :

Bois. 0,06, à 3f 75, No 1675........ 0f 23
Sciage. 0,06, à 0f 60, No 657........ 0 04
Façon et pose, compris pointes...... 0 30
Le mètre linéaire...—— 0f 57

828. Par chaque centimètre de largeur en plus ou en moins 0 036

Alaises et frises de parquet :

829. — Sapin de 0,018 à 0,027 d'épaisseur sur 0,10 de
large :

Bois. 0,12, à 2ᶠ 48, Nᵒ 1677.........	0ᶠ 30
Façon et pose, compris pointes......	0 35
Le mètre linéaire... ——	0ᶠ 65

830. Par chaque centimètre de largeur en
plus ou en moins 0 042

831. — — de 0,027 à 0,034 d'épaissʳ sur 0,10 de large :

Bois. 0,12, à 3ᶠ 07, Nᵒ 1676.........	0ᶠ 37
Façon et pose, compris pointes......	0 35
Le mètre linéaire... ——	0 72

832. Par chaque centimètre de largeur en
plus ou en moins 0 048

833. — — de 0,034 à 0,041 d'épaissʳ sur 0,10 de large :

Bois. 0,12, à 3ᶠ 75, Nᵒ 1675.........	0ᶠ 45
Façon et pose, compris pointes......	0 40
Le mètre linéaire... ——	0 85

834. Par chaque centimètre de largeur en
plus ou en moins 0 057

835. — — de 0,041 à 0,054 d'épaissʳ sur 0,10 de large :

Bois. 0,12, à 4ᶠ 35, Nᵒ 1539.........	0ᶠ 52
Façon et pose, compris pointes......	0 55
Le mètre linéaire... ——	1 07

836. Par chaque centimètre de largeur en
plus ou en moins 0 071

837. — Chêne de 0,018 d'épaisseur et au-dessous, sur
0,10 de large :

Bois. 0,0024, à 154ᶠ, Nᵒ 1674.........	0ᶠ 37
Sciage. 0,06, à 1ᶠ, Nᵒ 656...........	0 06
Façon et pose, compris pointes......	0 45
Le mètre linéaire..... ——	0 88

838. Par chaque centimètre de largeur en
plus ou en moins.............. 0 059

839. — — de 0,018 à 0,027 d'épaissʳ sur 0,10 de large :

Bois. 0,0032, à 154ᶠ, Nᵒ 1674.........	0ᶠ 49
Façon et pose, compris pointes......	0 52
Le mètre linéaire..... ——	1 01

840. Par chaque centimètre de largeur en
plus ou en moins 0 067

Alaises et frises de parquet :

841. — Chêne de 0,027 à 0,034 d'épaisseur sur 0,10 de large :

> Bois. 0,0041, à 154f, Nº 1674 .... 0f 63
> Façon et pose, compris pointes 0 52
> Le mètre linéaire ..... —————— 1f 15

842.   Par chaque centimètre de largeur en plus ou en moins 0 077

843. — — de 0,034 à 0,041 d'épaissr sur 0,10 de large :

> Bois. 0,0049, à 154f, Nº 1674 .... 0f 75
> Façon et pose, compris pointes 0 60
> Le mètre linéaire ..... —————— 1 35

844.   Par chaque centimètre de largeur en plus ou en moins 0 09

845. — — de 0,041 à 0,054 d'épaissr sur 0,10 de large :

> Bois. 0,0065, à 143f, Nº 1538 .... 0f 93
> Façon et pose, compris pointes 0 82
> Le mètre linéaire ..... —————— 1 75

846.   Par chaque centimètre de largeur en plus ou en moins 0 117

Amortissements. (Voyez *Chanfreins, Cannelures, Moulures.*)

Arrondissement d'angles. (Voyez *Feuillures.*)

Assemblages à queue d'hironde :

847.	Sapin de 0,027 d'épaisseur, par chaque queue..		0 08
848.	de 0,034 — —		0 09
849.	de 0,041 — —		0 10
850.	de 0,054 — —		0 11
851.	Chêne de 0,027 — —		0 12
852.	de 0,034 — —		0 135
853.	de 0,041 — —		0 15
854.	de 0,054 — —		0 165

855. — à tenon et mortaise, jusqu'à 0,08 de large, sapin de 0,02 d'épaisseur, par chaque assemblage ... 0 06

856.   Plus-value par chaque centimètre d'épaisseur, par chaque assemblage ... 0 01

857. — — Chêne de 0,02, par chaque assemblage 0 09

858.   Plus-value par chaque centimètre d'épaisseur, par chaque assemblage ... 0 015

859. Nota. Ces assemblages ne seront comptés qu'accidentellement et pour des parties ne comportant pas lesdits assemblages.... .... *Observ*

B

Baguettes d'angles coupées d'onglet, ajustées et
posées :

860. — Sapin de 0,02 de diamètre :

Bois	0f 10
Façon, coupe et scellement, compris pointes	0 25
Le mètre linéaire ..... ————	0f 35

861. Par chaque 0,005 de diamètre en plus
ou en moins 0 05

862. — Chêne de 0,02 de diamètre :

Bois...........................	0f 12
Façon, coupe et scellement, compris pointes.........................	0 33
Le mètre linéaire ..... ————	0 45

863. Par chaque 0,005 de diamètre en plus
ou en moins 0 09

864. — *(demi-baguettes)*, sapin de 0,02 de diamètre :

Bois...........................	0f 07
Façon et pose, compris pointes......	0 18
Le mètre linéaire ..... ————	0 25

865. Par chaque 0,005 de diamètre en plus
ou en moins 0 04

866. — — Chêne de 0,02 de diamètre :

Bois...........................	0f 10
Façon et pose, compris pointes......	0 25
Le mètre linéaire ..... ————	0 35

867. Par chaque 0,005 de diamètre en plus
ou en moins 0 07

868. **Balustrades**, comptées comme bâtis dans leur espèce,
les assemblages comptés à part............... *Observ.*

869. **Balustres** en sapin (0,50 × 0,125 × 0,0254) :

Bois. 0,07, à 2f 48, No 1677.........	0f 17
Blanchissage. 0,16, à 0f 40, No 930..	0 06
Découpage et pose.................	0 45
La pièce............ ————	0 68

870. — *(demi)* en sapin :

Bois. 0,04, à 2f 48, No 1677.........	0f 10
Blanchissage. 0,10, à 0f40, No 930...	0 04
Découpage et pose.................	0 25
La pièce............ ————	0 39

Barre d'appui. (Voyez *Main-courante*.)

Bâtis corroyés :

871. — Sapin de 0,018 d'épaisseur et au-dessous, sur 0,10 de large :

Bois. 0,06, à 3^f 75, N° 1675........ 0^f 23
Sciage. 0,06, à 0^f 60, N° 657....... 0 04
Façon, pose et pointes 0 23

Le mètre linéaire....—— 0^f 50

872.   Par chaque centimètre de largeur en plus ou en moins 0 033

873. — — de 0,018 à 0,027 d'épaiss^r sur 0,10 de large :

Bois. 0,12, à 2^f 48, N° 1677........ 0^f 30
Façon et pose, compris pointes 0 25

Le mètre linéaire....—— 0 55

874.   Par chaque centimètre de largeur en plus ou en moins................ 0 037

875. — — de 0,027 à 0,034 d'épaiss^r sur 0,10 de large :

Bois. 0,12, à 3^f 07, N° 1676........ 0^f 37
Façon et pose, compris pointes 0 25

Le mètre linéaire....—— 0 62

876.   Par chaque centimètre de largeur en plus ou en moins 0 044

877. — — de 0,034 à 0,041 d'épaiss^r sur 0,10 de large :

Bois. 0,12, à 3^f 75, N° 1675........ 0^f 45
Façon et pose, compris pointes 0 27

Le mètre linéaire....—— 0 72

878.   Par chaque centimètre de largeur en plus ou en moins................ 0 051

879. — — de 0,041 à 0,054 d'épaiss^r sur 0,10 de large :

Bois. 0,12, à 4^f 35, N° 1539........ 0^f 52
Façon et pose, compris pointes 0 28

Le mètre linéaire....—— 0 80

880.   Par chaque centimètre de largeur en plus ou en moins 0 057

881. — — de 0,076 d'épaisseur sur 0,10 de large :

Bois. 0,12, à 6^f, N° 1540............ 0^f 72
Façon et pose, compris pointes 0 35

Le mètre linéaire....—— 1 07

882.   Par chaque centimètre carré de section en plus ou en moins............. 0 01

Bâtis corroyés :

883. — Chêne de 0,018 d'épaisseur et au-dessous sur 0,10
     de large :

    Bois. 0,0024, à 154^f, N° 1674........ 0^f 37
    Sciage. 0,06, à 1^f, N° 656.......... 0 06
    Façon et pose, compris pointes...... 0 34
       Le mètre linéaire ....—— 0^f 77

884.   Par chaque centimètre de largeur en
     plus ou en moins............... 0 052

885. — — de 0,018 à 0,027 d'épaiss^r sur 0,10 de large :

    Bois. 0,0032, à 154^f, N° 1674........ 0^f 49
    Façon, pose et pointes............. 0 38
       Le mètre linéaire.....—— 0 87

886.   Par chaque centimètre de largeur en
     plus ou en moins............... 0 06

887. — — de 0,027 à 0,034 d'épaiss^r sur 0,10 de large :

    Bois. 0,0041, à 154^f, N° 1674........ 0^f 63
    Façon et pose, compris pointes...... 0 38
       Le mètre linéaire.....—— 1 01

888.   Par chaque centimètre de largeur en
     plus ou en moins............... 0 070

889. — — de 0,034 à 0,041 d'épaiss^r sur 0,10 de large :

    Bois. 0,0049, à 154^f, N° 1674........ 0^f 75
    Façon et pose, compris pointes...... 0 40
       Le mètre linéaire.....—— 1 15

890.   Par chaque centimètre de largeur en
     plus ou en moins............... 0 082

891. — — de 0,041 à 0,054 d'épaiss^r sur 0,10 de large :

    Bois. 0,0065, à 143^f, N° 1538........ 0^f 93
    Façon et pose, compris pointes...... 0 40
       Le mètre linéaire.....—— 1 33

892.   Par chaque centimètre de largeur en
     plus ou en moins............... 0 096

893. — — de 0,076 d'épaisseur sur 0,10 de large :

    Bois. 0,0096, à 143^f, N° 1538........ 1^f 37
    Façon et pose, compris pointes...... 0 53
       Le mètre linéaire.....—— 1 90

894.   Par chaque centimètre carré de section
     en plus ou en moins............... 0 018

Bâtis pour cloisons à claire-voie et cloisons sourdes :

895. — Pin brut de 0,02 d'épaisseur et au-dessous sur 0,10 de large :

Bois. 0,055, à 2f 27, No 1683........	0f 13
Sciage. 0,06, à 0f 60, No 657........	0 04
Façon et pose, compris pointes......	0 13
Le mètre linéaire.....——	0f 30

896.   Par chaque centimètre de largeur en plus ou en moins............... 0 020

897. — — de 0,02 à 0,034 d'épaiss^r sur 0,10 de large :

Bois. 0,11, à 2f 06, No 1684.........	0f 23
Façon et pose, compris pointes......	0 15
Le mètre linéaire.....——	0 38

898.   Par chaque centimètre de largeur en plus ou en moins............... 0 027

899. — — de 0,034 à 0,041 d'épaiss^r sur 0,10 de large :

Bois. 0,11, à 2f 27, No 1683.........	0f 25
Façon et pose, compris pointes...:...	0 16
Le mètre linéaire.....——	0 41

900.   Par chaque centimètre de largeur en plus ou en moins.:.............. 0 030

901. — — de 0,041 à 0,054 d'épaiss^r sur 0,10 de large :

Bois. 0,006, à 48f 40, No 651........	0f 29
Façon et pose, compris pointes......	0 17
Le mètre linéaire.....——	0 46

902.   Par chaque centimètre de largeur en plus ou en moins............... 0 035

903. — — de 0,08 d'épaisseur sur 0,10 de large :

Bois. 0,009, à 48f 40, No 651........	0f 44
Façon et pose, compris pointes......	0 21
Le mètre linéaire.....——	0 65

904.   Par chaque centimètre carré de section en plus ou en moins............. 0 006

905. — Sapin brut de 0,018 d'épaisseur et au-dessous sur 0,10 de large :

Bois. 0,055, à 3f 75, No 1675........	0f 21
Sciage. 0,06, à 0f 60, No 657........	0 04
Façon et pose, compris pointes......	0 13
Le mètre linéaire.....——	0 38

906.   Par chaque centimètre de largeur en plus ou en moins............... 0 028

Bâtis pour cloisons à claire-voie et cloisons sourdes :

907. — Sapin brut de 0,018 à 0,027 d'épaisseur sur 0,10
de large :

   Bois. 0,11, à 2f 48, Nº 1677......... 0f 27
   Façon et pose, compris pointes...... 0 15
    Le mètre linéaire.... ——— 0f 42

908.   Par chaque centimètre de largeur en
plus ou en moins 0 032

909. — — de 0,027 à 0,034 d'épaissr sur 0,10 de large :

   Bois. 0,11, à 3f 07, Nº 1676......... 0f 34
   Façon et pose, compris pointes...... 0 15
    Le mètre linéaire.....——— 0 49

910.   Par chaque centimètre de largeur en
plus ou en moins 0 038

911. — — de 0,034 à 0,041 d'épaissr sur 0,10 de large :

   Bois. 0,11, à 3f 75, Nº 1675......... 0f 41
   Façon et pose, compris pointes..... 0 16
    Le mètre linéaire.....——— 0 57

912.   Par chaque centimètre de largeur en
plus ou en moins 0 045

913. — — de 0,041 à 0,054 d'épaissr sur 0.10 de large :

   Bois. 0,11, à 4f 35, Nº 1539......... 0f 48
   Façon et pose, compris pointes...... 0 17
    Le mètre linéaire.....——— 0 65

914.   Par chaque centimètre de largeur en
plus ou en moins 0 052

915. — — de 0,076 d'épaisseur sur 0,10 de large :

   Bois. 0,11, à 5f09, Nº 1542......... 0f 56
   Façon et pose, compris pointes...... 0 21
    Le mètre linéaire.....——— 0 77

916.   Par chaque centimètre carré de section
en plus ou en moins............. 0 008

917. — Pin corroyé de 0,02 d'épaisseur et au-dessous sur
0.10 de large :

   Bois. 0,06, à 2f 27, Nº 1683......... 0f 14
   Sciage. 0,06, à 0f 60, Nº 657........ 0 04
   Façon et pose, compris pointes...... 0 23
    Le mètre linéaire.....——— 0 41

918.   Par chaque centimètre de largeur en
plus ou en moins 0 027

Bâtis pour cloisons à claire-voie et cloisons sourdes :

919. — Pin corroyé de 0,02 à 0,034 d'épaisseur sur 0,10 de large :

  Bois. 0,12, à 2f 06, No 1684......... 0f 25
  Façon et pose, compris pointes...... 0 25
    Le mètre linéaire.....—— 0f 50

920. Par chaque centimètre de largeur en plus ou en moins................ 0 033

921. — — de 0,034 à 0,041 d'épaissʳ sur 0,10 de large :

  Bois. 0,12, à 2f 27, No 1683......... 0f 27
  Façon et pose, compris pointes...... 0 27
    Le mètre linéaire.....—— 0 54

.922. Par chaque centimètre de largeur en plus ou en moins................ 0 036

923. — — de 0,041 à 0,054 d'épaissʳ sur 0,10 de large :

  Bois. 0,0065, à 48f 40, No 651....... 0f 31
  Façon et pose, compris pointes ...... ‚0 28
    Le mètre linéaire.....—— 0 59

924. Par chaque centimètre de largeur en plus ou en moins................ 0 04

925. — — de 0,08 d'épaisseur sur 0,10 de large :

  Bois. 0,0096, à 48f 40, No 651 ...,... 0f 46
  Façon et pose, compris pointes...... 0 35
    Le mètre linéaire.....—— 0 81

926. Par chaque centimètre carré de section en plus ou en moins............. 0 007

 — Sapin corroyé. (Voyez *Bâtis corroyés*.)

 — à 3 ou 4 parements feuillés, nervés. (Voyez ***Huisseries***.)

927. **Blanchissage** à la varlope ou au rabot, sur bois dur, pour pièces de $^{0,10}/_{0,10}$ et au-dessus, le m. s..... 0 55

928. — — pour pièces au-dessous de $^{0,10}/_{0,10}$, le m. s.... 0 65

929. — — sur bois tendre, pour pièces de $^{0,10}/_{0,10}$ et au-dessus, le m. s..................... 0 35

930. — — pour pièces au-dessous de $^{0,10}/_{0,10}$, le m. s.... 0 40

 Bordures. (Voyez *Moulures figurant Chambranles*.)

 Bouchons de lieux d'aisances. (Voyez *Tampons*.)

931. **Brulement** de poteaux de barrières, la pièce....... 0 50

C

Cadres figurant panneaux :

932. — Sapin de 0,018 d'épaisseur et au-dessous sur 0,10
de large :

Bois. 0,065, à 3f 75, No 1675	0f 24
Sciage. 0,06, à 0f 60, No 657..	0 04
Façon............................	0 35
Pose et pointes....................	0 15
Le mètre linéaire..... ——	0f 78

933.   Par chaque centimètre de largeur en
plus ou en moins...............   0 047

934. — — de 0,018 à 0,027 d'épaiss^r sur 0,10 de large :

Bois. 0,13, à 2f 48, No 1677........	0f 32
Façon........................	0 40
Pose et pointes....................	0 15
Le mètre linéaire..... ——	0 87

935.   Par chaque centimètre de largeur en
plus ou en moins................   0 052

936. — — de 0,027 à 0,034 d'épaiss^r sur 0,10 de large :

Bois. 0,13, à 3f 07, No 1676.........	0f 40
Façon..........................	0 45
Pose et pointes....................	0 15
Le mètre linéaire..... ——	1 00

937.   Par chaque centimètre de largeur en
plus ou en moins...............   0 06

938. — — de 0,034 à 0,041 d'épaiss^r sur 0,10 de large :

Bois. 0,13, à 3f 75, No 1675.........	0f 49
Façon..........................	0 50
Pose et pointes....................	0 15
Le mètre linéaire..... ——	1 14

939.   Par chaque centimètre de largeur en
plus ou en moins.. ....   0 07

940. — — de 0,041 à 0,054 d'épaiss^r sur 0,10 de large :

Bois. 0,13, à 4f 35, No 1539........	0f 57
Façon..........................	0 55
Pose et pointes.	0 20
Le mètre linéaire..... ——	1 32

941.   Par chaque centimètre de largeur en
plus ou en moins...............   0 08

Cadres figurant panneaux :

942. — Chêne de 0,018 d'épaisseur et au-dessous sur 0,10 de large :

Bois. 0,0023, à 154^f, N° 1674........	0^f 35
Sciage. 0,06, à 1^f, N° 656...........	0 06
Façon.....................	0 50
Pose et pointes..................	0 15
Le mètre linéaire.....———	1^f 06

943.   Par chaque centimètre de largeur en plus ou en moins...............   0 065

944. — — de 0,018 à 0,027 d'épaiss^r sur 0,10 de large :

Bois. 0,0033, à 154^f, N° 1674........	0^f 51
Façon.....................	0 60
Pose et pointes..................	0 15
Le mètre linéaire.....———	1 26

945.   Par chaque centimètre de largeur en plus ou en moins...............   0 076

946. — — de 0,027 à 0,034 d'épaiss^r sur 0,10 de large :

Bois. 0,0042, à 154^f, N° 1674........	0^f 65
Façon.	0 65
Pose et pointes..................	0 15
Le mètre linéaire.....———	1 45

947.   Par chaque centimètre de largeur en plus ou en moins...............   0 089

948. — — de 0,034 à 0,041 d'épaiss^r sur 0,10 de large :

Bois. 0,0053, à 154^f, N° 1674	0^f 82
Façon.....................	0 75
Pose et pointes..................	0 15
Le mètre linéaire.....———	1 72

949.   Par chaque centimètre de largeur en plus ou en moins...............   0 104

950. — — de 0,041 à 0,054 d'épaiss^r sur 0,10 de large :

Bois. 0,0066, à 154^f, N° 1674........	1^f 02
Façon.....................	0 85
Pose et pointes..................	0 20
Le mètre linéaire.....———	2 07

951.   Par chaque centimètre de largeur en plus ou en moins...............   0 135

952. Nota. Il sera ajouté 0,10 sur la longueur à toute partie ayant 0,50 et au-dessous en égard aux sujétions de coupe. Toute partie qui, avec cette plus-value, n'atteindra pas 0,25, sera comptée pour 0,25............... *Observ.*

Cannelures faites à la gouge :

953. — Sapin jusqu'à 0,015 de développement, le m. l.. 0ᶠ 05
954.   Par chaque centimètre en plus, le m. l.. 0 03
955. — Chêne jusqu'à 0,015 de développement, le m. l.. 0 075
956.   Par chaque centimètre en plus, le m. l.. 0 045
957. Nota. Chaque amortissement sera compté pour un mètre de cannelure..... *Observ.*

Casiers. Les casiers seront comptés comme tablettes,
     selon leur espèce, avec une plus-value de (les
     assemblages à queues d'hirondes étant comptés
     séparément) :
     Pour les casiers à nervures, ayant de 3 à 6 cases
     par mètre superficiel de tablettes :

958.   Sapin, le m. s................. 1 00
959.   Chêne, le m. s. 1 50

— — de 7 à 10 cases par m. superfic. de tablettes :

960.   Sapin, le m. s................. 1 50
961.   Chêne, le m. s................. 2 20

— — de 11 à 15 cases par m. superfic. de tablettes :

962.   Sapin, le m. s................. 3 00
963.   Chêne, le m. s................. 4 50

— — de 16 à 20 cases par m. superfic. de tablettes :

964.   Sapin, le m. s................. 5 00
965.   Chêne, le m. s................. 7 50

966. Nota. Lorsque les casiers seront simplement cloués, sans entailles, les plus-
     values ci-dessus seront réduites de moitié.......................... *Observ.*

Chambranles ravalés de moulures, avec socle et rai-
     nure d'embrèvement :

967. — Sapin de 0,027 d'épaisseur et au-dessous sur 0,10
     de large :

     Bois. 0,12, à 2ᶠ 48, Nᵒ 1677........ 0ᶠ 30
     Façon............................. 0 40
     Pose et pointes.................... 0 20
          Le mètre linéaire.....——— 0 90

968.   Par chaque centimètre de largeur en
          plus ou en moins............... 0 075

969. — — de 0,027 à 0,034 d'épaissʳ sur 0,10 de large :

     Bois. 0,12, à 3ᶠ 07, Nᵒ 1676........ 0ᶠ 37
     Façon............................. 0 50
     Pose et pointes.................... 0 20
          Le mètre linéaire.....——— 1 07

870.   Par chaque centimètre de largeur en
          plus ou en moins............... 0 091

Chambranles ravalés de moulures, avec socle et rainure d'embrèvement :

971. — Sapin de 0,034 à 0,041 d'épaisseur sur 0,10 de large :

    Bois. 0,12, à 3f 75, No 1675........., 0f 45
    Façon.................................. 0 60
    Pose et pointes....................... 0 20
            Le mètre linéaire.....—— 1f 25

972.   Par chaque centimètre de largeur en plus ou en moins............... 0 108

973. — — de 0,041 à 0,054 d'épaissʳ sur 0,10 de large :

    Bois. 0,12, à 4f 35, No 1539........ 0f 52
    Façon.................................. 0 70
    Pose et pointes....................... 0 25
            Le mètre linéaire.....—— 1 47

974.   Par chaque centimètre de largeur en plus ou en moins............... 0 126

975. — — de 0,076 d'épaisseur sur 0,10 de large :

    Bois. 0,12, à 6f, No 1540............ 0f 72
    Façon.................................. 0 85
    Pose et pointes....................... 0 25
            Le mètre linéaire.....—— 1 82

976.   Par chaque centimètre carré de section en plus ou en moins.............. 0 021

977. — Chêne de 0,027 d'épaisseur et au-dessous sur 0,10 de large :

    Bois. 0,0030, à 154f, No 1674........ 0f 46
    Façon.................................. 0 55
    Pose et pointes....................... 0 20
            Le mètre linéaire.....—— 1 21

978.   Par chaque centimètre de largeur en plus ou en moins............... 0 104

979. — — de 0,027 à 0,034 d'épaissʳ sur 0,10 de large :

    Bois. 0,0039, à 154f, No 1674........ 0f 60
    Façon.................................. 0 75
    Pose et pointes....................... 0 20
            Le mètre linéaire.....—— 1 55

980.   Par chaque centimètre de largeur en plus ou en moins............... 0 134

981. — — de 0,034 à 0,041 d'épaissʳ sur 0,10 de large :

    Bois. 0,0046, à 154f, No 1674........ 0f 71
    Façon.................................. 0 85
    Pose et pointes....................... 0 20
            Le mètre linéaire.....—— 1 76

982.   Par chaque centimètre de largeur en plus ou en moins............... 0 154

Chambranles ravalés de moulures, avec socle et rainure d'embrèvement :

983. — Chêne de 0,041 à 0,054 d'épaisseur sur 0,10
de large :

Bois. 0,0061, à 143ᶠ, Nᵒ 1538........	0ᶠ87
Façon............................	1 05
Pose et pointes	0 25
Le mètre linéaire..... ——	2ᶠ 17

984.   Par chaque centimètre de largeur en
plus ou en moins 0 19

985. — — de 0,076 d'épaisseur sur 0,10 de large:

Bois. 0,0091, à 143ᶠ, Nᵒ 1538........	1ᶠ30
Façon............................	1 25
Pose et pointes...................	0 25
Le mètre linéaire..... ——	2 80

986.   Par chaque centimètre carré de section
en plus ou en moins.............. 0 032

987.   Plus-value pour chambranles cintrés en élévation, 2 fois en sus des prix ci-dessus...... *Observ.*

Chanfreins abattus au ciseau, par chaque centimètre
de largeur :
988.   Sapin, le m. l................... 0 04
989.   Chêne, le m. l................... 0 06
990. Nota. Chaque amortissement sera compté pour un mètre de chanfrein..... *Observ.*

Chanfreins abattus au rabot. (Voyez *Feuillures.*)

Chantournement, mesuré suivant le développement
du galbe :
991. — Sapin, jusqu'à 0,034 d'épaisseur, le m. l....... 0 40
992. — Chêne, jusqu'à 0,034 d'épaisseur, le m. l....... 0 65
993. — Sapin, de 0,035 jusqu'à 0,06 d'épaisseur, le m. l. 0 75
994. — Chêne, de 0,035 jusqu'à 0,06 d'épaisseur, le m. l. 1 20

Châssis vitrés avec feuillure à verre d'un côté, ravalés de moulures de l'autre, sans dormants (les
dormants comptés au mètre linéaire comme
bâtis à 3 ou 4 parements) :

995. — Sapin de 0,0254, à grands carreaux :

Bâtis et petits bois. 0,65, à 2ᶠ 48, Nᵒ 1677..	1ᶠ61
Façon............................	3 85
Le mètre superficiel...——	5 46

996. — — à petits carreaux :

Bâtis et petits bois. 0,75, à 2ᶠ 48, Nᵒ 1677..	1ᶠ86
Façon............................	4 35
Le mètre superficiel...——	6 21

Châssis vitrés avec feuillure à verre d'un côté, ravalés de moulures de l'autre, sans dormants (les dormants comptés au mètre linéaire comme bâtis à 3 ou 4 parements) :

997. — Sapin de 0,0318, à grands carreaux :

Bâtis et petits bois. 0,65, à 3f 07, No 1676. 2f 00
Façon.................................... 4 10

Le mètre superficiel...—— 6f 10

998. — — à petits carreaux :

Bâtis et petits bois. 0,75, à 3f 07, No 1676. 2f 30
Façon.................................... 4 90

Le mètre superficiel...—— 7 20

999. — Sapin de 0,038, à grands carreaux :

Bâtis et petits bois. 0,65, à 3f 75, No 1675. 2f 44
Façon.................................... 4 35

Le mètre superficiel...—— 6 79

1000. — — à petits carreaux :

Bâtis et petits bois. 0,75, à 3f 75, No 1675. 2f 81
Façon.................................... 5 35

Le mètre superficiel...—— 8 16

1001. — Sapin de 0,0508, à grands carreaux :

Bâtis et petits bois. 0,65, à 4f 35, No 1539. 2f 83
Façon.................................... 4 85

Le mètre superficiel...—— 7 68

1002. — — à petits carreaux :

Bâtis et petits bois. 0,75, à 4f 35, No 1539. 3f 26
Façon.................................... 5 95

Le mètre superficiel...—— 9 21

1003. — Chêne de 0,0254, à grands carreaux :

Bâtis et petits bois. 0,0175, à 154f, No 1674 2f 70
Façon.................................... 4 85

Le mètre superficiel...—— 7 55

1004. — — à petits carreaux :

Bâtis et petits bois. 0,0202, à 154f, No 1674 3f 11
Façon.................................... 5 45

Le mètre superficiel...—— 8 56

1005. — Chêne de 0,0318, à grands carreaux :

Bâtis et petits bois. 0,0221, à 154f, No 1674 3f 40
Façon.................................... 5 15

Le mètre superficiel...—— 8 55

Châssis vitrés avec feuillure à verre d'un côté, ravalés de moulures de l'autre, sans dormants (les dormants comptés au mètre linéaire comme bâtis à 3 ou 4 parements) :

1006. — Chêne de 0,0318, à petits carreaux :

  Bâtis et petits bois. 0,0255, à 154ʳ, Nᵒ 1674 3ʳ 93
  Façon.................................... 5 95
    Le mètre superficiel...———— 9ʳ 88

1007. — Chêne de 0,038, à grands carreaux :

  Bâtis et petits bois. 0,0266, à 154ʳ, Nᵒ 1674 4ʳ 10
  Façon.................................... 5 40
    Le mètre superficiel...———— 9 50

1008. — — à petits carreaux :

  Bâtis et petits bois. 0,0307, à 154ʳ, Nᵒ 1674 4ʳ 73
  Façon.................................... 6 50
    Le mètre superficiel...———— 11 23

1009. — Chêne de 0,0508, à grands carreaux :

  Bâtis et petits bois. 0,0351, à 143ʳ, Nᵒ 1538 5ʳ 02
  Façon.................................... 6 00
    Le mètre superficiel...———— 11 02

1010. — — à petits carreaux :

  Bâtis et petits bois. 0,0405, à 143ʳ, Nᵒ 1538 5ʳ 79
  Façon.................................... 7 20
    Le mètre superficiel...———— 12 99

1011. Seront considérés comme châssis à grands carreaux ceux qui n'auront pas au-dessus de 6 carreaux par mètre superficiel......................... *Observ.*

1012. **Châssis** à barreaux droits, $\frac{1}{20}$ en moins des prix ci-dessus.............................. 1/20

  Plus-value pour les moulures dont la largeur excèdera 0,03, par chaque centimètre :

1013.   Sapin, le m. l........... 0 14
1014.   Chêne, le m. l........... 0 20

  Plus-value pour carreaux à losange, par losange :

1015.   Sapin................. 0 90
1016.   Chêne................. 1 30

  — pour carreaux à la grecque, par chaque grecque :

1017.   Sapin................. 0 60
1018.   Chêne................. 0 85

Plus-value pour carreaux à coins ronds tournés, par coin rond :

1019.	Sapin	0ᶠ 35
1020.	Chêne..................	0 45

— pour carreaux à angles arrondis, par chaque angle arrondi :

1021.	Sapin	0 50
1022.	Chêne..................	0 70

— pour carreaux à triglyphe, par triglyphe :

1023.	Sapin.........	0 75
1024.	Chêne..................	1 00

— pour carreaux à croix de Saint-André, la pièce :

1025.	Sapin	0 90
1026.	Chêne..................	1 25

— pour carreaux à ogive simple, la pièce :

1027.	Sapin	1 00
1028.	Chêne..................	1 25

— pour carreaux à ogive double ou entrelacée, la pièce :

1029.	Sapin...	1 75
1030.	Chêne..................	2 00

1031. Les vitrages avec chanfreins avec arrêt au ciseau seront payés comme ceux à moulures........ *Observ.*

Les vitrages qui auront leurs petits bois en fer ou en cuivre posés par le menuisier conserveront leur prix ; ceux posés par le serrurier subiront une moins-value de :

1032.	Chêne, le m. s...........	0 70
1033.	Sapin , le m. s...........	0 45

1034. Toute partie cintrée en élévation sera comptée comme carrée, la longueur de la flèche étant comptée en plus-value demi en sus de sa longueur réelle .... *Observ.*

1035. Les parties cintrées en plan seront payées le double des prix ci-dessus .... *Observ.*

1036. **Châssis** à tabatière, en sapin de 0,025 d'épaisseur :

Bois. 1,10, à 2ᶠ 48, Nᵒ 1677........ 2ᶠ 73
Façon et pose, compris pointes...... 2 55
Le mètre superficiel...—— 5 28

1037. Châssis à tabatière, en sapin de 0,031 d'épaisseur :

Bois. 1,10, à 3^f 07, N° 1676.........	3^f 38
Façon et pose, compris pointes......	2 60
Le mètre superficiel...———	5^f 98

1038. — — en sapin de 0,038 d'épaisseur :

Bois. 1,10, à 3^f 75, N° 1675.........	4^f 13
Façon et pose, compris pointes......	2 85
Le mètre superficiel...———	6 98

Chêne du Nord. (Voyez *Madriers* et *Planches*.)

Chevrons, fourrures, soliveaux, tringles, étrésillons, en bois neuf brut, de 1^{m}00 de longueur au moins (au-dessous à compter comme tasseaux), ajustés et posés :

1039. — Sapin de 0,018 d'épaisseur et au-dessous, sur 0,10 de large :

Bois. 0,055, à 3^f 75, N° 1675........	0^f 21
Sciage. 0,06, à 0^f 60, N° 657........	0 04
Façon, pose et pointes	0 06
Le mètre linéaire.....———	0 31

1040. Par chaque centimètre de largeur en plus ou en moins............... 0 024

1041. — — de 0,018 à 0,027 d'épaiss^r sur 0,10 de large :

Bois. 0,11, à 2^f 48, N° 1677.........	0^f 27
Façon et pose, compris pointes......	0 08
Le mètre linéaire.....———	0 35

1042. Par chaque centimètre de largeur en plus ou en moins............... 0 029

1043. — — de 0,027 à 0,034 d'épaiss^r sur 0,10 de large :

Bois. 0,11, à 3^f 07, N° 1676.........	0^f 34
Façon et pose, compris pointes......	0 10
Le mètre linéaire...———	0 44

1044. Par chaque centimètre de largeur en plus ou en moins............... 0 036

1045. — — de 0,034 à 0,041 d'épaiss^r sur 0,10 de large :

Bois. 0,11, à 3^f 75, N° 1675........	0^f 41
Façon et pose, compris pointes......	0 12
Le mètre linéaire ....———	0 53

1046. Par chaque centimètre de largeur en plus ou en moins............... 0 044

Chevrons, fourrures, soliveaux, tringles, étrésillons, en bois neuf brut, de 1^m00 de longueur au moins (au-dessous à compter comme tasseaux), ajustés et posés :

1047. — Sapin de 0,041 à 0,054 d'ép^r sur 0,10 de large :

    Bois. 0,11, à 4^f 35, N° 1539........   0^f 48
    Façon et pose, compris pointes......   0 16
              Le mètre linéaire.....———   0^f 64

1048.   Par chaque centimètre de largeur en plus ou en moins................   0 052

1049. — — de 0,076 d'épaisseur sur 0,10 de large :

    Bois. 0,11, à 5^f 09, N° 1542........   0^f 56
    Façon et pose, compris pointes......   0 22
              Le mètre linéaire.....———   0 78

1050.   Par chaque centimètre carré de section en plus ou en moins.............   0 008

1051. — Chêne de 0,018 d'épaisseur et au-dessous sur 0,10 de large :

    Bois. 0,0020, à 154^f, N° 1674........   0^f 31
    Sciage. 0,06, à 1^f, N° 656...........   0 06
    Façon et pose, compris pointes......   0 06
              Le mètre linéaire.....———   0 43

1052.   Par chaque centimètre de largeur en plus ou en moins................   0 034

1053. — — de 0,018 à 0,027 d'épaiss^r sur 0,10 de large :

    Bois. 0,0028, à 154^f, N° 1674 ....   0^f 43
    Façon et pose, compris pointes......   0 08
              Le mètre linéaire.....———   0 51

1054.   Par chaque centimètre de largeur en plus ou en moins... ....   0 043

1055. — — de 0,027 à 0,034 d'épaiss^r sur 0,10 de large :

    Bois. 0,0035, à 154^f, N° 1674........   0^f 54
    Façon et pose, compris pointes......   0 10
              Le mètre linéaire.....———   0 64

1056.   Par chaque centimètre de largeur en plus ou en moins................   0 055

1057. — — de 0,034 à 0,041 d'épaiss^r sur 0,10 de large :

    Bois. 0,0042, à 154^f N° 1674.........   0^f 65
    Façon et pose, compris pointes......   0 13
              Le mètre linéaire ....———   0 78

1058.   Par chaque centimètre de largeur en plus ou en moins................   0 065

Chevrons, fourrures, soliveaux, tringles, étrésillons, en bois neuf brut, de 1ᵐ00 de longueur au moins (au-dessous à compter comme tasseaux), ajustés et posés :

1059. — Chêne de 0,041 à 0,054 d'épʳ sur 0,10 de large :

Bois. 0,0056, à 143ᶠ, Nᵒ 1538........   0ᶠ 80
Façon et pose, compris pointes 0 18
Le mètre linéaire...——   0ᶠ 98

1060.   Par chaque centimètre de largeur en plus ou en moins 0 081

1061. — — de 0,076 d'épaisseur sur 0,10 de large :

Bois. 0,0084, à 143ᶠ, Nᵒ 1538........   1ᶠ 20
Façon et pose, compris pointes......   0 25
Le mètre linéaire.....——   1 45

1062.   Par chaque centimètre carré de section en plus ou en moins.............   0 016

1063. **Clefs** en chêne, rapportées, incrustées et chevillées dans des parties en sapin, la pièce 0 30

1064.   —   —   en chêne, la pièce..........   0 40

Cloisons et lambris en planches entières :

1065. — Pin de 0,015, 2 parements, joints dressés :

Bois. 0,55, à 2ᶠ 06, Nᵒ 1684........   1ᶠ 13
Sciage. 0,55, à 0ᶠ 60, Nᵒ 657 ....   0 33
Façon de joints....................   0 10
Id. de blanchissage 0 80
Pose et pointes...................   0 30
Le mètre superficiel...——   2 66

1066. — — — joints rainés :

Bois. 0,575, à 2ᶠ 06, Nᵒ 1684........   1ᶠ 18
Sciage. 0,57, à 0ᶠ 60, Nᵒ 657........   0 34
Façon de joints....................   0 10
Id. de blanchissage 0 80
Id. de rainure et languette.......   0 38
Pose et pointes...................   0 40
Le mètre superficiel...——   3 20

1067. — — de 0,018, 2 parements, joints dressés :

Bois. 0,55, à 2ᶠ 27, Nᵒ 1683........   1ᶠ 25
Sciage. 0,55, à 0ᶠ 60, Nᵒ 657.......   0 33
Façon. Comme au Nᵒ 1065..........   0 90
Pose et pointes...................   0 30
Le mètre superficiel...——   2 78

1068. — — — joints rainés :

Bois. 0,575, à 2ᶠ 27, Nᵒ 1683........   1ᶠ 31
Sciage. 0,57, à 0ᶠ 60, Nᵒ 657...... .   0 34
Façon. Comme au Nᵒ 1066..........   1 28
Pose et pointes...................   0 40
Le mètre superficiel...——   3 33

Cloisons et lambris en planches entières :

1069. — Pin de 0,034, 2 parements, joints dressés :

        Bois. 1,10, à 2^f 06, N° 1684........ 2^f 27
        Façon de joints.................... 0 15
        Id   de blanchissage 0 80
        Pose et pointes 0 35

                Le mètre superficiel...——   3^f 57

1070. — — — joints rainés :

        Bois. 1,15, à 2^f 06, N° 1684........ 2^f 37
        Façon de joints 0 15
        Id.   de blanchissage 0 80
        Id.   de rainure et languette 0 38
        Pose et pointes.................... 0 45

                Le mètre superficiel...——   4 15

1071. — — de 0,041, 2 parements, joints dressés :

        Bois. 1,10, à 2^f 27, N° 1683........ 2^f 50
        Façon. Comme au N° 1069.......... 0 95
        Pose et pointes.................... 0 35

                Le mètre superficiel...——   3 80

1072. — — — joints rainés :

        Bois. 1,15, à 2^f 27, N° 1683........ 2^f 61
        Façon. Comme au N° 1070......... 1 33
        Pose et pointes.................... 0 45

                Le mètre superficiel...——   4 39

1073. — Sapin de 0,015, 2 parements, joints dressés :

        Bois. 0,55, à 3^f 07, N° 1676........ 1^f 69
        Sciage. 0,55, à 0^f 60, N° 657........ 0 33
        Façon. Comme au N° 1065.......... 0 90
        Pose et pointes.................... 0 30

                Le mètre superficiel...——   3 22

1074. — — — joints rainés :

        Bois. 0,575, à 3^f 07, N° 1676....... 1^f 77
        Sciage. 0,57, à 0^f 60, N° 657....... 0 34
        Façon. Comme au N° 1066.......... 1 28
        Pose et pointes.................... 0 40

                Le mètre superficiel...——   3 79

1075. — — de 0,018, 2 parements, joints dressés :

        Bois. 0,55, à 3^f 75, N° 1675........ 2^f 06
        Sciage. 0,55, à 0^f 60, N° 657 .... 0 33
        Façon. Comme au N° 1065.......... 0 90
        Pose et pointes.......... 0 30

                Le mètre superficiel...——   3 59

1076. — — — joints rainés :

        Bois. 0,575, à 3^f 75, N° 1675........ 2^f 16
        Sciage. 0,57, à 0^f 60, N° 657........ 0 34
        Façon. Comme au N° 1066.......... 1 28
        Pose et pointes.................... 0 40

                Le mètre superficiel...——   4 18

Cloisons et lambris en planches entières :

1077. — Sapin de 0,025, 2 parements, joints dressés :

    Bois. 1,10, à 2ᶠ 48, Nᵒ 1677......... 2ᶠ73
    Façon. Comme au Nᵒ 1069.......... 0 95
    Pose et pointes................... 0 35
         Le mètre superficiel...——   4ᶠ 03

1078. — — — joints rainés :

    Bois. 1,15, à 2ᶠ 48, Nᵒ 1677......... 2ᶠ85
    Façon. Comme au Nᵒ 1070.......... 1 33
    Pose et pointes................... 0 45
         Le mètre superficiel...——   4 63

1079. — — de 0,032, 2 parements, joints dressés :

    Bois. 1,10, à 3ᶠ 07, Nᵒ 1676......... 3ᶠ38
    Façon. Comme au Nᵒ 1069.......... 0 95
    Pose et pointes................... 0 35
         Le mètre superficiel...——   4 68

1080. — — — joints rainés :

    Bois. 1,15, à 3ᶠ 07, Nᵒ 1676......... 3ᶠ53
    Façon. Comme au Nᵒ 1070.......... 1 33
    Pose et pointes................... 0 45
         Le mètre superficiel...——   5 31

1081. — — de 0,038, 2 parements, joints dressés :

    Bois. 1,10, à 3ᶠ 75, Nᵒ 1675......... 4ᶠ13
    Façon. Comme au Nᵒ 1069.......... 0 95
    Pose et pointes................... 0 40
         Le mètre superficiel...——   5 48

1082. — — — joints rainés :

    Bois. 1,15, à 3ᶠ 75, Nᵒ 1675......... 4ᶠ31
    Façon. Comme au Nᵒ 1070.......... 1 33
    Pose et pointes................... 0 50
         Le mètre superficiel...——   6 14

Cloisons et lambris en planches à lames (planches refendues) :

1083. — Pin de 0,015, 2 parements, rainé :

    Bois. 0,60, à 2ᶠ 06, Nᵒ 1684......... 1ᶠ24
    Sciage. 0,60, à 0ᶠ 60, Nᵒ 657........ 0 36
    Façon de joints 0 20
    Id.   de blanchissage............. 0 80
    Id.   de rainure et languette....... 0 76
    Pose et pointes................... 0 72
         Le mètre superficiel...——   4 08

1084. — — de 0,018, 2 parements, rainé :

    Bois. 0,60, à 2ᶠ 27, Nᵒ 1683......... 1ᶠ36
    Sciage. 0,60, à 0ᶠ 60, Nᵒ 657........ 0 36
    Façon. Comme au Nᵒ 1083.......... 1 76
    Pose et pointes................... 0 72
         Le mètre superficiel...——   4 20

Cloisons et lambris en planches à lames (planches refendues) :

1085. — Pin de 0,034, 2 parements, rainé :

Bois. 1,20, à 2f 06, No 1684.........	2f 47
Façon de joints...................	0 25
Id. de blanchissage..............	0 80
Id. de rainure et languette.......	0 76
Pose et pointes	0 77

Le mètre superficiel...———   5f 05

1086. — — de 0,041, 2 parements, rainé :

Bois. 1,20, à 2f 27, No 1683.........	2f 72
Façon. Comme au No 1085..........	1 81
Pose et pointes..................	0 77

Le mètre superficiel...———   5 30

1087. — Sapin de 0,015, 2 parements, rainé :

Bois. 0,60, à 3f 07, No 1676.........	1f 84
Sciage. 0,60, à 0f 60, No 657........	0 36
Façon. Comme au No 1083..........	1 76
Pose et pointes..................	0 72

Le mètre superficiel...———   4 68

1088. — — de 0,018, 2 parements, rainé :

Bois. 0,60, à 3f 75, No 1675.........	2f 25
Sciage. 0,60, à 0f 60, No 657........	0 36
Façon. Comme au No 1083..........	1 76
Pose et pointes..................	0 72

Le mètre superficiel...———   5 09

1089. — — de 0,025, 2 parements, rainé :

Bois. 1,20, à 2f 48, No 1677.........	2f 98
Façon. Comme au No 1085..........	1 81
Pose et pointes..................	0 77

Le mètre superficiel...———   5 56

1090. — — de 0,032, 2 parements, rainé :

Bois. 1,20, à 3f 07, No 1676.........	3f 68
Façon. Comme au No 1085..........	1 81
Pose et pointes..................	0 77

Le mètre superficiel...———   6 26

1091. — — de 0,038, 2 parements, rainé :

Bois. 1,20, à 3f 75, No 1675.........	4f 50
Façon. Comme au No 1085..........	1 81
Pose et pointes..................	0 82

Le mètre superficiel...———   7 13

Plus-value pour cloisons en planches égales et parallèles, avec moulures poussées sur les rives, par parement :

1092.	En planches entières, le m. s.....	0 25
1093.	En planches à lames, le m. s.....	0 50

Cloisons à claires-voies. (Voyez *Bâtis*.)

1094. **Colle** forte de Givet, le kilog 2f 45

1095. — ordinaire, le kilog......................... 1 75

Contrevents. (Voyez *Portes*.)

Corniches volantes, à 3 membres de moulures, allégies dans la masse ou embrevées :

1096. — Sapin de 0,018 d'épaisseur et au-dessous sur 0,10 de large :

> Bois. 0,065, à 3f 75, No 1675........ 0f 24
> Sciage. 0,06, à 0f 60, No 657........ 0 04
> Façon et pose, compris pointes...... 0 62
> Le mètre linéaire...—— 0 90

1097. Par chaque centimètre de largeur en plus ou en moins 0 084

1098. — — de 0,018 à 0,027 d'épaissr sur 0,10 de large :

> Bois. 0,13, à 2f 48, No 1677......... 0f 32
> Façon et pose, compris pointes...... 0 70
> Le mètre linéaire...—— 1 02

1099. Par chaque centimètre de largeur en plus ou en moins 0 095

1100. — — de 0,027 à 0,034 d'épaissr sur 0,10 de large :

> Bois. 0,13, à 3f 07, No 1676......... 0f 40
> Façon et pose, compris pointes...... 0 81
> Le mètre linéaire...—— 1 21

1101. Par chaque centimètre de largeur en plus ou en moins................ 0 112

1102. — — de 0,034 à 0,041 d'épaissr sur 0,10 de large :

> Bois. 0,13, à 3f 75, No 1675......... 0f 49
> Façon et pose, compris pointes...... 0 96
> Le mètre linéaire...—— 1 45

1103. Par chaque centimètre de largeur en plus ou en moins 0 133

1104. — — de 0,041 à 0,054 d'épaissr sur 0,10 de large :

> Bois. 0,13, à 4f 35, No 1539......... 0f 57
> Façon et pose, compris pointes...... 1 10
> Le mètre linéaire...—— 1 67

1105. Par chaque centimètre de largeur en plus ou en moins................ 0 154

Corniches volantes, à 3 membres de moulures, allégies dans la masse ou embrevées :

1106. — Sapin de 0,076 d'épaisseur sur 0,10 de large :

Bois. 0,13, à 6ᶠ, Nᵒ 1540............ 0ᶠ78
Façon et pose, compris pointes...... 1 25
Le mètre linéaire...—— 2ᶠ03

1107.   Par chaque centimètre carré de section en plus ou en moins 0 025

1108. — Chêne de 0,018 d'épaisseur et au-dessous sur 0,10 de large :

Bois. 0,0024, à 154ᶠ, Nᵒ 1674 .... 0ᶠ37
Sciage. 0,06, à 1ᶠ, Nᵒ 656........... 0 06
Façon et pose, compris pointes...... 0 85
Le mètre linéaire.....—— 1 28

1109.   Par chaque centimètre de largeur en plus ou en moins................ 0 118

1110. — — de 0,018 à 0,027 d'épaissʳ sur 0,10 de large :

Bois. 0,0033, à 154ᶠ, Nᵒ 1674........ 0ᶠ51
Façon et pose, compris pointes...... 0 97
Le mètre linéaire.....—— 1 48

1111.   Par chaque centimètre de largeur en plus ou en moins................ 0 136

1112. — — de 0,027 à 0,034 d'épaissʳ sur 0,10 de large :

Bois. 0,0042, à 154ᶠ, Nᵒ 1674........ 0ᶠ65
Façon et pose, compris pointes...... 1 10
Le mètre linéaire.....—— 1 75

1113.   Par chaque centimètre de largeur en plus ou en moins................ 0 159

1114. — — de 0,034 à 0,041 d'épaissʳ sur 0,10 de large :

Bois. 0,0051, à 154ᶠ, Nᵒ 1674........ 0ᶠ79
Façon et pose, compris pointes...... 1 25
Le mètre linéaire.....—— 2 04

1115.   Par chaque centimètre de largeur en plus ou en moins................ 0 183

1116. — — de 0,041 à 0,054 d'épaissʳ sur 0,10 de large :

Bois. 0,0066, à 143ᶠ, Nᵒ 1538........ 0ᶠ94
Façon et pose, compris pointes...... 1 45
Le mètre linéaire.....—— 2 39

1117.   Par chaque centimètre de largeur en plus ou en moins................ 0 218

Corniches volantes, à 3 membres de moulures, allégies dans la masse ou embrevées :

1118. — Chêne de 0,076 d'épaisseur sur 0,10 de large :

> Bois. 0,0099, à 143ᶠ, Nᵒ 1538........ 1ᶠ 42
> Façon et pose, compris pointes...... 1 65
>
> Le mètre linéaire.....—— 3ᶠ 07

1119.   Par chaque centimètre carré de section en plus ou en moins............. 0 036

1120. Pour les corniches composées de pièces assemblées, chaque pièce sera mesurée selon son épaisseur et sa largeur, non compris les languettes, et classée dans la catégorie à laquelle elle appartiendrait posée isolément................... *Observ.*

1121. Nota. L'observation ci-dessus s'applique à toutes les menuiseries comptées au mètre linéaire... *Observ.*

Plus-value pour corniches ayant des caissons, des denticules ou des modillons sous le larmier :

1122.   Sapin, le m. l............. 0 60
1123.   Chêne, le m. l............. 0 70

Pour les ressauts des corniches, il sera ajouté à la longueur, par chaque angle saillant ou rentrant en plus de 1 par chaque 3 mètres de corniche :

1124.   Pour celles composées d'une seule pièce, 0ᵐ10.................. *Observ.*
1125.   Pour celles composées de pièces assemblées, 0ᵐ20............. *Observ.*

Costières. (Voyez *Lambrequins*.)

Couvre-joints en sapin blanchi, avec chanfrein sur les arêtes :

1126. — de 0,015 d'épaisseur et au-dessous jusqu'à 0,05 de large :

> Bois. 0,03, à 3ᶠ 07, Nᵒ 1676......... 0ᶠ 09
> Sciage. 0,03, à 0ᶠ 60, Nᵒ 657 .... 0 02
> Façon et blanchissage.............. 0 08
> Pose et pointes.................... 0 06
>
> Le mètre linéaire.....—— 0 25

1127.   Par chaque centimètre de largeur en plus. 0 032

Couvre-joints en sapin blanchi, avec chanfrein sur les arêtes :

1128. — — de 0,015 à 0,018 d'épaisseur jusqu'à 0,05 de large :

Bois. 0,03, à 3f 75, No 1675.........	0f 11
Sciage. 0,03, à 0f 60, No 657........	0 02
Façon et blanchissage	0 09
Pose et pointes...................	0 06
Le mètre linéaire.....——	0f 28

1129.   Par chaque centimètre de largeur en plus.   0 036

1130. — — de 0,018 à 0,027 d'épaisseur jusqu'à 0,05 de large :

Bois. 0,06, à 2f 48, No 1677.........	0f 15
Façon et blanchissage..............	0 11
Pose et pointes...................	0 07
Le mètre linéaire.....——	0 33

1131.   Par chaque centimètre de largeur en plus.   0 043

1132. — — de 0,027 à 0,034 d'épaisseur jusqu'à 0,05 de large :

Bois. 0,06, à 3f 07, No 1676.........	0f 18
Façon et blanchissage..............	0 13
Pose et pointes...................	0 08
Le mètre linéaire.....——	0 39 .

1133.   Par chaque centimètre de largeur en plus.   0 051

1134. Les couvre-joints en sapin brut (bois non blanchi) subiront une moins-value de 0f06 par mètre linéaire................................. 0 06

Crémaillères pour placards, étagères, etc., jusqu'à 0,04 sur 0,04 :

1135. — Sapin :

Bois. 0,044, à 3f 75, No 1675........	0f 17
Façon, pose et pointes..............	0 30
Le mètre linéaire.....——	0 47

1136.   Par chaque centim. carré de section en plus.   0 025

1137. — Chêne :

Bois. 0,0017, à 154f, No 1674........	0f 26
Façon, pose et pointes..............	0 45
Le mètre linéaire.....——	0 71

1138.   Par chaque centimètre carré de section en plus................................. 0 035

1139. **Croisées** en chêne du Nord, à gueule de loup ou à feuillures, et congé pour recevoir les fiches, à

grands carreaux, jet d'eau et pièce d'appui,
bâtis de 0,038, dormant de 0,06, sans imposte :

Bâtis et petits bois. 0,0164, à 154ᶠ. Nᵒ 1674	2ᶠ 53	
Dormant, jet d'eau et pièce d'appui. 0,020, à 143ᶠ, Nᵒ 1538	2 86	
Façon et ajustage	6 05	
Le mètre superficiel...		11ᶠ 44

1140. Croisées en chêne du Nord, à gueule de loup ou à
feuillures, et congé pour recevoir les fiches, à
grands carreaux, jet d'eau et pièce d'appui,
bâtis de 0,038, dormant de 0,06, avec imposte
ouvrante :

Bâtis et petits bois. 0,023, à 154ᶠ, Nᵒ 1674.	3ᶠ 54	
Dormant, traverse d'imposte, jet d'eau et pièce d'appui. 0,0248, à 143ᶠ, Nᵒ 1538...	3 54	
Façon. Comme au Nᵒ 1139	6 05	
Plus-value de façon d'imposte	1 10	
Le mètre superficiel...		14 23

1141. — — — avec imposte dormante :

Bâtis et petits bois. 0,022, à 154ᶠ, Nᵒ 1674.	3ᶠ 39	
Dormant, traverse d'imposte, jet d'eau et pièce d'appui. 0,0248, à 143ᶠ, Nᵒ 1538...	3 54	
Façon. Comme au Nᵒ 1139	6 05	
Plus-value de façon d'imposte	0 75	
Le mètre superficiel...		13 73

1142. — — bâtis de 0,0318, dormᵗ de 0,05, sans imposte :

Bâtis et petits bois. 0,014. à 154ᶠ, Nᵒ 1674.	2ᶠ 16	
Dormant, jet d'eau et pièce d'appui. 0,017, à 143ᶠ, Nᵒ 1538	2 43	
Façon et ajustage. Comme au Nᵒ 1139	6 05	
Le mètre superficiel...		10 64

1143. — — — avec imposte ouvrante :

Bâtis et petits bois. 0,0197, à 154ᶠ, Nᵒ 1674	3ᶠ 03	
Dormant, traverse d'imposte, jet d'eau et pièce d'appui. 0,021, à 143ᶠ, Nᵒ 1538....	3 00	
Façon. Comme au Nᵒ 1140	7 15	
Le mètre superficiel...		13 18

1144. — — — avec imposte dormante :

Bâtis et petits bois. 0,0183, à 154ᶠ, Nᵒ 1674	2ᶠ 90	
Dormant, traverse d'imposte, jet d'eau et pièce d'appui. 0,021, à 143ᶠ, Nᵒ 1538....	3 00	
Façon. Comme au Nᵒ 1141	6 80	
Le mètre superficiel...		12 70

1145. Croisées en sapin de Nerva, à gueule de loup ou à feuillures, et congé pour recevoir les fiches, à grands carreaux, jet d'eau et pièce d'appui, bâtis de 0,038, dormant de 0,06, sans imposte :

Bâtis et petits bois. 0,41, à 3f 75, No 1675.	1f 54
Jet d'eau. 0,003, à 74f 20, Nos 654 et 659..	0 22
Dormant. 0,20, à 4f 35, No 1539..........	0 87
Pièce d'appui. 0,056, à 6f, No 1540.......	0 34
Façon, compris ajustage................	4 75

Le mètre superficiel...——   7f 72

1146. — — — avec imposte ouvrante :

Bâtis et petits bois. 0,59, à 3f 75, No 1675.	2f 21
Jet d'eau. 0,003, à 74f 20, Nos 654 et 659..	0 22
Dormant et traverse d'imposte. 0,28, à 4f35, No 1539................	1 22
Pièce d'appui. 0,056, à 6f, No 1540.......	0 34
Façon. Comme au No 1145..............	4 75
Plus-value de façon d'imposte...........	0 75

Le mètre superficiel...——   9 49

1147. — — — avec imposte dormante :

Bâtis et petits bois. 0,56, à 3f 75, No 1675.	2f 10
Jet d'eau. 0,003, à 74f 20, Nos 654 et 659..	0 22
Dormant et traverse d'imposte. 0,28, à 4f35, No 1539................	1 22
Pièce d'appui. 0,056, à 6f, No 1540.......	0 34
Façon. Comme au No 1145..............	4 75
Plus-value de façon d'imposte...........	0 50

Le mètre superficiel...——   9 13

1148. — — jet d'eau et pièce d'appui en chêne, bâtis de 0,038, dormant de 0,06, sans imposte :

Bâtis et petits bois. 0,41, à 3f 75, No 1675.	1f 54
Jet d'eau et pièce d'appui. 0,0075, à 143f, No 1538................	1 07
Dormant. 0,20, à 4f 35, No 1539..........	0 87
Façon. Comme au No 1145..............	4 75
Plus-value pour façon de parties en chêne..	0 50

Le mètre superficiel...——   8 73

1149. — — — avec imposte ouvrante :

Bâtis et petits bois. 0,59, à 3f 75, No 1675.	2f 21
Jet d'eau et pièce d'appui. 0,0075, à 143f, No 1538................	1 07
Dormant et traverse d'imposte. 0,28, à 4f35, No 1539................	1 22
Façon. Comme au No 1148..............	5 25
Plus-value de façon d'imposte...........	0 75

Le mètre superficiel...—— 10 50

1150. Croisées en sapin de Nerva, à gueule de loup ou à
feuillures, et congé pour recevoir les fiches, à
grands carreaux, jet d'eau et pièce d'appui en
chêne, bâtis de 0,038, dormant de 0,06, avec
imposte dormante :

Bâtis et petits bois. 0,56, à 3^f 75, N° 1675. **2^f 10**
Jet d'eau et pièce d'appui. 0,0075, à 143^f,
  N° 1538 . . . . 1 07
Dormant et traverse d'imposte. 0,28, à 4^{f}35,
  N° 1539 . . . . 1 22
Façon. Comme au N° 1148 . . . . 5 25
Plus-value de façon d'imposte 0 50

      Le mètre superficiel . . .——— **10^f 14**

1151. — — jet d'eau et pièce d'appui, bâtis de 0,0318,
dormant de 0,05, sans imposte :

Bâtis et petits bois. 0,41, à 3^f 07, N° 1676. **1^f 26**
Jet d'eau. 0,003, à 74^f 20, N°^{s} 654 et 659 . . 0 22
Dormant. 0,18, à 4^f 35, N° 1539 . . . . 0 78
Pièce d'appui. 0,056, à 6^f, N° 1540 . . . . 0 34
Façon et ajustage. Comme au N° 1145 . . . . . 4 75

      Le mètre superficiel . . .——— **7 35**

1152. — — — avec imposte ouvrante :

Bâtis et petits bois. 0,59, à 3^f 07, N° 1676. **1^f 81**
Jet d'eau. 0,003, à 74^f 20, N°^{s} 654 et 659 . . 0 22
Dormant et traverse d'imposte. 0,26, à 4^{f}35,
  N° 1539 . . . . 1 13
Pièce d'appui. 0,056, à 6^f, N° 1540 . . . . 0 34
Façon. Comme au N° 1146 . . . . 5 50

      Le mètre superficiel . . .——— **9 00**

1153. — — — avec imposte dormante :

Bâtis et petits bois. 0,56, à 3^f 07, N° 1676. **1^f 72**
Jet d'eau, dormant, traverse d'imposte et
  pièce d'appui. Comme au N° 1152 . . . . 1 69
Façon. Comme au N° 1147 . . . . 5 25

      Le mètre superficiel . . .——— **8 66**

1154. — — jet d'eau et pièce d'appui en chêne, bâtis
de 0,0318, dormant de 0,05, sans imposte :

Bâtis et petits bois. 0,41, à 3^f 07, N° 1676. **1^f 26**
Jet d'eau et pièce d'appui. 0,0075, à 143^f,
  N° 1538 . . . . 1 07
Dormant. 0,18, à 4^f 35, N° 1539 . . . . 0 78
Façon et ajustage. Comme au N° 1148 . . . . 5 25

      Le mètre superficiel . . .——— **8 36**

1155. — — — avec imposte ouvrante :

Bâtis et petits bois. 0,59, à 3^f 07, N° 1676. **1^f 81**
Jet d'eau et pièce d'appui. 0,0075, à 143^f,
  N° 1538 . . . . 1 07
Dormant et traverse d'imposte. 0,26, à 4^{f}35,
  N° 1539 . . . . 1 13
Façon. Comme au N° 1149 . . . . 6 00

      Le mètre superficiel . . .——— **10 01**

1156. **Croisées** en sapin de Nerva, à gueule de loup ou à feuillures, et congé pour recevoir les fiches, à grands carreaux, jet d'eau et pièce d'appui en chêne, bâtis de 0,0318, dormant de 0,05, avec imposte dormante :

> Bâtis et petits bois. 0,56, à 3f 07, No 1676. 1f 72
> Jet d'eau et pièce d'appui. 0,0075, à 143f, No 1538 .... 1 07
> Dormant et traverse d'imposte. 0,26, à 4f35, No 1539 .... 1 13
> Façon. Comme au No 1150 .... 5 75
> Le mètre superficiel... ——— 9f 67

1157. — à petits bois verticaux (plus-value pour), sur celles en chêne du Nord, bâtis de 0,038, dormant de 0,06 :

> Petits bois. 0,006, à 154f, No 1674 .... 0f 92
> Plus-value de façon de petits bois verticaux. 0 64
> Le mètre superficiel... ——— 1 56

1158. — — bâtis de 0,0318, dormant de 0,05 :

> Petits bois. 0,005, à 154f, No 1674 .... 0f 77
> Plus-value de façon de petits bois verticaux. 0 64
> Le mètre superficiel... ——— 1 41

1159. — sur celles en sapin de Nerva, bâtis de 0,038, dormant de 0,06 :

> Petits bois. 0,15, à 3f 75, No 1675 .... 0f 56
> Plus-value de façon de petits bois verticaux. 0 48
> Le mètre superficiel... ——— 1 04

1160. — — bâtis de 0,0318, dormant de 0,05 :

> Petits bois. 0,15, à 3f 07, No 1676 .... 0f 46
> Plus-value de façon de petits bois verticaux. 0 48
> Le mètre superficiel... ——— 0 94

Les croisées dont les bâtis seraient supérieurs ou inférieurs à ceux prévus seront payées en plus-value ou en moins-value sur les prix de ces ouvrages, par chaque centimètre d'épaisseur de bâtis :

1161.   Sapin, le m. s 1 03

1162.   Chêne, le m. s 1 69

1163. La traverse d'imposte est supposée de l'épaisseur du dormant. Tout excédant sera payé comme bâtis corroyé .... *Observ.*

Plus-value pour les moulures dont la largeur excèdera 0ᵐ05, par chaque centimètre :

1164.	Sapin, le m. l........	0ᶠ 15
1165.	Chêne, le m. l................	0 21

Plus-value pour croisées à dormants pour recevoir des volets ou persiennes, jusqu'à 0,076 × 0,11 :

1166.	Chêne, le m. s.	1 50
1167.	Sapin, le m. s............. ...	1 00

1168. Les surépaisseurs des dormants seront comptées comme bâtis corroyés..................... *Observ.*

1169. Toute partie cintrée en élévation sera comptée comme carrée, la longueur de la flèche étant comptée en plus-value demi en sus de sa longueur réelle. *Observ.*

1170. Les parties cintrées en plan seront payées le double des prix ci-dessus .... *Observ.*

Cymaises à moulures :

1171. — Sapin de 0,018 d'épaisseur et au-dessous jusqu'à 0,05 de large :

Bois. 0,03, à 3ᶠ 75, Nᵒ 1675.........	0ᶠ 11	
Sciage. 0,03, à 0ᶠ 60, Nᵒ 657........	0 02	
Façon............................	0 20	
Pose et pointes...................	0 07	
Le mètre linéaire.....———	0 40

1172.	Par chaque centimètre de largeur en plus.	0 048

1173. — — de 0,018 à 0,027 d'épaisseur jusqu'à 0,05 de large :

Bois. 0,06, à 2ᶠ 48, Nᵒ 1677.........	0ᶠ 15	
Façon............................	0 22	
Pose et pointes...................	0 08	
Le mètre linéaire.....———	0 45

1174.	Par chaque centimètre de largeur en plus.	0 055

1175. — — de 0,027 à 0,034 d'épaisseur jusqu'à 0,05 de large :

Bois. 0,06, à 3ᶠ 07, Nᵒ 1676.........	0ᶠ 18	
Façon............................	0 28	
Pose et pointes...................	0 09	
Le mètre linéaire.....———	0 55

1176.	Par chaque centimètre de largeur en plus.	0 067

Cymaises à moulures :

1177. — Sapin de 0,034 à 0,041 d'épaisseur jusqu'à 0,05 de large :

         Bois. 0,06, à 3^f 75, N° 1675 .... 0^f 23
         Façon............................. 0 32
         Pose et pointes................... 0 10
            Le mètre linéaire.....——— 0^f 65

1178.   Par chaque centimètre de largeur en plus. 0 08

1179. — — de 0,041 à 0,054 d'épaisseur jusqu'à 0,05 de large :

         Bois. 0,06, à 4^f 35, N° 1539 .... 0^f 26
         Façon............................. 0 37
         Pose et pointes................... 0 10
            Le mètre linéaire.....——— 0 73

1180.   Par chaque centimètre de largeur en plus. 0 09

1181. — Chêne de 0,018 et au-dessous jusqu'à 0,05 de large :

         Bois. 0,0011, à 154^f, N° 1674........ 0^f 17
         Sciage. 0,03, à 1^f, N° 656........... 0 03
         Façon............................. 0 30
         Pose et pointes................... 0 07
            Le mètre linéaire.....——— 0 57

1182.   Par chaque centimètre de largeur en plus. 0 070

1183. — — de 0,018 à 0,027 d'épaisseur jusqu'à 0,05 de large :

         Bois. 0,0015, à 154^f, N° 1674........ 0^f 23
         Façon 0 33
         Pose et pointes................... 0 08
            Le mètre linéaire.... ——— 0 64

1184.   Par chaque centimètre de largeur en plus. 0 08

1185. — — de 0,027 à 0,034 d'épaisseur jusqu'à 0,05 de large :

         Bois. 0,0019, à 154^f, N° 1674........ 0^f 29
         Façon............................. 0 42
         Pose et pointes................... 0 09
            Le mètre linéaire.....——— 0 80

1186.   Par chaque centimètre de largeur en plus. 0 10

1187. — — de 0,034 à 0,041 d'épaisseur jusqu'à 0,05 de large :

         Bois. 0,0023, à 154^f, N° 1674........ 0^f 35
         Façon............................. 0 48
         Pose et pointes................... 0 10
            Le mètre linéaire.....——— 0 93

1188.   Par chaque centimètre de largeur en plus. 0 116

Cymaises à moulures :

1189. — Chêne de 0,041 à 0,054 d'épaisseur jusqu'à 0,05
de large :

        Bois. 0,0031, à 143ᶠ, Nᵒ 1538........ 0ᶠ 44
        Façon............................. 0 55
        Pose et pointes................... 0 10
                Le mètre linéaire.....—— 1ᶠ 09

1190.   Par chaque centimètre de largeur en plus. 0 138

1191. Les coupes au-dessus de 1 par chaque 3 mètres de
cymaises seront comptées pour plus-value
pour 0ᵐ10 de longueur de cymaises......... *Observ.*

D

Découpage. (Voyez *Chantournement.*)

Demi-baguettes. (Voyez *Baguettes.*)

1192. **Denticules** rapportées : sapin, la pièce.......... 0 08

1193.   chêne, la pièce.......... 0 10

1194. **Dépose** et rangement de portes, croisées, châssis,
persiennes, etc., le m. s. 0 15

1195. — de parquet en feuilles ou frises, à lames jusqu'à
0,10 de large, le m. s................... 0 30

— de plancher en planches entières. (Voyez *Charpente.*)

1196. — de plinthes, bandeaux, cymaises, moulures, etc.,
le m. l............................. 0 05

1197. — de corniche volante, le m. l. 0 08

1198. — d'huisseries et chambranles, le m. l. 0 12

1199. — de marches d'escalier en bois, compris dépose
de la rampe, la marche 0 60

— de jalousies. (Voyez *Jalousies.*)

1200. **Dessus de table** à bagages ou comptoir, en bois
de sapin du Nord, de 0,025, rainé et collé :

        Bois. 1,15, à 2ᶠ 48, Nᵒ 1677........ 2ᶠ 85
        Façon, compris colle.............. 1 80
        Pose et pointes................... 0 35
                Le mètre superficiel...—— 5 00

1201. — — de 0,0318, rainé et collé :

        Bois. 1,15, à 3ᶠ 07, Nᵒ 1676........ 3ᶠ 53
        Façon, compris colle.............. 1 85
        Pose et pointes................... 0 35
                Le mètre superficiel...—— 5 73

1202. Dessus de table à bagages ou comptoir, en bois de sapin du Nord, de 0,038, rainé et collé :

Bois. 1,15, à 3f 75, No 1675	4f 31
Façon et colle.....................	1 90
Pose et pointes....................	0 35

Le mètre superficiel... ——   6f 56

1203. — en chêne du Nord, de 0,025, rainé et collé :

Bois. 0,030, à 154f, No 1674.........	4f 62
Façon et colle.....................	2 70
Pose et pointes....................	0 35

Le mètre superficiel... ——   7 67

1204. — — de 0,0318, rainé et collé :

Bois. 0,037, à 154f, No 1674.........	5f 70
Façon et colle.....................	2 77
Pose et pointes....................	0 35

Le mètre superficiel... ——   8 82

1205. — — de 0,038, rainé et collé :

Bois. 0,044, à 154f, No 1674	6f 78
Façon et colle.....................	2 80
Pose et pointes....................	0 35

Le mètre superficiel... ——   9 93

E

1206. Ébrasements de poteaux d'huisserie, à compter comme chambranles .... *Observ.*

Échelles pour étagères, avec traverses et montants unis, les traverses développées, de 0,06 × 0,06 au maximum :

1207. — Sapin :

Bois. 0,0042, à 74f 20, Nos 654 et 659.	0f 31
Façon et pose.....................	0 30

Le mètre linéaire..... ——   0 61

1208. — Chêne :

Bois. 0,0042, à 154f, No 1674........	0f 65
Façon et pose.....................	0 40

Le mètre linéaire..... ——   1 05

Plus-value pour moulures poussées sur le devant des montants :

1209.   Sapin, le m. l.............   0 08

1210.   Chêne, le m. l.............   0 12

Enseignes, frises ou attiques, planes, sans barres
ni emboîtures :

1211. — Sapin de 0,018 :

      Bois. 0,575, à 3ᶠ 75, Nᵒ 1675 .... 2ᶠ 16
      Sciage. 0,58, à 0ᶠ 60, Nᵒ 637.. ..... 0 35
      Façon............................ 1 25
           Le mètre superficiel...—— 3ᶠ 76

1212. — — de 0,025 :

      Bois. 1,15, à 2ᶠ 48, Nᵒ 1677 .... 2ᶠ 85
      Façon............................ 1 25
           Le mètre superficiel...—— 4 10

1213. — — de 0,0318 :

      Bois. 1,15, à 3ᶠ 07, Nᵒ 1676 .... 3ᶠ 53
      Façon..................↲........... 1 25
           Le mètre superficiel...—— 4 78

1214. — Chêne de 0,018 :

      Bois. 0,021, à 154ᶠ, Nᵒ 1674 .... 3ᶠ 23
      Sciage. 0,58, à 1ᶠ, Nᵒ 656.......... 0 58
      Façon............................ 1 87
           Le mètre superficiel...—— 5 68

1215. — — de 0,025 :

      Bois. 0,030, à 154ᶠ, Nᵒ 1674... ..... 4ᶠ 62
      Façon............................ 1 87
           Le mètre superficiel...—— 6 49

1216. — — de 0,0318 :

      Bois. 0,037, à 154ᶠ, Nᵒ 1674 .... 5ᶠ 70
      Façon. 1 87
           Le mètre superficiel...—— 7 57

— planes, avec barres à queue :

1217. — Sapin de 0,018 :

      Bois. 0,58, à 3ᶠ 75, Nᵒ 1675 .... 2ᶠ 18
      Sciage. 0,58, à 0ᶠ 60, Nᵒ 637........ 0 35
      Façon et pose 1 69
           Le mètre superficiel...—— 4 22

1218. — — de 0,025 :

      Bois. 1,16, à 2ᶠ 48, Nᵒ 1677 .... 2ᶠ 88
      Façon............................ 1 69
           Le mètre superficiel...—— 4 57

1219. — — de 0,0318 :

      Bois. 1,16, à 3ᶠ 07, Nᵒ 1676 ......•.. 3ᶠ 56
      Façon............................ 1 69
           Le mètre superficiel...—— 5 25

Enseignes, frises ou attiques, planes, avec barres à queue :

1220. — Chêne de 0,018 :

Bois. 0,021, à 154ᶠ, Nᵒ 1674.........	3ᶠ 23
Sciage. 0,58, à 1ᶠ, Nᵒ 656..........	0 58
Façon..............................	2 56
Le mètre superficiel...—————	6ᶠ 37

1221. — — de 0,025 :

Bois. 0,029, à 154ᶠ, Nᵒ 1674.........	4ᶠ 47
Façon........	2 56
Le mètre superficiel...—————	7 03

1222. — — de 0,0318 :

Bois. 0,037, à 154ᶠ, Nᵒ 1674.........	5ᶠ 70
Façon..............................	2 56
Le mètre superficiel...—————	8 26

— d'assemblage composées d'un bâtis avec moulure au pourtour du panneau, clefs dans les joints et barres à queue derrière, à petits cadres :

1223. — Sapin de 0,018 :

Bois. 0,60, à 3ᶠ 75, Nᵒ 1675.........	2ᶠ 25
Sciage. 0,60, à 0ᶠ 60, Nᵒ 657........	0 36
Façon..............................	3 00
Le mètre superficiel...—————	4 61

1224. — — de 0,025 :

Bois. 1,20, à 2ᶠ 48, Nᵒ 1677.........	2ᶠ 98
Façon..............................	2 00
Le mètre superficiel...—————	4 98

1225. — — de 0,0318 :

Bois. 1,20, à 3ᶠ 07, Nᵒ 1676.........	3ᶠ 68
Façon..............................	2 00
Le mètre superficiel...—————	5 68

1226. — Chêne de 0,018 :

Bois. 0,022, à 154ᶠ, Nᵒ 1674.........	3ᶠ 39
Sciage. 0,60, à 1ᶠ, Nᵒ 656..........	0 60
Façon..............................	3 00
Le mètre superficiel...—————	6 99

1227. — — de 0,025 :

Bois. 0,030, à 154ᶠ, Nᵒ 1674.........	4ᶠ 62
Façon..............................	3 00
Le mètre superficiel...—————	7 62

1228. — — de 0,0318 :

Bois. 0,039, à 154ᶠ, Nᵒ 1674.........	6ᶠ 01
Façon..............................	3 00
Le mètre superficiel...—————	9 01

Enseignes d'assemblage composées d'un bâtis avec moulure au pourtour du panneau, clefs dans les joints et barres à queue derrière, à grands cadres :

1229. — Sapin de 0,018 :

Bois. 0,625, à 3ᶠ 75, Nᵒ 1675........	2ᶠ 34
Sciage. 0,63, à 0ᶠ 60, Nᵒ 657........	0 38
Façon........................	2 75

Le mètre superficiel...—— 5ᶠ 47

1230. — — de 0,025 :

Bois. 1, 25, à 2ᶠ 48, Nᵒ 1677........	3ᶠ 10
Façon........................	2 75

Le mètre superficiel...—— 5 85

1231. — — de 0,0318 :

Bois. 1,25, à 3ᶠ 07, Nᵒ 1676........	3ᶠ 84
Façon........................	2 75

Le mètre superficiel...—— 6 59

1232. — Chêne de 0,018 :

Bois. 0,023, à 154ᶠ, Nᵒ 1674........	3ᶠ 54
Sciage 0,63, à 1ᶠ, Nᵒ 656..........	0 63
Façon........................	4 12

Le mètre superficiel...—— 8 29

1233. — — de 0,025 :

Bois. 0,0313, à 154ᶠ, Nᵒ 1674.......	4ᶠ 82
Façon........................	4 12

Le mètre superficiel...—— 8 94

1234. — — de 0,0318 :

Bois. 0,040, à 154ᶠ, Nᵒ 1674........	6ᶠ 16
Façon........................	4 12

Le mètre superficiel...—— 10 28

1235. **Escalier** circulaire, à deux limons de 0,06 d'épaissʳ, en ormeau ou noyer, marches de 0,80 de long sur 0,038 d'épaisseur, contre-marche de 0,0254 d'épaisseur, réunies à rainure et languette haut et bas, tout chêne, boulons et plates-bandes :

Limons. 0,0425, à 150ᶠ..............	6ᶠ 38
Marche. 0,0152, à 154ᶠ, Nᵒ 1674.......	2 34
Contre-marche. 0,0051, à 154ᶠ, Nᵒ 1674.	0 79
Boulons et plates-bandes............	1 00
Façon pour toute main-d'œuvre........	10 00

La marche........—— 20 51

1236. **Escalier** circulaire, à crémaillère, les marches profilées des deux bouts, en moins par marche...   1ᶠ 25

1237.   Par chaque décimètre de longueur de
marche en plus ou en moins......   1 75

1238. — cage circulaire et limon au milieu, en ormeau ou
noyer, marches de 0,80 de long sur 0,038 d'é-
paisseur, contre-marche de 0,0254, réunies à
rainure et languette haut et bas, crémaillère
de 0,038, tout chêne, boulons et plates-bandes :

> Limon. 0,018, à 150ᶠ............... 2ᶠ 70
> Marche....... 0,0152
> Contre-marche. 0,0051
> Crémaillère... 0,0076
> ————————
> 0,0279, à 154ᶠ, Nᵒ 1674. 4 30
> Boulons et plates-bandes............. 1 00
> Façon pour toute main-d'œuvre....... 6 00
> La marche.........—— 14 00

1239.   Par chaque décimètre de longueur de
marche en plus ou en moins......   1 25

1240. — — marches en chêne, et contre-marches et autres en nerva :

> Limon. 0,018, à 150ᶠ................. 2ᶠ 70
> Marche. 0,0152, à 154ᶠ, Nᵒ 1674...... 2 34
> Contre-marche. 0,20, à 2ᶠ 48, Nᵒ 1677.. 0 50
> Crémaillère. 0,20, à 3ᶠ 75, Nᵒ 1675.... 0 75
> Boulons et plates-bandes............. 1 00
> Façon pour toute main-d'œuvre........ 5 75
> La marche.........—— 13 04

1241.   Par chaque décimètre de longueur de
marche en plus ou en moins......   1 15

1242. — cage circulaire et limon au milieu, marches de
0,80 de longueur sur 0,038 d'épaiss', contre-
marche de 0,0254, réunies à rainure et languette haut et bas, crémaillère de 0,038,
boulons et plates-bandes, limon en chêne, marches, contre-marches et autres en nerva :

> Limon. 0,018, à 126ᶠ 50, Nᵒ 618....... 2ᶠ 28
> Marche. 0,40, à 3ᶠ 75, Nᵒ 1675........ 1 50
> Contre-marche. 0,20, à 2ᶠ 48, Nᵒ 1677. 0 50
> Crémaillère. 0,20, à 3ᶠ 75, Nᵒ 1675.... 0 75
> Boulons et plates-bandes............. 1 00
> Façon pour toute main-d'œuvre....... 5 25
> La marche.........—— 11 28

1243.   Par chaque décimètre de longueur de
marche en plus ou en moins......   1 00

1244. Escalier à cage carrée ou longue, le milieu circulaire, en moins par marche sur les n°s 1235,
1238, 1240, 1242.......................... 1^f 50

1245. — à noyau, jusqu'à 0,18 de diamètre, cage carrée
ou circulaire, marches de 0,80 de longueur sur
0,038, contre-marches de 0,025, réunies à rainure et languette haut et bas, crémaillère de
0,038, tout chêne :

  Noyau. 0,007, à 126^f 50, N° 618....... 0^f 89
  Marche....... 0,0114
  Contre-marche. 0,0051
  Crémaillère... 0,0076
      0,0241, à 154^f, N° 1674. 3 71
  Façon pour toute main-d'œuvre 4 50
     La marche.........—— 9 10

1246.   Par chaque décimètre de longueur de
marche en plus ou en moins...... 0 80

1247. — — — tout sapin :

  Noyau. 0,007, à 74^f 20, N°s 654 et 659.. 0^f 52
  Marche. 0,30, à 3^f 75, N° 1675 .... 1 13
  Contre-marche. 0,20, à 2^f 48, N° 1677. 0 50
  Crémaillère. 0,20, à 3^f 75, N° 1675..... 0 75
  Façon pour toute main-d'œuvre 4 00
     La marche.........—— 6 90

1248.   Par chaque décimètre de longueur de
marche en plus ou en moins...... 0 60

1249. — droit entre deux cloisons, marche de 0,80 de
longueur sur 0,038, contre-marche de 0,025,
réunies à rainure et languette haut et bas, crémaillère de 0,038, tout chêne :

  Marche....... 0,0114
  Contre-marche. 0,0051
  Crémaillère... 0,0114
      0,0279, à 154^f, N° 1674. 4^f 30
  Façon pour toute main-d'œuvre........ 2 75
     La marche.........—— 7 05

1250.   Par chaque décimètre de longueur de
marche en plus ou en moins...... 0 60

1251. — — — tout sapin :

  Marche. 0,30, à 3^f 75, N° 1675 .... 1^f 13
  Contre-marche. 0,20, à 2^f 48, N° 1677.. 0 50
  Crémaillère. 0,30, à 3^f 75, N° 1675 .... 1 13
  Façon pour toute main-d'œuvre....... 2 25
     La marche.........—— 5 01

1252.   Par chaque décimètre de longueur de
marche en plus ou en moins...... 0 45

1253. Escalier dit *échelle de meunier*. Les marches et montants à compter comme bâtis, les assemblages payés à part...................... *Observ.*

Plus-value pour moulures sur limons ou crémaillères, par chaque centimètre de largeur :

1254.   Parties cintrées, le m. l...... 0ᶠ 50
1255.   Parties droites, le m. l....... 0 20

Plus-value pour chaque centimètre d'épaisseur de limon en plus de 0,06 :

1256. Par chaque marche de la partie cintrée du limon. 0 75
1257.   —   de la partie droite......... 0 40

Plus-value pour marches parementées au-dessous :

1258.   Escalier à 2 limons : chêne ... 0 75
1259.   sapin.... 0 50
1260.   Escalier à 1 limon : chêne ... 0 50
1261.   sapin.... 0 25

1262. La longueur des marches sera prise suivant celle du rectangle qui les circonscrira............ *Observ.*

Étagères. (Voyez *Tablettes*.)

F

Faisceaux de baguettes, dits *trèfles*, de 0,02 à 0,04 de grosseur :

1263. — Sapin :

Bois. 0,05, à 4ᶠ 35, Nᵒ 1539......... 0ᶠ 22
Façon, pose et pointes 0 40
Le mètre linéaire.....——— 0 62

1264. — Chêne :

Bois. 0,0025, à 154ᶠ, Nᵒ 1674....... 0ᶠ 39
Façon, pose et pointes 0 55
Le mètre linéaire.....——— 0 94

Faux-plancher (solives pour). (Voyez *Chevrons*.)
Fenêtres. (Voyez *Croisées*.)
Feuillures, nervures, chanfreins abattus au rabot, arrondissement d'angles faits séparément sur de vieilles parties ou sur parties unies comptées en surface :

1265. — Sapin, jusqu'à 0,03 de large, le m. l.......... 0 05
1266.   Chaque centimètre en plus, le m. l.   0 01

Feuillures, nervures, chanfreins abattus au rabot,
arrondissement d'angles faits séparément sur
de vieilles parties ou sur parties unies comptées en surface :

1267. — Chêne, jusqu'à 0,03 de large, le m. l......... 0ᶠ 07
1268.   Chaque centimètre en plus, le m. l. 0 015
1269. Nota. Toute partie de feuillure, nervure, etc., ayant moins de 0ᵐ50 de
   long, sera comptée pour 0,50.................................... *Observ.*

Fourrures. (Voyez *Chevrons*.)
Frises d'encadrement. (Voyez *Alaises*.)

G

1270. **Glans** tournés pour baguettes d'angle, la pièce.... 0 15

H

Huisseries en sapin brut pour cloisons sourdes.
         (Voyez *Bâtis*.)
Huisseries à 3 parements, feuillés, nervés :
1271. — Sapin de 0,027 d'épaisseur sur 0,10 de large :

            Bois. 0,12, à 2ᶠ 48, Nᵒ 1677......... 0ᶠ 30
            Façon............................ 0 22
            Pose et pointes................... 0 12
            Le mètre linéaire.....——— 0 64

1272.   Par chaque centimètre de largeur en
                plus ou en moins................ 0 042
1273. — — de 0,027 à 0,034 d'épaiss^r sur 0,10 de large :

            Bois. 0,12, à 3ᶠ 07, Nᵒ 1676......... 0ᶠ 37
            Façon............................ 0 24
            Pose et pointes................... 0 12
            Le mètre linéaire.....——— 0 73

1274.   Par chaque centimètre de largeur en
                plus ou en moins................ 0 049
1275. — — de 0,034 à 0,041 d'épaiss^r sur 0,10 de large :

            Bois. 0,12, à 3ᶠ 75, Nᵒ 1675......... 0ᶠ 45
            Façon............................ 0 24
            Pose et pointes................... 0 12
            Le mètre linéaire.....——— 0 81

1276.   Par chaque centimètre de largeur en
                plus ou en moins................ 0 056

Huisseries à 3 parements, feuillés, nervés :

1277. — Sapin de 0,041 à 0,054 d'épaisseur sur 0,10 de large :

        Bois. 0,12, à 4f 35, N° 1539 .... 0f 52
        Façon 0 26
        Pose et pointes 0 13
                Le mètre linéaire ..... ——— 0f 91

1278.   Par chaque centimètre de largeur en plus ou en moins 0 063

1279. — — de 0,076 d'épaisseur sur 0,10 de large :

        Bois. 0,12, à 6f, N° 1540 .... 0f 72
        Façon 0 30
        Pose et pointes 0 15
                Le mètre linéaire ..... ——— 1 17

1280.   Par chaque centimètre carré de section en plus ou en moins 0 011

1281. — Chêne de 0,027 d'épaisseur sur 0,10 de large :

        Bois. 0,0030, à 154f, N° 1674 .... 0f 43
        Façon 0 33
        Pose et pointes 0 12
                Le mètre linéaire ..... ——— 0 91

1282.   Par chaque centimètre de largeur en plus ou en moins 0 061

1283. — — de 0,027 à 0,034 d'épaisseur sur 0,10 de large :

        Bois. 0,0039, à 154f, N° 1674 .... 0f 60
        Façon 0 36
        Pose et pointes 0 12
                Le mètre linéaire ..... ——— 1 08

1284.   Par chaque centimètre de largeur en plus ou en moins 0 073

1285. — — de 0,034 à 0,041 d'épaisseur sur 0,10 de large :

        Bois. 0,0047, à 154f, N° 1674 .... 0f 72
        Façon 0 36
        Pose et pointes 0 12
                Le mètre linéaire ..... ——— 1 20

1286.   Par chaque centimètre de largeur en plus ou en moins 0 083

Huisseries à 3 parements, feuillés, nervés :

1287. — Chêne de 0,041 à 0,054 d'épaisseur sur 0,10 de large :

Bois. 0,0061, à 143f, No 1538........ 0f 87
Façon............................ 0 39
Pose et pointes................... 0 13
Le mètre linéaire..... ——— 1f 39

1288. Par chaque centimètre de largeur en plus ou en moins................ 0 099

1289. — — de 0,076 d'épaisseur sur 0,10 de large :

Bois. 0,0091, à 143f, No 1538........ 1f 30
Façon............................ 0 45
Pose et pointes................... 0 15
Le mètre linéaire..... ——— 1 90

1290. Par chaque centimètre carré de section en plus ou en moins.. .... 0 018

— à 4 parements, feuillés, nervés :

1291. — Sapin de 0,027 d'épaisseur sur 0,10 de large :

Bois. 0,12, à 2f 48, No 1677......... 0f 30
Façon............................ 0 27
Pose et pointes................... 0 12
Le mètre linéaire..... ——— 0 69

1292. Par chaque centimètre de largeur en plus ou en moins................ 0 044

1293. — — de 0,027 à 0,034 d'épaisseur sur 0,10 de large :

Bois. 0,12, à 3f 07, No 1676........ 0f 37
Façon............................ 0 29
Pose et pointes................... 0 12
Le mètre linéaire..... ——— 0 78

1294. Par chaque centimètre de largeur en plus ou en moins................ 0 051

1295. — — de 0,034 à 0,041 d'épaisseur sur 0,10 de large :

Bois. 0,12, à 3f 75, No 1675......... 0f 45
Façon............................ 0 29
Pose et pointes................... 0 12
Le mètre linéaire..... ——— 0 85

1296. Par chaque centimètre de largeur en plus ou en moins 0 058

Huisseries à 4 parements, feuillés, nervés :

1297. — Sapin de 0,041 à 0,054 d'épaisseur sur 0,10 de
        large :

Bois. 0,12, à 4ᶠ 35, Nº 1539.........	0ᶠ 52
Façon.............................	0 31
Pose et pointes...................	0 13
Le mètre linéaire.....──	0ᶠ 96

1298.   Par chaque centimètre de largeur en
               plus ou en moins 0 067

1299. — — de 0,076 d'épaisseur sur 0,10 de large :

Bois. 0,12, à 6ᶠ, Nº 1540	0ᶠ 72
Façon.............................	0 35
Pose et pointes...................	0 15
Le mètre linéaire.....──	1 22

1300.   Par chaque centimètre carré de section
               en plus ou en moins 0 011

1301. — Chêne de 0,027 d'épaisseur sur 0,10 de large :

Bois. 0,0030, à 154ᶠ, Nº 1674........	0ᶠ 46
Façon.............................	0 40
Pose et pointes...................	0 12
Le mètre linéaire.....──	0 98

1302.   Par chaque centimètre de largeur en
               plus ou en moins 0 065

1303. — — de 0,027 à 0,034 d'épaissʳ sur 0,10 de large :

Bois. 0,0039, à 154ᶠ, Nº 1674........	0ᶠ 60
Façon.............................	0 43
Pose et pointes...................	0 12
Le mètre linéaire.....──	1 15

1304.   Par chaque centimètre de largeur en
               plus ou en moins 0 077

1305. — — de 0,034 à 0,041 d'épaissʳ sur 0,10 de large :

Bois. 0,0047, à 154ᶠ, Nº 1674........	0ᶠ 72
Façon.............................	0 43
Pose et pointes...................	0 12
Le mètre linéaire.....──	1 27

1306.   Par chaque centimètre de largeur en
               plus ou en moins 0 086

1307. — — de 0,041 à 0,054 d'épaissʳ sur 0,10 de large :

Bois. 0,0061, à 143ᶠ, Nº 1538........	0ᶠ 87
Façon.............................	0 46
Pose et pointes...................	0 13
Le mètre linéaire.....──	1 46

1308.   Par chaque centimètre de largeur en
               plus ou en moins 0 102

Huisseries à 4 parements, feuillés, nervés :

1309. — Chêne de 0,076 d'épaisseur sur 0,10 de large :

    Bois. 0,0091, à 143^f, N° 1538 .... 1^f 30
    Façon......... .... 0 52
    Pose et pointes.................... 0 15

        Le mètre linéaire ....——— 1^f 97

1310.   Par chaque centimètre carré de section
        en plus ou en moins 0 019

Plus-value pour baguettes ou congés poussés
    sur les arêtes :

1311.   Sapin, le m. l................ 0 07
1312.   Chêne, le m. l.............. 0 11

I

1313. **Impostes** dormantes plein cintre, en chêne, à des-
    sins rayonnant vers le centre, avec jet d'eau,
    bâtis de 0,04 à 0,05 :

    Bâtis et petits bois. 0,052, à 154^f, N° 1674. 8^f 01
    Jet d'eau. 0,0107, à 143^f, N° 1538 .... 1 53
    Façon d'imposte et ajustage...... 5^f 95 | 7 05
    Façon de jet d'eau.............. 1 10 |

        Le mètre superficiel...——— 16 59

1314. — — ouvrante :

    Bâtis et petits bois. 0,052, à 154^f N° 1674.. 8^f 01
    Jet d'eau. 0,0107, à 143^f, N° 1538 .... 1 53
    Traverse d'imposte. 0,004, à 143^f, N° 1538. 0 57
    Façon d'imposte et ajustage....... 8^f 30 |
    Façon de jet d'eau.............. 1 10 | 10 25
    Façon de traverse d'imposte....... 0 85 |

        Le mètre superficiel...——— 20 36

1315. — en sapin, à dessins rayonnant vers le centre,
    avec jet d'eau en chêne, bâtis de 0,04 à 0,05 :

    Bâtis et petits bois. 1,04, à 4^f 35, N° 1539. 4^f 52
    Jet d'eau. 0,0107, à 143^f, N° 1538 .... 1 53
    Façon d'imposte, compris ajustage. 5^f 10 | 6 20
    Façon de jet d'eau.............. 1 10 |

        Le mètre superficiel...——— 12 25

1316. — — ouvrante :

    Bâtis et petits bois. 1,04, à 4^f 35, N° 1539. 4^f 52
    Jet d'eau. 0,0107, à 143^f, N° 1538 .... 1 53
    Traverse d'imposte. 0,10, à 4^f 35, N° 1539. 0 44
    Façon d'imposte et ajustage....... 6^f 65 |
    Façon de jet d'eau.............. 1 10 | 8 40
    Façon de traverse d'imposte....... 0 65 |

        Le mètre superficiel...——— 14 89

1317. Nota. Les impostes plein cintre seront comptées comme carrées, suivant
    le rectangle qui les circonscrira, et comptées à fois et demi (1 1/2).... *Observ.*

J

1318. **Jalousies** d'au moins 1^m00 de largeur, planche de
pavillon de 0,025, à découpures, planche à
bascule de 0,038, et chaîne en fil de fer, compris
peinture à trois couches :

> Lames. 17^m00, à 0^f 10............... 1^f 70
> Planche de pavillon. 0,15, à 3^f 75,
>   N° 1675......................... 0 56
> Planche à bascule. 0,10, à 2^f 48,
>   N° 1677......................... 0 25
> Poulies et pivots 1 25
> Chaîne en fil de fer. 3^m00, à 0^f 75... 2 25
> Corde. 5^m00, à 0^f 05............... 0 25
> Clous à crochet 0 10
> Peinture à 3 couches. 2^m60, à 0^f 88,
>   N°s 3318 à 3320................. 2 29
> Façon et pose..................... 3 50
>   Le mètre superficiel...——— 12^f 15

1319. — — à chaîne de rubans, le m. s.............. 11 65

1320. — déposées, le m. s........................ 0 25

1321. — reposées, le m. s........................ 0 55

1322. — déposées, lessivées, remontées de chaînes de rubans et reposées, le m. s. 2 50

1323. — — chaînes en fil de fer, le m. s.............. 3 70

1324. **Jeu** donné à une porte d'armoire :   1 vantail... 0 20

1325.   2 vantaux.. 0 30

1326.   porte ordinaire :   1 vantail... 0 25

1327.   2 vantaux.. 0 40

1328.   croisée ou persienne : 1 vantail... 0 30

1329.   2 vantaux.. 0 50

Joncs d'angle. (Voyez *Baguettes*.)

Jouées de lanterne assemblées à queue, avec clefs
dans les joints et gorge poussée à l'arête inférieure :

1330. — Sapin de 0,0318 :

> Bois. 1,12, à 3^f 07, N° 1676........ 3^f 44
> Façon et pose.................... 3 10
>   Le mètre superficiel...——— 6 54

1331. — — de 0,038 :

> Bois. 1,12, à 3^f 75, N° 1675........ 4^f 20
> Façon et pose.................... 3 10
>   Le mètre superficiel...——— 7 30

Jouées de lanterne assemblées à queue, avec clefs dans les joints et gorge poussée à l'arête inférieure :

1332. — Chêne de 0,0318 :

      Bois. 0,036, à 154ᶠ, Nᵒ 1674......... 5ᶠ 54
      Façon et pose.................... 4 40
               Le mètre superficiel...——   9ᶠ 94

1333. — — de 0,038 :

      Bois. 0,0425, à 154ᶠ, Nᵒ 1674 .... 6ᶠ 55
      Façon et pose.................... 4 40
               Le mètre superficiel...——   10 95

1334. **Journée** de menuisier....................... 4 25
1335.   —   de contre-maître 5 50

L

1336. **Lambourdes** en chêne, à vive arête, posées sur terre ou sur murettes, parfaitement ajustées et dressées pour recevoir le plancher, de 0,027 sur 0,08 :

      Bois. 0,0024, à 103ᶠ 40, Nᵒ 617...... 0ᶠ 25
      Façon, pose et pointes 0 15
               Le mètre linéaire.....——   0 40

1337. — — de 0,034 sur 0,08 :

      Bois. 0,0030, à 103ᶠ 40, Nᵒ 617...... 0ᶠ 31
      Façon, pose et pointes 0 18
               Le mètre linéaire.....——   0 49

1338. — — de 0,041 sur 0,08 :

      Bois. 0,0036, à 103ᶠ 40, Nᵒ 617...... 0ᶠ 37
      Façon, pose et pointes 0 18
               Le mètre linéaire.....——   0 55

1339. — — de 0,054 sur 0,08 :

      Bois. 0,0047, à 103ᶠ 40, Nᵒ 617...... 0ᶠ 49
      Façon, pose et pointes 0 20
               Le mètre linéaire.....——   0 69

1340. — — de 0,08 sur 0,08 :

      Bois. 0,0070, à 103ᶠ 40, Nᵒ 617...... 0ᶠ 72
      Façon, pose et pointes............. 0 20
               Le mètre linéaire.....——   0 92

1341. **Lambourdes** en chêne avec tolérance de flache de
0^m03, mais sur une seule arête seulement, posées sur terre ou sur murettes, parfaitement
ajustées et dressées pour recevoir le plancher,
de 0,027 sur 0,08 :

> Bois. 0,0024, à 81^f 40, N° 616....... 0^f 20
> Façon, pose et pointes............. 0 15
> Le mètre linéaire ....——— 0^f 35

1342. — — de 0,034 sur 0,08 :

> Bois. 0,003, à 81^f 40, N° 616........ 0^f 24
> Façon, pose et pointes............. 0 18
> Le mètre linéaire...——— 0 42

1343. — — de 0,041 sur 0,08 :

> Bois. 0,0036, à 81^f 40, N° 616....... 0^f 29
> Façon, pose et pointes............. 0 18
> Le mètre linéaire...——— 0 47

1344. — — de 0,054 sur 0,08 :

> Bois. 0,0047, à 81^f 40, N° 616....... 0^f 38
> Façon, pose et pointes............. 0 20
> Le mètre linéaire...——— 0 58

1345. — — de 0,08 sur 0,08 :

> Bois. 0,007, à 81^f 40, N° 616........ 0^f 57
> Façon, pose et pointes............. 0 20
> Le mètre linéaire...——— 0 77

Nota. Au-dessus de 0,08 sur 0,08, les lambourdes seront comptées comme charpente.

1346. **Lambrequin** en sapin, avec barre à queue derrière
et ornements rapportés, mesuré sur la plus
grande largeur, de 0,032 d'ép^r sur 0,35 de larg^r :

> Bois. 0,47, à 3^f 07, N° 1676...... .. 1^f 44
> Façon et pose.................... 1 95
> Le mètre linéaire...——— 3 39

1347. — — de 0,032 d'épaisseur sur 0,42 de largeur :

> Bois. 0,55, à 3^f 07, N° 1676........ 1^f 69
> Façon et pose.................... 2 20
> Le mètre linéaire...——— 3 89

1348. — — de 0,032 d'épaisseur sur 0,52 de largeur :

> Bois. 0,65, à 3^f 07, N° 1676........ 2^f 00
> Façon et pose.................... 2 50
> Le mètre linéaire.....——— 4 50

Lambris en planches entières. (Voyez *Cloisons*.)

Lambris d'assemblage sans plates-bandes :

A glace :

Bâtis de 0,025, panneaux de 0,012 (au-dessous
de ces dimensions, voir art. 1511 et 1512) :

Tout sapin :

1349. — — — brut derrière :

Bâtis. 0,68, à 2f 48, No 1677........	1f 69
Panneaux. 0,285, à 2f 48, No 1677...	0 71
Sciage. 0,28, à 0f 60, No 657........	0 17
Façon et pose.....................	3 00
Le mètre superficiel... ——	5f 57

1350. — — — à glace au 2e parement :

Bâtis, panneaux et sciage. Comme au No 1349......................	2f 57
Façon et pose.....................	3 40
Le mètre superficiel... ——	5 97

Bâtis chêne, panneaux sapin :

1351. — — — brut derrière :

Bâtis. 0,0173, à 154f, No 1674.......	2f 66
Panneaux. 0,285, à 2f 48, No 1677 ..	0 71
Sciage. 0,28, à 0,60, No 657	0 17
Façon et pose.....................	3 70
Le mètre superficiel... ——	7 24

1352. — — — à glace au 2e parement :

Bâtis, panneaux et sciage. Comme au No 1351......................	3f 54
Façon et pose.....................	4 15
Le mètre superficiel... ——	7 69

Tout chêne :

1353. — — — brut derrière :

Bâtis. 0,0173, à 154f, No 1674	2f 66
Panneaux. 0,0072, à 154f, No 1674..	1 11
Sciage. 0,28, à 1f, No 656	0 28
Façon et pose.....................	4 40
Le mètre superficiel... ——	8 45

1354. — — — à glace au 2e parement :

Bâtis, panneaux et sciage. Comme au No 1353......................	4f 05
Façon et pose.....................	5 05
Le mètre superficiel... ——	9 10

Lambris d'assemblage sans plates-bandes :

A glace :

Bâtis de 0,0318, panneaux de 0,018 :

Tout sapin :

1355. — — — brut derrière :

Bâtis. 0,68, à 3f 07, No 1676........	2f 09
Panneaux. 0,285, à 3f 75, No 1675...	1 07
Sciage. 0,28, à 0f 60, No 657........	0 17
Façon et pose.....................	3 20

Le mètre superficiel... —— 6f 53

1356. — — — à glace au 2e parement :

Bâtis. 0,68, à 3f 07, No 1676........	2f 09
Panneaux. 0,285, à 3f 75, No 1675...	1 07
Sciage. 0,28, à 0f 60, No 657........	0 17
Façon et pose.....................	3 60

Le mètre superficiel... —— 6 93

Bâtis chêne, panneaux sapin :

1357. — — — brut derrière :

Bâtis. 0,0218, à 154f, No 1674......	3f 36
Panneaux. 0,285, à 3f 75, No 1675...	1 07
Sciage. 0,28, à 0f 60, No 657........	0 17
Façon et pose....................	3 95

Le mètre superficiel... —— 8 55

1358. — — — à glace au 2e parement :

Bâtis, panneaux et sciage. Comme au No 1357....................	4f 60
Façon et pose	4 40

Le mètre superficiel... —— 9 00

Tout chêne :

1359. — — — brut derrière :

Bâtis....... 0,0218	
Panneaux... 0,0108	
0,0326, à 154f, No 1674.	5f 02
Sciage. 0,28, à 1f, No 656..........	0 28
Façon et pose....................	4 70

Le mètre superficiel... —— 10 00

1360. — — — à glace au 2e parement :

Bâtis, panneaux et sciage. Comme au No 1359.....................	5f 30
Façon et pose....................	5 35

Le mètre superficiel... —— 10 65

Lambris d'assemblage sans plates-bandes :

A glace :

Bâtis de 0,038, panneaux de 0,025 :

Tout sapin :

1361. — — — brut derrière :

> Bâtis. 0,68, à 3f 75, No 1675........ 2f 55
> Panneaux. 0,57, à 2f 48, No 1677.... 1 41
> Façon et pose.................... 3 40
> Le mètre superficiel...——   7f 36

1362. — — — à glace au 2e parement :

> Bâtis et panneaux. Comme au No 1361   3f 96
> Façon et pose.................... 3 80
> Le mètre superficiel...——   7 76

Bâtis chêne, panneaux sapin :

1363. — — — brut derrière :

> Bâtis. 0,0258, à 154f, No 1674........ 3f 97
> Panneaux. 0,57, à 2f 48, No 1677.... 1 41
> Façon et pose.................... 4 20
> Le mètre superficiel...——   9 58

1364. — — — à glace au 2e parement :

> Bâtis et panneaux. Comme au No 1363   5f 38
> Façon et pose.................... 4 65
> Le mètre superficiel...——   10 03

Tout chêne :

1365. — — — brut derrière :

> Bâtis....... 0,0258
> Panneaux... 0,0145
> _______
> 0,0403, à 154f, No 1674.   6f 20
> Façon et pose.................... 5 00
> Le mètre superficiel...——   11 20

1366. — — — à glace au 2e parement :

> Bâtis et panneaux. Comme au No 1365   6f 20
> Façon et pose.................... 5 65
> Le mètre superficiel...——   11 85

Arasé :

Bâtis de 0,025, panneaux de 0,018 (au-dessous
de ces dimensions, voir art. 1511 et 1512) :

Tout sapin :

1367. — — — brut derrière :

> Bâtis. 0,68, à 2f 48, No 1677........ 1f 69
> Panneaux. 0,285, à 3f 75, No 1675... 1 07
> Sciage. 0,28, à 0f 60, No 657....... 0 17
> Façon et pose.................... 3 10
> Le mètre superficiel...——   6 03

Lambris d'assemblage sans plates-bandes :
Arasé :
Bâtis de 0,025 , panneaux de 0,018 (au-dessous
de ces dimensions, voir art. 1511 et 1512) :
Tout sapin :

1368. — — — à glace au 2ᵉ parement :

Bâtis, panneaux et sciage. Comme au Nᵒ 1367.....................	2ᶠ 93
Façon et pose.....................	3 50
Le mètre superficiel...——	**6ᶠ 43**

Bâtis chêne, panneaux sapin :

1369. — — — brut derrière :

Bâtis. 0,0173, à 154ᶠ, Nᵒ 1674......	2ᶠ 66
Panneaux. 0,285, à 3ᶠ 75, Nᵒ 1675...	1 07
Sciage. 0,28, à 0ᶠ 60, Nᵒ 657........	0 17
Façon et pose.....................	3 82
Le mètre superficiel...——	**7 72**

1370. — — — à glace au 2ᵉ parement :

Bâtis, panneaux et sciage. Comme au Nᵒ 1369.....................	3ᶠ 90
Façon et pose..	4 35
Le mètre superficiel...——	**8 25**

Tout chêne :

1371. — — — brut derrière :

Bâtis....... 0,0173	
Panneaux... 0,0108	
0,0281, à 154ᶠ, Nᵒ 1674.	4ᶠ 33
Sciage. 0,28, à 1ᶠ, Nᵒ 656	0 28
Façon et pose.....................	4 55
Le mètre superficiel...——	**9 16**

1372. — — — à glace au 2ᵉ parement :

Bâtis, panneaux et sciage. Comme au Nᵒ 1371	4ᶠ 61
Façon et pose.....................	5 20
Le mètre superficiel...——	**9 81**

Bâtis et panneaux de 0,025 (au-dessous de ces
dimensions, voir art. 1511 et 1512) :
Tout sapin :

1373. — — — brut derrière :

Bâtis. 0,68, à 2ᶠ 48, Nᵒ 1677........	1ᶠ 69
Panneaux. 0,57, à 2ᶠ 48, Nᵒ 1677....	1 41
Façon et pose.....................	3 10
Le mètre superficiel...——	**6 20**

1374. — — — arasé au 2ᵉ parement :

Bâtis et panneaux. Comme au Nᵒ 1373	3ᶠ 10
Façon et pose.....................	3 50
Le mètre superficiel...——	**6 60**

Lambris d'assemblage sans plates-bandes :
Arasé :
Bâtis et panneaux de 0,025 (au-dessous de ces dimensions, voir art. 1511 et 1512) :
Bâtis chêne, panneaux sapin :

1375. — — — brut derrière :

Bâtis. 0,0173, à 154^f, N° 1674....... 2^f 66
Panneaux. 0,57, à 2^f 48, N° 1677.... 1 41
Façon et pose.................... 3 82
Le mètre superficiel...——— 7^f 89

1376. — — — arasé au 2e parement :

Bâtis et panneaux. Comme au N° 1375 4^f 07
Façon et pose.................... 4 35
Le mètre superficiel...——— 8 42

Tout chêne :

1377. — — — brut derrière :

Bâtis....... 0,0173
Panneaux... 0,0145
————
0,0318, à 154^f, N° 1674. 4^f 90
Façon et pose.................... 4 55
Le mètre superficiel...——— 9 45

1378. — — — arasé au 2e parement :

Bâtis et panneaux. Comme au N° 1377 4^f 90
Façon et pose.................... 5 20
Le mètre superficiel...——— 10 10

Bâtis de 0,0318, panneaux de 0,025 :
Tout sapin :

1379. — — — brut derrière :

Bâtis. 0,68, à 3^f 07, N° 1676........ 2^f 09
Panneaux. 0,57, à 2^f 48, N° 1677.... 1 41
Façon et pose.................... 3 30
Le mètre superficiel...——— 6 80

1380. — — — à glace au 2e parement :

Bâtis et panneaux. Comme au N° 1379 3^f 50
Façon et pose.................... 3 70
Le mètre superficiel...——— 7 20

Bâtis chêne, panneaux sapin :

1381. — — — brut derrière :

Bâtis. 0,0218, à 154^f, N° 1674....... 3^f 36
Panneaux. 0,57, à 2^f 48, N° 1677.... 1 41
Façon et pose.................... 4 07
Le mètre superficiel...——— 8 84

Lambris d'assemblage sans plates-bandes :
Arasé :
Bâtis de 0,0318, panneaux de 0,025 :
Bâtis chêne, panneaux sapin :
1382. — — — à glace au 2e parement :

Bâtis et panneaux. Comme au N° 1381	4ʳ 77
Façon et pose......................	4 60
Le mètre superficiel... ——	9ʳ 37

Tout chêne :
1383. — — — brut derrière :

Bâtis....... 0,0218	
Panneaux... 0,0145	
0,0363, à 154ʳ, N° 1674.	5ʳ 59
Façon et pose....................	4 85
Le mètre superficiel... ——	10 44

1384. — — — à glace au 2e parement :

Bâtis et panneaux. Comme au N° 1383	5ʳ 59
Façon et pose....................	5 50
Le mètre superficiel... ——	11 09

Bâtis et panneaux de 0,0318 :
Tout sapin :
1385. — — — brut derrière :

Bâtis....... 0,68	
Panneaux... 0,57	
1,25, à 3ʳ 07, N° 1676.	3ʳ 84
Façon et pose....................	3 30
Le mètre superficiel... ——	7 14

1386. — — — arasé au 2e parement :

Bâtis et panneaux. Comme au N° 1385	3ʳ 84
Façon et pose....................	3 70
Le mètre superficiel... ——	7 54

Bâtis chêne, panneaux sapin :
1387. — — — brut derrière :

Bâtis. 0,0218, à 154ʳ, N° 1674.......	3ʳ 36
Panneaux. 0,57, à 3ʳ 07, N° 1676....	1 75
Façon et pose....................	4 07
Le mètre superficiel... ——	9 18

1388. — — — arasé au 2e parement :

Bâtis et panneaux. Comme au N° 1387	5ʳ 11
Façon et pose....................	4 60
Le mètre superficiel... ——	9 71

Lambris d'assemblage sans plates-bandes :
Arasé :
Bâtis et panneaux de 0,0318 :
Tout chêne :

1389. — — — brut derrière :

                Bâtis....... 0,0218
                Panneaux... 0,0182
                            ─────────
                            0,0400, à 154ᶠ, Nº 1674.   6ᶠ16
                Façon et pose..................... 4 85
                    Le mètre superficiel...─── 11ᶠ01

1390. — — — arasé au 2ᵉ parement :

                Bâtis et panneaux. Comme au Nº 1389   6ᶠ16
                Façon et pose..................... 5 50
                    Le mètre superficiel...─── 11 66

        Bâtis de 0,038, panneaux de 0,0318 :
        Tout sapin :

1391. — — — brut derrière :

                Bâtis. 0,68, à 3ᶠ 75, Nº 1675 ....   2ᶠ55
                Panneaux. 0,57, à 3ᶠ 07, Nº 1676....   1 75
                Façon et pose 3 50
                    Le mètre superficiel...,───   7 80

1392. — — — à glace au 2ᵉ parement :

                Bâtis et panneaux. Comme au Nº 1391   4ᶠ30
                Façon et pose..................... 3 90
                    Le mètre superficiel.. ───   8 20

        Bâtis chêne, panneaux sapin :
1393. — — — brut derrière :

                Bâtis. 0,0258, à 154ᶠ, Nº 1674.......   3ᶠ97
                Panneaux. 0,57, à 3ᶠ 07, Nº 1676....   1 75
                Façon et pose..................... 4 33
                    Le mètre superficiel...─── 10 05

1394. — — — arasé au 2ᵉ parement :

                Bâtis et panneaux. Comme au Nº 1393   5ᶠ72
                Façon et pose..................... 4 85
                    Le mètre superficiel...─── 10 57

        Tout chêne :
1395. — — — brut derrière :

                Bâtis....... 0,0258
                Panneaux... 0,0182
                            ─────────
                            0,0440, à 154ᶠ, Nº 1674.   6ᶠ78
                Façon et pose... .... 5 15
                    Le mètre superficiel...─── 11 93

Lambris d'assemblage sans plates-bandes :

Arasé :

Bâtis de 0,038, panneaux de 0,0318 :

Tout chêne :

1396. — — — arasé au 2ᵉ parement :

Bâtis et panneaux. Comme au Nᵒ 1395   6ᶠ 78
Façon et pose....................   5 80
Le mètre superficiel...——   12ᶠ 58

Bâtis et panneaux de 0,038 :

Tout sapin :

1397. — — — brut derrière :

Bâtis. 0,68, à 3ᶠ 75, Nᵒ 1675........   2ᶠ 55
Panneaux. 0,57, à 3ᶠ 75, Nᵒ 1675....   2 14
Façon et pose....................   3 50
Le mètre superficiel...——   8 19

1398. — — — arasé au 2ᵉ parement :

Bâtis et panneaux. Comme au Nᵒ 1397   4ᶠ 69
Façon et pose....................   3 90
Le mètre superficiel...——   8 59

Bâtis chêne, panneaux sapin :

1399. — — — brut derrière :

Bâtis. 0,0258, à 154ᶠ, Nᵒ 1674.......   3ᶠ 97
Panneaux. 0,57, à 3ᶠ 75, Nᵒ 1675....   2 14
Façon et pose....................   4 33
Le mètre superficiel...——   10 44

1400. — — — arasé au 2ᵉ parement :

Bâtis et panneaux. Comme au Nᵒ 1399   6ᶠ 11
Façon et pose....................   4 85
Le mètre superficiel...——   10 96

Tout chêne :

1401. — — — brut derrière :

Bâtis....... 0,0258
Panneaux... 0,0217
        0,0475, à 154ᶠ, Nᵒ 1674.   7ᶠ 32
Façon et pose....................   5 15
Le mètre superficiel...——   12 47

1402. — — — arasé au 2ᵉ parement :

Bâtis et panneaux. Comme au Nᵒ 1401   7ᶠ 32
Façon et pose....................   5 80
Le mètre superficiel...——   13 12

Lambris d'assemblage sans plates-bandes :

Arasé :

Bâtis de 0,0508, panneaux de 0,038 :

Tout sapin :

1403. — — — brut derrière :

Bâtis. 0,68, à 4f 35, No 1539	2f 96
Panneaux. 0,57, à 3f 75, No 1675	2 14
Façon et pose	3 90
Le mètre superficiel . . . ——	9f 00

1404. — — — à glace au 2e parement :

Bâtis et panneaux. Comme au No 1403	5f 10
Façon et pose	4 30
Le mètre superficiel . . . ——	9 40

Bâtis chêne, panneaux sapin :

1405. — — — brut derrière :

Bâtis. 0,0347, à 143f, No 1538	4f 96
Panneaux. 0,57, à 3f 75, No 1675	2 14
Façon et pose	4 87
Le mètre superficiel . . . ——	11 97

1406. — — — à glace au 2e parement :

Bâtis et panneaux. Comme au No 1405	7f 10
Façon et pose	5 35
Le mètre superficiel . . . ——	12 45

Tout chêne :

1407. — — — brut derrière :

Bâtis. 0,0347, à 143f, No 1538	4f 96
Panneaux. 0,0217, à 154f, No 1674 . . .	3 84
Façon et pose	5 75
Le mètre superficiel . . . ——	14 05

1408. — — — à glace au 2e parement :

Bâtis et panneaux. Comme au No 1407	8f 30
Façon et pose	6 40
Le mètre superficiel . . . ——	14 70

Bâtis et panneaux de 0,0508 :

Tout sapin :

1409. — — — brut derrière :

Bâtis. 0,68, à 4f 35, No 1539	2f 96
Panneaux. 0,57, à 4f 35, No 1539	2 48
Façon et pose	3 90
Le mètre superficiel . . . ——	9 34

Lambris d'assemblage sans plates-bandes :
Arasé :
Bâtis et panneaux de 0,0508 :
Tout sapin :

1410. — — — arasé au 2ᵉ parement :

Bâtis et panneaux. Comme au Nº 1409	5ᶠ 44
Façon et pose......................	4 30
Le mètre superficiel...——	**9ᶠ 74**

Bâtis chêne, panneaux sapin :

1411. — — — brut derrière :

Bâtis. 0,0347, à 143ᶠ, Nº 1538.......	4ᶠ 96
Panneaux. 0,57, à 4ᶠ 35, Nº 1539....	2 48
Façon et pose......................	4 87
Le mètre superficiel...——	**12 31**

1412. — — — arasé au 2ᵉ parement :

Bâtis et panneaux. Comme au Nº 1411	7ᶠ 44
Façon et pose......................	5 35
Le mètre superficiel...——	**12 79**

Tout chêne :

1413. — — — brut derrière :

Bâtis....... 0,0347	
Panneaux... 0,0291	
0,0638, à 143ᶠ, Nº 1538.	9ᶠ 12
Façon et pose......................	5 75
Le mètre superficiel...——	**14 87**

1414. — — — arasé au 2ᵉ parement :

Bâtis et panneaux. Comme au Nº 1413	9ᶠ 12
Façon et pose......................	6 40
Le mètre superficiel...——	**15 52**

A petits cadres, profils de 0,025 à 0,04 :
Bâtis de 0,025, panneaux de 0,012 (au-dessous
de ces dimensions, voir art. 1511 et 1512) :
Tout sapin :

1415. — — — brut au 2ᵉ parement :

Bâtis. 0,68, à 2ᶠ 48, Nº 1677........	1ᶠ 69
Panneaux. 0,285, à 2ᶠ 48, Nº 1677...	0 71
Sciage. 0,28, à 0ᶠ 60, Nº 657.......	0 17
Façon et pose......................	3 65
Le mètre superficiel...——	**6 22**

1416. — — — à glace au 2ᵉ parement :

Bâtis, panneaux et sciage. Comme au Nº 1415......................	2ᶠ 57
Façon et pose......................	4 05
Le mètre superficiel...——	**6 62**

Lambris d'assemblage sans plates-bandes :

A petits cadres, profils de 0,025 à 0,04 :

Bâtis de 0,025, panneaux de 0,012 (au-dessous de ces dimensions, voir art. 1511 et 1512) :

Tout sapin :

1417. — — — arasé au 2ᵉ parement :

> Bâtis, panneaux et sciage. Comme au
> N° 1415...................... 2ᶠ 57
> Façon et pose................... 4 15
>
> Le mètre superficiel... ——   6ᶠ 72

1418. — — — à petits cadres au 2ᵉ parement :

> Bâtis, panneaux et sciage. Comme au
> N° 1415...................... 2ᶠ 57
> Façon et pose................... 4 55
>
> Le mètre superficiel... ——   7 12

Bâtis chêne, panneaux sapin :

1419. — — — brut au 2ᵉ parement :

> Bâtis. 0,0173, à 154ᶠ, N° 1674....... 2ᶠ 66
> Panneaux. 0,285, à 2ᶠ 48, N° 1677... 0 71
> Sciage. 0,28, à 0ᶠ 60, N° 657........ 0 17
> Façon et pose................... 4 51
>
> Le mètre superficiel... ——   8 05

1420. — — — à glace au 2ᵉ parement :

> Bâtis, panneaux et sciage. Comme au
> N° 1419...................... 3ᶠ 54
> Façon et pose................... 5 03
>
> Le mètre superficiel... ——   8 57

1421. — — — arasé au 2ᵉ parement :

> Bâtis, panneaux et sciage. Comme au
> N° 1419...................... 3ᶠ 54
> Façon et pose................... 5 14
>
> Le mètre superficiel... ——   8 68

1422. — — — à petits cadres au 2ᵉ parement :

> Bâtis, panneaux et sciage. Comme au
> N° 1419...................... 3ᶠ 54
> Façon et pose................... 5 64
>
> Le mètre superficiel... ——   9 18

Tout chêne :

1423. — — — brut au 2ᵉ parement :

> Bâtis....... 0,0173
> Panneaux... 0,0072
> ——————
> 0,0245, à 154ᶠ, N° 1674. 3ᶠ 77
> Sciage. 0,28, à 1ᶠ, N° 656 .... 0 28
> Façon et pose................... 5 37
>
> Le mètre superficiel... ——   9 42

Lambris d'assemblage sans plates-bandes :
A petits cadres, profils de 0,025 à 0,04 :
Bâtis de 0,025, panneaux de 0,012 (au-dessous
de ces dimensions. voir art. 1511 et 1512) :
Tout chêne :

1424. — — — à glace au 2ᵉ parement :

Bâtis, panneaux et sciage. Comme au N° 1423......................	4ᶠ 05
Façon et pose......................	5 97
Le mètre superficiel...	10ᶠ 02

1425. — — — arasé au 2ᵉ parement :

Bâtis, panneaux et sciage. Comme au N° 1423......................	4ᶠ 05
Façon et pose......................	6 12
Le mètre superficiel...	10 17

1426. — — — à petits cadres au 2ᵉ parement :

Bâtis, panneaux et sciage. Comme au N° 1423......................	4ᶠ 05
Façon et pose......................	6 72
Le mètre superficiel...	10 77

Bâtis de 0,0318, panneaux de 0,018 :
Tout sapin :

1427. — — — brut au 2ᵉ parement :

Bâtis. 0,68, à 3ᶠ 07, N° 1676........	2ᶠ 09
Panneaux. 0,285, à 3ᶠ 75, N° 1675...	1 07
Sciage. 0,28, à 0ᶠ 60, N° 657........	0 17
Façon et pose......................	3 85
Le mètre superficiel..	7 18

1428. — — — à glace au 2ᵉ parement :

Bâtis, panneaux et sciage. Comme au N° 1427......................	3ᶠ 33
Façon et pose......................	4 25
Le mètre superficiel...	7 58

1429. — — — arasé au 2ᵉ parement :

Bâtis, panneaux et sciage. Comme au N° 1427......................	3ᶠ 33
Façon et pose......................	4 35
Le mètre superficiel...	7 68

1430. — — — à petits cadres au 2ᵉ parement :

Bâtis, panneaux et sciage. Comme au N° 1427......................	3ᶠ 33
Façon et pose......................	4 75
Le mètre superficiel...	8 08

Lambris d'assemblage sans plates-bandes :
A petits cadres, profils de 0,025 à 0,04 :
Bâtis de 0,0318, panneaux de 0,018 :
Bâtis chêne, panneaux sapin :

1431. — — — brut au 2ᵉ parement :

Bâtis. 0,0218, à 154ᶠ, Nᵒ 1674.......	3ᶠ 36
Panneaux. 0,285, à 3ᶠ 75, Nᵒ 1675...	1 07
Sciage. 0,28, à 0ᶠ 60, Nᵒ 657........	0 17
Façon et pose.....................	4 76

Le mètre superficiel...—— 9ᶠ 36

1432. — — — à glace au 2ᵉ parement :

Bâtis, panneaux et sciage. Comme au Nᵒ 1431.....................	4ᶠ 60
Façon et pose.....................	5 28

Le mètre superficiel...—— 9 88

1433. — — — arasé au 2ᵉ parement :

Bâtis, panneaux et sciage. Comme au Nᵒ 1431.....................	4ᶠ 60
Façon et pose.....................	5 39

Le mètre superficiel...—— 9 99

1434. — — — à petits cadres au 2ᵉ parement :

Bâtis, panneaux et sciage. Comme au Nᵒ 1431.....................	4ᶠ 60
Façon et pose.....................	5 89

Le mètre superficiel...—— 10 49

Tout chêne :

1435. — — — brut au 2ᵉ parement :

Bâtis. 0,0218, à 154ᶠ, Nᵒ 1674.......	3ᶠ 36
Panneaux. 0,0108, à 154ᶠ, Nᵒ 1674...	1 66
Sciage. 0,28, à 1ᶠ, Nᵒ 656..........	0 28
Façon et pose.....................	5 67

Le mètre superficiel...—— 10 97

1436. — — — à glace au 2ᵉ parement :

Bâtis, panneaux et sciage. Comme au Nᵒ 1435.....................	5ᶠ 30
Façon et pose.....................	6 27

Le mètre superficiel...—— 11 57

1437. — — — arasé au 2ᵉ parement :

Bâtis, panneaux et sciage. Comme au Nᵒ 1435.....................	5ᶠ 30
Façon et pose.....................	6 42

Le mètre superficiel...—— 11 72

1438. — — — à petits cadres au 2ᵉ parement :

Bâtis, panneaux et sciage. Comme au Nᵒ 1435.....................	5ᶠ 30
Façon et pose.....................	7 02

Le mètre superficiel...—— 12 32

Lambris d'assemblage sans plates-bandes :
A petits cadres, profils de 0,025 à 0,04 :
Bâtis de 0,038, panneaux de 0,025 :
Tout sapin :

1439. — — — brut au 2ᵉ parement :

Bâtis. 0,68, à 3ᶠ 75, Nᵒ 1675........ 2ᶠ 55
Panneaux. 0,57, à 2ᶠ 48, Nᵒ 1677.... 1 41
Façon et pose................... 4 00
Le mètre superficiel...—— 7ᶠ 96

1440. — — — à glace au 2ᵉ parement :

Bâtis et panneaux. Comme au Nᵒ 1439 3ᶠ 96
Façon et pose................... 4 45
Le mètre superficiel...—— 8 41

1441. — — — arasé au 2ᵉ parement :

Bâtis et panneaux. Comme au Nᵒ 1439 3ᶠ 96
Façon et pose................... 4 55
Le mètre superficiel...—— 8 51

1442. — — — à petits cadres au 2ᵉ parement :

Bâtis et panneaux. Comme au Nᵒ 1439 3ᶠ 96
Façon et pose................... 4 95
Le mètre superficiel...—— 8 91

Bâtis chêne, panneaux sapin :

1443. — — — brut au 2ᵉ parement :

Bâtis. 0,0258, à 154ᶠ, Nᵒ 1674....... 3ᶠ 97
Panneaux. 0,57, à 2ᶠ 48, Nᵒ 1677.... 1 41
Façon et pose................... 5 01
Le mètre superficiel...—— 10 39

1444. — — — à glace au 2ᵉ parement :

Bâtis et panneaux. Comme au Nᵒ 1443 5ᶠ 38
Façon et pose................... 5 63
Le mètre superficiel...—— 11 01

1445. — — — arasé au 2ᵉ parement :

Bâtis et panneaux. Comme au Nᵒ 1443 5ᶠ 38
Façon et pose................... 5 74
Le mètre superficiel...—— 11 12

1446. — — — à petits cadres au 2ᵉ parement :

Bâtis et panneaux. Comme au Nᵒ 1443 5ᶠ 38
Façon et pose................... 6 14
Le mètre superficiel...—— 11 52

Lambris d'assemblage sans plates-bandes :
A petits cadres, profils de 0,025 à 0,04 :
Bâtis de 0,038, panneaux de 0,025 :
Tout chêne :

1447. — — — brut au 2ᵉ parement :

Bâtis....... 0,0258
Panneaux... 0,0145
0,0403, à 154ᶠ, Nᵒ 1674.   6ᶠ21
Façon et pose..................... 5 97
Le mètre superficiel...———   12ᶠ18

1448. — — — à glace au 2ᵉ parement :

Bâtis et panneaux. Comme au Nᵒ 1447   6ᶠ21
Façon et pose..................... 6 57
Le mètre superficiel...———   12 78

1449. — — — arasé au 2ᵉ parement :

Bâtis et panneaux. Comme au Nᵒ.1447   6ᶠ21
Façon et pose..................... 6 62
Le mètre superficiel...———   12 83

1450. — — — à petits cadres au 2ᵉ parement :

Bâtis et panneaux. Comme au Nᵒ 1447   6ᶠ21
Façon et pose..................... 7 32
Le mètre superficiel...———   13 53

Bâtis de 0,0508, panneaux de 0.025 :
Tout sapin :

1451. — — — brut au 2ᵉ parement :

Bâtis. 0,68, à 4ᶠ35, Nᵒ 1589 ....   2ᶠ96
Panneaux. 0,57, à 2ᶠ48, Nᵒ 1677....   1 41
Façon et pose..................... 4 45
Le mètre superficiel...———   8 82

1452. — — — à glace au 2ᵉ parement :

Bâtis et panneaux. Comme au Nᵒ 1451   4ᶠ37
Façon et pose..................... 4 85
Le mètre superficiel...———   9 22

1453. — — — arasé au 2ᵉ parement :

Bâtis et panneaux. Comme au Nᵒ 1451   4ᶠ37
Façon et pose..................... 4 95
Le mètre superficiel...———   9 32

1454. — — — à petits cadres au 2ᵉ parement :

Bâtis et panneaux. Comme au Nᵒ 1451   4ᶠ37
Façon et pose..................... 5 35
Le mètre superficiel...———   9 72

Lambris d'assemblage sans plates-bandes :
A petits cadres, profils de 0,025 à 0,04 :
Bâtis de 0,0508, panneaux de 0,025 :
Bâtis chêne, panneaux sapin :

1455. — — — brut au 2° parement :

Bâtis. 0,0347, à 143^f, N° 1538....... 4^f 96
Panneaux. 0,57, à 2^f 48, N° 1677.... 1 41
Façon et pose.................... 5 51
Le mètre superficiel...—— 11^f 88

1456. — — — à glace au 2° parement :

Bâtis et panneaux. Comme au N° 1455 6^f 37
Façon et pose.................... 6 03
Le mètre superficiel...—— 12 40

1457. — — — arasé au 2° parement :

Bâtis et panneaux. Comme au N° 1455 6^f 37
Façon et pose.................... 6 14
Le mètre superficiel...—— 12 51

1458. — — — à petits cadres au 2° parement :

Bâtis et panneaux. Comme au N° 1455 6^f 37
Façon et pose.................... 6 64
Le mètre superficiel...—— 13 01

Tout chêne :

1459. — — — brut au 2° parement :

Bâtis. 0,0347, à 143^f, N° 1538....... 4^f 96
Panneaux. 0,0145, à 154^f, N° 1674... 2 23
Façon et pose.................... 6 57
Le mètre superficiel...—— 13 76

1460. — — — à glace au 2° parement :

Bâtis et panneaux. Comme au N° 1459 7^f 19
Façon et pose.................... 7 17
Le mètre superficiel...—— 14 36

1461. — — — arasé au 2° parement :

Bâtis et panneaux. Comme au N° 1459 7^f 19
Façon et pose.................... 7 32
Le mètre superficiel...—— 14 51

1462. — — — à petits cadres au 2° parement :

Bâtis et panneaux. Comme au N° 1459 7^f 19
Façon et pose.................... 7 92
Le mètre superficiel...—— 15 11

Lambris d'assemblage sans plates-bandes :

A grands cadres :

Bâtis de 0,025, panneaux de 0,012 (cadres de
   0,038 de profil) (au-dessous de ces dimensions, voir art. 1511 et 1512) :

   Tout sapin :

1463. — — — brut au 2ᵉ parement :

Bâtis. 0,53, à 2ᶠ 48, Nᵒ 1677.........	1ᶠ 31	
Cadres. 0,47, à 3ᶠ 75, Nᵒ 1675.......	1 76	
Panneaux. 0,19, à 2ᶠ 48, Nᵒ 1677....	0 47	
Sciage. 0,19, à 0ᶠ 60, Nᵒ 657........	0 11	
Façon et pose....................	4 55	
Le mètre superficiel... ——		8ᶠ 20

1464. — — — à glace au 2ᵉ parement :

Bâtis, cadres, panneaux et sciage.		
Comme au Nᵒ 1463	3ᶠ 65	
Façon et pose...	4 95	
Le mètre superficiel... ——		8 60

1465. — — — arasé au 2ᵉ parement :

Bâtis, cadres, panneaux et sciage.		
Comme au Nᵒ 1463	3ᶠ 65	
Façon et pose....................	5 05	
Le mètre superficiel... ——		8 70

1466. — — — à grands cadres au 2ᵉ parement :

Bâtis, panneaux et sciage. Comme au		
Nᵒ 1463......................	3ᶠ 65	
Façon et pose....................	5 60	
Le mètre superficiel... ——		9 25

   Bâtis et cadres chêne, panneaux sapin :

1467. — — — brut au 2ᵉ parement :

Bâtis....... 0,0135		
Cadres...... 0,0179		
0,0314, à 154ᶠ, Nᵒ 1674.	4ᶠ 84	
Panneaux. 0,19, à 2ᶠ 48, Nᵒ 1677....	0 47	
Sciage. 0,19, à 0ᶠ 60, Nᵒ 657........	0 11	
Façon et pose....................	5 64	
Le mètre superficiel... ——		11 06

1468. — — — à glace au 2ᵉ parement :

Bâtis, cadres, panneaux et sciage.		
Comme au Nᵒ 1467.............	5ᶠ 42	
Façon et pose....................	6 14	
Le mètre superficiel... ——		11 56

1469. — — — arasé au 2ᵉ parement :

Bâtis, cadres, panneaux et sciage.		
Comme au Nᵒ 1467.............	5ᶠ 42	
Façon et pose....................	6 26	
Le mètre superficiel... ——		11 68

Lambris d'assemblage sans plates-bandes :

A grands cadres :

Bâtis de 0,025, panneaux de 0,012 (cadres de 0,038 de profil) (au-dessous de ces dimensions, voir art. 1511 et 1512) :

Bâtis et cadres chêne, panneaux sapin :

1470. — — — à grands cadres au 2ᵉ parement :

```
Bâtis, cadres, panneaux et sciage.
   Comme au Nᵒ 1467 ..............   5ᶠ 42
   Façon et pose...................   6 95
                Le mètre superficiel...———   12ᶠ 37
```

Tout chêne :

1471. — — — brut au 2ᵉ parement :

```
Bâtis.......  0,0135
Cadres......  0,0179
Panneaux...  0,0048
              ————
              0,0362, à 154ᶠ, Nᵒ 1674.   5ᶠ 57
Sciage. 0,19, à 1ᶠ, Nᵒ 656..........   0 19
Façon et pose...................   6 72
             Le mètre superficiel...———   12 48
```

1472. — — — à glace au 2ᵉ parement :

```
Bâtis, cadres, panneaux et sciage.
   Comme au Nᵒ 1471 ..............   5ᶠ 76
   Façon et pose...................   7 32
             Le mètre superficiel...———   13 08
```

1473. — — — arasé au 2ᵉ parement :

```
Bâtis, cadres, panneaux et sciage.
   Comme au Nᵒ 1471 ..............   5ᶠ 76
   Façon et pose...................   7 47
             Le mètre superficiel...———   13 23
```

1474. — — — à grands cadres au 2ᵉ parement :

```
Bâtis, cadres, panneaux et sciage.
   Comme au Nᵒ 1471 ..............   5ᶠ 76
   Façon et pose...................   8 30
             Le mètre superficiel...———   14 06
```

Bâtis de 0,0318, panneaux de 0,015 (cadres de 0,0508 de profil) :

Tout sapin :

1475. — — — brut au 2ᵉ parement :

```
Bâtis. 0,53, à 3ᶠ 07, Nᵒ 1676........   1ᶠ 63
Cadres. 0,47, à 4ᶠ 35, Nᵒ 1539......   2 04
Panneaux. 0,19, à 3ᶠ 07, Nᵒ 1676....   0 58
Sciage. 0,19, à 0ᶠ 60, Nᵒ 657........   0 11
Façon et pose...................   4 85
             Le mètre superficiel...———   9 21
```

Lambris d'assemblage sans plates-bandes :

A grands cadres :

Bâtis de 0,0318, panneaux de 0,015 (cadres de
0,0508 de profil) :

Tout sapin :

1476. — — — à glace au 2ᵉ parement :

    Bâtis, cadres, panneaux et sciage.
    Comme au Nᵒ 1475.............. 4ᶠ 36
    Façon et pose.................... 5 25
                Le mètre superficiel...——— 9ᶠ 61

1477. — — — arasé au 2ᵉ parement :

    Bâtis, cadres, panneaux et sciage.
    Comme au Nᵒ 1475.............. 4ᶠ 36
    Façon et pose.................... 5 35
                Le mètre superficiel...——— 9 71

1478. — — — à grands cadres au 2ᵉ parement :

    Bâtis, cadres, panneaux et sciage.
    Comme au Nᵒ 1475.............. 4ᶠ 36
    Façon et pose.................... 5 90
                Le mètre superficiel...——— 10 26

    Bâtis et cadres chêne, panneaux sapin :

1479. — — — brut au 2ᵉ parement :

    Bâtis. 0,0170, à 154ᶠ, Nᵒ 1674....... 2ᶠ 62
    Cadres. 0,0240, à 143ᶠ, Nᵒ 1538..... 3 43
    Panneaux. 0,19, à 3ᶠ 07, Nᵒ 1676 ... 0 58
    Sciage. 0,19, à 0,60, Nᵒ 657........ 0 11
    Façon et pose.................... 6 01
                Le mètre superficiel...——— 12 75

1480. — — — à glace au 2ᵉ parement :

    Bâtis, cadres, panneaux et sciage.
    Comme au Nᵒ 1479.............. 6ᶠ 74
    Façon et pose.................... 6 51
                Le mètre superficiel...——— 13 25

1481. — — — arasé au 2ᵉ parement :

    Bâtis, cadres, panneaux et sciage.
    Comme au Nᵒ 1479.............. 6ᶠ 74
    Façon et pose... .... 6 64
                Le mètre superficiel...——— 13 38

1482. — — — à grands cadres au 2ᵉ parement :

    Bâtis, cadres, panneaux et sciage.
    Comme au Nᵒ 1479.............. 6ᶠ 74
    Façon et pose.................... 7 32
                Le mètre superficiel...——— 14 06

Lambris d'assemblage sans plates-bandes :

A grands cadres :

Bâtis de 0,0318, panneaux de 0,015 (cadres de 0,0508 de profil) :

Tout chêne :

1483. — — — brut au 2ᵉ parement :

Bâtis. 0,0170, à 154ᶠ, N° 1674	2ᶠ 62
Cadres. 0,0240, à 143ᶠ, N° 1538	3 43
Panneaux. 0,0060, à 154ᶠ, N° 1674 ..	0 92
Sciage. 0,19, à 1ᶠ, N° 656	0 19
Façon et pose	7 17

Le mètre superficiel... —— **14ᶠ 33**

1484. — — — à glace au 2ᵉ parement :

Bâtis, cadres, panneaux et sciage. Comme au N° 1483	7ᶠ 16
Façon et pose	7 77

Le mètre superficiel... —— **14 93**

1485. — — — arasé au 2ᵉ parement :

Bâtis, cadres, panneaux et sciage. Comme au N° 1483	7ᶠ 16
Façon et pose	7 92

Le mètre superficiel... —— **15 08**

1486. — — — à grands cadres au 2ᵉ parement :

Bâtis, cadres, panneaux et sciage. Comme au N° 1483	7ᶠ 16
Façon et pose	8 75

Le mètre superficiel... —— **15 91**

Bâtis de 0,038, panneaux de 0,018 (cadres de 0,064 de profil) :

Tout sapin :

1487. — — — brut au 2ᵉ parement :

Bâtis. 0,53, à 3ᶠ 75, N° 1675	1ᶠ 99
Cadres. 0,0301, à 74ᶠ 20, Nᵒˢ 654 et 659	2 23
Panneaux. 0,19, à 3ᶠ 75, N° 1675	0 71
Sciage. 0,19, à 0ᶠ 60, N° 657	0 11
Façon et pose	5 15

Le mètre superficiel... —— **10 19**

1488. — — — à glace au 2ᵉ parement :

Bâtis, cadres, panneaux et sciage. Comme au N° 1487	5ᶠ 04
Façon et pose	5 55

Le mètre superficiel... —— **10 59**

1489. — — — arasé au 2ᵉ parement :

Bâtis, cadres, panneaux et sciage. Comme au N° 1487	5ᶠ 04
Façon et pose	5 65

Le mètre superficiel... —— **10 69**

Lambris d'assemblage sans plates-bandes :

A grands cadres :

Bâtis de 0,038, panneaux de 0,018 (cadres de 0,064 de profil) :

Tout sapin :

1490. — — — à grands cadres au 2e parement :

Bâtis, cadres, panneaux et sciage.	
Comme au N° 1487	5f 04
Façon et pose.	6 20
Le mètre superficiel. . .	11f 24

Bâtis et cadres chêne, panneaux sapin :

1491. — — — brut au 2e parement :

Bâtis. 0,0202, à 154f, N° 1674	3f 11
Cadres. 0,0301, à 143f, N° 1538	4 30
Panneaux. 0,19, à 3f 75, N° 1675. . . .	0 71
Sciage. 0,19, à 0f 60, N° 657	0 11
Façon et pose.	6 38
Le mètre superficiel. . .	14 61

1492. — — — à glace au 2e parement :

Bâtis, cadres, panneaux et sciage.	
Comme au N° 1491	8f 23
Façon et pose.	6 88
Le mètre superficiel. . .	15 11

1493. — — — arasé au 2e parement :

Bâtis, cadres, panneaux et sciage.	
Comme au N° 1491	8f 23
Façon et pose.	7 00
Le mètre superficiel. . .	15 23

1494. — — — à grands cadres au 2e parement :

Bâtis, cadres, panneaux et sciage.	
Comme au N° 1491	8f 23
Façon et pose.	7 69
Le mètre superficiel. . .	15 92

Tout chêne :

1495. — — — brut au 2e parement :

Bâtis. 0,0202, à 154f, N° 1674.	3f 11
Cadres. 0,0301, à 143f, N° 1538	4 30
Panneaux. 0,0072, à 154f, N° 1674. . .	1 11
Sciage. 0,19, à 1f, N° 656	0 19
Façon et pose.	6 62
Le mètre superficiel. . .	15 33

1496. — — — à glace au 2e parement :

Bâtis, cadres, panneaux et sciage.	
Comme au N° 1495	8f 71
Façon et pose.	7 32
Le mètre superficiel. . .	16 03

Lambris d'assemblage sans plates-bandes :

A grands cadres :

Bâtis de 0,038, panneaux de 0,018 (cadres de 0,064 de profil) :

Tout chêne :

1497. — — — arasé au 2ᵉ parement :

> Bâtis, cadres, panneaux et sciage.
> Comme au Nᵒ 1495 .... 8ᶠ 71
> Façon et pose.................... 8 37
>
> Le mètre superficiel...—— 17ᶠ 08

1498. — — — à grands cadres au 2ᵉ parement :

> Bâtis, cadres, panneaux et sciage.
> Comme au Nᵒ 1495 .... 8ᶠ 71
> Façon et pose.................... 9 20
>
> Le mètre superficiel...—— 17 91

Bâtis de 0,0508, panneaux de 0,025 (cadres de 0,076 de profil) :

Tout sapin :

1499. — — — brut au 2ᵉ parement :

> Bâtis. 0,53, à 4ᶠ 35, Nᵒ 1539........ 2ᶠ 31
> Cadres. 0,0357, à 74ᶠ 20, Nᵒˢ 654 et 659 2 65
> Panneaux. 0,38, à 2ᶠ 48, Nᵒ 1677.... 0 94
> Façon et pose.................... 5 75
>
> Le mètre superficiel...—— 11 65

1500. — — — à glace au 2ᵉ parement :

> Bâtis, cadres et panneaux. Comme au
> Nᵒ 1499...................... 5ᶠ 90
> Façon et pose.................... 6 15
>
> Le mètre superficiel...—— 12 05

1501. — — — arasé au 2ᵉ parement :

> Bâtis, cadres et panneaux. Comme au
> Nᵒ 1499...................... 5ᶠ 90
> Façon et pose.................... 6 25
>
> Le mètre superficiel...—— 12 15

1502. — — — à grands cadres au 2ᵉ parement :

> Bâtis, cadres et panneaux. Comme au
> Nᵒ 1499...................... 5ᶠ 90
> Façon et pose...... .... 6 80
>
> Le mètre superficiel...—— 12 70

Bâtis et cadres chêne, panneaux sapin :

1503. — — — brut au 2ᵉ parement :

> Bâtis....... 0,0270
> Cadres...... 0,0357
>   ————
>   0,0627, à 143ᶠ, Nᵒ 1538. 8ᶠ 97
> Panneaux. 0,38, à 2ᶠ 48, Nᵒ 1677.... 0 94
> Façon et pose.................... 7 12
>
> Le mètre superficiel...—— 17 03

Lambris d'assemblage sans plates-bandes :

A grands cadres :

Bâtis de 0,0508, panneaux de 0,025 (cadres de 0,076 de profil) :

Bâtis et cadres chêne, panneaux sapin :

1504. — — — à glace au 2ᵉ parement :

    Bâtis, cadres et panneaux. Comme au N° 1503..................... 9ᶠ 91
    Façon et pose..................... 7 62
             Le mètre superficiel... ——— 17ᶠ 53

1505. — — — arasé au 2ᵉ parement :

    Bâtis, cadres et panneaux. Comme au N° 1503..................... 9ᶠ 91
    Façon et pose..................... 7 74
             Le mètre superficiel... ——— 17 65

1506. — — — à grands cadres au 2ᵉ parement :

    Bâtis, cadres et panneaux. Comme au N° 1503..................... 9ᶠ 91
    Façon et pose..................... 8 43
             Le mètre superficiel... ——— 18 34

    Tout chêne :

1507. — — — brut au 2ᵉ parement :

    Bâtis....... 0,0270
    Cadres...... 0,0357
               0,0627, à 143ᶠ, N° 1538. 8ᶠ 97
    Panneaux. 0,0097, à 154ᶠ, N° 1674... 1 49
    Façon et pose..................... 8 52
             Le mètre superficiel... ——— 18 98

1508. — — — à glace au 2ᵉ parement :

    Bâtis, cadres et panneaux. Comme au N° 1507..................... 10ᶠ 46
    Façon et pose..................... 9 12
             Le mètre superficiel... ——— 19 58

1509. — — — arasé au 2ᵉ parement :

    Bâtis, cadres et panneaux. Comme au N° 1507..................... 10ᶠ 46
    Façon et pose..................... 9 27
             Le mètre superficiel... ——— 19 73

1510. — — — à grands cadres au 2ᵉ parement :

    Bâtis, cadres et panneaux. Comme au N° 1507..................... 10ᶠ 46
    Façon et pose..................... 10 10
             Le mètre superficiel... ——— 20 56

    Plus-value à ajouter ou moins-value à retrancher pour les lambris dont les bâtis ou les panneaux ne seraient pas des dimensions indiquées, par chaque millimètre de différence d'épaisseur et par mètre superficiel de lambris :

1511.   Pour les lambris en sapin :

Pour les bâtis.............. 0f 07
Pour les panneaux.......... 0 07
Le mètre superficiel.——— 0f 14

1512.   Pour les lambris en chêne :

Pour les bâtis.............. 0f 10
Pour les panneaux.......... 0 10
Le mètre superficiel.——— 0 20

1513. Plus-value pour plates-bandes simples, poussées au pourtour des panneaux : Sapin, le m. l...... 0 14

1514.   Chêne, le m. l...... 0 20

1515. — pour plates-bandes moulurées, poussées au pourtour des panneaux :   Sapin, le m. l...... 0 25

1516.   Chêne, le m. l...... 0 35

— pour les moulures dont la largeur excèdera :
pour les petits cadres, 0,04;
pour les grands cadres, 0,05;

1517.   Par chaque centimètre : Sapin, le m. l.   0 14

1518.   Chêne, le m. l.   0 20

1519. — pour chaque angle enlevé à fleur de plate-bande, en grecque ou en coin rond, sans moulures :   Sapin, la pièce..... 0 05

1520.   Chêne, la pièce..... 0 07

1521. — — mais avec moulures :   Sapin, la pièce..... 0 10

1522.   Chêne, la pièce..... 0 15

1523. — pour bossage à pointe de diamant, par face de panneau :   Sapin, la pièce..... 0 50

1524.   Chêne, la pièce..... 0 75

1525. Les pilastres d'assemblage formant ou non ressaut sur le lambris, soit à petits, soit à grands cadres, seront payés en plus-value moitié en sus des prix du lambris, les élégissements comptés comme moulures détachées .... *Observ.*

1526. Pour les lambris formant ressaut, il sera ajouté à la longueur 0m10 pour chaque angle saillant ou rentrant en plus de 1 par chaque 3m00 de longueur de lambris .... *Observ.*

Plus-value pour chaque panneau en plus de 2 par
mètre superficiel :

1527.	pʳ les lambris à petits cadres : Sapin, le m. s.	0ᶠ 50
1528.	Chêne, le m. s.	0 67
1529.	— à grands cadres : Sapin, le m. s.	0 80
1530.	Chêne, le m. s.	1 05

1531. Toute partie cintrée en élévation sera comptée
comme carrée, la longueur de la flèche étant
comptée en plus-value demi en sus de sa longueur réelle .... *Obserr*.

1532. Les ouvrages cintrés en plan seront payés le double
des prix ci-dessus .... *Obserr*.

1533. Les ouvrages cintrés en plan et en élévation seront
payés le double de ceux cintrés en plan ...... *Obserr*.

Lames de persiennes, en réparation, de 0,05 à 0,06
de large :

1534.	Sapin, la pièce	0 50
1535.	Chêne, la pièce	0 65

— de jalousie, en réparation, jusqu'à 1,30 de large :

1536.	Sapin, la pièce	0 45
1537.	Chêne, la pièce	0 60

M

1538. **Madriers** en chêne du Nord, de choix, de 0,0508
— — de 0,076 } le m.c. 143 00

1539. — en sapin de nerva, 1ʳᵉ qualité de choix, de 0,0508
sur 0,22, le m. s. 4 35

1540. — — de 0,076 sur 0,22, le m. s. 6 00

1541. — — de 0,076 sur 0,178, le m. s. 5 93

1542. — en sapin de christian, 1ʳᵉ qualité de choix, de
0,076 sur 0,22, le m. s. 5 09

1543. — — de 0,076 sur 0,152, le m. s. 5 42

1544. — en sapin de nerva, de qualité ordinaire, de
0,0508 sur 0,22, le m. s. 4 15

1545. — — de 0,076 sur 0,22, le m. s. 5 60

1546. — — de 0,076 sur 0,178, le m. s. 5 05

1547. — en sapin de christian de qualité ordinaire, de
0,076 sur 0,22, le m. s. 4 50

1548. — — de 0,076 sur 0,152, le m. s. 4 75

Main-courante en noyer ou cerisier, pour **rampes** d'escalier, en place :

1549. — arrondie ou ovale, de 0,050 sur 0,040 :

> Bois. 0,0053, à 160ᶠ................ 0ᶠ 85
> Façon, ajustage et pose............ 2 85
> Le mètre linéaire.....—— 3ᶠ 70

1550. — à pomme de canne, de 0,050 sur 0,040 :

> Bois. 0,0053, à 160ᶠ 0ᶠ 85
> Façon, ajustage et pose 3 25
> Le mètre linéaire.....—— 4 10

1551. — — avec une baguette :

> Bois. Comme au Nᵒ 1550.......... 0ᶠ 85
> Façon, ajustage et pose........... 3 75
> Le mètre linéaire.....—— 4 60

1552. — — avec deux baguettes :

> Bois. Comme au Nᵒ 1550 .... 0ᶠ 85
> Façon, ajustage et pose............ 4 25
> Le mètre linéaire.....—— 5 10

1553.   Plus-value par chaque 0,005 en plus ou en moins sur l'une ou l'autre face, entier ou non, le m. l. 0 30

1554.   Plus-value par chaque moulure, carré ou tarabiscot, le m. l. 0 60

1555. **Main-courante** en chêne du Nord, pour banquettes et balcons, en place :

> Bois. 0,0036, à 154ᶠ, Nᵒ 1674....... 0ᶠ 55
> Façon, ajustage et pose........... 1 45
> Le mètre linéaire.....—— 2 00

1556. — — avec moulure :

> Bois. 0,0036, à 154, Nᵒ 1674 .... 0ᶠ 55
> Façon, ajustage et pose............ 1 70
> Le mètre linéaire.....—— 2 25

Moulures figurant chambranles, moulures à gorge, corniches, etc., ajustées et posées :

1557. — Sapin de 0,018 d'épaisseur et au-dessous, sur 0,10 de large :

> Bois. 0,06, à 3ᶠ 75, Nᵒ 1675........ 0ᶠ 23
> Sciage. 0,06, à 0ᶠ 60, Nᵒ 657........ 0 04
> Façon........................ 0 35
> Pose et pointes 0 15
> Le mètre linéaire...—— 0 77

1558.   Par chaque centimètre de largeur en plus ou en moins................ 0 064

Moulures figurant chambranles, moulures à gorge,
corniches, etc., ajustées et posées :

1559. — Sapin de 0,018 à 0,027 d'épaisseur sur 0,10 de
large :

Bois. 0,12, à 2f 48, No 1677......... 0f 30
Façon........................... 0 35
Pose et pointes 0 15

Le mètre linéaire.....——   0f 80

1560.   Par chaque centimètre de largeur en
plus ou en moins................   0 067

1561. — — de 0,027 à 0,034 d'épaissr sur 0,10 de large :

Bois. 0,12, à 3f 07, No 1676......... 0f 37
Façon........................... 0 40
Pose et pointes................... 0 15

Le mètre linéaire.....——   0 92

1562.   Par chaque centimètre de largeur en
plus ou en moins................   0 078

1563. — — de 0,034 à 0,041 d'épaissr sur 0,10 de large :

Bois. 0,12, à 3f 75, No 1675......... 0f 45
Façon........................... 0 40
Pose et pointes 0 15

Le mètre linéaire.....——   1 00

1564.   Par chaque centimètre de largeur en
plus ou en moins................   0 085

1565. — — de 0,041 à 0,054 d'épaissr sur 0,10 de large :

Bois. 0,12, à 4f 35, No 1539......... 0f 52
Façon........................... 0 45
Pose et pointes................... 0 20

Le mètre linéaire.....——   1 17

1566.   Par chaque centimètre de largeur en
plus ou en moins................   0 099

1567. — — de 0,076 d'épaisseur sur 0,10 de large :

Bois. 0,12, à 6f, No 1540........... 0f 72
Façon........................... 0 50
Pose et pointes................... 0 20

Le mètre linéaire.....——   1 42

1568.   Par chaque centimètre carré de section
en plus ou en moins.............   0 016

Moulures figurant chambranles, moulures à gorge, corniches, etc., ajustées et posées :

1569. — Chêne de 0,018 d'épaisseur et au-dessous, sur 0,10 de large :

Bois. 0,0022, à 154ᶠ, Nᵒ 1674........	0ᶠ 34	
Sciage. 0,06, à 1ᶠ, Nᵒ 656...........	0 06	
Façon...........................	0 53	
Pose et pointes	0 15	
Le mètre linéaire..... ——	**1ᶠ 08**	

1570.   Par chaque centimètre de largeur en plus ou en moins................   0 093

1571. — — de 0,018 à 0,027 d'épaissʳ sur 0,10 de large :

Bois. 0,0030, à 154ᶠ, Nᵒ 1674	0ᶠ 46	
Façon...........................	0 53	
Pose et pointes	0 15	
Le mètre linéaire..... ——	**1 14**	

1572.   Par chaque centimètre de largeur en plus ou en moins 0 099

1573. — — de 0,027 à 0,034 d'épaissʳ sur 0,10 de large :

Bois. 0,0038, à 154ᶠ, Nᵒ 1674	0ᶠ 59	
Façon...........................	0 60	
Pose et pointes..................	0 15	
Le mètre linéaire..... ——	**1 34**	

1574.   Par chaque centimètre de largeur en plus ou en moins................   0 116

1575. — — de 0,034 à 0,041 d'épaissʳ sur 0,10 de large :

Bois. 0,0046, à 154ᶠ, Nᵒ 1674........	0ᶠ 71	
Façon	0 60	
Pose et pointes	0 15	
Le mètre linéaire..... ——	**1 46**	

1576.   Par chaque centimètre de largeur en plus ou en moins................   0 126

1577. — — de 0,041 à 0,054 d'épaissʳ sur 0,10 de large :

Bois. 0,0061, à 143ᶠ, Nᵒ 1538........	0ᶠ 87	
Façon...........................	0 68	
Pose et pointes	0 20	
Le mètre linéaire..... ——	**1 75**	

1578.   Par chaque centimètre de largeur en plus ou en moins................   0 151

Moulures figurant chambranles, moulures à gorge, corniches, etc., ajustées et posées :

1579. — Chêne de 0,076 d'épaisseur sur 0,10 de large :

Bois. 0,0091, à 143ᶠ, Nᵒ 1538	1ᶠ 30
Façon	0 75
Pose et pointes	0 20
Le mètre linéaire . . . . . —	2ᶠ 25

1580. Par chaque centimètre carré de section en plus ou en moins 0 025

1581. Les coupes au-dessus de 1 par chaque deux mètres de moulures seront comptées pour plus-value, par chaque coupe, pour 0ᵐ10 de moulures. . . . *Observ.*

Moulures détachées pour façon seulement :

1582. — Sapin jusqu'à 0,04 de large, le m. l. 0 12
1583. Par chaque centimètre en plus, le m. l. 0 045
1584. — Chêne jusqu'à 0,04 de large, le m. l. 0 19
1585. Par chaque centimètre en plus, le m. l. 0 07
1586. Chaque amortissement sera compté pour 2ᵐ00 de moulures . . . . *Observ.*

N

Nervures. (Voyez *Feuillures*.)

P

1587. **Palissades** pour clôtures de 1,50 de hauteur (bois refaits), poteaux chêne de 0,10 × 0,10, espacés de 2ᵐ00, 2 lisses sapin de 0,076 × 0,06, fuseaux sapin de 0,04 × 0,018 :

Poteaux. 0,015, à 103ᶠ 40, Nᵒ 617. . . .	1ᶠ55
Lisses. 0,14, à 6ᶠ, Nᵒ 1540	0 84
Fuseaux. 0,26, à 3ᶠ 75, Nᵒ 1675	0 98
Sciage. 0,26, à 0ᶠ 60, Nᵒ 657	0 16
Façon et pointes	2 10
Pose.	0 35
Le mètre courant. . . . —	5 98

1588. — avec 3 cours de lisses, celle supérieure double, de 0,015 sur 0,076, assemblées avec boulons, et fuseaux de 0,01 sur 0,05, même prix que ci-dessus . . . . *Observ.*

Parquet en chêne, à fougère ou bâton rompu :
A lames de 0,30 à 0,40, sur 0,065 à 0,085 :

1589. — — de 0,0254 d'épaisseur :

Bois. 1,28 × 0,0254, à 154ᶠ, Nᵒ 1674.　5ᶠ 00
Façon, pose et replanissage.........　6 40
Pointes......................　0 20

Le mètre superficiel...——　11ᶠ 60

1590. — — de 0,0318 d'épaisseur :

Bois. 1,28 × 0,0318, à 154ᶠ, Nᵒ 1674.　6ᶠ 27
Façon et pointes, Nᵒ 1589 ....　6 60

Le mètre superficiel...——　12 87

1591. — — de 0,0381 d'épaisseur :

Bois. 1,28 × 0,0381, à 154ᶠ, Nᵒ 1674.　7ᶠ 51
Façon et pointes, Nᵒ 1589 ....　6 60

Le mètre superficiel...——　14 11

A lames de 0,30 à 0,40, sur 0,085 à 0,115 :

1592. — — de 0,0254 d'épaisseur :

Bois. 1,24 × 0,0254, à 154ᶠ, Nᵒ 1674.　4ᶠ 85
Façon, pose et replanissage.........　5 60
Pointes ....　0 20

Le mètre superficiel...——　10 65

1593. — — de 0,0318 d'épaisseur :

Bois. 1,24 × 0,0318, à 154ᶠ, Nᵒ 1674.　6ᶠ 07
Façon et pointes, Nᵒ 1592 ....　5 80

Le mètre superficiel...——　11 87

1594. — — de 0,0381 d'épaisseur :

Bois. 1,24 × 0,0381, à 154ᶠ, Nᵒ 1674.　7ᶠ 28
Façon et pointes, Nᵒ 1592 ....　5 80

Le mètre superficiel...——　13 08

A lames de 0,30 à 0,40, sur 0,115 à 0,150 :

1595. — — de 0,0254 d'épaisseur :

Bois. 1,20 × 0,0254, à 154ᶠ, Nᵒ 1674.　4ᶠ 69
Façon, pose et replanissage.........　5 00
Pointes ....　0 20

Le mètre superficiel...——　9 89

1596. — — de 0,0318 d'épaisseur :

Bois. 1,20 × 0,0318, à 154ᶠ, Nᵒ 1674.　5ᶠ 88
Façon et pointes, Nᵒ 1595 ....　5 20

Le mètre superficiel...——　11 08

1597. — — de 0,0381 d'épaisseur :

Bois. 1,20 × 0,0381, à 154ᶠ, Nᵒ 1674.　7ᶠ 04
Façon et pointes. Nᵒ 1595 ....　5 20

Le mètre superficiel...——　12 24

Parquet en chêne, à fougère ou bâton rompu :

A lames de 0,40 à 0,50, sur 0,065 à 0,085 :

1598. — — de 0,0254 d'épaisseur :

> Bois. 1,28 × 0,0254, à 154^f, N° 1674.   5^f 00
> Façon, pose et replanissage.........   6 00
> Pointes 0 20
>
> Le mètre superficiel... ——   11^f 20

1599. — — de 0,0318 d'épaisseur :

> Bois. 1,28 × 0,0318, à 154^f, N° 1674.   6^f 27
> Façon et pointes, N° 1598...........   6 20
>
> Le mètre superficiel... ——   12 47

1600. — — de 0,0381 d'épaisseur :

> Bois. 1,28 × 0,0381, à 154^f, N° 1674.   7^f 51
> Façon et pointes, N° 1598 ....   6 20
>
> Le mètre superficiel... ——   13 71

A lames de 0,40 à 0,50, sur 0,085 à 0,115 :

1601. — — de 0,0254 d'épaisseur :

> Bois. 1,24 × 0,0254, à 154^f, N° 1674.   4^f 85
> Façon, pose et replanissage.........   5 20
> Pointes 0 20
>
> Le mètre superficiel... ——   10 25

1602. — — de 0,0318 d'épaisseur :

> Bois. 1,24 × 0,0318, à 154^f, N° 1674.   6^f 07
> Façon et pointes, N° 1601 ....   5 40
>
> Le mètre superficiel... ——   11 47

1603. — — de 0,0381 d'épaisseur :

> Bois. 1,24 × 0,0381, à 154^f, N° 1674.   7^f 28
> Façon et pointes, N° 1601 ....   5 40
>
> Le mètre superficiel... ——   12 68

A lames de 0,40 à 0,50, sur 0,115 à 0,150 :

1604. — — de 0,0254 d'épaisseur :

> Bois. 1,20 × 0,0254, à 154^f, N° 1674.   4^f 69
> Façon, pose et replanissage.........   4 65
> Pointes 0 20
>
> Le mètre superficiel... ——   9 54

1605. — — de 0,0318 d'épaisseur :

> Bois. 1,20 × 0,0318, à 154^f, N° 1674.   5^f 88
> Façon et pointes, N° 1604 ....   4 85
>
> Le mètre superficiel... ——   10 73

1606. — — de 0,0381 d'épaisseur :

> Bois. 1,20 × 0,0381, à 154^f, N° 1674.   7^f 04
> Façon et pointes, N° 1604 ....   4 85
>
> Le mètre superficiel... ——   11 89

Parquet en chêne, à fougère ou bâton rompu :
A lames de 0,50 à 0,60, sur 0,065 à 0,085 :
1607. — — de 0,0254 d'épaisseur :

> Bois. 1,28 × 0,0254, à 154ᶠ, Nᵒ 1674. 5ᶠ 00
> Façon, pose et replanissage......... 5 45
> Pointes 0 20
>
> Le mètre superficiel...—— 10ᶠ 65

1608. — — de 0,0318 d'épaisseur :

> Bois. 1,28 × 0,0318, à 154ᶠ, Nᵒ 1674. 6ᶠ 27
> Façon et pointes, Nᵒ 1607........... 5 65
>
> Le mètre superficiel...—— 11 92

1609. — — de 0,0381 d'épaisseur :

> Bois. 1,28 × 0,0381, à 154ᶠ, Nᵒ 1674. 7ᶠ 51
> Façon et pointes, Nᵒ 1607 .... 5 65
>
> Le mètre superficiel...—— 13 16

A lames de 0,50 à 0,60, sur 0,085 à 0,115 :
1610. — — de 0,0254 d'épaisseur :

> Bois. 1,24 × 0,0254, à 154ᶠ, Nᵒ 1674. 4ᶠ 85
> Façon, pose et replanissage......... 4 75
> Pointes 0 20
>
> Le mètre superficiel...—— 9 80

1611. — — de 0,0318 d'épaisseur :

> Bois. 1,24 × 0,0318, à 154ᶠ, Nᵒ 1674. 6ᶠ 07
> Façon et pointes, Nᵒ 1610 .... 4 95
>
> Le mètre superficiel...—— 11 02

1612. — — de 0,0381 d'épaisseur :

> Bois. 1,24 × 0,0381, à 154ᶠ, Nᵒ 1674. 7ᶠ 28
> Façon et pointes, Nᵒ 1610........... 4 95
>
> Le mètre superficiel...—— 12 23

A lames de 0,50 à 0,60, sur 0,115 à 0,150 :
1613. — — de 0,0254 d'épaisseur :

> Bois. 1,20 × 0,0254, à 154ᶠ, Nᵒ 1674. 4ᶠ 69
> Façon, pose et replanissage......... 4 35
> Pointes.................... ..... 0 20
>
> Le mètre superficiel...—— 9 24

1614. — — de 0,0318 d'épaisseur :

> Bois. 1,20 × 0,0318, à 154ᶠ, Nᵒ 1674. 5ᶠ 88
> Façon et pointes, Nᵒ 1613 .... 4 55
>
> Le mètre superficiel...—— 10 43

1615. — — de 0,0381 d'épaisseur :

> Bois. 1,20 × 0,0381, à 154ᶠ, Nᵒ 1674. 7ᶠ 04
> Façon et pointes, Nᵒ 1613 .... 4 55
>
> Le mètre superficiel...—— 11 59

1616. **Patères** en noyer ou en chêne, de 0,06 de diamètre,
la pièce.................................... 0f 15

1617.   Par chaque centimètre de diamètre en plus.   0 05

1618. **Persiennes** en chêne du Nord, à 2 vantaux, bâtis
de 0,0318 :

```
Bâtis....... 0,0170
Lames...... 0,0081
                  0,0251, à 154f, No 1674.   3f 87
       Sciage des lames. 0,41, à 1f, No 656..   0 41
       Façon........................... 6 85
```
            Le mètre superficiel...——— 11 13

1619. — — bâtis de 0,038 :

```
Bâtis....... 0,0211
Lames...... 0,0088
                  0,0299, à 154f, No 1674.   4f 60
       Sciage des lames. 0,44, à 1f, No 656..   0 44
       Façon........................... 6 85
```
            Le mètre superficiel...——— 11 89

1620. — en chêne du Nord, brisées pour se reployer dans
les tableaux, bâtis de 0,0318 :

```
Bâtis....... 0,0237
Lames...... 0,0071
                  0,0308, à 154f, No 1674.   4f 74
       Sciage des lames. 0,36, à 1f, No 656..   0 36
       Façon...........................10 65
```
            Le mètre superficiel...——— 15 75

1621. — — bâtis de 0,038 :

```
Bâtis....... 0,0281
Lames...... 0,0085
                  0,0366, à 154f, No 1674.   5f 64
       Sciage des lames. 0,43, à 1f, No 656..   0 43
       Façon...........................10 65
```
            Le mètre superficiel...——— 16 72

1622. — en sapin de nerva, à 2 vantaux, bâtis de 0,0318 :

```
Bâtis. 0,53, à 3f 07, No 1676........ 1f 63
Lames. 0,405, à 2f 48, No 1677...... 1 00
Sciage des lames. 0,41, à 0f60, No 657 0 25
Façon........................... 4 55
```
            Le mètre superficiel...——— 7 43

1623. — — bâtis de 0,038 :

```
Bâtis. 0,53, à 3f 75, No 1675........ 1f 99
Lames. 0,44, à 2f 48, No 1677....... 1 09
Sciage des lames. 0,44, à 0f60, No 657 0 26
Façon........................... 4 55
```
            Le mètre superficiel...——— 7 89

1624. Persiennes en sapin de nerva, pour se reployer dans les tableaux, bâtis de 0,0318 :

```
Bâtis. 0,74, à 3f 07, No 1676........   2f 27
Lames. 0,355, à 2f 48, No 1677......   0 88
Sciage des lames. 0,36, à 0f 60, No 657  0 22
Façon............................   7 10
            Le mètre superficiel...——      10f 47
```

1625. — — bâtis de 0,038 :

```
Bâtis. 0,74, à 3f 75, No 1675........   2f 78
Lames. 0,425, à 2f 48, No 1677......   1 05
Sciage des lames. 0,43, à 0f 60, No 657  0 26
Façon............................   7 10
            Le mètre superficiel...——      11 19
```

Plus-value pour persiennes d'appui à coulisse :

1626.   Sapin, le m. s.........   1 10

1627.   Chêne, le m. s.........   1 50

Plus-value pour persiennes d'appui ouvrantes sur dormants :

1628.   Sapin, le m. s.........   2 00

1629.   Chêne, le m. s.........   2 90

1630. Pièce rapportée à l'emplacement d'une fiche ou charnière, la pièce........................   0 15

1631. — — d'une serrure ou paumelle, la pièce.......   0 25

1632. Plancher en chêne du Nord, de 0,0508, à joints plats, blanchi sur une face :

```
Bois. 1,07 × 0,051, à 143f, No 1538..   7f 80
Façon de blanchissage.............   0 75
       de joints plats..............   0 20
       de pose et replanissage.......   0 78
Pointes.........................   0 25
            Le mètre superficiel...——      9 78
```

1633. — — à rainure et languette, blanchi sur une face :

```
Bois. 1,12 × 0,051, à 143f, No 1538..   8f 17
Façon de blanchissage.............   0 75
       de rainures et languettes.....   0 70
       de pose et replanissage.......   1 05
Pointes.........................   0 25
            Le mètre superficiel...——      10 92
```

1634. — de 0,038, à joints plats, blanchi sur une face :

```
Bois. 1,07 × 0,038, à 154f, No 1674..   6f 26
Façon de blanchissage.............   0 70
       de joints plats..............   0 15
       de pose et replanissage.......   0 68
Pointes.........................   0 15
            Le mètre superficiel...——      7 94
```

1635. Plancher en chêne du Nord, de 0,038, à rainure et
languette, blanchi sur une face :

Bois. 1,12 $\times$ 0,038, à 154^f, N° 1674..	6^f 55
Façon de blanchissage	0 70
de rainures et languettes	0 57
de pose et replanissage	0 92
Pointes	0 15

Le mètre superficiel. . . —— 8^f 89

1636. — — — les lames de 0,10 de large :

Bois. 1,17 $\times$ 0,038, à 154^f, N° 1674..	6^f 85
Façon de blanchissage	0 70
de rainures et languettes	1 14
de pose et replanissage	1 56
Pointes	0 15

Le mètre superficiel. . . —— 10 40

1637. — de 0,0318, à joints plats, blanchi sur une face :

Bois. 1,07 $\times$ 0,0318, à 154^f, N° 1674.	5^f 24
Façon. Comme au N° 1634	1 68

Le mètre superficiel. . . —— 6 92

1638. — — à rainure et languette, blanchi sur une face :

Bois. 1,12 $\times$ 0,0318, à 154^f, N° 1674.	5^f 48
Façon. Comme au N° 1635	2 34

Le mètre superficiel. . . —— 7 82

1639. — — — les lames de 0,10 de large :

Bois. 1,17 $\times$ 0,0318, à 154^f, N° 1674.	5^f 73
Façon. Comme au N° 1636	3 55

Le mètre superficiel. . . —— 9 28

1640. — de 0,0254, à joints plats, blanchi sur une face :

Bois. 1,07 $\times$ 0,0254, à 154^f, N° 1674.	4^f 19
Façon. Comme au N° 1634	1 68

Le mètre superficiel. . . —— 5 87

1641. — — à rainure et languette, blanchi sur une face :

Bois. 1,12 $\times$ 0,0254, à 154^f, N° 1674.	4^f 38
Façon. Comme au N° 1635	2 34

Le mètre superficiel. . . —— 6 72

1642. — — — les lames de 0,10 de large :

Bois. 1,17 $\times$ 0,0254, à 154^f, N° 1674	4^f 57
Façon. Comme au N° 1636	3 55

Le mètre superficiel. . . —— 8 12

1643.   Plus-value pour planchers en chêne, dits *à
liaison*, à lames de 0,09 à 0,11 de large,
et coupées de 1 à 2 mètres de longueur,

les lames parallèles et à joints croisés et
d'appareil régulier, le m. s............   0f 95

1644. **Plancher** en sapin de nerva, de 0,038, en planches
entières de toutes longueurs, brutes, à rainure
et languette :

Bois. 1,12, à 3f 75, No 1675.........	4f 20
Façon de rainures et languettes.....	0 38
de pose...................	0 53
Pointes	0 15

Le mètre superficiel...———   5 26

1645. — — en planches entières de toutes longueurs, à
joints plats, blanchi sur une face :

Bois. 1,07, à 3f 75, No 1675.........	4f 01
Façon de blanchissage..............	0 40
de joints plats	0 10
de pose et replanissage.......	0 52
Pointes	0 15

Le mètre superficiel...———   5 18

1646. — — en planches entières de toutes longueurs, à
rainure et languette, blanchi sur une face :

Bois. 1,12, à 3f 75, No 1675.........	4f 20
Façon de blanchissage..............	0 40
de rainures et languettes.....	0 38
de pose et replanissage	0 77
Pointes	0 15

Le mètre superficiel...———   5 90

1647. — — — les lames de 0,10 de large :

Bois. 1,17, à 3f 75, No 1675.........	4f 39
Façon de blanchissage..............	0 40
de rainures et languettes.....	0 76
de pose et replanissage.......	1 09
Pointes........................	0 15

Le mètre superficiel...———   6 79

1648. — en sapin de nerva, de 0,0318, en planches entières de toutes longueurs, brutes, à rainure et
languette :

Bois. 1,12, à 3f 07, No 1676.........	3f 44
Façon. Comme au No 1644..........	1 06

Le.mètre superficiel...———   4 50

1649. — — en planches entières de toutes longueurs, à
joints plats, blanchi sur une face :

Bois. 1,07, à 3f 07, No 1676.........	3f 28
Façon. Comme au No 1645..........	1 17

Le mètre superficiel...———   4 45

1650. Plancher en sapin de nerva, de 0,0318, en planches
entières de toutes longueurs , à rainure et languette, blanchi sur une face :

> Bois. 1,12, à 3ᶠ 07, N° 1676......... 3ᶠ 44
> Façon. Comme au N° 1646.......... 1 70
> Le mètre superficiel...——— 5ᶠ 14

1651. — — — les lames de 0,10 de large :

> Bois. 1,17, à 3ᶠ 07, N° 1676......... 3ᶠ 59
> Façon. Comme au N° 1647.......... 2 40
> Le mètre superficiel...——— 5 99.

1652. — de 0,0254, en planches entières de toutes longueurs, brutes, à rainure et languette :

> Bois. 1,12, à 2ᶠ 48, N° 1677......... 2ᶠ 78
> Façon. Comme au N° 1644.......... 1 06
> Le mètre superficiel...——— 3 84

1653. — — en planches entières de toutes longueurs, à joints plats, blanchi sur une face :

> Bois. 1,07, à 2ᶠ 48, N° 1677......... 2ᶠ 65
> Façon. Comme au N° 1645.......... 1 17
> Le mètre superficiel...——— 3 82

1654. — — en planches entières de toutes longueurs, à rainure et languette, blanchi sur une face :

> Bois. 1,12, à 2ᶠ 48, N° 1677......... 2ᶠ 78
> Façon. Comme au N° 1646.......... 1 70
> Le mètre superficiel...——— 4 48

1655. — — — les lames de 0,10 de large :

> Bois. 1,17, à 2ᶠ 48, N° 1677......... 2ᶠ 90
> Façon. Comme au N° 1647.......... 2 40
> Le mètre superficiel...——— 5 30

1656. — de 0,018, en planches entières de toutes longueurs, brutes, à rainure et languette :

> Bois. 0,56, à 3ᶠ 75, N° 1675......... 2ᶠ 10
> Sciage. 0,56, à 0ᶠ 60, N° 657......... 0 34
> Façon. Comme au N° 1644.......... 1 06
> Le mètre superficiel...——— 3 50

1657. — — en planches entières de toutes longueurs, à joints plats, blanchi sur une face :

> Bois. 0,535, à 3ᶠ 75, N° 1675......... 2ᶠ 01
> Sciage. 0,54, à 0ᶠ 60, N° 657......... 0 32
> Façon. Comme au N° 1645.......... 1 17
> Le mètre superficiel....——— 3 50

1658. **Plancher** en sapin de nerva, de 0,018, en planches entières de toutes longueurs, à rainure et languette, blanchi sur une face :

Bois. 0,56, à 3ᶠ 75, Nᵒ 1675......... 2ᶠ 10
Sciage. 0,56, à 0ᶠ 60, Nᵒ 657........ 0 34
Façon. Comme au Nᵒ 1646........... 1 70
       Le mètre superficiel... ——   4ᶠ 14

1659. — — — les lames de 0,10 de large :

Bois. 0,585, à 3ᶠ 75, Nᵒ 1675........ 2ᶠ 19
Sciage. 0,58, à 0ᶠ 60, Nᵒ 657........ 0 35
Façon. Comme au Nᵒ 1647........... 2 40
       Le mètre superficiel... ——   4 94

1660. — en sapin de christian, de 0,0318, en planches entières de toutes longueurs, brutes, à rainure et languette :

Bois. 1,12, à 2ᶠ 73, Nᵒ 1678........ 3ᶠ 06
Façon. Comme au Nᵒ 1644........... 1 06
       Le mètre superficiel... ——   4 12

1661. — — en planches entières de toutes longueurs, à joints plats, blanchi sur une face :

Bois. 1,07, à 2ᶠ 73, Nᵒ 1678........ 2ᶠ 92
Façon. Comme au Nᵒ 1645........... 1 17
       Le mètre superficiel... ——   4 09

1662. — — en planches entières de toutes longueurs, à rainure et languette, blanchi sur une face :

Bois. 1,12, à 2ᶠ 73, Nᵒ 1678........ 3ᶠ 06
Façon. Comme au Nᵒ 1646........... 1 70
       Le mètre superficiel... ——   4 76

1663. — — — les lames de 0,10 de large :

Bois. 1,17, à 2ᶠ 73, Nᵒ 1678......... 3ᶠ 19
Façon. Comme au Nᵒ 1647........... 2 40
       Le mètre superficiel... ——   5 59

NOTA. Les planchers en sapin à lames d'inégales longueurs ou ne formant pas toute la longueur de l'appartement, devront être sans joints continus par bout.

1664. — en pin, de 0,041, en planches entières, brutes, à rainure et languette :

Bois. 1,12, à 2ᶠ 27, Nᵒ 1683........ 2ᶠ 54
Façon. Comme au Nᵒ 1644........... 1 06
       Le mètre superficiel... ——   3 60

1665. Plancher en pin, de 0,041, en planches entières, à
joints plats, blanchi sur une face :

Bois. 1,07, à 2^f 27, N° 1683.........	2^{f}43
Façon. Comme au N° 1645..........	1 17
Le mètre superficiel...———	3^f 60

1666. — — en planches entières, à rainure et languette,
blanchi sur une face :

Bois. 1,12, à 2^t 27, N° 1683.........	2^{f}54
Façon. Comme au N° 1646..........	1 70
Le mètre superficiel...———	4 24

1667. — — — les lames de 0,10 de large :

Bois. 1,17, à 2^f 27, N° 1683.........	2^f 66
Façon. Comme au N° 1647..........	2 40
Le mètre superficiel...———	5 06

1668. — de 0,034, en planches entières, brutes, à rainure
et languette :

Bois. 1,12, à 2^f 06, N° 1684.........	2^f 31
Façon. Comme au N° 1644..........	1 06
Le mètre superficiel...———	3 37

1669. — — en planches entières, à joints plats, blanchi
sur une face :

Bois. 1,07, à 2^t 06, N° 1684.........	2^t 20
Façon. Comme au N° 1645..........	1 17
Le mètre superficiel...———	3 37

1670. — — en planches entières, à rainure et languette,
blanchi sur une face :

Bois. 1,12, à 2^f 06, N° 1684.........	2^f 31
Façon. Comme au N° 1646..........	1 70
Le mètre superficiel...———	4 01

1671. — — — les lames de 0,10 de large :

Bois. 1,17, à 2^f 06, N° 1684.........	2^f 41
Façon. Comme au N° 1647..........	2 40
Le mètre superficiel...———	4 81

1672. Plus-value pour planchers en pin ou sapin
dits *à liaison*, à lames de 0,09 à 0,11 de
largeur, et coupées de 1 à 2 mètres de
longueur, les lames parallèles et à joints
croisés et d'appareil régulier, le m. s... 0 70

1673. — — mais en planches entières, le m. s.. 0 35

1674. Planches en chêne du Nord, de choix :

de 0,0381 (le mètre superficiel... 5ᶠ 87)
de 0,0318 (id.   4 90)
de 0,0254 (id.   3 91)

Le mètre cube......——— 154ᶠ 00

1675. — en sapin de nerva, de 1ʳᵉ qualité de choix, de 0,15 à 0,22 de largeur et de 0,0381 à 0,041 d'épaisseur, le m. s........................ 3 75

1676. — — de 0,0318 à 0,034 d'épaisseur, le m. s..... 3 07

1677. — — de 0,0254 à 0,027 d'épaisseur, le m. s..... 2 48

1678. — en sapin de christian, de 1ʳᵒ qualité de choix, de 0,0318 à 0,034 d'épaiseur, le m. s......... . 2 73

1679. — en sapin de nerva, de qualité ordinaire, de 0,15 à 0,22 de largeur et de 0,0381 à 0,041 d'épaisseur, le m. s............................... 3 15

1680. — — de 0,0318 à 0,034 d'épaisseur, le m. s..... 2 65

1681. — — de 0,0254 à 0,027 d'épaisseur, le m. s..... 2 15

1682. — en sapin de christian, de qualité ordinaire, de 0,0318 à 0,034 d'épaisseur, le m. s.......... 2 60

1683. — en pin (1ᵉʳ choix, carré bâtard), de 2ᵐ00 × 0,22 × 0,041, le m. s......................... 2 27

1684. — — (1ᵉʳ choix, carré bâtard), de 2,00 × 0,20 × 0,034, le m. s......................... 2 06

1685. — — (2ᵉ choix, croûtes bâtardes), de 2,00 × 0,20 × 0,041, le m. s......................... 2 13

1686. — — (2ᵉ choix, croûtes commⁿᵉˢ), de 2,00 × 0,18 × 0,034, le m. s......................... 1 60

Plinthes ordinaires ajustées et posées :

1687. — Sapin de 0,010 à 0,012 d'épaisseur et au-des-sous, sur 0,10 de large :

Bois. 0,06, à 2ᶠ 48, Nᵒ 1677......... 0ᶠ 15
Sciage. 0,06, à 0ᶠ 60, Nᵒ 657........ 0 04
Façon.............................. 0 07
Ajustement, pose et pointes 0 16

Le mètre linéaire.....——— 0 42

1688. Par chaque centimètre de largeur en plus ou en moins 0 030

1689. — — de 0,012 à 0,018 d'épaissʳ sur 0,10 de large :

Bois. 0,06, à 3ᶠ,75, Nᵒ 1675......... 0ᶠ 23
Sciage. 0,06, à 0ᶠ 60, Nᵒ 657........ 0 04
Façon.............................. ·0 07
Ajustement, pose et pointes 0 16

Le mètre linéaire.....——— 0 50

1690. Par chaque centimètre de largeur en plus ou en moins 0 037

Plinthes ordinaires ajustées et posées :

1691. — Sapin de 0,018 à 0,027 d'épaisseur sur 0,10 de large :

Bois. 0,12, à 2ᶠ 48, Nᵒ 1677	0ᶠ 30
Façon	0 08
Ajustement, pose et pointes	0 16
Le mètre linéaire…	0ᶠ 54

1692.   Par chaque centimètre de largeur en plus ou en moins … … …   0 041

1693. — — de 0,027 à 0,034 d'épaissʳ sur 0,10 de large :

Bois. 0,12, à 3ᶠ 07, Nᵒ 1676	0ᶠ 37
Façon	0 08
Ajustement, pose et pointes	0 16
Le mètre linéaire…	0 61

1694.   Par chaque centimètre de largeur en plus ou en moins …   0 047

1695. — — de 0,034 à 0,041 d'épaissʳ sur 0,10 de large :

Bois. 0,12, à 3ᶠ 75, Nᵒ 1675	0ᶠ 45
Façon	0 09
Ajustement, pose et pointes	0 16
Le mètre linéaire…	0 70

1696.   Par chaque centimètre de largeur en plus ou en moins …   0 055

1697. — — de 0,041 à 0,054 d'épaissʳ sur 0,10 de large :

Bois. 0,12, à 4ᶠ 35, Nᵒ 1539	0ᶠ 52
Façon	0 11
Ajustement, pose et pointes	0 18
Le mètre linéaire…	0 81

1698.   Par chaque centimètre de largeur en plus ou en moins …   0 064

1699. — — Chêne de 0,010 à 0,012 d'épaisseur et au-dessous, sur 0,10 de large :

Bois. 0,0015, à 154ᶠ, Nᵒ 1674	0ᶠ 23
Sciage. 0,06, à 1ᶠ, Nᵒ 656	0 06
Façon	0 10
Ajustement, pose et pointes	0 18
Le mètre linéaire…	0 57

1700.   Par chaque centimètre de largeur en plus ou en moins …   0 042

1701 — — de 0,012 à 0,018 d'épaissʳ sur 0,10 de large :

Bois. 0,0023, à 154ᶠ, Nᵒ 1674	0ᶠ 35
Sciage. 0,06, à 1ᶠ, Nᵒ 656	0 06
Façon	0 10
Ajustement, pose et pointes	0 18
Le mètre linéaire…	0 69

1702.   Par chaque centimètre de largeur en plus ou en moins …   0 053

Plinthes ordinaires ajustées et posées :

1703. — Chêne de 0,018 à 0,027 d'épaiss^r sur 0,10 de large :

 Bois. 0,0030, à 154^f, N° 1674 .... 0^f 46
 Façon............................... 0 12
 Ajustement, pose et pointes......... 0 18
    Le mètre linéaire... —— 0^f 76

1704. Par chaque centimètre de largeur en plus ou en moins 0 060

1705. — — de 0,027 à 0,034 d'épaiss^r sur 0,10 de large :

 Bois. 0,0038, à 154^f, N° 1674........ 0^f 59
 Façon............................... 0 12
 Ajustement, pose et pointes 0 18
    Le mètre linéaire... —— 0 89

1706. Par chaque centimètre de largeur en plus ou en moins 0 070

1707. — — de 0,034 à 0,041 d'épaiss^r sur 0,10 de large :

 Bois. 0,0046, à 154^f, N° 1674........ 0^f 71
 Façon............................... 0 13
 Ajustement, pose et pointes 0 18
    Le mètre linéaire... —— 1 02

1708. Par chaque centimètre de largeur en plus ou en moins 0 081

1709. — — de 0,041 à 0,054 d'épaiss^r sur 0,10 de large :

 Bois. 0,0061, à 143^f, N° 1538........ 0^f 87
 Façon............................... 0 16
 Ajustement, pose et pointes 0 20
    Le mètre linéaire... —— 1 23

1710. Par chaque centimètre de largeur en plus ou en moins 0 099

— à moulure, ajustées et posées : ·

1711. — Sapin de 0,012 d'épaisseur et au-dessous, sur 0,10 de large :

 Bois. 0,06, à 2^f 48, N° 1677......... 0^f 15
 Sciage. 0,06, à 0^f 60, N° 657........ 0 04
 Façon............................... 0 13
 Ajustement, pose et pointes........ 0 16
    Le mètre linéaire... —— 0 48

1712. Par chaque centimètre de largeur en plus ou en moins 0 036

1713. — — de 0,012 à 0,018 d'épaiss^r sur 0,10 de large :

 Bois. 0,06, à 3^f 75, N° 1675......... 0^f 23
 Sciage. 0,06, à 0^f 60, N° 657........ 0 04
 Façon............................... 0 13
 Ajustement, pose et pointes 0 16
    Le mètre linéaire... —— 0 56

1714. Par chaque centimètre de largeur en plus ou en moins 0 043

Plinthes à moulures ajustées et posées :

1715. — Sapin de 0,018 à 0,027 d'épaiss^r sur 0,10 de large :

    Bois. 0,12, à 2^f 48, N° 1677 . . . . 0^f 30
    Façon 0 15
    Ajustement, pose et pointes 0 16
        Le mètre linéaire . . . —— 0^f 61

1716.   Par chaque centimètre de largeur en plus ou en moins 0 048

1717. — — de 0,027 à 0,034 d'épaiss^r sur 0,10 de large :

    Bois. 0,12, à 3^f 07, N° 1676 . . . . 0^f 37
    Façon 0 15
    Ajustement, pose et pointes 0 16
        Le mètre linéaire . . . —— 0 68

1718.   Par chaque centimètre de largeur en plus ou en moins 0 054

1719. — — de 0,034 à 0,041 d'épaiss^r sur 0,10 de large :

    Bois. 0,12, à 3^f 75, N° 1675 . . . . 0^f 45
    Façon 0 17
    Ajustement, pose et pointes 0 16
        Le mètre linéaire . . . —— 0 78

1720.   Par chaque centimètre de largeur en plus ou en moins 0 063

1721. — Chêne de 0,012 d'épaisseur et au-dessous, sur 0,10 de large :

    Bois. 0,0015, à 154^f, N° 1674 . . . . 0^f 23
    Sciage. 0,06, à 1^f, N° 656 . . . . 0 06
    Façon 0 20
    Ajustement, pose et pointes 0 18
        Le mètre linéaire . . . —— 0 67

1722.   Par chaque centimètre de largeur en plus ou en moins 0 053

1723. — — de 0,012 à 0,018 d'épaiss^r sur 0,10 de large :

    Bois. 0,0023, à 154^f, N° 1674 . . . . 0^f 35
    Sciage. 0,06, à 1^f, N° 656 . . . . 0 06
    Façon 0 20
    Ajustement, pose et pointes 0 18
        Le mètre linéaire . . . —— 0 79

1724.   Par chaque centimètre de largeur en plus ou en moins 0 062

1725. — — de 0,018 à 0,027 d'épaiss^r sur 0,10 de large :

    Bois. 0,0030, à 154^f, N° 1674 . . . . 0^f 46
    Façon 0 22
    Ajustement, pose et pointes 0 18
        Le mètre linéaire . . . —— 0 86

1726.   Par chaque centimètre de largeur en plus ou en moins 0 070

Plinthes à moulures ajustées et posées :

1727. — Chêne de 0,027 à 0,034 d'épaisseur, sur 0,10 de
large :

Bois. 0,0038, à 154^f, N° 1674 . . . .   0^f 59
Façon. 0 22
Ajustement, pose et pointes 0 18
Le mètre linéaire. . .———   0^f 99

1728.   Par chaque centimètre de largeur en
plus ou en moins 0 080

1729. — — de 0,034 à 0,041 d'épaiss^r sur 0,10 de large :

Bois. 0,0046, à 154^f, N° 1674. . . . .   0^f 71
Façon 0 25
Ajustement pose et pointes. 0 18
Le mètre linéaire. . .———   1 14

1730.   Par chaque centimètre de largeur en
plus ou en moins 0 093

1731   Les coupes au-dessus de 1 par chaque 3 mètres de plinthes seront comptées, pour
plus-value, pour 0,10 de plinthes . . . . *Observ.*

Plinthes pour escaliers, entaillées suivant les marches, droites en plan :

1732. — Sapin de 0,012 d'épaisseur et au-dessous, sur
0,25 de large :

Bois. 0,15, à 2^f 48, N° 1677. . . . .   0^f 37
Sciage. 0,15, à 0^f 60, N° 657. . . . . . .   0 09
Façon et ajustement. 0 75
Pose et pointes 0 20
Le mètre linéaire. . .———   1 41

1733.   Par chaque centimètre de largeur en
plus ou en moins. 0 087

1734. — — de 0,012 à 0,018 d'épaiss^r sur 0,25 de large :

Bois. 0,15, à 3^f 75, N° 1675. . . . .   0^f 56
Sciage. 0,15, à 0^f 60, N° 657. . . . . . .   0 09
Façon et ajustement. 0 75
Pose et pointes. 0 20
Le mètre linéaire. . .———   1 60

1735.   Par chaque centimètre de largeur en
plus ou en moins. 0 102

1736. — — de 0,018 à 0,027 d'épaiss^r sur 0,25 de large :

Bois. 0,30, à 2^f 48, N° 1677. . . . .   0^f 74
Façon et ajustement. 0 75
Pose et pointes. 0 20
Le mètre linéaire. . .———   1 69

1737.   Par chaque centimètre de largeur en
plus ou en moins. 0 11

Plinthes pour escaliers, entaillées suivant les marches, droites en plan :

1738. — Sapin de 0,027 à 0,034 d'épaisseur sur 0,25 de
large :

> Bois. 0,30, à 3ᶠ 07, Nᵒ 1676......... 0ᶠ 92
> Façon et ajustement............... 0 80
> Pose et pointes.................... 0 20
>   Le mètre linéaire...—— 1ᶠ 92

1739.   Par chaque centimètre de largeur en
                     plus ou en moins.... .... 0 127

1740. — Chêne de 0,012 d'épaisseur et au-dessous, sur
0,25 de large :

> Bois. 0,0038, à 154ᶠ, Nᵒ 1674........ 0ᶠ 59
> Sciage. 0,15, à 1ᶠ, Nᵒ 656 .... 0 15
> Façon et ajustement............... 1 12
> Pose et pointes.................... 0 20
>   Le mètre linéaire...—— 2 06

1741.   Par chaque centimètre de largeur en
                     plus ou en moins............... 0 135

1742. — — de 0,012 à 0,018 d'épaissʳ sur 0,25 de large :

> Bois. 0,0057, à 154ᶠ, Nᵒ 1674........ 0ᶠ 88
> Sciage. 0,15, à 1ᶠ, Nᵒ 656 .... 0 15
> Façon et ajustement............... 1 12
> Pose et pointes.................... 0 20
>   Le mètre linéaire...—— 2 35

1743.   Par chaque centimètre de largeur en
                     plus ou en moins............... 0 148

1744. — — de 0,018 à 0,027 d'épaissʳ sur 0,25 de large :

> Bois. 0,0076, à 154ᶠ, Nᵒ 1674........ 1ᶠ 17
> Façon et ajustement............... 1 12
> Pose et pointes.................... 0 20
>   Le mètre linéaire...—— 2 49

1745.   Par chaque centimètre de largeur en
                     plus ou en moins............... 0 162

1746. — — de 0,027 à 0,034 d'épaissʳ sur 0,25 de large :

> Bois. 0,0096, à 154ᶠ, Nᵒ 1674........ 1ᶠ 48
> Façon et ajustement............... 1 20
> Pose et pointes.................... 0 20
>   Le mètre linéaire...—— 2 88

1747.   Par chaque centimètre de largeur en
                     plus ou en moins 0 192

Plinthes pour escaliers, entaillées suivant les marches, circulaires en plan :

1748. — Sapin de 0,012 d'épaisseur et au-dessous, sur
0,25 de large :

Bois. 0,15, à 2f 48, No 1677.........	0f 37
Sciage. 0,15, à 0f 60, No 657........	0 09
Façon et ajustement...............	1 10
Pose et pointes....................	0 20
Le mètre linéaire.....	1f 76

1749.   Par chaque centimètre de largeur en
plus ou en moins................ — 0 104

1750. — — de 0,012 à 0,018 d'épaissr sur 0,25 de large :

Bois. 0,15, à 3f 75, No 1675.........	0f 56
Sciage. 0,15, à 0f 60, No 657........	0 09
Façon et ajustement...............	1 15
Pose et pointes....................	0 20
Le mètre linéaire...	2 00

1751.   Par chaque centimètre de largeur en
plus ou en moins................ — 0 122

1752. — — de 0,018 à 0,027 d'épaissr sur 0,25 de large :

Bois. 0,30, à 2f 48, No 1677.........	0f 74
Façon et ajustement...............	1 20
Pose et pointes....................	0 20
Le mètre linéaire...	2 14

1753.   Par chaque centimètre de largeur en
plus ou en moins................ — 0 142

1754. — — de 0,027 à 0,034 d'épaissr sur 0,25 de large :

Bois. 0,30, à 3f 07, No 1676.........	0f 92
Façon et ajustement...............	1 25
Pose et pointes	0 20
Le mètre linéaire...	2 37

1755.   Par chaque centimètre de largeur en
plus ou en moins................ — 0 149

1756. — Chêne de 0,012 d'épaisseur et au-dessous, sur
0,25 de large :

Bois. 0,0038, à 154f No 1674........	0f 59
Sciage. 0,15, à 1f, No 656	0 15
Façon et ajustement...............	1 55
Pose et pointes....................	0 20
Le mètre linéaire...	2 49

1757.   Par chaque centimètre de largeur en
plus ou en moins................ — 0 147

Plinthes pour escaliers, entaillées suivant les marches, circulaires en plan :

1758. — Chêne de 0,012 à 0,018 d'épaisseur sur 0,25 de large :

Bois. 0,0057, à 154ᶠ, Nº 1674........ 0ᶠ 88
Sciage. 0,15, à 1ᶠ, Nº 656.......... 0 15
Façon et ajustement............... 1 60
Pose et pointes 0 20

Le mètre linéaire... —— 2ᶠ 83

1759. Par chaque centimètre de largeur en plus ou en moins 0 167

1760. — — de 0,018 à 0,027 d'épaissʳ sur 0,25 de large :

Bois. 0,0076, à 154ᶠ, Nº 1674........ 1ᶠ 17
Façon et ajustement.............. 1 65
Pose et pointes 0 20

Le mètre linéaire... —— 3 02

1761. Par chaque centimètre de largeur en plus ou en moins.............. 0 189

1762. — — de 0,027 à 0,034 d'épaissʳ sur 0,25 de large :

Bois. 0,0096, à 154ᶠ, Nº 1674........ 1ᶠ 48
Façon et ajustement.............. 1 75
Pose et pointes................... 0 20

Le mètre linéaire... —— 3 43

1763. Par chaque centimètre de largeur en plus ou en moins............... 0 220

Portail sur bourdonneau, barres et écharpes assemblées dans le bourdonneau, planches montant du haut en bas, clouées sur les barres et écharpes, battement uni sur l'un des vantaux :

Bourdonneau de 0,12 sur 0,12, planches de 0,0318 :

1764. — — tout sapin :

Bourdonneau...... 0,0096
Barres et écharpes. 0,0194
———————
0,0290, à 74ᶠ 20, Nᵒˢ 654, 659. 2ᶠ 15
Panneaux. 1,15, à 3ᶠ 07, Nº 1676............. 3 53
Façon, compris pointes.................... 2 30

Le mètre superficiel... —— 7 98

1765. — — bourdonneau, barres et écharpes chêne, planches sapin :

Bourdonneau, barres et écharpes. 0,0290, à 143ᶠ,
Nº 1538... 4ᶠ 15
Panneaux. 1,15, à 3ᶠ 07, Nº 1676............. 3 53
Façon, compris pointes.................... 2 80

Le mètre superficiel... —— 10 48

Portail sur bourdonneau, barres et écharpes assemblées dans le bourdonneau, planches montant
du haut en bas, clouées sur les barres et écharpes, battement uni sur l'un des vantaux :
Bourdonneau de 0,12 sur 0,12, planches de 0,0318 :

1766. — — tout chêne :

> Bourdonneau, barres et écharpes, Nº 1765.   4ʳ 15
> Panneaux. 0,0368, à 154ᶠ, Nº 1674........   5 67
> Façon, compris pointes............. ...   3 45
>
> Le mètre superficiel...———   13ʳ 27

Bourdonneau de 0,12 sur 0,12, planches de 0,038 :

1767. — — tout sapin :

> Bourdonneau, barres et écharpes, Nº 1764.   2ᶠ 14
> Panneaux. 1,15, à 3ᶠ 75, Nº 1675.........   4 31
> Façon, compris pointes.................   2 30
>
> Le mètre superficiel...———   8 75

1768. — — bourdonneau, barres et écharpes chêne,
planches sapin :

> Bourdonneau, barres et écharpes, Nº 1765.   4ʳ 15
> Panneaux. 1,15, à 3ᶠ 75, Nº 1675.........   4 31
> Façon, compris pointes.................   2 80
>
> Le mètre superficiel...———   11 26

1769. — — tout chêne :

> Bourdonneau, barres et écharpes, Nº 1765.   4ʳ 15
> Panneaux. 0,0437, à 154ᶠ, Nº 1674........   6 73
> Façon, compris pointes.................   3 45
>
> Le mètre superficiel...———   14 33

Plus-value par portillon ouvrant :

1770.   Sapin.................   1 25
1771.   Chêne...............   1 90
1772.   —   pour lames de 0,10, égales et parallèles, comme aux Nᵒˢ 1795 à 1802. *Observ.*

1773. Nota. Les surépaisseurs des bâtis ou bourdonneaux seront comptées
comme bâtis corroyés .... *Observ.*

1774. **Portes** d'assemblage pour distribution intérieure,
portant plinthe simple dans le bas, à 3
panneaux sur la hauteur. Ces portes seront
comptées comme lambris d'assemblage dans
leur espèce. Au-dessus de 3 panneaux sur la
hauteur, il sera alloué, par panneau, les mêmes
plus-values que pour les lambris. Au-dessous
de 3 panneaux sur la hauteur, il sera fait, par
panneau en moins, une réduction de la valeur
de la plus-value applicable aux panneaux sup-

plémentaires. Celles à panneaux par le bas et vitrage par le haut seront comptées, pour la partie à panneaux, comme lambris jusque au-dessus de la traverse supérieure, et comme châssis vitrés pour la partie à vitrage....... *Observ.*

1775. **Portes** extérieures ou à balcon, à vitrage par le haut et panneaux par le bas. Ces portes seront payées d'abord comme croisée dans toute leur surface, et les parties à panneaux, non compris le bâtis principal, seront comptées comme lambris dans leur espèce .... *Observ.*

1776. **Portes** et contrevents en chêne du Nord, emboîture en haut, barre à queue d'hironde en bas, les joints collés et garnis de clefs chevillées, à un ou deux vantaux, de 0,0508 d'épaisseur :

> Bois. 1,18 × 0,0508, à 143ᶠ, Nᵒ 1538.   8ᶠ 57
> Façon, compris colle...............   4 80
> Le mètre superficiel...———   13ᶠ 37

1777. — — de 0,0381 d'épaisseur :

> Bois. 1,18 × 0,0381, à 154ᶠ, Nᵒ 1674.   6ᶠ 92
> Façon, compris colle...............   4 20
> Le mètre superficiel...———   11 12

1778. — — de 0,0318 d'épaisseur :

> Bois. 1,18 × 0,0318, à 154ᶠ, Nᵒ 1674.   5ᶠ 78
> Façon, compris colle...............   4 20
> Le mètre superficiel...———   9 98

1779. — — de 0,0254 d'épaisseur :

> Bois. 1,18 × 0,0254, à 154ᶠ, Nᵒ 1674.   4ᶠ 62
> Façon, compris colle...............   3 90
> Le mètre superficiel...———   8 52

1780. — en chêne du Nord, emboîture haut et bas, les joints collés et garnis de clefs chevillées, à un ou deux vantaux, de 0,0508 d'épaisseur :

> Bois. 1,15 × 0,0508, à 143ᶠ, Nᵒ 1674.   8ᶠ 35
> Façon, compris colle...............   4 65
> Le mètre superficiel...———   13 00

1781. — — de 0,0381 d'épaisseur :

> Bois. 1,15 × 0,0381, à 154ᶠ, Nᵒ 1674.   6ᶠ 75
> Façon, compris colle...............   4 05
> Le mètre superficiel...———   10 80

1782. Portes et contrevents n chêne du Nord, emboîture haut et bas, les joints collés et garnis de clefs chevillées, à un ou deux vantaux, de 0,0318 d'épaisseur :

Bois. 1,15 × 0,0318, à 154ᶠ, Nᵒ 1674. 5ᶠ 63
Façon, compris colle............... 4 05
Le mètre superficiel...———— 9ᶠ 68

1783. — — de 0,0254 d'épaisseur :

Bois. 1,15 × 0,0254, à 154ᶠ, Nᵒ 1674. 4ᶠ 50
Façon, compris colle.............. 3 75
Le mètre superficiel...———— 8 25

1784. — en sapin de nerva, emboîture en chêne en haut et barre à queue d'hironde en bas, les joints collés et garnis de clefs en chêne chevillées, à un ou deux vantaux, de 0,0508 d'épaisseur :

Bois. 1,13, à 4ᶠ 35, Nᵒ 1539......... 4ᶠ 92
Id. 0,0051, à 154, Nᵒ 1674........ 0 79
Façon, compris colle.............. 3 70
Le mètre superficiel...———— 9 41

1785. — — de 0,038 d'épaisseur :

Bois. 1,13, à 3ᶠ 75, Nᵒ 1675......... 4ᶠ 24
Id. 0,0040, à 154ᶠ, Nᵒ 1674....... 0 62
Façon, compris colle 3 30
Le mètre superficiel...———— 8 16

1786. — — de 0,0318 d'épaisseur :

Bois. 1,13, à 3ᶠ 07, Nᵒ 1676......... 3ᶠ 47
Id. 0,0032, à 154ᶠ, Nᵒ 1674........ 0 49
Façon, compris colle.............. 3 30
Le mètre superficiel..———— 7 26

1787. — — de 0,0254 d'épaisseur :

Bois. 1,13, à 2ᶠ 48, Nᵒ 1677......... 2ᶠ 80
Id. 0,0026, à 154ᶠ, Nᵒ 1674....... 0 40
Façon, compris colle.............. 3 10
Le mètre superficiel...———— 6 30

1788. — en sapin de nerva, emboîture en chêne haut et bas, les joints collés et garnis de clefs en chêne chevillées, à un ou deux vantaux, de 0,0508 d'épaisseur :

Bois. 1,10, à 4ᶠ 35, Nᵒ 1539......... 4ᶠ 79
Id. 0,0051, à 154ᶠ, Nᵒ 1674....... 0 79
Façon, compris colle.............. 3 60
Le mètre superficiel...———— 9 18

1789. **Portes** et contrevents en sapin de nerva, emboîture
en chêne haut et bas, les joints collés et garnis
de clefs en chêne chevillées, à un ou deux vantaux, de 0,038 d'épaisseur :

Bois. 1,10, à 3^f 75, N° 1675 . . . .   4^f 13
Id. 0,004, à 154^f, N° 1674 . . . .   0 62
Façon, compris colle 3 20
Le mètre superficiel . . . ———   7^f 95

1790. — — de 0,0318 d'épaisseur :

Bois. 1,10, à 3^f 07, N° 1676 . . . .   3^f 38
Id. 0,0032, à 154^f, N° 1674 . . . .   0 49
Façon, compris colle 3 20
Le mètre superficiel . . . ———   7 07

1791. — — de 0,0254 d'épaisseur :

Bois. 1,10, à 2^f 48, N° 1677 . . . .   2^f 73
Id. 0,0026, à 154^f, N° 1674 . . . .   0 40
Façon, compris colle 3 00
Le mètre superficiel . . . ———   6 13

Plus-value pour contrevents avec brisure :

1791 *bis.*	Chêne, le m. s..	0 45
1791 *ter.*	Sapin, le m. s.	0 30

1792. Nota. Les plinthes et socles rapportés dans le bas des portes ne sont pas
compris dans les prix ci-dessus. Ils seront payés comme plinthes dans
chaque espèce . . . . *Observ.*

Plus-value pour portes avec bâtis d'assemblage,
panneaux arasés sur chaque face :

1793.	Sapin, le m. s.	0 65
1794.	Chêne, le m. s.	1 00

Plus-value pour portes à lames de 0,10, égales et
parallèles :

1795.	Chêne de 0,0508, le m. s.	1 11
1796.	de 0,038 , le m. s.	1 00
1797.	de 0,0318, le m. s.	0 95
1798.	de 0,0254, le m. s.	0 85
1799.	Sapin de 0,0508, le m. s.	0 77
1800.	de 0,038 , le m. s.	0 71
1801.	de 0,0318, le m. s.	0 67
1802.	de 0,0254, le m. s.	0 63

— pour baguettes poussées sur les joints, le m. l.
de baguette :

1803.	Chêne	0 07
1804.	Sapin	0 04

1805. Plus-value pour jet d'eau en chêne :

<pre>
          Bois. 0,007, à 154f, No 1674 ....   1f 08
          Façon 0 95
                  Le mètre l. de jet d'eau.——   2f 03
</pre>

— pour jours garnis de lames de persiennes, par chaque jour :

1806.   Chêne 1 50

1807.   Sapin 1 10

Portes cochères en chêne du Nord, avec ou sans guichet, jusqu'à 4 traverses sur la hauteur, soit du bâtis principal, soit du guichet :

1er bâtis, 0,07 sur 0,20 ; 2° bâtis, 0,0508 sur 0,16 :

Panneaux de 0,0318, avec clefs dans les joints :

Arasé :

1808. — — — brut au 2° parement :

<pre>
          1er bâtis 0,0091
          2e bâtis 0,0230
                        0,0321, à 143f, No 1538.   4f 59
          Panneaux. 0,0218, à 154f, No 1674 ...   3 36
          Façon et ajustage 8 75
                  Le mètre superficiel ... ——   16 70
</pre>

1809. — — — à glace au 2° parement :

<pre>
          Bâtis et panneaux. Comme au No 1808   7f 95
          Façon et ajustage 9 40
                  Le mètre superficiel ... ——   17 35
</pre>

A petits cadres, jusqu'à 0,045 de profil :

1810. — — — brut au 2° parement :

<pre>
          Bâtis et panneaux. Comme au No 1808   7f 95
          Façon et ajustage 11 00
                  Le mètre superficiel ... ——   18 95
</pre>

1811. — — — à glace au 2° parement :

<pre>
          Bâtis et panneaux. Comme au No 1808   7f 95
          Façon et ajustage 11 70
                  Le mètre superficiel ... ——   19 65
</pre>

1812. — — — arasé au 2° parement :

<pre>
          Bâtis et panneaux. Comme au No 1808   7f 95
          Façon et ajustage 12 00
                  Le mètre superficiel ... ——   19 95
</pre>

1813. — — — à petits cadres au 2° parement :

<pre>
          Bâtis et panneaux. Comme au No 1808   7f 95
          Façon et ajustage 14 45
                  Le mètre superficiel ... ——   22 40
</pre>

Portes cochères en chêne du Nord, avec ou sans guichet, jusqu'à 4 traverses sur la hauteur, soit du bâtis principal, soit du guichet :

1er bâtis, 0,07 sur 0,20 ; 2e bâtis, 0,0508 sur 0,16 :

Panneaux de 0,0318, avec clefs dans les joints :

A grands cadres, jusqu'à 0,06 de profil :

1814. — — — brut au 2e parement :

```
1er bâtis....  0,0091
2e bâtis....  0,0230
Cadres......  0,0245
              ────────
              0,0566, à 143f, No 1538.   8f 09
Panneaux. 0,0105, à 154f, No 1674...    1 62
Façon et ajustage .................   14 25
          Le mètre superficiel...──── 23f 96
```

1815. — — — à glace au 2e parement :

```
Bâtis, cadres et panneaux. Comme au
   No 1814.......................  9f 71
Façon et ajustage ................  14 90
          Le mètre superficiel...──── 24 61
```

1816. — — — arasé au 2e parement :

```
Bâtis, cadres et panneaux. Comme au
   No 1814.......................  9f 71
Façon et ajustage ................  15 15
          Le mètre superficiel...──── 24 86
```

1817. — — — à grands cadres au 2e parement :

```
Bâtis, cadres et panneaux. Comme au
   No 1814.......................  9f 71
Façon et ajustage ................  18 50
          Le mètre superficiel...──── 28 21
```

Panneaux de 0,038, avec clefs dans les joints :

Arasé :

1818. — — — brut au 2e parement :

```
1er bâtis....  0,0091
2e bâtis....  0,0230
              ────────
              0,0321, à 143f, No 1538.   4f 59
Panneaux. 0,0262, à 154f, No 1674...    4 03
Façon et ajustage ................    8 75
          Le mètre superficiel...──── 17 37
```

1819. — — — à glace au 2e parement :

```
Bâtis et panneaux. Comme au No 1818  8f 62
Façon et ajustage.................   9 40
          Le mètre superficiel...──── 18 02
```

Portes cochères en chêne du Nord, avec ou sans
guichet, jusqu'à 4 traverses sur la hauteur,
soit du bâtis principal, soit du guichet :
1er bâtis, 0,07 sur 0,20 ; 2o bâtis, 0,0508 sur 0,16 :
Panneaux de 0,038, avec clefs dans les joints :
A petits cadres, jusqu'à 0,045 de profil :

1820. — — — brut au 2e parement :

Bâtis et panneaux. Comme au No 1818   8f 62
Façon et ajustage 11 00
Le mètre superficiel...——   19f 62

1821. — — — à glace au 2e parement :

Bâtis et panneaux. Comme au No 1818   8f 62
Façon et ajustage 11 70
Le mètre superficiel...——   20 32

1822. — — — arasé au 2e parement :

Bâtis et panneaux. Comme au No 1818   8f 62
Façon et ajustage 12 00
Le mètre superficiel...——   20 62

1823. — — — à petits cadres au 2e parement :

Bâtis et panneaux. Comme au No 1818   8f 62
Façon et ajustage 14 45
Le mètre superficiel...——   23 07

A grands cadres, jusqu'à 0,08 de profil :

1824. — — — brut au 2e parement :

1er bâtis.... 0,0091
2e bâtis.... 0,0230
Cadres 0,0320
                0,0641, à 143f, No 1538.   9f 17
Panneaux. 0,0127, à 154f, No 1674...   1 96
Façon et ajustage 15 00
Le mètre superficiel...——   26 13

1825. — — — à glace au 2e parement :

Bâtis, cadres et panneaux. Comme au
   No 1824 .... 11f 13
Façon et ajustage 15 65
Le mètre superficiel...——   26 78

1826. — — — arasé au 2e parement :

Bâtis, cadres et panneaux. Comme au
   No 1824 .... 11f 13
Façon et ajustage 15 90
Le mètre superficiel...——   27 03

1827. — — — à grands cadres au 2e parement :

Bâtis, cadres et panneaux. Comme au
   No 1824 .... 11f 13
Façon et ajustage 19 30
Le mètre superficiel...——   30 43

Portes cochères en chêne du Nord, avec ou sans guichet, jusqu'à 4 traverses sur la hauteur, soit du bâtis principal, soit du guichet :
1er bâtis, 0,09 sur 0,25 ; 2e bâtis, 0,07 sur 0,16 :
Panneaux de 0,038, avec clefs dans les joints :

Arasé :

1828. — — — brut au 2e parement :

```
           1er bâtis.... 0,0136
           2e bâtis.... 0,0315
                        ─────────
                        0,0451, à 143f, No 1538.   6f 45
           Panneaux. 0,0258, à 154f, No 1674...   3 97
           Façon et ajustage ................   9 90
                        Le mètre superficiel...──── 20f 32
```

1829. — — — à glace au 2e parement :

```
           Bâtis et panneaux. Comme au No 1828.  10f 42
           Façon et ajustage ................  10 53
                        Le mètre superficiel...──── 20 97
```

A petits cadres, jusqu'à 0,06 de profil :

1830. — — — brut au 2e parement :

```
           Bâtis et panneaux. Comme au No 1828.  10f 42
           Façon et ajustage ................  13 40
                        Le mètre superficiel...──── 23 82
```

1831. — — — à glace au 2e parement :

```
           Bâtis et panneaux. Comme au No 1828.  10f 42
           Façon et ajustage ................  14 05
                        Le mètre superficiel...──── 24 47
```

1832. — — — arasé au 2e parement :

```
           Bâtis et panneaux. Comme au No 1828.  10f 42
           Façon et ajustage ................  14 30
                        Le mètre superficiel...──── 24 72
```

1833. — — — à petits cadres au 2e parement :

```
           Bâtis et panneaux. Comme au No 1828.  10f 42
           Façon et ajustage ................  17 30
                        Le mètre superficiel...──── 27 72
```

A grands cadres, jusqu'à 0,09 de profil :

1834. — — — brut au 2e parement :

```
           1er bâtis.... 0,0136
           2e bâtis.... 0,0315
           Cadres ..... 0,0360
                        ─────────
                        0,0811, à 143f, No 1538.  11f 60
           Panneaux. 0,0127, à 154f, No 1674...   1 96
           Façon et ajustage ................  17 35
                        Le mètre superficiel...──── 30 91
```

Portes cochères en chêne du Nord, avec ou sans
guichet, jusqu'à 4 traverses sur la hauteur,
soit du bâtis principal, soit du guichet :
1er bâtis, 0,09 sur 0,25 ; 2e bâtis, 0,07 sur 0,16 :
Panneaux de 0,038, avec clefs dans les joints :

A grands cadres, jusqu'à 0,09 de profil :

1835. — — — à glace au 2e parement :

> Bâtis, cadres et panneaux. Comme au
>   N° 1834. .... 13^f 56
> Façon et ajustage 18 00
>   Le mètre superficiel... —— 31^f 56

1836. — — — arasé au 2e parement :

> Bâtis, cadres et panneaux. Comme au
>   N° 1834 .... 13^f 56
> Façon et ajustage 18 25
>   Le mètre superficiel... —— 31 81

1837. — — — à grands cadres au 2e parement :

> Bâtis, cadres et panneaux. Comme au
>   N° 1834 .... 13^f 56
> Façon et ajustage 22 75
>   Le mètre superficiel... —— 36 31

Panneaux de 0,0508, avec clefs dans les joints :

Arasé :

1838. — — — brut au 2e parement :

> 1er bâtis.... 0,0136
> 2e bâtis.... 0,0315
> Panneaux... 0,0360
>   ————
>   0,0811, à 143^f, N° 1538. 11^f 60
> Façon et ajustage 9 90
>   Le mètre superficiel... —— 21 50

1839. — — — à glace au 2e parement :

> Bâtis et panneaux. Comme au N° 1838. 11^f 60
> Façon et ajustage 10 55
>   Le mètre superficiel... —— 22 15

A petits cadres, jusqu'à 0,07 de profil :

1840. — — — brut au 2e parement :

> Bâtis et panneaux. Comme au N° 1838. 11^f 60
> Façon et ajustage 13 85
>   Le mètre superficiel... —— 25 45

1841. — — — à glace au 2e parement :

> Bâtis et panneaux. Comme au N° 1838. 11^f 60
> Façon et ajustage 14 50
>   Le mètre superficiel... —— 26 10

Portes cochères en chêne du Nord, avec ou sans guichet, jusqu'à 4 traverses sur la hauteur, soit du bâtis principal, soit du guichet :

1er bâtis, 0,09 sur 0,25 ; 2e bâtis, 0,07 sur 0,16 :

Panneaux de 0,0308, avec clefs dans les joints :

A petits cadres, jusqu'à 0,07 de profil :

1842. — — — arasé au 2e parement :

  Bâtis et panneaux. Comme au N° 1838. 11f 60
  Façon et ajustage 14 75
     Le mètre superficiel . . .—— 26f 35

1843. — — — à petits cadres au 2e parement :

  Bâtis et panneaux. Comme au N° 1838. 11f 60
  Façon et ajustage 17 75
     Le mètre superficiel . . .—— 29 35

A grands cadres, jusqu'à 0,10 de profil :

1844. — — — brut au 2e parement :

  1er bâtis. . . . 0,0136
  2e bâtis. . . . 0,0315
  Cadres 0,0400
  Panneaux. . . 0,0167
    ——————
   0,1018, à 143f, N° 1538. 14f 56
  Façon et ajustage 17 75
     Le mètre superficiel . . .—— 32 31

1845. — — — à glace au 2e parement :

  Bâtis, cadres et panneaux. Comme au
   N° 1844. . . . . 14f 56
  Façon et ajustage 18 40
     Le mètre superficiel . . .—— 32 96

1846. — — — arasé au 2e parement :

  Bâtis, cadres et panneaux. Comme au
   N° 1844. . . . . 14f 56
  Façon, compris ajustage 18 65
     Le mètre superficiel . . .—— 33 21

1847. — — — à grands cadres au 2e parement :

  Bâtis, cadres et panneaux. Comme au
   N° 1844. . . . . 14f 56
  Façon et ajustage 23 20
     Le mètre superficiel . . .—— 37 76

1er bâtis, 0,11 sur 0,32 ; 2e bâtis, 0,08 sur 0,20 :

Panneaux de 0,038, avec clefs dans les joints :

Arasé :

1848. — — — brut au 2e parement :

  1er bâtis. . . . 0,0198
  2e bâtis. . . . 0,0424
    ——————
   0,0622, à 143f, N° 1538. 8f 89
  Panneaux. 0,0209, à 154f, N° 1674. . . 3 22
  Façon et ajustage 10 50
     Le mètre superficiel . . .—— 22 61

Portes cochères en chêne du Nord, avec ou sans guichet, jusqu'à 4 traverses sur la hauteur, soit du bâtis principal, soit du guichet :
1er bâtis, 0,11 sur 0,32 ; 2e bâtis, 0,08 sur 0,20 :
Panneaux de 0,038, avec clefs dans les joints :

Arasé :

1849. — — — à glace au 2e parement :

> Bâtis et panneaux. Comme au N° 1848. 12f 11
> Façon et ajustage 11 15
>   Le mètre superficiel . . . —— 23f 26

A petits cadres, jusqu'à 0,07 de profil :

1850. — — — brut au 2e parement :

> Bâtis et panneaux. Comme au N° 1848. 12f 11
> Façon et ajustage 14 45
>   Le mètre superficiel . . . —— 26 56

1851. — — — à glace au 2e parement :

> Bâtis et panneaux. Comme au N° 1848. 12f 11
> Façon et ajustage 15 10
>   Le mètre superficiel . . . —— 27 21

1852. — — — arasé au 2e parement :

> Bâtis et panneaux. Comme au N° 1848. 12f 11
> Façon et ajustage 15 35
>   Le mètre superficiel . . . —— 27 46

1853. — — — à petits cadres au 2e parement :

> Bâtis et panneaux. Comme au N° 1848. 11f 12
> Façon et ajustage 18 85
>   Le mètre superficiel . . . —— 29 97

A grands cadres, jusqu'à 0,09 de profil :

1854. — — — brut au 2e parement :

> 1er bâtis 0,0198
> 2e bâtis 0,0424
> Cadres 0,0288
>   0,0910, à 143f, N° 1538. 13f 01
> Panneaux. 0,0103, à 154f, N° 1674 . . . 1 59
> Façon et ajustage 18 50
>   Le mètre superficiel . . . —— 33 10

1855. — — — à glace au 2e parement :

> Bâtis, cadres et panneaux. Comme au
>   N° 1854 . . . . 14f 60
> Façon et ajustage 19 15
>   Le mètre superficiel . . . —— 33 75

Portes cochères en chêne du Nord, avec ou sans guichet, jusqu'à **4** traverses sur la hauteur, soit du bâtis principal, soit du guichet :

1er bâtis, 0,11 sur 0,32 ; 2e bâtis, 0,08 sur 0,20 :

Panneaux de 0,038, avec clefs dans les joints :

A grands cadres, jusqu'à 0,09 de profil :

1856. — — — arasé au 2° parement :

> Bâtis, cadres et panneaux. Comme au
> N° 1854...................... 14ᶠ 60
> Façon et ajustage 19 40
> Le mètre superficiel...——— 34ᶠ 00

1857. — — — à grands cadres au 2° parement :

> Bâtis, cadres et panneaux. Comme au
> N° 1854...................... 14ᶠ 60
> Façon et ajustage 24 20
> Le mètre superficiel...——— 38 80

Panneaux de 0,0508, avec clefs dans les joints :

Arasé :

1858. — — — brut au 2e parement :

> 1er bâtis.... 0,0198
> 2e bâtis.... 0,0424
> Panneaux .. 0,0275
> 0,0897, à 143ᶠ, N° 1538. 12ᶠ 83
> Façon et ajustage 10 50
> Le mètre superficiel...——— 23 33

1859. — — — à glace au 2e parement :

> Bâtis et panneaux. Comme au N° 1858. 12ᶠ 83
> Façon et ajustage 11 15
> Le mètre superficiel...——— 23 98

A petits cadres, jusqu'à 0,08 de profil :

1860. — — — brut au 2° parement :

> Bâtis et panneaux. Comme au N° 1858. 12ᶠ 83
> Façon et ajustage................. 14 80
> Le mètre superficiel...——— 27 63

1861. — — — à glace au 2° parement :

> Bâtis et panneaux. Comme au N° 1858. 12ᶠ 83
> Façon et ajustage 15 45
> Le mètre superficiel...——— 28 28

1862. — — — arasé au 2e parement :

> Bâtis et panneaux. Comme au N° 1858. 12ᶠ 83
> Façon et ajustage. 15 70
> Le mètre superficiel...——— 28 53

Portes cochères en chêne du Nord, avec ou sans guichet, jusqu'à 4 traverses sur la hauteur, soit du bâtis principal, soit du guichet :

1er bâtis, 0,11 sur 0,32; 2e bâtis, 0,08 sur 0,20 :

Panneaux de 0,0508, avec clefs dans les joints :

A petits cadres, jusqu'à 0,08 de profil :

1863. — — — à petits cadres au 2e parement :

> Bâtis et panneaux. Comme au N° 1858. 12f 83
> Façon et ajustage 19 30
>
> Le mètre superficiel . . . ——   32f 13

A grands cadres, jusqu'à 0,10 de profil :

1864. — — — brut au 2e parement :

> 1er bâtis 0,0198
> 2e bâtis 0,0424
> Cadres 0,0320
> Panneaux . . . 0,0135
> —————
> 0,1077, à 143f, N° 1538. 15f 40
> Façon et ajustage 18 85
>
> Le mètre superficiel . . . ——   34 25

1865. — — — à glace au 2e parement :

> Bâtis, cadres et panneaux. Comme au
>   N° 1864 . . . . 15f 40
> Façon et ajustage 19 50
>
> Le mètre superficiel . . . ——   34 90

1866. — — — arasé au 2e parement :

> Bâtis, cadres et panneaux. Comme au
>   N° 1864 . . . . 15f 40
> Façon et ajustage 19 75
>
> Le mètre superficiel . . . ——   35 15

1867. — — — à grands cadres au 2e parement :

> Bâtis, cadres et panneaux. Comme au
>   N° 1864 . . . . 15f 40
> Façon et ajustage 24 65
>
> Le mètre superficiel . . . ——   40 05

Plus-value pour les moulures dont la largeur excédera celle du profil prescrit, par chaque centimètre de largeur :

1868.	Sapin, le m. l	0 15
1869.	Chêne, le m. l	0 22

Plus-value pour chaque panneau en plus de 3 sur la hauteur, ou pour division sur la largeur :

1870.	A petits cadres : 15 p. % du prix du m. s.	*Observ.*
1871.	A grands cadres : 20 p. % du prix du m. s.	*Observ.*

Portes d'entrée ordinaires, bâtis de 0,038, panneaux
de 0,0318, dormant de 0,06 :

Tout sapin :

A petits cadres :

1872. — — — brut au 2ᵉ parement :

> Dormant. 0,0156, à 74ᶠ 20, Nᵒˢ 654
> et 659 .... 1ᶠ 16
> Bâtis. 0,35, à 3ᶠ 75, Nᵒ 1675........ 1 31
> Panneaux. 0,64, à 3ᶠ 07, Nᵒ 1676.... 1 96
> Façon et ajustage 5 85
>
> Le mètre superficiel...——— 10ᶠ 28

1873. — — — à glace au 2ᵉ parement :

> Dormant, bâtis et panneaux. Comme
> au Nᵒ 1872................... 4ᶠ 43
> Façon et ajustage 6 25
>
> Le mètre superficiel...——— 10 68

1874. — — — arasé au 2ᵉ parement :

> Dormant, bâtis et panneaux. Comme
> au Nᵒ 1872................... 4ᶠ 43
> Façon et ajustage 6 40
>
> Le mètre superficiel...——— 10 83

1875. — — — à petits cadres au 2ᵉ parement :

> Dormant, bâtis et panneaux. Comme
> au Nᵒ 1872................... 4ᶠ 43
> Façon et ajustage 7 65
>
> Le mètre superficiel...——— 12 08

A grands cadres :

1876. — — — brut au 2ᵉ parement :

> Dormant. 0,0162, à 74ᶠ 20, Nᵒˢ 654
> et 659 .... 1ᶠ 20
> Bâtis. 0,37, à 3ᶠ 75, Nᵒ 1675........ 1 39
> Cadres. 0,0107, à 74ᶠ 20, Nᵒˢ 654 et 659 0 79
> Panneaux. 0,50, à 3ᶠ 07, Nᵒ 1676.... 1 54
> Façon et ajustage 7 45
>
> Le mètre superficiel...——— 12 37

1877. — — — à glace au 2ᵉ parement :

> Dormant, bâtis, cadres et panneaux.
> Comme au Nᵒ 1876 .... 4ᶠ 92
> Façon et ajustage 7 85
>
> Le mètre superficiel...——— 12 77

1878. — — — arasé au 2ᵉ parement :

> Dormant, bâtis, cadres et panneaux.
> Comme au Nᵒ 1876 .... 4ᶠ 92
> Façon et ajustage 8 00
>
> Le mètre superficiel...——— 12 92

Portes d'entrée ordinaires, bâtis de 0,038, panneaux de 0,0318, dormant de 0,06 :

Tout sapin :

A grands cadres :

1879. — — — à grands cadres au 2e parement :

Dormant, bâtis, cadres et panneaux. Comme au N° 1876	4f 92
Façon et ajustage	9 75
Le mètre superficiel...	14f 67

Dormant et bâtis chêne, panneaux sapin :

A petits cadres :

1880. — — — brut au 2e parement :

Dormant. 0,0156, à 143f, N° 1538 ...	2f 23
Bâtis. 0,0112, à 154f, N° 1674	1 72
Panneaux. 0,64, à 3f 07, N° 1676	1 96
Façon et ajustage	6 90
Le mètre superficiel...	12 81

1881. — — — à glace au 2e parement :

Dormant, bâtis et panneaux. Comme au N° 1880	5f 91
Façon et ajustage	7 45
Le mètre superficiel...	13 36

1882. — — — arasé au 2e parement :

Dormant, bâtis et panneaux. Comme au N° 1880	5f 91
Façon et ajustage	7 60
Le mètre superficiel...	13 51

1883. — — — à petits cadres au 2e parement :

Dormant, bâtis et panneaux. Comme au N° 1880	5f 91
Façon et ajustage	9 05
Le mètre superficiel...	14 96

A grands cadres :

1884. — — — brut au 2e parement :

Dormant.... 0,0162	
Cadres 0,0107	
0,0269, à 143f, N° 1538.	3f 85
Bâtis. 0,0141, à 154f, N° 1674	2 17
Panneaux. 0,50, à 3f 07, N° 1676	1 54
Façon et ajustage	8 80
Le mètre superficiel...	16 36

1885. — — — à glace au 2e parement :

Dormant, bâtis, cadres et panneaux. Comme au N° 1884	7f 56
Façon et ajustage	9 50
Le mètre superficiel...	17 06

Portes d'entrée ordinaires, bâtis de 0,038, panneaux de 0,0318, dormant de 0,06 :

Dormant et bâtis chêne, panneaux sapin :

A grands cadres :

1886. — — — arasé au 2ᵉ parement :

    Dormant, bâtis, cadres et panneaux.
      Comme au Nᵒ 1884 .... 7ᶠ 56
    Façon et ajustage 9 65

        Le mètre superficiel...—— 17ᶠ 21

1887. — — — à grands cadres au 2ᵉ parement :

    Dormant, bâtis, cadres et panneaux.
      Comme au Nᵒ 1884 .... 7ᶠ 56
    Façon et ajustage 11 55

        Le mètre superficiel...—— 19 11

Tout chêne :

A petits cadres :

1888. — — — brut au 2ᵉ parement :

    Dormant 0,0156, à 143ᶠ, Nᵒ 1538 .... 2ᶠ 23
    Bâtis....... 0,0133
    Panneaux... 0,0205
          0,0338, à 154ᶠ, Nᵒ 1674. 5 21
    Façon et ajustage 7 95

        Le mètre superficiel...—— 15 39

1889. — — — à glace au 2ᵉ parement :

    Dormant, bâtis et panneaux. Comme
      au Nᵒ 1888 .... 7ᶠ 44
    Façon et ajustage 8 60

        Le mètre superficiel...—— 16 04

1890. — — — arasé au 2ᵉ parement :

    Dormant, bâtis et panneaux. Comme
      au Nᵒ 1888 .... 7ᶠ 44
    Façon et ajustage 8 80

        Le mètre superficiel...—— 16 24

1891. — — — à petits cadres au 2ᵉ parement :

    Dormant, bâtis et panneaux. Comme
      au Nᵒ 1888 .... 7ᶠ 44
    Façon et ajustage 10 45

        Le mètre superficiel...—— 17 89

A grands cadres :

1892. — — — brut au 2ᵉ parement :

    Dormant.... 0,0162
    Cadres 0,0107
          0,0269, à 143ᶠ, Nᵒ 1538. 8ᶠ 85
    Bâtis....... 0,0141
    Panneaux... 0,0160
          0,0301, à 154ᶠ, Nᵒ 1674. 4 64
    Façon et ajustage 10 20

        Le mètre superficiel...—— 18 69

Portes d'entrée ordinaires, bâtis de 0,038, panneaux
de 0,0318, dormant de 0,06 :

Tout chêne :

A grands cadres :

1893. — — — à glace au 2ᵉ parement :

Dormant, bâtis, cadres et panneaux.
Comme au Nᵒ 1892............... 8ᶠ 49
Façon et ajustage 10 85
Le mètre superficiel... —— 19ᶠ 34

1894. — — — arasé au 2ᵉ parement :

Dormant, bâtis, cadres et panneaux.
Comme au Nᵒ 1892 .... 8ᶠ 49
Façon et ajustage 11 05
Le mètre superficiel... —— 19 54

1895. — — — à grands cadres au 2ᵉ parement :

Dormant, bâtis, cadres et panneaux.
Comme au Nᵒ 1892 .... 8ᶠ 49
Façon et ajustage 13 40
Le mètre superficiel... —— 21 89

Portes d'entrée ordinaires, bâtis de 0,0508, panneaux de 0,038, dormant de 0,075 :

Tout sapin :

A petits cadres :

1896. — — — brut au 2ᵉ parement :

Dormant. 0,0195, à 74ᶠ 20, Nᵒˢ 654
et 659...................... 1ᶠ 45
Bâtis. 0,35, à 4ᶠ 35, Nᵒ 1539........ 1 52
Panneaux. 0,64, à 3ᶠ 75, Nᵒ 1675.... 2 40
Façon et ajustage................. 6 45
Le mètre superficiel... —— 11 82

1897. — — — à glace au 2ᵉ parement :

Dormant, bâtis et panneaux. Comme
au Nᵒ 1896..................... 5ᶠ 37
Façon et ajustage................. 6 80
Le mètre superficiel... —— 12 17

1898. — — — arasé au 2ᵉ parement :

Dormant, bâtis et panneaux. Comme
au Nᵒ 1896..................... 5ᶠ 37
Façon et ajustage 6 95
Le mètre superficiel... —— 12 32

1899. — — — à petits cadres au 2ᵉ parement :

Dormant, bâtis et panneaux. Comme
au Nᵒ 1896 .... 5ᶠ 37
Façon et ajustage 8 45
Le mètre superficiel... —— 13 82

Portes d'entrée ordinaires, bâtis de 0,0508, panneaux de 0,038, dormant de 0,075 :

Tout sapin :

A grands cadres :

1900. — — — brut au 2ᵉ parement :

    Dormant. 0,0203, à 74ᶠ 20, Nᵒˢ 654
      et 659 .... 1ᶠ 51
    Bâtis. 0,37, à 4ᶠ 35, Nᵒ 1539 .... 1 61
    Cadres. 0,0123, à 74ᶠ 20, Nᵒˢ 654 et 659. 0 91
    Panneaux. 0,50, à 3ᶠ 75, Nᵒ 1675.... 1 88
    Façon et ajustage 8 30

        Le mètre superficiel... ———— 14ᶠ 21

1901. — — — à glace au 2ᵉ parement :

    Dormant, bâtis, cadres et panneaux.
      Comme au Nᵒ 1900 .... 5ᶠ 91
    Façon et ajustage 8 65

        Le mètre superficiel... ———— 14 56

1902. — — — arasé au 2ᵉ parement :

    Dormant, bâtis, cadres et panneaux.
      Comme au Nᵒ 1900 .... 5ᶠ 91
    Façon et ajustage 8 80

        Le mètre superficiel... ———— 14 71

1903. — — — à grands cadres au 2ᵉ parement :

    Dormant, bâtis, cadres et panneaux.
      Comme au Nᵒ 1900 .... 5ᶠ 91
    Façon et ajustage 10 95

        Le mètre superficiel... ———— 16 86

Dormant et bâtis chêne, panneaux sapin :

A petits cadres :

1904. — — — brut au 2ᵉ parement :

    Dormant.... 0,0195
    Bâtis 0,0179
             ――――――
        0,0374, à 143ᶠ, Nᵒ 1538. 5ᶠ 35
    Panneaux. 0,64, à 3ᶠ 75, Nᵒ 1675.... 2 40
    Façon et ajustage 7 70

        Le mètre superficiel... ———— 15 45

1905. — — — à glace au 2ᵉ parement :

    Dormant, bâtis et panneaux. Comme
      au Nᵒ 1904 .... 7ᶠ 75
    Façon et ajustage 8 25

        Le mètre superficiel... ———— 16 00

1906. — — — arasé au 2ᵉ parement :

    Dormant, bâtis et panneaux. Comme
      au Nᵒ 1904 .... 7ᶠ 75
    Façon et ajustage 8 40

        Le mètre superficiel... ———— 16 15

Portes d'entrée ordinaires, bâtis de 0,0508, panneaux de 0,038, dormant de 0,075 :

Dormant et bâtis chêne, panneaux sapin :

A petits cadres :

1907. — — — à petits cadres au 2ᵉ parement :

Dormant, bâtis et panneaux. Comme
    au Nᵒ 1904 . . . . 7ᶠ 75
Façon et ajustage 10 05

      Le mètre superficiel. . .——   17ᶠ 80

A grands cadres :

1908. — — — brut au 2ᵉ parement :

Dormant.... 0,0203
Bâtis....... 0,0189
Cadres 0,0123
       0,0515, à 143ᶠ, Nᵒ 1538. 7ᶠ 36
Panneaux. 0,50, à 3ᶠ 75, Nᵒ 1674.... 1 88
Façon et ajustage 9 80

      Le mètre superficiel. . .——   19 04

1909. — — — à glace au 2ᵉ parement :

Dormant, bâtis, cadres et panneaux.
    Comme au Nᵒ 1908 . . . . 9ᶠ 24
Façon et ajustage 10 35

      Le mètre superficiel. . .——   19 59

1910. — — — arasé au 2ᵉ parement :

Dormant, bâtis, cadres et panneaux.
    Comme au Nᵒ 1908 . . . . 9ᶠ 24
Façon et ajustage 10 50

      Le mètre superficiel. . .——   19 74

1911. — — — à grands cadres au 2ᵉ parement :

Dormant, bâtis, cadres et panneaux.
    Comme au Nᵒ 1908 . . . . 9ᶠ 24
Façon et ajustage 12 85

      Le mètre superficiel. . .——   22 09

Tout chêne :

A petits cadres :

1912. — — — brut au 2ᵉ parement :

Dormant.... 0,0195
Bâtis....... 0,0179
       0,0374, à 143ᶠ, Nᵒ 1538. 5ᶠ 35
Panneaux. 0,0243, à 154ᶠ, Nᵒ 1674... 3 74
Façon et ajustage 8 85

      Le mètre superficiel. . .——   17 94

Portes d'entrée ordinaires, bâtis de 0,0508, panneaux de 0,038, dormant de 0,075 :

Tout chêne :

A petits cadres :

1913. — — — à glace au 2ᵉ parement :

Dormant, bâtis et panneaux. Comme
au Nᵒ 1912 .... 9ᶠ 09
Façon et ajustage 9 50
Le mètre superficiel...—— 18ᶠ 59

1914. — — — arasé au 2ᵉ parement :

Dormant, bâtis et panneaux. Comme
au Nᵒ 1912 .... 9ᶠ 09
Façon et ajustage 9 70
Le mètre superficiel...—— 18 79

1915. — — — à petits cadres au 2ᵉ parement :

Dormant, bâtis et panneaux. Comme
au Nᵒ 1912 .... 9ᶠ 09
Façon et ajustage 11 65
Le mètre superficiel...—— 20 74

A grands cadres :

1916. — — — brut au 2ᵉ parement :

Dormant.... 0,0203
Bâtis....... 0,0189
Cadres 0,0123
0,0515, à 143ᶠ, Nᵒ 1538. 7ᶠ 36
Panneaux. 0,0190, à 154ᶠ, Nᵒ 1674... 2 93
Façon et ajustage 11 30
Le mètre superficiel...—— 21 59

1917. — — — à glace au 2ᵉ parement :

Dormant, bâtis, cadres et panneaux.
Comme au Nᵒ 1916 .... 10ᶠ 29
Façon et ajustage 11 95
Le mètre superficiel...—— 22 24

1918. — — — arasé au 2ᵉ parement :

Dormant, bâtis, cadres et panneaux.
Comme au Nᵒ 1916 .... 10ᶠ 29
Façon et ajustage 12 15
Le mètre superficiel...—— 22 44

1919. — — — à grands cadres au 2ᵉ parement :

Dormant, bâtis, cadres et panneaux.
Comme au Nᵒ 1916 .... 10ᶠ 29
Façon et ajustage 14 35
Le mètre superficiel...—— 24 64

Portes d'entrée ordinaires, bâtis de 0,06, panneaux de 0,050, dormant de 0,076 :

Tout sapin :

A petits cadres :

1920. — — — brut au 2ᵉ parement :

Dormant.... 0,0198
Bâtis. 0,0210
0,0408, à 74ᶠ 20, Nᵒˢ 654
et 659............. 3ᶠ 03
Panneaux. 0,64, à 4ᶠ 35, Nᵒ 1539.... 2 78
Façon et ajustage 7 30
Le mètre superficiel...——— 13ᶠ 11

1921. — — — à glace au 2ᵉ parement :

Dormant, bâtis et panneaux. Comme
au Nᵒ 1920 .... 5ᶠ 81
Façon et ajustage................. 7 55
Le mètre superficiel...——— 13 36

1922. — — — arasé au 2ᵉ parement :

Dormant, bâtis et panneaux. Comme
au Nᵒ 1920 .... 5ᶠ 81
Façon et ajustage 7 70
Le mètre superficiel...——— 13 51

1923. — — — à petits cadres au 2ᵉ parement :

Dormant, bâtis et panneaux. Comme
au Nᵒ 1920 .... 5ᶠ 81
Façon et ajustage 9 50
Le mètre superficiel...——— 15 31

A grands cadres :

1924. — — — brut au 2ᵉ parement :

Dormant.... 0,0205
Bâtis....... 0,0222
Cadres 0,0141
0,0568, à 74ᶠ 20, Nᵒˢ 654
et 659............. 4ᶠ 21
Panneaux. 0,50, à 4ᶠ 35, Nᵒ 1539.... 2 18
Façon et ajustage 9 30
Le mètre superficiel...——— 15 69

1925. — — — à glace au 2ᵉ parement :

Dormant, bâtis, cadres et panneaux.
Comme au Nᵒ 1924 .... 6ᶠ 39
Façon et ajustage 9 55
Le mètre superficiel...——— 15 94

1926. — — — arasé au 2ᵉ parement :

Dormant, bâtis, cadres et panneaux.
Comme au Nᵒ 1924 .... 6ᶠ 39
Façon et ajustage 9 70
Le mètre superficiel...——— 16 09

Portes d'entrée ordinaires, bâtis de 0,06, panneaux
de 0,050, dormant de 0,076 :

Tout sapin :

A grands cadres :

1927. — — — à grands cadres au 2ᵉ parement :

Dormant, bâtis, cadres et panneaux.
Comme au Nº 1924 . . . .   6ᶠ 39
Façon et ajustage 12 15

Le mètre superficiel. . . ——   18ᶠ 54

Dormant et bâtis chêne, panneaux sapin :

A petits cadres :

1928. — — — brut au 2ᵉ parement :

Dormant. . . . 0,0198
Bâtis. 0,0210
                   0,0408, à 143ᶠ, Nº 1538.   5ᶠ 83
Panneaux. 0,64, à 4ᶠ 35, Nº 1539. . . .   2 78
Façon et ajustage 8 60

Le mètre superficiel. . . ——   17 21

1929. — — — à glace au 2ᵉ parement :

Dormant, bâtis et panneaux. Comme
au Nº 1928 . . . .   8ᶠ 61
Façon et ajustage 9 15

Le mètre superficiel. . . ——   17 76

1930. — — — arasé au 2ᵉ parement :

Dormant, bâtis et panneaux. Comme
au Nº 1928 . . . .   8ᶠ 61
Façon et ajustage 9 30

Le mètre superficiel. . . ——   17 91

1931. — — — à petits cadres au 2ᵉ parement :

Dormant, bâtis et panneaux. Comme
au Nº 1928 . . . .   8ᶠ 61
Façon et ajustage 11 25

Le mètre superficiel. . . ——   19 86

A grands cadres :

1932. — — — brut au 2ᵉ parement :

Dormant. . . . 0,0205
Bâtis. 0,0222
Cadres 0,0141
                   0,0568, à 143ᶠ, Nº 1538.   8ᶠ 12
Panneaux. 0,50, à 4ᶠ 35, Nº 1539. . . .   2 18
Façon et ajustage. 11 05

Le mètre superficiel. . . ——   21 35

1933. — — — à glace au 2ᵉ parement :

Dormant, bâtis, cadres et panneaux.
Comme au Nº 1932 . . . .   10ᶠ 30
Façon et ajustage 11 40

Le mètre superficiel. . . ——   21 70

Portes d'entrée ordinaires, bâtis de 0,06, panneaux
de 0,050, dormant de 0,076 :

Dormant et bâtis chêne, panneaux sapin :

A grands cadres :

1934. — — — arasé au 2e parement :

> Dormant, bâtis, cadres et panneaux.
> Comme au N° 1932 . . . . $10^f 30$
> Façon et ajustage 11 55
>
> Le mètre superficiel. . .——— $21^f 85$

1935. — — — à grands cadres au 2e parement :

> Dormant, bâtis, cadres et panneaux.
> Comme au N° 1932 . . . . $10^f 30$
> Façon et ajustage 14 50
>
> Le mètre superficiel. . .——— 24 80

Tout chêne :

A petits cadres :

1936. — — — brut au 2e parement :

> Dormant. . . . 0,0198
> Bâtis 0,0210
> Panneaux. . . 0,0326
>   0,0734, à 143^f, N° 1538. $10^f 50$
> Façon et ajustage 9 95
>
> Le mètre superficiel. . .——— 20 45

1937. — — — à glace au 2e parement :

> Dormant, bâtis et panneaux. Comme
> au N° 1936 . . . . $10^f 50$
> Façon et ajustage 10 60
>
> Le mètre superficiel. . .——— 21 10

1938. — — — arasé au 2e parement :

> Dormant, bâtis et panneaux. Comme
> au N° 1936 . . . . $10^f 50$
> Façon et ajustage 10 80
>
> Le mètre superficiel. . .——— 21 30

1939. — — — à petits cadres au 2e parement :

> Dormant, bâtis et panneaux. Comme
> au N° 1936 . . . . $10^f 50$
> Façon et ajustage 13 10
>
> Le mètre superficiel. . .——— 23 60

A grands cadres :

1940. — — — brut au 2e parement :

> Dormant. . . . 0,0205
> Bâtis 0,0222
> Cadres 0,0141
> Panneaux. . . 0,0255
>   0,0823, à 143^f, N° 1538. $11^f 77$
> Façon et ajustage 12 80
>
> Le mètre superficiel. . .——— 24 57

Portes d'entrée ordinaires, bâtis de 0,06, panneaux
de 0,050, dormant de 0,076 :

Tout chêne :

A grands cadres :

1941. — — — à glace au 2ᵉ parement :

> Dormant, bâtis, cadres et panneaux.
> Comme au Nº 1940 .... 11ᶠ 77
> Façon et ajustage 13 45
> Le mètre superficiel... —— 25ᶠ 22

1942. — — — arasé au 2ᵉ parement :

> Dormant, bâtis, cadres et panneaux.
> Comme au Nº 1940 .... 11ᶠ 77
> Façon et ajustage 13 65
> Le mètre superficiel... —— 25 42

1943. — — — à grands cadres au 2ᵉ parement :

> Dormant, bâtis, cadres et panneaux.
> Comme au Nº 1940 .... 11ᶠ 77
> Façon et ajustage 16 85
> Le mètre superficiel... —— 28 62

Plus-value pour les moulures dont la largeur
excédera :

Pour les petits cadres, 0,04.

Pour les grands cadres, 0,05.

1944.	Par chaque centimètre : Sapin, le m. l.	0 14
1945.	Chêne, le m. l.	0 20

1946. Plus-value pour chaque panneau en bossage formant
pointe de diamant......................... 1 25

1947. — pour moulures poussées au dormant saillant, par
porte 2 00

1948. — pour chaque caisson à fleur de listel, sur le dormant...................................... 0 32

1949. — pour chaque caisson saillant................. 0 64

1950. Nota. Toute partie à panneaux vides, recouverte d'un volet mobile, sera
payée comme celle à panneaux ordinaires (volet compris)............ *Observ.*

1951. Toute partie cintrée en élévation sera comptée comme carrée, la longueur
de la flèche étant comptée en plus-value demi en sus de sa longueur
réelle .... *Observ.*

Plus-value pour chaque panneau en plus de 3
sur la hauteur, ou pour division sur la largeur :

1952. A petits cadres : 20 p. %₀ du prix du m. s. *Observ.*

1953. A grands cadres : 25 p. %₀ du prix du m. s. *Observ.*

Portes charretières d'assemblage, panneaux em-
brevés et clefs dans les joints, les bâtis jusqu'à
3 traverses sur la hauteur, et écharpes :
Bâtis de 0,038, panneaux de 0,025 :

1954. — — tout sapin :

Bâtis et traverses. 0,57, à 3ᶠ 75, Nᵒ 1675....	2ᶠ 14
Écharpes. 0,16, à 2ᶠ 48, Nᵒ 1677	0 40
Panneaux. 0,83, à 2ᶠ 48, Nᵒ 1677...........	2 06
Façon, compris pointes....................	4 60

Le mètre superficiel...———— 9ᶠ 20

1955. — — bâtis chêne, panneaux sapin :

Bâtis et traverses. 0,0217, à 154ᶠ, Nᵒ 1674...	3ᶠ 34
Écharpes. 0,16, à 2ᶠ 48, Nᵒ 1677	0 40
Panneaux. 0,83, à 2ᶠ 48, Nᵒ 1677...........	2 06
Façon, compris pointes....................	6 10

Le mètre superficiel...———— 11 90

1956. — — tout chêne :

Bâtis et traverses... 0,0217	
Écharpes.......... 0,0041	
Panneaux......... 0,0211	
0,0469, à 154ᶠ, Nᵒ 1674.	7ᶠ 22
Façon, compris pointes....................	6 85

Le mètre superficiel...———— 14 07

Bâtis de 0,051, panneaux de 0,0318 :

1957. — — tout sapin :

Bâtis et traverses. 0,57, à 4ᶠ 35, Nᵒ 1539....	2ᶠ 48
Écharpes. 0,16, à 2ᶠ 48, Nᵒ 1677............	0 40
Panneaux. 0,83, à 3ᶠ 07, Nᵒ 1676...........	2 55
Façon, compris pointes....................	5 25

Le mètre superficiel...———— 10 68

1958. — — bâtis chêne, panneaux sapin :

Bâtis et traverses. 0,0291, à 143ᶠ, Nᵒ 1538...	4ᶠ 16
Écharpes. 0,16, à 2ᶠ 48, Nᵒ 1677............	0 40
Panneaux. 0,83, à 3ᶠ 07, Nᵒ 1676...........	2 55
Façon, compris pointes	7 05

Le mètre superficiel...———— 14 16

1959. — — tout chêne :

Bâtis et traverses. 0,0291, à 143ᶠ, Nᵒ 1538...	4ᶠ 16
Écharpes.......... 0,0041	
Panneaux......... 0,0266	
0,0307, à 154ᶠ, Nᵒ 1674.	4 73
Façon, compris pointes....................	7 79

Le mètre superficiel...———— 16 68

Portes charretières d'assemblage, panneaux em-
brevés et clefs dans les joints, les bâtis jusqu'à
3 traverses sur la hauteur, et écharpes :

Bâtis de 0,06, panneaux de 0,038 :

1960. — — tout sapin :

Bâtis et traverses. 0,0342, à 74^f 20, N°s 654
et 659 .... 2^f 54
Écharpes. 0,16, à 2^f 48, N° 1677 .... 0 40
Panneaux. 0,83, à 3^f 75, N° 1675 .... 3 11
Façon, compris pointes 5 85
Le mètre superficiel...——— 11^f 90

1961. — — bâtis chêne, panneaux sapin :

Bâtis et traverses. 0,0342, à 143^f, N° 1538... 4^f 89
Écharpes. 0,16, à 2^f 48, N° 1677........... 0 40
Panneaux. 0,83, à 3^f 75, N° 1675.......... 3 11
Façon, compris pointes 7 85
Le mètre superficiel...——— 16 25

1962. — — tout chêne :

Bâtis et traverses. 0,0342, à 143^f, N° 1538... 4^f 89
Écharpes 0,0041
Panneaux 0,0315
           0,0356, à 154^f, N° 1674. 5 48
Façon, compris pointes................... 8 75
Le mètre superficiel...——— 19 12

Bâtis de 0,076, panneaux de 0,038 :

1963. — — tout sapin :

Bâtis et traverses. 0,57, à 6^f, N° 1540....... 3^f 42
Écharpes. 0,16, à 3^f 75, N° 1675........... 0 60
Panneaux. 0,83, à 3^f 75, N° 1675.......... 3 11
Façon, compris pointes................... 6 75
Le mètre superficiel...——— 13 88

1964. — — bâtis chêne, panneaux sapin :

Bâtis et traverses. 0,0433, à 143^f, N° 1538... 6^f 19
Écharpes. 0,16, à 3^f 75, N° 1675........... 0 60
Panneaux. 0,83, à 3^f 75, N° 1675.......... 3 11
Façon, compris pointes 8 75
Le mètre superficiel...——— 18 65

1965. — — tout chêne :

Bâtis et traverses. 0,0433, à 143^f, N° 1538... 6^f 19
Écharpes.......... 0,0061
Panneaux.......... 0,0315
           0,0376, à 154^f, N° 1674. 5 79
Façon, compris pointes................... 9 65
Le mètre superficiel...——— 21 63

26

1966.   Plus-value pour lames de 0,10, égales et parallèles, pour les panneaux seulement. Comme aux nᵒˢ 1795 à 1802...................... *Observ.*

1967. Nota. Les surépaisseurs des bâtis seront comptées comme bâtis corroyés. *Observ.*

1968. Toute partie cintrée en élévation sera comptée comme carrée, la longueur de la flèche étant comptée en plus-value demi en sus de sa longueur réelle .... *Observ.*

Portes charretières avec barres et écharpes, panneaux par planches entières embrevées dans la traverse du haut et clouées sur les barres et écharpes :

Bâtis de 0,076 jusqu'à 0,20 de large, panneaux de 0,025 :

1969. — — tout sapin :

Bâtis. 0,45, à 6ᶠ, Nᵒ 1540....................	2ᶠ 70
Traverses et écharpes. 0,23, à 4ᶠ 35. Nᵒ 1539.	1 00
Panneaux. 0,92, à 2ᶠ 48, Nᵒ 1677...........	2 28
Façon, compris pointes....................	4 25
Le mètre superficiel...	10ᶠ 23

1970. — — bâtis chêne, panneaux sapin :

Bâtis.............. 0,0342	
Traverses et écharpᵉˢ 0,0117	
0,0459, à 143ᶠ, Nᵒ 1538.	6ᶠ 56
Panneaux 0,92, à 2ᶠ 48, Nᵒ 1677...........	2 28
Façon, compris pointes....................	5 10
Le mètre superficiel...	13 94

1971. — — tout chêne :

Bâtis, traverses et écharpes, Nᵒ 1970........	6ᶠ 56
Panneaux. 0,0234, à 154ᶠ, Nᵒ 1674.........	3 60
Façon, compris pointes........	7 05
Le mètre superficiel...	17 21

Bâtis de 0,076 jusqu'à 0,20 de large, panneaux de 0,0318 :

1972. — — tout sapin :

Bâtis. 0,45, à 6ᶠ, Nᵒ 1540....................	2ᶠ 70
Traverses et écharpes. 0,23, à 4ᶠ 35, Nᵒ 1539.	1 00
Panneaux. 0,92, à 3ᶠ 07, Nᵒ 1676...........	2 82
Façon, compris pointes	4 25
Le mètre superficiel...	10 77

1973. — — bâtis chêne, panneaux sapin :

Bâtis, traverses et écharpes, Nᵒ 1970........	6ᶠ 56
Panneaux. 0,92, à 3ᶠ 07, Nᵒ 1676...........	2 82
Façon, compris pointes....................	5 10
Le mètre superficiel...	14 48

Portes charretières avec barres et écharpes, panneaux par planches entières embrevées dans la traverse du haut et clouées sur les barres et écharpes :

Bâtis de 0,076 jusqu'à 0,20 de large, panneaux de 0,0318 :

1974. — — tout chêne :

> Bâtis, traverses et écharpes, N° 1970........ 6f 56
> Panneaux. 0,0294, à 154f, N° 1674 .... 4 53
> Façon, compris pointes................... 7 05
> Le mètre superficiel...—— 18f 14

Bâtis de 0,076 jusqu'à 0,20 de large, panneaux de 0,038 :

1975. — — tout sapin :

> Bâtis, traverses et écharpes, N° 1972 .... 3f 70
> Panneaux. 0,92, à 3f 75, N° 1675........... 3 45
> Façon, compris pointes................... 4 25
> Le mètre superficiel...—— 11 40

1976. — — bâtis chêne, panneaux sapin :

> Bâtis, traverses et écharpes, N° 1970 .... 6f 56
> Panneaux. 0,92, à 3f 75, N° 1675 .... 3 45
> Façon, compris pointes 5 10
> Le mètre superficiel...—— 15 11

1977. — — tout chêne :

> Bâtis, traverses et écharpes, N° 1970 .... 6f 56
> Panneaux. 0,0350, à 154f, N° 1674.......... 5 39
> Façon, compris pointes................... 7 05
> Le mètre superficiel...—— 19 00

Plus-value par portillon ouvrant :

1978.   Sapin 1 90
1979.   Chêne............... 2 50
1980.   —   pour lames de 0,10, égales et parallèles. Comme aux n°s 1795 à 1802.................... *Observ.*

1981. Nota. Les surépaisseurs des bâtis seront comptées comme bâtis corroyés. *Observ.*

1982. Toute partie cintrée en élévation sera comptée comme carrée, la longueur de la flèche étant comptée en plus-value demi en sus de sa longueur réelle .... *Observ.*

Poteaux d'huisseries. (Voyez *Huisseries.*)

Q

Queues d'hirondes. (Voyez *Assemblages.*)

R

Rabotage. (Voyez *Blanchissage*.)

1983. **Raclage** de vieux parquets non déposés, le m. s..   0ᶠ 45

Rainures. (Voyez *Feuillures*.)

1984. **Repose** de plinthes, cymaises, moulures, le m. l..   0 10

1985.   —   de vieux tasseaux, le m. l..............   0 05

1986.   —   de chambranles, le m. l................   0 25

1987.   —   de poteaux d'huisseries, le m. l..........   0 15

1987 *bis*.—   de cadres figurant panneaux, le m. l. 0 15

1988.   —   de corniches volantes, le m. l. 0 35

    —   de jalousies. (Voyez *Jalousies*.)

1989.   —   et ajustage de portes, croisées, lambris et
            menuiseries de toute espèce, le m. s....   0 25

1990. **Rouleau** en bois de sapin pour puits, de 1,25 de
      long sur 0,20 de diamètre :

Bois. 0,060, à 66ᶠ 70, Nº 654........   4ᶠ 00
Façon............................   2 50
        La pièce...........·——   6 50

S

Sapin du Nord. (Voyez *Madriers et Planches*.)

Semelles sous cloisons. (Voyez *Huisseries*.)

1991. **Séparations** pour urinoirs, en chêne ou sapin du
      Nord, assemblées dans une traverse inférieure
      en chêne, avec clefs sur la hauteur, le dessus
      chantourné suivant profil. Ces séparations se-
      ront comptées, dans leur espèce, au même prix
      que les portes (art. 1776 à 1804), avec une
      plus-value de 0ᶠ 50 par mètre superficiel, eu
      égard au chantournement..................   0 50

1992. **Siéges d'aisances**. Dessus et devant à compter
      comme lambris d'assemblage dans leur espèce,
      et comme tablettes pour ceux non d'assem-
      blage.....................................   *Observ.*

Soliveaux pour faux-planchers. (Voyez *Chevrons*.)

Stylobates. (Voyez *Plinthes*.)

T

Tablettes et étagères, rainées et collées, 2 parements :

1993. — Sapin de 0,012 d'épaisseur :

Bois. 0,575, à 2ᶠ 48, Nᵒ 1677........	1ᶠ 43	
Sciage. 0,58, à 0ᶠ 60, Nᵒ 657........	0 35	
Façon et pose....................	1 65	
Le mètre superficiel...———		3ᶠ 43

1994. — — de 0,018 d'épaisseur :

Bois. 0,575, à 3ᶠ 75, Nᵒ 1675........	2ᶠ 16	
Sciage. 0,58, à 0ᶠ 60, Nᵒ 657........	0 35	
Façon et pose....................	1 65	
Le mètre superficiel...———		4 16

1995. — — de 0,025 d'épaisseur :

Bois. 1,15, à 2ᶠ 48, Nᵒ 1677........	2ᶠ 85	
Façon et pose....................	1 65	
Le mètre superficiel...———		4 50

1996. — — de 0,0318 d'épaisseur :

Bois. 1,15, à 3ᶠ 07, Nᵒ 1676........	3ᶠ 53	
Façon et pose........	1 75	
Le mètre superficiel...———		5 28

1997. — — de 0,038 d'épaisseur :

Bois. 1,15, à 3ᶠ 75, Nᵒ 1675........	4ᶠ 31	
Façon et pose...................	1 75	
Le mètre superficiel...———		6 06

1998. — Chêne de 0,012 d'épaisseur :

Bois. 0,575, à 3ᶠ 91, Nᵒ 1674........	2ᶠ 25	
Sciage. 0,58, à 1ᶠ, Nᵒ 656...........	0 58	
Façon et pose....................	2 48	
Le mètre superficiel...———		5 31

1999. — — de 0,018 d'épaisseur :

Bois. 0,575, à 5ᶠ 87, Nᵒ 1674........	3ᶠ 38	
Sciage. 0,58, à 1ᶠ, Nᵒ 656...........	0 58	
Façon et pose....................	2 48	
Le mètre superficiel...———		6 44

2000. — — de 0,025 d'épaisseur :

Bois. 1,15, à 3ᶠ 91, Nᵒ 1674........	4ᶠ 50	
Façon et pose....................	2 48	
Le mètre superficiel...———		6 98

Tablettes et étagères, rainées et collées, 2 parements :

2001. — Chêne de 0,0318 d'épaisseur :

  Bois. 1,15, à 4f 90, No 1674......... 5f 64
  Façon et pose.................... 2 63
    Le mètre superficiel...—— 8f 27

2002. — — de 0,038 d'épaisseur :

  Bois. 1,15, à 5f 87, No 1674......... 6f 75
  Façon et pose.................... 2 63
    Le mètre superficiel...—— 9 38

— dressées, 2 parements :

2003. — Sapin de 0,012 d'épaisseur :

  Bois. 0,55, à 2f 48, No 1677......... 1f 36
  Sciage. 0,55, à 0f 60, No 657........ 0 33
  Façon et pose.................... 1 35
    Le mètre superficiel...—— 3 04

2004. — — de 0,018 d'épaisseur :

  Bois. 0,55, à 3f 75, No 1675......... 2f 06
  Sciage. 0,55, à 0f 60, No 657........ 0 33
  Façon et pose.................... 1 35
    Le mètre superficiel...—— 3 74

2005. — — de 0,025 d'épaisseur :

  Bois. 1,10, à 2f 48, No 1677......... 2f 73
  Façon et pose.................... 1 35
    Le mètre superficiel...—— 4 08

2006. — — de 0,0318 d'épaisseur :

  Bois. 1,10, à 3f 07, No 1676......... 3f 38
  Façon et pose.................... 1 40
    Le mètre superficiel...—— 4 78

2007. — — de 0,038 d'épaisseur :

  Bois. 1,10, à 3f 75, No 1675......... 4f 13
  Façon et pose.................... 1 40
    Le mètre superficiel...—— 5 53

2008. — Chêne de 0,012 d'épaisseur :

  Bois. 0,55, à 3f 91, No 1674......... 2f 15
  Sciage. 0,55, à 1f, No 656........... 0 55
  Façon et pose.................... 2 03
    Le mètre superficiel...—— 4 73

2009. — — de 0,018 d'épaisseur :

  Bois. 0,55, à 5f 87, No 1674......... 3f 23
  Sciage. 0,55, à 1f, No 656........... 0 55
  Façon et pose.................... 2 03
    Le mètre superficiel...—— 5 81

Tablettes et étagères, dressées, 2 parements :

2010. — Chêne de 0,025 d'épaisseur :

Bois. 1,10, à 3f 91, No 1674......... 4f 30
Façon et pose..................... 2 03
Le mètre superficiel...——— 6f 33

2011. — — de 0,0318 d'épaisseur :

Bois. 1,10, à 4f 90, No 1674......... 5f 39
Façon et pose..................... 2 10
Le mètre superficiel...——— 7 49

2012. — — de 0,038 d'épaisseur :

Bois. 1,10, à 5f 87, No 1674......... 6f 46
Façon et pose..................... 2 10
Le mètre superficiel...——— 8 56

Plus-value pour moulure poussée sur la rive :

2013. Sapin, le m. l............. 0 08
2014. Chêne, le m. l............. 0 12
2015. **Tampon** tourné à moulures pour cuvette de lieux
d'aisances : Sapin, la pièce........... 2 25
2016. Chêne, la pièce........... 2 75
2017. **Taquets** en sapin de 0,076 × 0,15, pour abouts de
pannes ou autres pièces de charpente, en place,
la pièce.................................... 0 50
2018. Par chaque centimètre en plus..... 0 025
2019. **Tasseaux** en sapin jusqu'à 1m00 de longueur (au-
dessus, à compter comme chevrons), de 0,018
à 0,027 d'épaisseur sur 0,05 de large :

Bois. 0,055, à 2f 48, No 1677....... 0f 14
Façon, pose et pointes............. 0 15
Le mètre linéaire...——— 0 29

2020. Par chaque centimètre de largeur en
plus ou en moins...... 0 02
2021. — — de 0,027 à 0,034 d'épaissr sur 0,05 de large :

Bois. 0,055, à 3f 07, No 1676....... 0f 17
Façon, pose et pointes 0 15
Le mètre linéaire...——— 0 32

2022. Par chaque centimètre de largeur en
plus ou en moins................ 0 023
2023. — — de 0,034 à 0,041 d'épaissr sur 0,05 de large :

Bois. 0,055, à 3f 75, No 1675........ 0f 21
Façon, pose et pointes 0 20
Le mètre linéaire...——— 0 41

2024. Par chaque centimètre de largeur en
plus ou en moins................ 0 03

2025. **Tasseaux** en sapin jusqu'à 1^m00 de longueur (au-dessus, à compter comme chevrons), de 0,041 à 0,054 d'épaisseur sur 0,05 de large :

> Bois. 0,055, à 4^f 35, N° 1539........ 0^f 24
> Façon, pose et pointes............. 0 25
> Le mètre linéaire.....——— 0^f 49

2026.   Par chaque centimètre de largeur en plus ou en moins................ 0 034

2027. — — de 0,054 à 0,076 d'épaiss^r sur 0,10 de large :

> Bois. 0,11, à 5^f 09, N° 1542......... 0^f 56
> Façon, pose et pointes 0 35
> Le mètre linéaire...——— 0 91

2028.   Par chaque centimètre carré de section en plus ou en moins 0 01

2029. Toute partie ayant moins de 0^m20 de longueur sera comptée pour 0^m20...................... *Observ.*

2030. **Tiroirs.** (Voyez *Tablettes.*) Les tiroirs seront payés comme tablettes rainées et collées, avec les mêmes plus-values que les casiers, les nervures et les assemblages payés à part............. *Observ.*

V

Volets d'assemblage. (Voyez *Lambris.*)
— brisés. (Voyez *Portes.*)
— portatifs. (Voyez *Portes.*)
Vitrages. (Voyez *Châssis vitrés.*)

MODÈLE DE MÉMOIRE.

Mémoire des travaux de menuiserie exécutés par M
demeurant à   rue

NUMÉRO de la série.	INDICATION DÉTAILLÉE DES TRAVAUX.	QUANTITÉ.	PRIX de l'unité.	PRODUIT.
1647.	Plancher en sapin de nerva, de 0,038, en planches à lames de 0,10 de large :			
	Planchers du rez-de-chaussée, 20,00 × 9,00 = 180,00			
	Chambres à coucher de l'étage et cabinet de toilette, 10,00 × 9,00 = 90,00			
	270,00			
	A déduire l'emplacement des cheminées, 4 × 1,50 × 0,80 = 4,80	265,20	6,79	1800,71
1647. 1672.	Plancher en sapin de nerva, de 0,038, en planches à lames de 0,10 de large (art. 1647), les lames posées en liaison et à joints croisés (art. 1672) :			
	Plancher de la salle à manger, 6,00 × 4,50 = 27,00 A déduire l'emplacement de la cheminée, 1,50 × 0,80 = 1,20	25,80	7,49	193,24
843.844.	Frises de parquet, en chêne, de 0,038 sur 0,12 de large (art. 843, plus 2 fois 844) :			
	Celles formant encadrement du plancher de la salle à manger 19,50			
	Celles formant encadrement des cheminées, 5 × 3,10 = 15,50	35,00	1,53	53,55
1602.	Parquet en chêne de 0,0318, à fougère, les lames de 0,45 de longueur sur 0,10 de large :			
	Salon, 6,50 × 4,50 = 29,25 A déduire l'emplacement de la cheminée, 1,50 × 0,80 = 1,20	28,05	11,47	321,73
1151.	Croisées en sapin de nerva, à grands carreaux, dormant, jet d'eau et pièce d'appui, bâtis de 0,0318, dormant de 0,05 :			
	Celles sur la cour intérieure, 2 × 2,00 × 1,10 =	4,40	7,35	32,34
1148. 1167.	Croisées en sapin de nerva, à grands carreaux, dormant, jet d'eau et pièce d'appui, bâtis de 0,038, jet d'eau et pièce d'appui en chêne (art. 1148), dormant de 0,076 pour recevoir des persiennes (art. 1167) :			
	Celles en façade sur la rue, 4 × 2,00 × 1,20 =	9,60	9,73	93,41
	A reporter	......	.....	2494,98

Mémoire des travaux de menuiserie (suite).

NUMÉRO de la série.	INDICATION DÉTAILLÉE DES TRAVAUX.	QUANTITÉ.	PRIX de l'unité.	PRODUIT.
	Report...............	......	.....	2494,98
1148.	Croisées en sapin de nerva, à grands carreaux, dormant, jet d'eau et pièce d'appui, bâtis de 0,038, dormant de 0,06, jet d'eau et pièce d'appui en chêne :			
	Celles donnant sur le jardin, 4 $\times$ 2,00 $\times$ 1,20 =	9,60	8,73	83,81
1624.	Persiennes en sapin de nerva, pour se reployer dans les tableaux, bâtis de 0,0318 :			
	Celles en façade sur la rue, 4 $\times$ 1,95 $\times$ 1,05 =	8,19	10,47	85,75
1790. 1801.	Portes en sapin de nerva, de 0,0318 d'épaisseur, emboîture en chêne haut et bas, les joints collés et garnis de clefs chevillées (art. 1790), en planches à lames de 0,10, égales et parallèles (art. 1801) :			
	Portes de cave, 2 $\times$ 2,00 $\times$ 0,90 =	3,60	7,74	27,86
1803.	Jet d'eau en chêne des portes de cave..........	1,80	2,03	3,65
1790.	Contrevents en sapin de nerva, de 0,0318 d'épaisseur, emboîture en chêne haut et bas, les joints collés et garnis de clefs chevillées :			
	Côté du jardin, 4 $\times$ 1,95 $\times$ 1,10 =	8,58	7,07	60,66
1807.	Plus-value pour contrevents à jours garnis de lames de persiennes......................	4	1,10	4,40
1901. 1950.	Porte d'entrée ordinaire en sapin, bâtis de 0,0508, panneaux de 0,038, dormant de 0,075, à grands cadres, à glace au 2e parement (art. 1901), à panneau vide recouvert d'un volet mobile (art. 1950) :			
	1,10 $\times$ 3,00 =	3,30	14,56	48,05
1689. 1690.	Plinthes ordinaires en sapin, de 0,015 d'épaisseur sur 0,12 de large (art. 1689, plus 2 fois 1690). (Détailler la longueur.)	75,00	0,574	43,05
1297. 1298.	Poteaux d'huisseries, de 0,0508 sur 0,11 (art. 1297, plus 1298). (Détailler la longueur.)	90,00	1,027	92,43
981.982.	Chambranles ravalés de moulures avec socle et rainures d'embrèvement, de 0,038 sur 0,20 de large (art. 981, plus 10 fois 982). (Détailler la longueur.)	35,00	3,30	115,50
	A reporter........	......	.....	3060,14

Mémoire des travaux de menuiserie (suite).

NUMÉRO de la série.	INDICATION DÉTAILLÉE DES TRAVAUX.	QUANTITÉ.	PRIX de l'unité.	PRODUIT.
	Report	......	.....	3060,14
1559. 1560.	Moulures figurant chambranles, rapportées sur les poteaux d'huisseries, de 0,025 d'épaisseur sur 0,08 de large (art. 1559, moins 2 fois 1560). (Détailler la longueur.)	25,00	0,666	16,65
1442.	(Portes intérieures.) Lambris d'assemblage en sapin, à petits cadres aux deux parements, pour portes de distribution, bâtis de 0,038, panneaux de 0,025 : Portes des chambres à coucher, 6 $\times$ 2,20 $\times$ 0,80 = 10,56 Cabinet, 1 $\times$ 2,20 $\times$ 0,80 = 1,76 Salle à manger, 2 $\times$ 2,20 $\times$ 0,80 = 3,52 Cuisine, 1 $\times$ 2,20 $\times$ 0,80 = 1,76	17,60	8,91	156,82
1515.	Plus-value pour plates-bandes à moulures poussées au pourtour des panneaux..................	58,00	0,25	14,50
1490.	Lambris d'assemblage en sapin, à grands cadres aux deux parements, pour portes de distribution, bâtis de 0,038, panneaux de 0,018, cadres de 0,064 de profil : Porte du salon, 1 $\times$ 2,50 $\times$ 1,40	3,50	11,24	39,34
1515.	Plus-value pour plates-bandes moulurées poussées au pourtour des panneaux..................	9,20	0,25	2,30
1519.	Plus-value pour angles enlevés à fleur de plate-bande, en coin rond	16	0,05	0,80
	TOTAL...............	......	...	3290.55

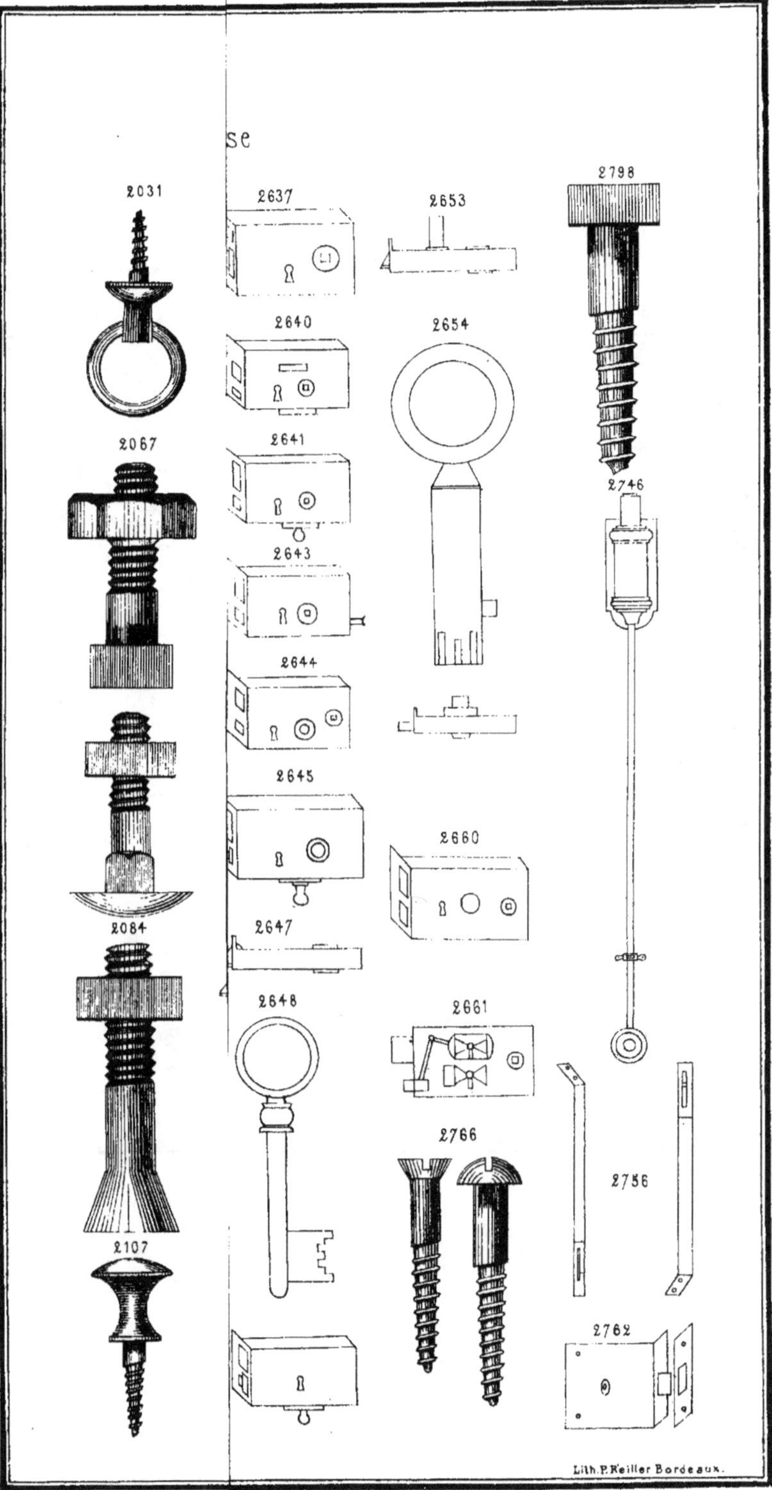
se
2031
2637
2653
2798
2640
2654
2746
2067
2641
2643
2644
2645
2660
2084
2647
2648
2661
2107
2766
2756
2762
Lith. P. Reiller Bordeaux.

SERRURERIE — QUINCAILLERIE
Nota: Le N° de chaque croquis correspond à celui de l'analyse
Lith P.Keiller Bordeaux

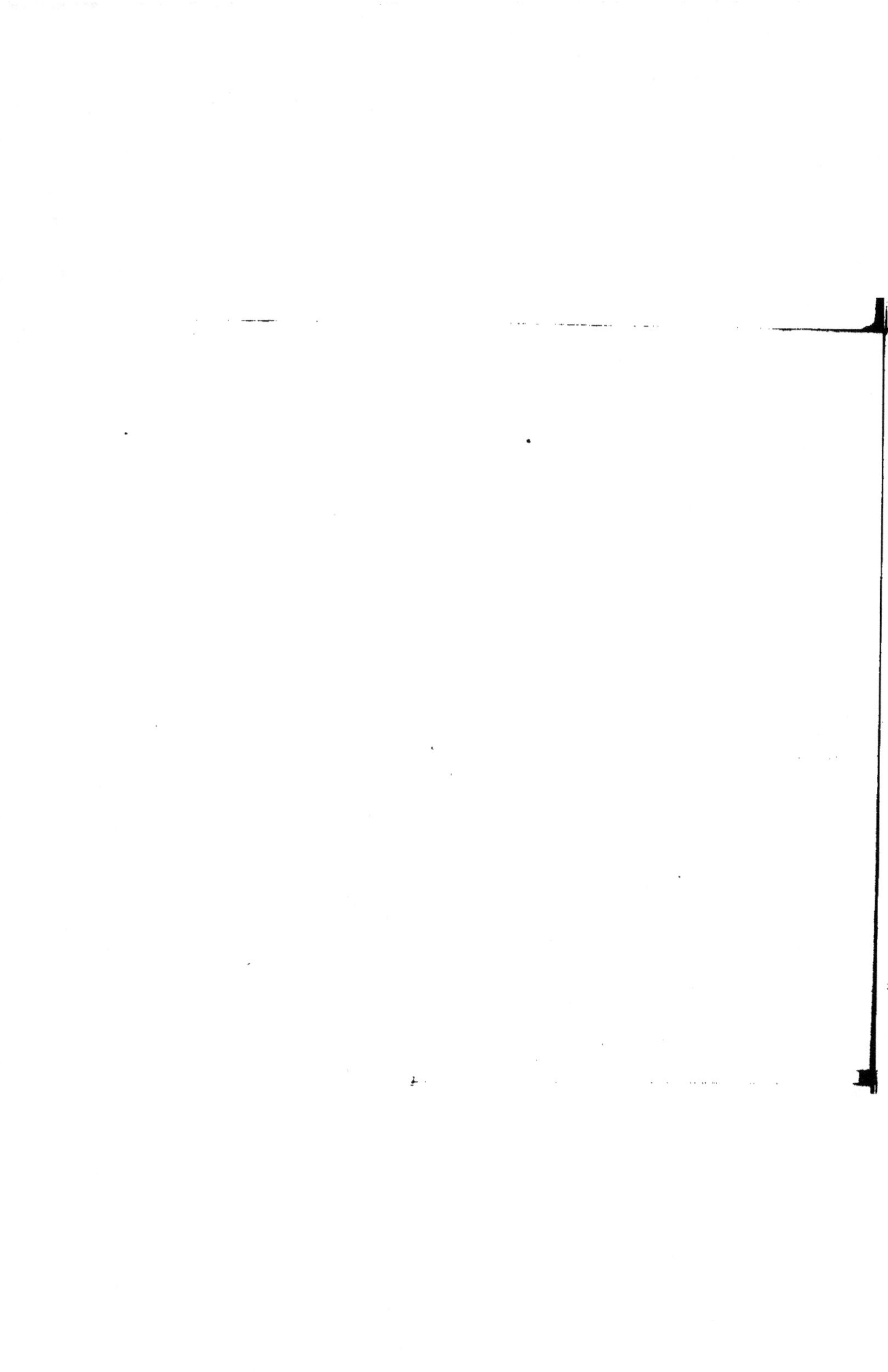

SERRURERIE

A

2031. **Anneaux** à vis, en laiton, légers, n°s 1 à 5, prix
réduit, la pièce........................ 0^f 09
2032. — — n°s 6 à 9, la pièce................... 0 13
2033. — ordinaires, n°s 1 à 5, prix réduit, la pièce..... 0 11
2034. — — n°s 6 à 10, la pièce............. 0 15
2035. — — n°s 11 à 15, la pièce................ 0 39
2036.   Plus-value pour anneau avec écrou.... 0 05
2037. **Arrêt** de contrevent et persienne, à charnière à bascule, tête en fonte, mentonnet léger, en place,
la pièce............................ 0 30
2038. — — mentonnet renforcé, la pièce............. 0 45

B

Balustrades en fer forgé. (Voyez *Fers forgés*.)
Bandes à brisures. (V. *Charnières à nœuds soudés*.)
Battement de contrevent et persienne, tête élargie
en demi-rond :
2039. — à scellement........................... 0 20
2040. — à pointe. 0 10
2041. — à deux coudes à scellement................. 0 25
2042. — — à pointe............................ 0 12
2043. **Bec de canne** (dit *lardé*) à entailler dans l'épaisseur du bois, avec bouton à olive et béquille
en cuivre, entrée, gâche et vis à bois :

Bec de canne.................... 1^f 10
Béquille et olive, N° 2066.......... 1 00
Vis............................ 0 20
Entaille et pose.................. 0 70
La pièce..... 3 00

2044. — (dit *lardé*) force demi-clinche, à entailler dans

l'épaisseur du bois, avec bouton en cuivre, deux passe-partout :

Bec de canne avec bouton, entrée et gâche......................	7f 50
Vis................................	0 40
Pose et entaille..................	1 25
La pièce.....———	9f 15

2045.   Par chaque passe-partout en sus de deux.   1 00

Becs de canne marqués *ST* ou de marques équivalentes :

2046. — cloisons de 0,017 d'épaisseur, compris gâche à baguette, jusqu'à 0,08 :

Bec de canne....................	1f 95
Gâche	0 35
Vis.............................	0 35
Pose............................	0 35
La pièce .....———	3 00

2047. — — de 0,11 :

Bec de canne....................	2f 00
Gâche, vis et pose, Nº 2046.........	1 05
La pièce.....———	3 05

2048. — cloisons de 0,020 sur 0,08, compris gâche à baguette, de 0,11 :

Bec de canne....................	2f 45
Gâche, vis et pose, Nº 2046	1 05
La pièce.....———	3 50

2049. — — de 0,14 :

Bec de canne....................	3f 00
Gâche, vis et pose, Nº 2046.........	1 05
La pièce.....———	4 05

2050. — — de 0,16 :

Bec de canne....................	3f 55
Gâche, vis et pose, Nº 2046.........	1 05
La pièce.....———	4 60

2051.   Plus-value pour rondelle tournée au foliot.   0·60

2052.   —   pour bec de canne à chanfrein de 32 degrés...............   1 20

2053.   —   pour ajustement tubulaire, avec galets au foliot...........   0 88

2054. — posés en long, compris gâche à baguette jusqu'à 0,04 de large :

Bec de canne avec gâche.........,	4f 05
Vis.............................	0 35
Pose............................	0 35
La pièce.....———	4 75

Becs de canne marqués *ST* ou de marques équivalentes :

2055. — posés en long, compris gâche à baguette, de 0,05 à 0,08 de large :

> Bec de canne avec gâche........... 3f 20
> Vis et pose. Comme au Nº 2054...... 0 70
>
> La pièce.....——   3f 90

2056.   Plus-value pour chanfrein de 32 degrés...   1 20
3057.   — pour ajustement tubulaire.....   2 15
2058. — cloison de 0,027 sur 0,095 de hauteur, avec gâche à baguette, sans rondelle, de 0,16 de long :

> Bec de canne avec gâche........... 6f 90
> Vis............................. 0 40
> Pose............................. 0 35
>
> La pièce.....——   7 65

2059.   Plus-value pour chanfrein de 32 degrés, à rondelles.................   1 20
2060.   — pour ajustement tubulaire et foliot à galets...............   3 60
2061.   — pour gâche à rouleau........   1 20
2062. — à entailler dans l'épaisseur du bois, en long, jusqu'à 0,08 de large :

> Bec de canne avec entrée et gâche... 3f 35
> Vis............................. 0 20
> Pose et entaille................... 0 70
>
> La pièce.....——   4 25

2063. — — — de 0,09 de large :

> Bec de canne avec entrée et gâche... 3f 65
> Vis............................. 0 20
> Entaille et pose................... 0 70
>
> La pièce.....——   4 55

2064. — — — de 0,10 de large :

> Bec de canne avec entrée et gâche.,. 3f 90
> Vis............................. 0 20
> Entaille et pose................... 0 70
>
> La pièce.....——   4 80

2065. — — en travers, de 0,12 à 0,14 :

> Bec de canne avec entrée et gâche... 4f 30
> Vis............................. 0 20
> Entaille et pose................... 0 70
>
> La pièce.....——   5 20

2066. Béquille et Olive en cuivre pour serrures et becs de canne :

Béquille et olive	0f 75
Ajustage et pose	0 25
La pièce..... ———	1f 00

Boulons à écrou, tête ronde, carrée ou à losange, collet rond ou carré, tous les numéros prix réduit jusqu'à 36, en place :

2067. — de 0,03 de longueur, la pièce............				0 11
2068. — de 0,04	—	—	....	0 14
2069. — de 0,05	—	—	....	0 17
2070. — de 0,06	—	—	....	0 19
2071. — de 0,07	—	—	....	0 22
2072. — de 0,08	—	—	....	0 26
2073. — de 0,09	—	—	....	0 27
2074. — de 0,10	—	—	....	0 30
2075. — de 0,11	—	—	....	0 33
2076. — de 0,12	—	—	....	0 34
2077. — de 0,13	—	—	....	0 36
2078. — de 0,14	—	—	....	0 39
2079. — de 0,15	—	—	....	0 41
2080. — de 0,16	—	—	....	0 44
2081. — de 0,17	—	—	....	0 47
2082. — de 0,18	—	—	....	0 51
2083. — de 0,20	—	—	....	0 58

Boulons tête conique, collet rond, tous les numéros prix réduit, en place :

2084. — de 0,04 de longueur, la pièce............				0 09
2085. — de 0,05	—	—	....	0 10
2086. — de 0,06	—	—	....	0 12
2087. — de 0,07	—	—	....	0 13
2088. — de 0,08	—	—	....	0 14
2089. — de 0,09	—	—	....	0 16
2090. — de 0,10	—	—	....	0 17
2091. — de 0,11	—	—	....	0 18

2092. Boulon de volets, avec clavette, platines et contre-platines, en place :

Boulon avec clavette..............	0f 35
Platines et contre-platines.........	0 10
Pose......................	0 50
La pièce..... ———	0 95

Bourdonnière à équerre (petit pivot à équerre) en
fer, avec crapaudine, entaillée et posée :

2093. — de 0,16 de branche :

Bourdonnière......................	1f 00
Vis...............................	0 26
Entaille et pose..................	0 40
La pièce.....———	1f 66

2094. — de 0,19 de branche :

Bourdonnière......................	1f 20
Vis...............................	0 26
Entaille et pose..................	0 40
La pièce.....———	1 86

2095. — de 0,22 de branche :

Bourdonnière......................	1f 50
Vis...............................	0 26
Entaille et pose..................	0 40
La pièce.....———	2 16

2096. — de 0,25 de branche :

Bourdonnière......................	1f 80
Vis...............................	0 35
Entaille et pose..................	0 45
La pièce.....———	2 60

2097. — de 0,28 de branche :

Bourdonnière......................	2f 10
Vis...............................	0 35
Entaille et pose..................	0 50
La pièce.....———	2 95

2098. — de 0,32 de branche :

Bourdonnière......................	2f 40
Vis...............................	0 42
Entaille et pose..................	0 55
La pièce.....———	3 37

2099. — de 0,40 de branche :

Bourdonnière......................	2f 70
Vis...............................	0 49
Entaille et pose..................	0 60
La pièce.....———	3 79

— à équerre à boule tournée, avec crapaudine, entaillée et posée :

2100. — de 0,16 de branche :

Bourdonnière	1f 85
Vis...............................	0 26
Entaille et pose	0 40
La pièce.....———	2 51

Bourdonnière à équerre à boule tournée, avec crapaudine, entaillée et posée :

2101. — de 0,19 de branche :

Bourdonnière.......	2f 15
Vis....................	0 26
Entaille et pose..................	0 40
La pièce.....———	2f 81

2102. — de 0,22 de branche :

Bourdonnière...................	2f 55
Vis....................	0 26
Entaille et pose...................	0 40
La pièce.....———	3 21

2103. — de 0,25 de branche :

Bourdonnière...................	2f 95
Vis....................	0 35
Entaille et pose...................	0 45
La pièce.....———	3 75

2104. — de 0,28 de branche :

Bourdonnière...................	3f 35
Vis....................	0 35
Entaille et pose	0 50
La pièce.....———	4 20

2105. — de 0,32 de branche :

Bourdonnière................... .	3f 75
Vis....................	0 42
Entaille et pose	0 55
La pièce.....———	4 72

2106. — de 0,40 de branche :

Bourdonnière...................	4f 25
Vis....	0 49
Entaille et pose...................	0 60
La pièce.....———	5 34

2107. **Boutons** à vis, légers, n°s 1 à 6, de 0,01 à 0,018 de diamètre, prix réduit, la pièce.............   0 08

2108. — — n°s 7 à 12, de 0,02 à 0,03 de diamètre, prix réduit, la pièce 0 18

2109. — ordinaires, n°s 0 à 6, de 0,008 à 0,019 de diamètre, prix réduit, la pièce...............   0 10

2110. — — n°s 7 à 12, de 0,022 à 0,034 de diamètre, prix réduit, la pièce...................   0 29

2111. — massifs, n^rs 0 à 4, de 0,016 à 0,023 de diamètre, prix réduit, la pièce..................   0 18

2112. — — n°s 5 à 9, de 0,025 à 0,034 de diamètre, prix réduit, la pièce 0 40

2113. **Boutons** à vis, creusés, n⁰ˢ 1 à 5, de 0,016 à 0,023
     de diamètre, prix réduit, la pièce...........   0ᶠ 15

2114.   Plus-value pour boutons avec écrou...   0 05

Boutons doubles, marqués *ST* ou de marques équivalentes, pour serrures et becs de canne :

2115. — pleins, en cuivre, tige carrée et rosette à douille
     en fer, n⁰ 8 :

        Bouton........................ 1ᶠ 15
        Ajustage....................... 0 20
                 La pièce..... ——   1 35

2116. — — n⁰ 9 :
        Bouton........................ 1ᶠ 40
        Ajustage....................... 0 20
                 La pièce..... ——   1 60

2117. — — n⁰ 10 :
        Bouton........................ 1ᶠ 75
        Ajustage....................... 0 20
                 La pièce..... ——   1 95

2118. — — n⁰ 11 :
        Bouton........................ 2ᶠ 20
        Ajustage....................... 0 20
                 La pièce..... ——   2 40

2119. — creux à olive, de 0,055 de hauteur :
        Bouton........................ 1ᶠ 85
        Ajustage....................... 0 20
                 La pièce..... ——   2 05

2120. — — de 0,06 de hauteur :
        Bouton........................ 2ᶠ 20
        Ajustage....................... 0 20
                 La pièce..... ——   2 40

2121. — — de 0,065 de hauteur :
        Bouton........................ 2ᶠ 60
        Ajustage....................... 0 20
                 La pièce..... ——   2 80

Broches pour chevrons. (Voyez *Pointes*.)

C

Cadenas ordinaires, clef en chiffre :

2122. — — de 0,04, la pièce.....................   0 35
2123. — — de 0,05, la pièce.....................   0 45
2124. — — de 0,06, la pièce.....................   0 55
2125. — — de 0,07, la pièce.....................   0 65

Charnières ordinaires, en fer, entaillées et posées avec vis :

2126. — — de 0,03 :

Charnière...................... 0f 04
Vis........................... 0 06
Pose.......................... 0 05

La pièce..... ——— 0f 15

2127. — — de 0,04 :

Charnière...................... 0f 05
Vis........................... 0 12
Pose.......................... 0 07

La pièce..... ——— 0 24

2128. — — de 0,05 :

Charnière...................... 0f 05
Vis........................... 0 15
Pose.......................... 0 09

La pièce..... ——— 0 29

2129. — — de 0,06 :

Charnière...................... 0f 06
Vis........................... 0 18
Pose.......................... 0 12

La pièce..... ——— 0 36

2130. — — de 0,07 :

Charnière...................... 0f 07
Vis........................... 0 18
Pose.......................... 0 14

La pièce..... ——— 0 39

2131. — — de 0,08 :

Charnière...................... 0f 10
Vis........................... 0 18
Pose.......................... 0 15

La pièce..... ——— 0 43

2132. — — de 0,09 :

Charnière...................... 0f 12
Vis........................... 0 18
Pose.......................... 0 16

La pièce..... ——— 0 46

2133. — — de 0,10 :

Charnière...................... 0f 15
Vis........................... 0 18
Pose.......................... 0 16

La pièce..... ——— 0 49

2134. — — de 0,11 :

Charnière...................... 0f 17
Vis........................... 0 20
Pose.......................... 0 17

La pièce..... ——— 0 54

2135. — — de 0,12 :

Charnière...................... 0f 24
Vis........................... 0 20
Pose.......................... 0 18

La pièce..... ——— 0 62

Charnières ordinaires, en fer, entaillées et posées
avec vis :

2136. — — de 0,14 :

        Charnière. 0ᶠ 27
        Vis............................ 0 26
        Pose........................... 0 19
                       La pièce..... —— 0ᶠ 72

2137. — — de 0,16 :

        Charnière 0ᶠ 38
        Vis 0 30
        Pose........................... 0 20
                       La pièce..... —— 0 88

— fortes, en fer, entaillées et posées avec vis :

2138. — — de 0,04 :

        Charnière...................... 0ᶠ 06
        Vis 0 12
        Pose 0 07
                       La pièce..... —— 0 25

2139. — — de 0,05 :

        Charnière 0ᶠ 06
        Vis 0 15
        Pose 0 09
                       La pièce..... —— 0 30

2140. — — de 0,06 :

        Charnière 0ᶠ 07
        Vis 0 18
        Pose 0 12
                       La pièce..... —— 0 37

2141. — — de 0,07 :

        Charnière 0ᶠ 09
        Vis 0 18
        Pose 0 14
                       La pièce..... —— 0 41

2142. — — de 0,08 :

        Charnière...................... 0ᶠ 12
        Vis 0 18
        Pose.......................... 0 15
                       La pièce..... —— 0 45

2143. — — de 0,09 :

        Charnière...................... 0ᶠ 14
        Vis 0 18
        Pose 0 16
                       La pièce..... —— 0 48

2144. — — de 0,10 :

        Charnière 0ᶠ 18
        Vis........................... 0 18
        Pose 0 16
                       La pièce..... —— 0 52

Charnières fortes, en fer, entaillées et posées avec vis :

2145. — — de 0,11 :

        Charnière 0f 20
        Vis 0 20
        Pose 0 17

                La pièce..... ———   0f 57

2146. — — de 0,12 :

        Charnière 0f 28
        Vis 0 20
        Pose 0 18

                La pièce..... ———   0 66

2147. — — de 0,14 :

        Charnière 0f 28
        Vis 0 26
        Pose 0 19

                La pièce..... ———   0 73

2148. — — de 0,16 :

        Charnière 0f 43
        Vis 0 30
        Pose 0 20

                La pièce..... ———   0 93

— carrées, en fer, entaillées et posées avec vis :

2149. — — de 0,03 :

        Charnière 0f 04
        Vis 0 06
        Pose 0 05

                La pièce..... ———   0 15

2150. — — de 0,04 :

        Charnière 0f 07
        Vis 0 12
        Pose 0 07

                La pièce..... ———   0 26

2151. — — de 0,05 :

        Charnière 0f 07
        Vis 0 15
        Pose 0 09

                La pièce..... ———   0 31

2152. — — de 0,06 :

        Charnière 0f 09
        Vis 0 18
        Pose 0 12

                La pièce..... ———   0 39

2153. — — de 0,07 :

        Charnière 0f 10
        Vis 0 18
        Pose 0 14

                La pièce..... ———   0 42

Charnières carrées, en fer. entaillées et posées
avec vis :

2154. — — de 0,08 :

Charnière 0f 16
Vis 0 18
Pose............................. 0 15

La pièce.....——   0f 49

2155. — — de 0,09 :

Charnière 0f 24
Vis 0 18
Pose............................. 0 16

La pièce.....——   0 58

2156. — — de 0,10 :

Charnière 0f 31
Vis 0 18
Pose............................. 0 16

La pièce.....——   0 65

2157. — — de 0,11 :

Charnière 0f 35
Vis 0 20
Pose............................. 0 17

La pièce.....——   0 72

2158. — — de 0,12 :

Charnière 0f 44
Vis 0 20
Pose............................. 0 18

La pièce.....——   0 79

2159. — — de 0,14 :

Charnière 0f 50
Vis 0 26
Pose............................. 0 19

La pièce.....——   0 95

2160. — — de 0,16 :

Charnière 0f 90
Vis 0 30
Pose............................. 0 20

La pièce.....——   1 40

— carrées fortes, en fer, entaillées et posées avec
vis :

2161. — — de 0,04 :

Charnière 0f 08
Vis 0 12
Pose............................. 0 07

La pièce.....——   0 27

2162. — — de 0,05 :

Charnière 0f 08
Vis 0 15
Pose............................. 0 09

La pièce.....——   0 32

Charnières carrées fortes, en fer, entaillées et posées avec vis :

2163. — — de 0,06 :

Charnière	0f 10
Vis	0 18
Pose	0 12
La pièce.....	0f 40

2164. — — de 0,07 :

Charnière	0f 13
Vis	0 18
Pose	0 14
La pièce....	0 45

2165. — — de 0,08 :

Charnière	0f 19
Vis	0 18
Pose	0 15
La pièce.....	0 52

2166. — — de 0,09 :

Charnière	0f 28
Vis	0 18
Pose	0 16
La pièce.....	0 62

2167. — — de 0,10 :

Charnière	0f 37
Vis	0 18
Pose	0 16
La pièce.....	0 71

2168. — — de 0,11 :

Charnière	0f 43
Vis	0 20
Pose	0 17
La pièce.....	0 80

2169. — — de 0,12 :

Charnière	0f 54
Vis	0 20
Pose	0 18
La pièce.....	0 92

2170. — — de 0,14 :

Charnière	0f 62
Vis	0 26
Pose	0 19
La pièce.....	1 07

2171. — — de 0,16 :

Charnière	1f 00
Vis	0 30
Pose	0 20
La pièce.....	1 50

2172.   Plus-value pour charnière avec tête à broche, la pièce..................................   0 10

2173.   Plus-value pour charnière portant lames de volets, par charnière.................. 0f 35

    Charnières ordinaires, en laiton, entaillées et posées avec vis laiton :

2174. — — de 0,02 :

Charnière	0f 03
Vis	0 12
Pose	0 05
La pièce.....	0 20

2175. — — de 0,03 :

Charnière	0f 06
Vis	0 12
Pose	0 05
La pièce.....	0 23

2176. — — de 0,04 :

Charnière	0f 12
Vis	0 20
Pose	0 07
La pièce.....	0 39

2177. — — de 0,05 :

Charnière	0f 16
Vis	0 30
Pose	0 09
La pièce.....	0 55

2178. — — de 0,06 :

Charnière	0f 24
Vis	0 30
Pose	0 12
La pièce.....	0 66

2179. — — de 0,07 :

Charnière	0f 30
Vis	0 42
Pose	0 14
La pièce.....	0 86

2180. — — de 0,08 :

Charnière	0f 45
Vis	0 51
Pose	0 15
La pièce.....	1 11

2181. — — de 0,09 :

Charnière	0f 62
Vis	0 51
Pose	0 16
La pièce.....	1 29

2182. — — de 0,10 :

Charnière	0f 82
Vis	0 54
Pose	0 16
La pièce.....	1 52

Charnières ordinaires, en laiton, entaillées et posées avec vis laiton :

2183. — — de 0,11 :

Charnière	0ᶠ 90
Vis	0 54
Pose	0 17
La pièce.....	1ᶠ 61

— carrées, en laiton, entaillées et posées avec vis
laiton :

2184. — — de 0,03 :

Charnière	0ᶠ 12
Vis	0 12
Pose	0 05
La pièce.....	0 29

2185. — — de 0,04 :

Charnière	0ᶠ 21
Vis	0 30
Pose	0 07
La pièce.....	0 58

2186. — — de 0,05 :

Charnière	0ᶠ 36
Vis	0 30
Pose	0 09
La pièce.....	0 75

2187. — — de 0,06 :

Charnière	0ᶠ 51
Vis	0 30
Pose	0 12
La pièce.....	0 93

2188. — — de 0,07 :

Charnière	0ᶠ 61
Vis	0 42
Pose	0 14
La pièce.....	1 17

2189. — — de 0,08 :

Charnière	0ᶠ 90
Vis	0 51
Pose	0 15
La pièce.....	1 56

2190. — en fer, à hélice, de 0,085 × 0,052. et de 0,085
× 0,068, entaillées et posées avec vis :

Charnière	1ᶠ 12
Vis	0 21
Pose	0 15
La pièce.....	1 48

2191. — en laiton, à hélice, de 0,112 × 0,068, entaillées
et posées avec vis laiton :

Charnière	2ᶠ 62
Vis	0 54
Pose	0 15
La pièce.....	3 31

Charnières à hélice, en cuivre, sans boule, marquées *ST* ou de marque équivalente, entaillées et posées avec vis :

2192. — — de 0,08 :

Charnière	2ᶠ 30
Vis	0 25
Pose	0 15
La pièce	2ᶠ 70

2193. — — de 0,09 :

Charnière	3ᶠ 45
Vis	0 25
Pose	0 16
La pièce	3 86

2194. — — de 0,11 :

Charnière	4ᶠ 60
Vis	0 30
Pose	0 17
La pièce	5 07

2195. — à briquet pour comptoir et table à bagages, compris vis, entaille et pose, le kilog 3 00

2196. — longues, à nœuds soudés, compris vis, entaille et pose, le kilog 1 70

2197. Plus-value pour soudure des nœuds, par chaque nœud 0 50

2198. **Châssis** maillé, en cuivre, pour devant de guichet de distribution, la pièce 2 50

— maillés, en fil de fer. (Voyez *Grillages*.)

2199. **Clous** pour porte de frise, le °/₀ 1 30

2200. — à bâtiment, le kilog 0 75

2201. **Coulisseau** de tirage pour conduits de loqueteau, avec bouton en fer, entaillé et fixé à vis, la pièce 1 00

2202. — à coquille en cuivre, la pièce, ... 1 50

2203. **Crémaillère** de fabrique pour châssis à tabatière, de 0,50 à 0,60 de longueur, en place, la pièce. 1 50

Crémone ordinaire jusqu'à 2 mètres de longueur, tringle en fer demi-rond et garnitures en fonte :

2204. — — de 0,014 de diamètre :

Crémone et garniture	2ᶠ 00
Vis	0 45
Ajustage et pose	0 80
La pièce	3 25

2205. Par mètre en sus, compris conduits 0 95

Crémone ordinaire jusqu'à 2 mètres de longueur,
tringle en fer demi-rond et garnitures en fonte :
2206. — — de 0,016 de diamètre :

Crémone et garnitures............	2f 25	
Vis..........................	0 45	
Ajustage et pose..............	0 80	
La pièce.....——		3f 50

2207.   Par mètre en sus, compris conduits 1 15
2208. — — de 0,018 de diamètre :

Crémone et garnitures............	2f 60	
Vis..........................	0 45	
Ajustage et pose..............	0 80	
La pièce.....——		3 85

2209.   Par mètre en sus, compris conduits 1 35
— ordinaire, dite *charbonnier,* jusqu'à 2 mètres de
longueur, tringle en fer demi-rond et garnitures en fonte, mentonnet de rappel à bascule
par le haut :
2210. — — de 0,014 de diamètre :

Crémone et garnitures............	2f 45	
Vis..........................	0 45	
Ajustage et pose..............	1 00	
La pièce.....——		3 90

2211.   Par mètre en sus, compris conduits 0 95
2212. — — de 0,016 de diamètre :

Crémone et garnitures............	2f 70	
Vis..........................	0 45	
Ajustage et pose..............	1 00	
La pièce.....——		4 15

2213.   Par mètre en sus, compris conduits 1 15
2214. — — de 0,018 de diamètre :

Crémone et garnitures............	3f 05	
Vis.*.........................	0 45	
Ajustage et pose..............	1 00	
La pièce.....——		4 50

2215.   Par mètre en sus, compris conduits 1 35
Crémones marquées *ST* ou de marque équivalente,
tige demi-ronde, jusqu'à 2 mètres de long :
2216. — — de 0,016 de diamètre, garnitures en fonte :

Crémone......................	3f 15	
Vis..........................	0 45	
Ajustage et pose..............	0 80	
La pièce.....——		4 40

Crémones marquées *ST* ou de marque équivalente,
tige demi-ronde, jusqu'à 2 mètres de long :

2217. — — de 0,016 de diamètre, à bouton de cuivre :

Crémone	5f 20
Vis	0 45
Ajustage et pose	0 80
La pièce.....——	6f 45

2218.   Par mètre de tringle noire en sus......   1 00

2219. — — de 0,018 de diamètre, garniture en fonte :

Crémone	3f 75
Vis	0 45
Ajustage et pose	0 80
La pièce.....——	5 00

2220. — — — à bouton de cuivre :

Crémone	5f 75
Vis	0 45
Ajustage et pose	0 80
La pièce.....——	7 00

2221. — — — toutes les garnitures en cuivre ciselé :

Crémone	15f 55
Vis	1 20
Ajustage et pose	0 80
La pièce.....——	17 55

2222.   Par mètre de tringle noire en sus......   1 10

2223. — — de 0,020 de diamètre, garniture en fonte :

Crémone	6f 90
Vis	0 45
Ajustage et pose	0 80
La pièce.....——	8 15

2224. — — — à bouton de cuivre :

Crémone	9f 20
Vis	0 45
Ajustage et pose	0 80
La pièce.....——	10 45

2225. — — — toutes les garnitures en cuivre ciselé :

Crémone	23f 70
Vis	1 20
Ajustage et pose	0 80
La pièce.....——	25 70

2226.   Par mètre de tringle noire en sus......   1 25

2227. NOTA. Toute partie de tringle en sus de 2m00 ayant moins de 0m10 sera
comptée pour 0m10 .... *Observ.*

2228. Plus-value pour crémones avec mouvement formant
à clef, la pièce.................................   2 00

Crochets en fer, tous les numéros prix réduit, en place :

2229. — — de 0,03	0ᶠ 02
2230. — — de 0,04	0 03
2231. — — de 0,05	0 035
2232. — — de 0,06	0 04
2233. — — de 0,07	0 05
2234. — — de 0,08	0 06
2235. — — de 0,09	0 07
2236. — — de 0,10	0 08
2237. — — de 0,11	0 09
2238. — — de 0,12	0 10
2239. — — de 0,13	0 12
2240. — — de 0,14	0 14
2241. — — de 0,15	0 15
2242. — — de 0,16	0 16
2243. — — de 0,17	0 22
2244. — — de 0,18	0 24
2245. — — de 0,19	0 25
2246. — — de 0,20	0 27

— de contrevent, en fer, avec 2 pitons, tous les numéros prix réduit, en place :

2247. — — de 0,05	0 11
2248. — — de 0,06	0 14
2249. — — de 0,08	0 18
2250. — — de 0,10	0 22
2251. — — de 0,12	0 30
2252. — — de 0,14	0 37
2253. — — de 0,16	0 39
2254. — — de 0,18	0 42
2255. — — de 0,20	0 47
2256. — — de 0,22	0 55
2257. Plus-value pour les crochets vernissés....	0 02

— de contrevent, en laiton, avec 2 pitons, tous les numéros prix réduit, en place :

2258. — — de 0,05	0 21
2259. — — de 0,06	0 29
2260. — — de 0,08	0 42
2261. — — de 0,10	0 60
2262. — — de 0,12	0 80
2263. — — de 0,14	0 87
2264. — — de 0,16	0 92

Crochets de contrevent, en laiton, avec 2 pitons,
tous les numéros prix réduit, en place :

2265. — — de 0,18	1f 10
2266. — — de 0,20	1 27
2267. — — de 0,22	1 57

— demi-ronds, en fer, avec piton :

2268. — — de 0,04 à 0,055	0 14
2269. — — de 0,06 à 0,08	0 15
2270. — — de 0,09 à 0,11	0 19

— demi-ronds, en laiton, avec piton :

2271. — — de 0,04 à 0,055	0 19
2272. — — de 0,06 à 0,08	0 22
2273. — — de 0,09 à 0,11	0 25

Croissants pour cheminées. (Voyez *Fumisterie*.)

D

2274. **Dépose** d'un bec de canne entaillé	0 10
2275. — d'une charnière	0 05
2276. — d'une équerre	0 05
2277. — d'une crémone	0 20
2278. — d'une fiche	0 10
2279. — d'une paumelle	0 10
2280. — d'une paumelle double et à boule	0 15
2281. — d'un verrou à ressort	0 10
2282. — d'une serrure d'armoire	0 10
2283. — d'une serrure de porte ordinaire	0 15
2284. — d'une penture entaillée	0 20
2285. **Dépose et Repose** d'un bec de canne	0 30
2286. — — d'une charnière	0 15
2287. — — d'une équerre	0 15
2288. — — d'une crémone	0 60
2289. — — d'une fiche	0 15
2290. — — d'une paumelle simple	0 25
2291. — — d'une paumelle double	0 35
2292. — — d'un verrou à ressort	0 25
2293. — — d'une serrure d'armoire	0 25
2294. — — d'une serrure de porte	0 40
Dépose et Repose en place neuve :	
2295. — — d'un bec de canne	0 80
2296. — — d'une charnière	0 20

Dépose et **Repose** en place neuve :

2297. — — d'une équerre.......................... 0ᶠ 20
2298. — — d'une crémone........................ 1 20
2299. — — d'une fiche........................... 0 25
2300. — — d'une paumelle simple................. 0 35
2301. — — d'une paumelle double................. 0 45
2302. — — d'un verrou à ressort................. 0 30
2303. — — d'une serrure d'armoire 0 35
2304. — — d'une serrure de porte ordinaire 1 00
2305. — — d'une penture 0 45
2306. — — de fers et fontes de charpente :

> Dépose............................ 0ᶠ 02
> Repose............................ 0 08
> Le kilog........ ——— 0 10

E

Entailles dans le bois de ferrures comptées au kilog. :

2307. — de 0,04 de large, le m. 1.................... 0 60
2308.   Chaque centimètre en plus 0 06
2309. — pour pivots de portes cochères et ouvrages analogues, le m. 1..................... 1 00
2310. **Entrée** de serrure, vis comprises, en remplacement. 0 30
     Équerres simples entaillées et fixées avec vis :
2311. — de 0,16 de branche :

> Équerre........................... 0ᶠ 18
> Vis............................... 0 08
> Entaille et pose 0 10
> La pièce..... ——— 0 36

2312. — de 0,19 de branche :

> Équerre........................... 0ᶠ 30
> Vis............................... 0 08
> Entaille et pose................... 0ᶠ 11
> La pièce..... ——— 0 49

2313. — de 0,22 de branche :

> Équerre........................... 0ᶠ 37
> Vis............................... 0 08
> Entaille et pose................... 0 12
> La pièce..... ——— 0 57

2314. NOTA. Les équerres entaillées en fer feuillard forgé sur commande spéciale seront comptées au kilog. comme objets de quincaillerie, n° 2360........ *Observ.*

F

2315. **Fers** de 1re classe :

        carrés, de 0,020 à 0,054 ;

        ronds, de 0,030 à 0,061 ;

        plats,   de 0,027 à 0,039 sur 0,011 et plus ;

         de 0,040 à 0,115 sur 0,09 et plus.

                      Les % kilogrammes.... 29^f 50

2316. — de 2e classe :

        carrés, de 0,016 à 0,019 ;

         de 0,055 à 0,069 :

        ronds, de 0,017 à 0,029 ;

         de 0,062 à 0,074 ;

        plats,   de 0,020 à 0,039 sur 0,008 et plus ;

         de 0,040 à 0,081 sur 0,006 à 0,0085 ;

         de 0,116 à 0,165 sur 0,012 à 0,040.

                      Les % kilogrammes.... 30 75

2317. — de 3e classe :

        carrés, de 0,011 à 0,015 :

         de 0,070 à 0,081 :

        ronds, de 0,012 à 0,016 :

         de 0,075 à 0,090 ;

        plats,   de 0,082 à 0,115 sur 0,006 à 0,0085 ;

         de 0,116 à 0,165 sur 0,007 à 0,0115 ;

        bandelettes, de 0,020 à 0,039 sur 0,0055 à

          0,0075 ;

        aplatis, de 0,040 à 0,081 sur 0,0045 à 0,0055 ;

        plate-bande demi-ronde, de 0,027 à 0,050.

                      Les % kilogrammes.... 32 00

2318. — de 4e classe :

        carrés, de 0,005 à 0,010 ;

         de 0,082 à 0,110 ;

        ronds, de 0,006 à 0,011 :

         de 0,091 à 0,111 ;

        plats,   de 0,082 à 0,015 sur 0,0045 à 0,006 ;

         de 0,116 à 0,165 sur 0,0055 à 0,0065 ;

        bandelettes, de 0,014 à 0,019, sur 0,0045 et

          plus ;

        aplatis, de 0,020 à 0,039 sur 0,0035 à 0,005 ;

         de 0,040 à 0,081 sur 0,0035 à 0,004 ;

        plate-bande demi-ronde, de 0,014 à 0,026.

                      Les % kilogrammes.... 33 25

2319. **Fers** hors classe :

carrés, de 0,0045 ;

de 0,111 à 0,120 ;

ronds, de 0,0045 à 0,0055 ;

de 0,111 à 0,185 ;

plats, tous les plats qui ne figurent pas dans les classes précédentes.

Les % kilogrammes.... 34ᶠ 50

Nota. Les prix des fers ne sont établis que pour des longueurs ne dépassant pas :

3ᵐ00 pour les fers carrés ou ronds de 0,151 à 0,185 ;

4ᵐ00 — — de 0,136 à 0,150 ;

5ᵐ00 — — de 0,100 à 0,135 ;

(au-dessus de ces dimensions, ces fers subiront une augmentation de 1ᶠ10 par % kilogrammes et par chaque 0ᵐ50 ou fraction de 0ᵐ50) ;

7ᵐ00 pour tous les autres fers ;

(au-dessus de 7ᵐ00 de longueur, ces fers subiront une augmentation de 1ᶠ10 par % kilogrammes et par mètre ou fraction de mètre en sus).

Feuillards et demi-Feuillards :

2320. — 1ʳᵉ classe :

de 0,018 à 0,027 sur 0,003 et plus ;

de 0,029 à 0,081 sur 0,00175 et plus ;

de 0,083 à 0,117 sur 0,003 et plus.

Les % kilogrammes.... 34 25

2321. — 2ᵉ classe :

de 0,018 à 0,027 sur 0,00175 à 0,00275 ;

de 0,029 à 0,081 sur 0,00167 ;

de 0,083 à 0,117 sur 0,002 à 0,00275.

Les % kilogrammes.... 36 50

2322. — 3ᵉ classe :

de 0,018 à 0,027 sur 0,00167 ;

de 0,029 à 0,081 sur 0,00075 à 0,0015 ;

de 0,033 à 0,117 sur 0,0015 à 0,00175.

Les % kilogrammes.... 40 25

2323. — 4ᵉ classe :

feuillards et demi-feuillards, de 0,014 à 0,017.

Les % kilogrammes.... 42 50

Fers à plancher :

2324. — 1ʳᵉ série :

à plancher à I à côtés égaux, de 0,100 à 0,180.

Les % kilogrammes.... 29 50

Fers à plancher :

2324 *bis.* — 2e série :

à plancher à $\bot$ à côtés égaux, de 0,180 à 0,220.

Les % kilogrammes.... 30^f 75

Nota. Au-dessus de 8^{m}00 de longueur, les fers à plancher subiront une augmentation de 1^{f}10 par % kilogrammes et par mètre ou fraction de mètre en sus.

Fers spéciaux :

2324 *ter.* — 1re catégorie :

barreaux de grille.

Les % kilogrammes.... 30 75

2325. — 2e catégorie :

cornières à côtés égaux, de 0,040 à 0,100 de branche;

couvre-joints, de 0,050 à 0,115;

main-courante à tige, de 0,070 sur 0,036.

Les % kilogrammes.... 32 00

2326. — 3e catégorie :

cornières à côtés inégaux, de 0,040 à 0,100;

à T de 5^k et plus le mètre linéaire jusqu'à 0,008 de branche;

à biseau, ronchets et à nœuds;

à coulisse, de 0,035 et au-dessus.

Les % kilogrammes.... 33 25

2327. — 4e catégorie :

cornières à côtés égaux, de 0,125 de branche:

cornières à côtés égaux et inégaux, de plus de 2^k à 3^k le mètre linéaire;

à vitrage et à T, de plus de 2^k à 5^k le mètre linéaire;

fers à U, de 0,175 sur 0,055 à 0,070.

Les % kilogrammes.... 34 50

2328. — 5e catégorie :

à couteaux, à T, vitrages et petites corniè- res, de 1^k à 2^k le mètre linéaire;

fers à U, de 0,060 sur 0,030.

Les % kilogrammes.... 35 75

2329. — 6e catégorie :

creux pour métiers, à vasistas, à T, vitrages et petites cornières au-dessous de 1^k le mètre linéaire;

fers à ∪, de 0,175 sur 0,060 à 0,067 ;

fers à ⊥ larges ailes, de 0,175 sur 0,080 à 0,087.

Les $^0/_0$ kilogrammes.... 37ᶠ 00

Nota. Au-dessus de 7ᵐ00 de longueur, les fers spéciaux subiront une augmentation de 1ᶠ10 par $^0/_0$ kilogrammes et par mètre ou fraction de mètre en sus.

2330. **Fers** (gros fers) à bâtiments, ronds ou carrés, pour travaux de toute nature, les fers coupés de longueur seulement, pour façon, fourniture et pose, le kilog.............................. 0 40

2331. — coudés ou à scellement, pour chaînes, tirants, plates-bandes, manteaux de cheminées, cintres de fourneaux, etc., etc., le kilog 0 55

2332. — coudés et contre-coudés pour étriers, entretoises de fermes de planchers, boulons de 6ᵏ et au-dessus, fers à tige taraudée avec écrou, et rails de portes roulantes, le kilog 0 63

2333. — pour fermes de planchers et poitrails, compris boulons, montage et pose, à toute hauteur, le kilog................................. 0 72

2334. — pour poitrails en tôle assemblée avec cornières en fer, compris rivets, ou tôles pour poutres mixtes, compris boulons, en place, le kilog... 0 50

2335. — pour combles en fer ordinaire, montage à toute hauteur, ajustement et pose, compris boulons, rivets et toutes fournitures et main-d'œuvre, le kilog....... .... 0 75

2336. **Fers** à ⊤ pour planchers, les solives coupées de longueur seulement, et posées sans entretoises ni fentons, compris levage, montage et pose à toute hauteur, le kilog..................... 0 38

2337. — — les solives garnies de tirants, ancres ou harpons avec entretoises et fentons, le kilog..... 0 43

2338. — — mais les solives assemblées avec cornières en fer, le kilog............................ 0 50

2339.   Plus-value pour fers de plus de 7ᵐ de portée, par mètre en plus, le kilog.. 0 011

2340. — pour poitrails, poutrelles en fer, à double ou triple ⊤, armés et assemblés, compris boulonnage, montage et pose, le kilog.......... 0 55

2341. Les fers pour poitrails de toute nature dont la pose

ne serait pas comprise subiront une moins-
value, par kilog., de...................... 0ᶠ 035

2342. **Fers** pour chevronnage de combles, pannes et plates-
formes, assemblées en fer à simple, double ou
triple T, en place, le kilog 0 55

2343. — pour fermes de combles, composées d'arbalé-
triers ou d'arétiers en même fer, en place, le
kilog........................... 0 65

2344. — à moulure pour grandes lanternes, sans petits
bois, y compris les supports, le kilog 0 70

2345. — — les fers reposant sur faîtage et formant deux
pentes, le kilog 0 75

2346. — pour châssis à petits bois, serres, châssis vitrés,
etc., le kilog 1 00

2346 *bis.* — demi-ronds pour glissières de dessus de table
à bagages, compris vis, en place, le kilog.... 0 95

2346 *ter.* — — polis à la lime fine, le kilog........... 1 25

2347. — à vitrage à moulures ou demi-ronds à feuillures,
pour petits bois de châssis vitrés avec pattes
aux extrémités entaillées et fixées à vis, ajustés carrément au bâtis en bois; fers jusqu'à
0,025 de largeur, le m. l................. 2 00

2348.   Par chaque 0,005 de largeur en plus, le m. l. 0 35

2349. Nota. Chaque ajustement d'onglet sera compté pour plus-value, par croisement, pour 0ᵐ50 de longueur de fer............................. *Observ.*

2350. Chaque ajustement d'onglet avec le bâtis en bois sera compté pour plus-
value pour 0ᵐ20 de longueur de fer............................... *Observ.*

2351. **Fers** forgés pour grilles en fer rond ou carré, les
barreaux à scellement de chaque bout, ou avec
traverse haut et bas en fer carré ou méplat,
pour baies de croisées, le kilog............ 0 60

2352. — pour grilles de clôtures : parties dormantes, le k. 0 70

2353.   parties ouvrantes, le k. 0 80

2354. — coudés à congés renforcés, fournis et posés, pour
équerres, supports ou plates-bandes, sans entailles, le kilog...................... 0 72

2355. — pour pentures ordinaires ou renforcées, avec
leurs gonds, collets non élargis, mais compris
chanfreins, clous et pose, sans entaille, le k.. 0 90

2356. — pour pentures à collets élargis, compris rivets,
fléaux de portes cochères ou charretières, le
kilog........................... 1 03

2357. **Fers** pour barres de fermeture en fer plat avec boutons tournés, sans entailles, le kilog......... 1ᶠ 20

2358. — pour pivots, bourdonnières et équerres de portes cochères, équerres et platines de portes roulantes, compris rivets, sans entailles, le kilog. 1 30

2359. — pour balustrades, banquettes, châssis de balcon, fers ronds ou carrés, en place, le kilog...... 1 15

2360. — pour poignées et verroux des portes roulantes, ferrures des devantures et objets de quincaillerie ne se trouvant pas dans le commerce, le k. 2 50

2361. — pour colliers sans joints en fer méplat, pour colonnes, le kilog......................... 1 00

2362. — pour cadre de porte de cave, compris la tôle formant le revêtement et tous les ferrements accessoires, le kilog...................... 1 10

— forgés pour châssis pour grillages en fil de fer, ou fers analogues :

2363.   de 2ᵐ00 à l'équerre et au-dessus, le kilog. 1 00

2364.   au-dessous de 2ᵐ00 à l'équerre, le kilog.. 1 20

2365. — pour consoles en fer chantourné, méplat ou carré, le kilog......................... 1 20

2366. — pour armature de pompe, paratonnerre avec conduits, et fers analogues, le kilog......... 1 35

2367. — pour grilles à coke, grate-pieds, sans pose, le k. 0 75

2368. — pour boulons de moins de 1ᵏ chaque, le kilog.. 1 00

2369. — — de 1ᵏ à 3ᵏ, le kilog..................... 0 80

2370. — — de 3ᵏ à 6ᵏ, le kilog..................... 0 65

2371. — pour frettes de pieux, le kilog.............. 0 85

2372. — pour grilles pour portes, avec ornements en zinc, le kilog......................... 0 90

2373.   Plus-value pour grilles avec traverse intermédiaire sur la hauteur au travers de laquelle passeront les barreaux, le kilog. 0 20

2374. — pour rampes d'escaliers à col de cygne, avec rosace et astragale en zinc, compris scellement, le kilog......................... 1 05

2375. — — à bandeau posé sur le boudin des marches, le kilog........ .... 1 10

2376. — pour charpente mixte : sous-tendeurs, tirants obliques, tiges de suspension, fourchettes, platines, moufles de tension et leurs accessoires, le kilog.................................... 0 75

2377. **Fers** pour charpente de marquise, en fers plats assemblés avec cornières en fer, compris tous les accessoires, tels que sous-tendeurs, fourchettes, platines, moufles, etc., etc., le kilog........ 0ᶠ 65

2378. — — en fers à simple, double ou triple T, compris tous les accessoires, tels que sous-tendeurs, fourchettes, platines, moufles, etc., le kilog.. 0 55

2379. Nota. Les prix des fers comprennent leur mise en place, ainsi que les entailles nécessaires, à moins que le libellé du prix ne mentionne le contraire.. *Observ.*

2380. **Fiches** à broche à 3 lames, tête tournée, de 0,08 de hauteur de lames :

Fiche............................	0ᶠ 15
Pose et pointes...................	0 20
La pièce.....——	0 35

2381. — — de 0,095 de hauteur de lames :

Fiche............................	0ᶠ 18
Pose et pointes...................	0 22
La pièce.....——	0 40

2382. — — de 0,11 de hauteur de lames :

Fiche............................	0ᶠ 20
Pose et pointes...................	0·25
La pièce.....——	0 45

2383. — — de 0,14 de hauteur de lames :

Fiche............................	0ᶠ 23
Pose et pointes...................	0 27
La pièce.....——	0 50

2384. — — de 0,16 de hauteur de lames :

Fiche............................	0ᶠ 30
Pose et pointes...................	0 30
La pièce.....——	0 60

2385. — — de 0,19 de hauteur de lames :

Fiche............................	0ᶠ 38
Pose et pointes...................	0 32
La pièce.....——	0 70

2386. — à broche, très forte, pour porte extérieure :

Fiche............................	1ᶠ 10
Pose et pointes...................	0 35
La pièce.....——	1 45

Plus-value pour fiches portant nœuds de volets :

2387.   pour fiches à lames de 0,11, la pièce.... 0ʳ 40
2388.   —   —   de 0,14, la pièce.... 0 55
2389.   —   —   de 0,16, la pièce.... 0 75
2390.   —   —   de 0,19, la pièce.... 1 00
2391. Plus-value pour pose de fiches sur huisserie...... 0 15
2392.   —   —   —   à l'échelle 0 20
2393. **Fil de fer** nº 20, qualité supérieure, le kilog..... 0 58
2394.   Augmentation par chaque nº plus fin, le k. 0 01^5
2395. — nº 20 galvanisé, le kilog................... 0 75
2396.   Augmentation par chaque nº plus fin, le k. 0 03
2397. **Fonte** ordinaire pour plaques unies ou cannelées, crapaudines, contre-poids, barreaux de grille, etc., le kilog 0 23
2398. — pour conduites d'eau, pour fourniture, le kilog. 0 23
2398 *bis.* — pour gaînes de cheminées, pʳ fourniture, le k. 0 28
2399. — pour colonnes pleines, en place, le kilog 0 28
2400. — pour tuyaux de descente, en place, le kilog.... 0 35
2401. — pour colonnes creuses, en place, le kilog...... 0 32
2402. — pour consoles, sabots de pieux, sabots de faîtage et de pieds de poteaux et grosses pièces, fondue sur modèle, en place, le kilog 0 38
2403. — fondue sur modèle spécial pour grilles et menus objets ne se trouvant pas dans le commerce, en place, le kilog....... .... 0 44
2404. — douce pour balcons, faîtages, poulies, engrenages, machines, en place, le kilog 0 55
2405. — — provenant de la maison Barbezat, en place, le k. 0 70
2406. **Fraisette** en cuivre pour évier, en place, la pièce. 1 00

G

2407. **Gâche** de serrure ou bec de canne entaillé, vis comprises, en remplacement, la pièce.......... 0 30
2408. — — à pointe, la pièce...................... 0 45
2409. — — à scellement, la pièce.................. 0 80
     Gâches de serrures marquées *ST* ou autres analogues, en place :
     — à baguette :
2410.   pour serrures de 0,07 de large, à cloisons de 0,017, la pièce 0 55

Gâches de serrures marquées *ST* ou autres analogues, en place :

— à baguette :

2411.   pour serrures de 0,08 de large, à cloisons de 0,020, la pièce........................ 0ᶠ 60

2412.   pour serrures de 0,11 de large, à cloisons de 0,020, la pièce........................ 0 70

2413.   pour serrures de 0,095 de large, à cloisons de 0,027, la pièce........................ 1 00

— à rouleau :

2414.   pour serrures de 0,07 de large, à cloisons de 0,017, la pièce........................ 1 25

2415.   pour serrures de 0,08 de large, à cloisons de 0,020, la pièce........................ 1 35

2416.   pour serrures de 0,11 de large, à cloisons de 0,020, la pièce........................ 1 75

2417.   pour serrures de 0,095 de large, à cloisons de 0,027, la pièce........................ 2 00

2418. — à baguette ou à rouleau, pour pose et fourniture de vis, la pièce........................ 0 15

Galets. (Voyez *Poulies.*)

Gonds en cuivre. (Voyez *Vis en cuivre.*)

— avec embase, massifs, en laiton :

2419. — — de 0,035, la pièce........................ 0 08

2420. — — de 0,045, la pièce...... .... 0 13

2421. — — de 0,057, la pièce........................ 0 15

2422. — — de 0,070, la pièce........................ 0 18

2423. — — de 0,080, la pièce........................ 0 23

— en fer, à vis ou à pointe, tous les nᵒˢ prix réduits, en place :

2424. — — de 0,02, la pièce........................ 0 03

2425. — — de 0,03, la pièce........................ 0 03

2426. — — de 0,04, la pièce........................ 0 04

2427. — — de 0,05, la pièce........................ 0 05

2428. — — de 0,06, la pièce........................ 0 07

2429. — — de 0,07, la pièce........................ 0 08

2430. — — de 0,08, la pièce........................ 0 09

2431. — — de 0,09, la pièce........................ 0 11

2432. — — de 0,10, la pièce........................ 0 12

2433. — — de 0,11, la pièce........................ 0 14

2434. — — de 0,12, la pièce........................ 0 15

Gonds en fer, à vis ou à pointe, tous les n^os prix réduits, en place :

2435. — — de 0,13, la pièce........................... 0^f 16
2436. — — de 0,14, la pièce........................... 0 18
2437. — — de 0,15, la pièce........................... 0 19
2438. — — de 0,16, la pièce........................... 0 20
2439. — — de 0,17, la pièce........................... 0 22
2440. — et pitons avec écrou pour jalousie, en place, la
   pièce.................................... 0 09
2441. **Gond** seul, pour jalousie, la pièce............... 0 06
2442. **Grenaille** pour scellement, le kilog............. 0 20

Grillages en fil de fer, en place, non compris le châssis en fer, la grandeur des mailles prise dans le sens de la maille et non en diagonale :

2443. — mailles de 0,010, fil de fer n° 3, le m. s....... 6 85
2444.   Chaque n° en sus jusqu'au n° 6, le m. s.   0 45
2445.   — du n° 7 à 11, le m. s..   0 70
2446. — mailles de 0,012, fil de fer n° 3, le m. s....... 5 10
2447.   Chaque n° en sus jusqu'au n° 6, le m. s.   0 45
2448.   — du n° 7 à 12, le m. s..   0 70
2449. — mailles de 0,015, fil de fer n° 4, le m. s....... 4 05
2450.   Chaque n° en sus jusqu'au n° 6, le m. s.   0 40
2451.   — du n° 7 à 14, le m. s..   0 65
2452. — mailles de 0,018, fil de fer n° 5, le m. s....... 3 25
2453.   Chaque n° en sus jusqu'au n° 6, le m. s.   0 40
2454.   — du n° 7 à 15, le m. s..   0 65
2455. — mailles de 0,020, fil de fer n° 6, le m. s....... 3 00
2456.   Chaque n° en sus jusqu'au n° 7, le m. s.   0 40
2457.   — du n° 8 à 16, le m. s..   0 65
2458. — mailles de 0,022, fil de fer n° 6, le m. s....... 2 75
2459.   Chaque n° en sus jusqu'au n° 7, le m. s.   0 40
2460.   — du n° 8 à 16, le m. s..   0 65
2461. — mailles de 0,025, fil de fer n° 6, le m. s....... 2 50
2462.   Chaque n° en sus jusqu'au n° 7, le m. s.   0 40
2463.   — du n° 8 à 16, le m. s..   0 65

J

2464. **Journée** de maître forgeron et serrurier......... 5 00
2465.   — de compagnon..................... 4 50
2465 *bis*. — de contre-maître..................... 6 00
2466.   — d'apprentis..................... 3 00

L

2467. **Loqueteau** saillant ordinaire à ressort, sur platine.
.de 0,045 à 0,060, mentonnet droit à pointe,
avec anneau, fil de tirage et conduits :

Loqueteau....................	0ᶠ 60
Vis.........................	0 12
Tirage, conduits et anneaux........	0 20
Pose........................	0 28
La pièce..... ——	1ᶠ 20

2468. — — mentonnet coudé à pointe, avec anneau, fil
de tirage et conduits :

Loqueteau et mentonnet	0ᶠ 75
Vis.........................	0 12
Tirage, conduits et anneau........	0 20
Pose........................	0 28
La pièce..... ——	1 35

2469. — — renforcé :

Loqueteau et mentonnet	1ᶠ 00
Vis.........................	0 15
Tirage, conduits et anneau........	0 20
Pose........................	0 30
La pièce..... ——	1 65

2470. Plus-value pour mentonnet ou goujon à
scellement, y compris scellement, la
pièce............................ 0 20

2471. Plus-value pour loqueteau sur platine entaillée et coudée d'équerre, mentonnet
sur platine ou à pointe coudée, la pièce. 0 50

2472. Plus-value pour loqueteau ayant le fil de
tirage entaillé et recouvert d'un feuillard
fixé à vis, par conduit............... 1 00

2473. Plus-value pour loqueteau ouvrant à clef,
la pièce......................... 2 00

2474. — à pompe, boîte en fonte, mentonnet en fer, avec
anneau, fil de tirage et conduits :

Loqueteau....................	0ᶠ 35
Vis.........................	0 12
Tirage, conduits et anneau........	0 20
Pose........................	0 13
La pièce..... ——	0 80

2475. Plus-value pour mentonnet en cuivre..... 0 10

M

2476. **Marguerites** pour fixer les tapis, compris gaînes, le %.................................... 25ᶠ 00
2477. **Marteau** de porte, à compter au prix de facture, augmenté de 25 p. % pour tous frais de transport, pose, faux-frais et bénéfice............ *Observ.*
2478. **Mentonnet** à vis, en place, de 0,04, la pièce..... 0 05
2479.   de 0,05, la pièce..... 0 07
2480.   de 0,06, la pièce..... 0 10

P

2481. **Panneton** de volet avec crampons à patte, le tout fixé avec vis, la pièce..................... 0 50
2482. — de volet, rapporté et rivé sur tringle de crémone, y compris contre-panneton, en place, la pièce..................................... 1 25
2483.   Plus-value pour panneton monté à vis sur la tringle de la crémone, la pièce....... 0 25
2484. **Pattes** et pitons d'arrêt pour contrevents et persiennes, la pièce....................... 0 20
2485. **Pattes** à scellement, entaillées et fixées avec vis, jusqu'à 0,14 de longueur, en place :

Patte...........................	0ᶠ 12
Entaille.........................	0 02
Vis..............................	0 02
La pièce..... ——————	0 16

2486. — — de 0,17 de longueur :

Patte...........................	0ᶠ 18
Entaille.........................	0 02
Vis..............................	0 02
La pièce..... ——————	0 22

2487. — — de 0,21 de longueur :

Patte...........................	0ᶠ 30
Entaille.........................	0 03
Vis..............................	0 03
La pièce..... ——————	0 36

2488.   Plus-value pour pattes coudées d'équerre, la pièce.......................... 0 05
2489.   Plus-value pour pattes coudées à Z, la pièce. 0 10

Pattes à pointe ou à langue d'aspic, droites ou coudées :

2490.　　　de 0,05 à 0,10 . . . . 0f 15
2491.　　　de 0,11 à 0,16 . . . . 0 20

Paumelles doubles, à boules, entaillées et posées
en feuillure, quel que soit l'écartement des
branches :

2492. — — de 0,14 :

Paumelle 0f 50
Vis 0 40
Entaille et pose 0 30
La pièce . . . . . ——— 1 20

2493. — — de 0,16 :

Paumelle 0f 62
Vis 0 40
Entaille et pose 0 32
La pièce . . . . . ——— 1 34

2494. — — de 0,19 :

Paumelle 0f 75
Vis 0 45
Entaille et pose 0 35
La pièce . . . . . ——— 1 55

2495. — — de 0,22 :

Paumelle 0f 94
Vis 0 45
Entaille et pose 0 37
La pièce . . . . . ——— 1 76

— doubles, en cuivre à olive, entaillées et posées
en feuillure, quel que soit l'écartement des
branches :

2496. — — de 0,11 :

Paumelle 1f 32
Vis 0 35
Entaille et pose 0 30
La pièce . . . . . ——— 1 97

2497. — — de 0,14 :

Paumelle 1f 50
Vis 0 40
Entaille et pose 0 30
La pièce . . . . . ——— 2 20

2498. — — de 0,16 :

Paumelle 1f 68
Vis 0 40
Entaille et pose 0 32
La pièce . . . . . ——— 2 40

Paumelles doubles, en cuivre à olive, entaillées et posées en feuillure, quel que soit l'écartement des branches :

2499. — — de 0,19 :

Paumelle.....................	2f 28
Vis.........................	0 45
Entaille et pose	0 35

La pièce..... ——— 3f 08

2500. — — de 0,22 :

Paumelle.....................	3f 35
Vis.........................	0 45
Entaille et pose	0 37

La pièce..... ——— 4 17

— marquées *ST* ou de marque équivalente, doubles, en fonte, avec bague en cuivre :

2501. — — de 0,08 de branche :

Paumelle.....................	0f 65
Vis.........................	0 30
Entaille et pose..................	0 30

La pièce.... ——— 1 25

2502. — — de 0,14 :

Paumelle.....................	1f 15
Vis.........................	0 40
Entaille et pose..................	0 30

La pièce..... ——— 1 85

2503. — — de 0,16 :

Paumelle.....................	1f 75
Vis.........................	0 45
Entaille et pose..................	0 32

La pièce..... ——— 2 52

2504. — — de 0,16 :

Paumelle.....................	1f 85
Vis.........................	0 45
Entaille et pose..................	0 32

La pièce..... ——— 2 62

2505. — — de 0,19 :

Paumelle.....................	2f 55
Vis.........................	0 45
Entaille et pose..................	0 35

La pièce..... ——— 3 35

Pitons en fer, en place, tous les nos prix réduits :

2506. — de 0,02 de long, la pièce.................... 0 03

2507. — de 0,04   — 0 04

2508. — de 0,06   — 0 07

Pitons en fer, en place, tous les n^{os} prix réduits :

2509. — de 0,08 de long, la pièce...............		0^f 09
2510. — de 0,10 —	....	0 15
2511. — de 0,12 —	....	0 18
2512. — de 0,14 —	....	0 20
2513. — de 0,16 —	....	0 26
2514. — de 0,18 —	....	0 31
2515. — de 0,20 —	....	0 35
2516. — de 0,22 —	....	0 36
2517. — de 0,24 —	....	0 41
2518. — de 0,26 . —	....	0 43

— en cuivre. (Voyez *Gonds*.)

— d'arrêt pour contrevents et persiennes. (Voyez *Pattes*.)

— pour jalousies. (Voyez *Gonds*.)

Pivots à équerre (Voyez *Bourdonnières*.)

2519. **Plaque** en cuivre pour devant de guichet de distribution, fixée avec dix vis, la pièce.......... 3 00

2520. **Plomb** pour scellement, en place, le kilog........ 0 70

Poignées à pointes ou à pattes :

2521. — — de 0,08 :

Poignée......................	0^f 15
Pose......................	0 10
La pièce.....——	0 25

2522. — — de 0,095 :

Poignée......................	0^f 20
Pose......................	0 10
La pièce.....——	0 30

2523. — — de 0,11 :

Poignée......................	0^f 25
Pose......................	0 10
La pièce.....——	0 35

2524. — — de 0,14 :

Poignée......................	0^f 30
Pose......................	0 10
La pièce.....——	0 40

— tournantes sur platine, entaillées et fixées avec vis :

2525. — — de 0,16 de platine :

Poignée......................	0^f 32
Vis......................	0 05
Entaille et pose......................	0 25
La pièce.....——	0 62

Poignées tournantes sur platine, entaillées et fixées avec vis :

2526. — — de 0,19 de platine :

Poignée	0f 44
Vis	0 05
Entaille et pose	0 27

La pièce..... —— 0f 76

2527. — — de 0,22 de platine :

Poignée	0f 55
Vis	0 05
Entaille et pose	0 30

La pièce..... —— 0 90

— tournantes sur platine, à olive en cuivre, entaillées et fixées avec vis :

2528. — — de 0,14 de platine :

Poignée	0f 90
Vis	0 05
Entaille et pose	0 25

La pièce..... —— 1 20

2529. — — de 0,16 de platine :

Poignée	1f 25
Vis	0 05
Entaille et pose	0 25

La pièce..... —— 1 55

2530. — — de 0,19 de platine :

Poignée	1f 87
Vis	0 05
Entaille et pose	0 27

La pièce..... —— 2 19

2531. **Poignée** de porte, en fonte de fer, à compter au prix de facture augmenté de 25 p. % pour transport, pose, faux-frais et bénéfice........ *Observ.*

2532. **Pointes** n° 20, le kilog 0 53

2533.   Augmentation par chaque n° plus fin, le k.   0 04

Poulies en laiton, ordinaires, à vis ou crochet, à pattes droites ou de travers :

2534. — de 0,025 de diamètre, la pièce.............. 0 55
2535. — de 0,030   — 0 65
2536. — de 0,035   — 0 85
2537. — de 0,040   — 1 05

— non montées :

2538. — de 0,025   — 0 20
2539. — de 0,030   — 0 23
2540. — de 0,035   — 0 32
2541. — de 0,040   — 0 42

R

2542. **Rampe** d'escalier en fer rond de 0,015 de diamètre,
à col de cygne, avec rosace et astragale en zinc,
les barreaux espacés de 0,12 à 0,13 d'axe en
axe : 14^{k}310 de fer par mètre linéaire de rampe
à 1,05, n° 2374...................................... 15^f 03

2543. — — mais à bandeau par le bas posé sur le boudin
des marches : 16^{k}564 de fer par mètre linéaire
de rampe à 1,10, n° 2375..................... 18 22

2544. — — mais les barreaux en fer de 0,016 de diamètre : 18^{k}160 de fer par mètre linéaire de rampe
à 1,10, n° 2375............................. 19 98

2545.   Le pilastre avec boule sera compté pour
1^m de rampe....................... *Observ.*

Repose d'objets de quincaillerie. (Voyez *Dépose.*)

2545 *bis.* —   de fontes pour tuyaux, dauphins, plaques,
etc., le kilog 0 04

2546. **Ressort** de renvoi à barillet, la pièce............ 5 00

2547. — à torsion, en acier limé, trempé, posé avec
pattes pour portes battantes, le m. l......... 1 75

— de placard fixé à vis, en place, non compris le
mentonnet :

2548. — de 0,12 de longueur, la pièce................. 0 17
2549. — de 0,14   — 0 18
2550. — de 0,16   — 0 20
2551. — de 0,18   — 0 25
2552. — de 0,20   — 0 30

Rivets. (Voyez *Rivage (Pose des Voies.)*

2553. **Rondelles** pour plates-bandes et boulons, renforcées, ordinaires ou à biseau, jusqu'à 0,001 d'é-
paisseur et 0,06 de diamètre, la pièce........ 0 05

2554. — au-dessus de 0,001 jusqu'à 0,003 d'épaisseur et
0,08 de diamètre, la pièce 0 10

2555. — au-dessus de 0,003 jusqu'à 0,008 d'épaisseur et
0,08 de diamètre, la pièce................. 0 20

S

Scellements. (Voyez *Maçonnerie*.)
Serrure d'armoire ordinaire, noire, entrée et gâche :
2556. — — de 0,06 à 0,08 :

Serrure, entrée et gâche	0f 65
Vis.............................	0 15
Pose............................	0 30
La pièce..... ——	1f 10

— d'armoire ordinaire, bronzée, entrée et gâche :
2557. — — de 0,06 :

Serrure, entrée et gâche...........	1f 10
Vis.............................	0 15
Pose............................	0 30
La pièce.....——	1 55

2558. — — de 0,07 :

Serrure, entrée et gâche...........	1f 15
Vis.............................	0 15
Pose............................	0 30
La pièce.....——	1 60

2559. — — de 0,08 :

Serrure, entrée et gâche...........	1f 20
Vis.............................	0 15
Pose............................	0 30
La pièce.....——	1 65

2560. — — de 0,09 :

Serrure, entrée et gâche...........	1f 30
Vis.............................	0 15
Pose............................	0 30
La pièce.....——	1 75

— d'armoire à tour 1/2, bronzée, clef forée, entrée
   et gâche :
2561. — — de 0,06 :

Serrure, entrée et gâche...........	1f 60
Vis.............................	0 15
Pose............................	0 30
La pièce.....——	2 05

2562. — — de 0,07 :

Serrure, entrée et gâche...........	1f 65
Vis.............................	0 15
Pose............................	0 30
La pièce.....——	2 10

Serrure d'armoire à tour 1/2, bronzée, clef forée.
entrée et gâche :

2563. — — de 0,08 :

Serrure, entrée et gâche	1ᶠ 75	
Vis	0 15	
Pose	0 30	
La pièce	———	2ᶠ 20

2564. — — de 0,10 :

Serrure, entrée et gâche	1ᶠ 90	
Vis	0 15	
Pose	0 30	
La pièce	———	2 35

— d'armoire en fer limé, 2 tours, clef forée, entrée
et gâche :

2565. — — de 0,06 sur 0,07 :

Serrure, entrée et gâche	0ᶠ 90	
Vis	0 15	
Pose	0 30	
La pièce	———	1 35

2566. — — de 0,07 sur 0,08 :

Serrure, entrée et gâche	1ᶠ 05	
Vis	0 15	
Pose	0 30	
La pièce	———	1 50

— d'armoire en fer limé, pène fourchu, clef forée,
2 tours de clef, entrée et gâche :

2567. — — de 0,07 sur 0,08 :

Serrure, entrée et gâche	1ᶠ 60	
Vis	0 15	
Pose	0 30	
La pièce	———	2 05

— à pène dormant, canon en cuivre ou en fer, clef
bénarde, noire renforcée :

2568. — — de 0,08 :

Serrure, entrée et gâche	1ᶠ 90	
Vis	0 20	
Pose	0 40	
La pièce	———	2 50

2569. — — de 0,10 :

Serrure, entrée et gâche	2ᶠ 05	
Vis	0 20	
Pose	0 40	
La pièce	———	2 65

Serrure à pène dormant, canon en cuivre ou en fer, clef bénarde, noire renforcée :

2570. — — de 0,12 :

Serrure, entrée et gâche............	2ᶠ20	
Vis.............................	0 20	
Pose............................	0 40	
La pièce.....———		2ᶠ80

2571. — — de 0,14 :

Serrure, entrée et gâche............	2ᶠ55	
Vis.............................	0 20	
Pose............................	0 40	
La pièce.....———		3 15

2572. — — de 0,16 :

Serrure, entrée et gâche............	2ᶠ90	
Vis.............................	0 20	
Pose............................	0 40	
La pièce.....———		3 50

2573. — — de 0,18 :

Serrure, entrée et gâche,..........	3ᶠ35	
Vis.............................	0 20	
Pose............................	0 40	
La pièce.....———		3 95

2574. — — de 0,20 :

Serrure, entrée et gâche............	4ᶠ55	
Vis.............................	0 20	
Pose............................	0 40	
La pièce.....———		5 15

— dite lardée, à entailler dans l'épaisseur du bois, à 2 pènes, avec bouton à olive et béquille en cuivre, entrée, clef gâche et vis à bois :

2575. — — ordinaire jusqu'à 0,08 de large :

Serrure, entrée et gâche............	1ᶠ55	
Vis.............................	0 25	
Béquille et olive, Nº 2066..........	1 00	
Pose et entaille	0 80	
La pièce.....———		3 60

2576. — — — de 0,09 :

Serrure, entrée et gâche............	1ᶠ65	
Vis.............................	0 25	
Béquille et olive, nº 2066..........	1 00	
Pose et entaille	0 80	
La pièce.....———		3 70

2577. — — — de 0,10 :

Serrure, entrée et gâche............	1ᶠ75	
Vis.............................	0 25	
Béquille et olive, Nº 2066..........	1 00	
Pose et entaille	0 80	
La pièce.....———		3 80

Serrure dite lardée, à entailler dans l'épaisseur du
bois, à 2 pênes, avec bouton à olive et béquille
en cuivre, entrée, clef, gâche et vis à bois :

2578. — — demi-fine jusqu'à 0,08 de large :

Serrure, entrée et gâche............	2f 15
Vis	0 25
Béquille et olive, No 2066...........	1 00
Pose et entaille	0 80

La pièce..... ——— 4f 20

2579. — — — de 0,09 :

Serrure, entrée et gâche............	2f 25
Vis	0 25
Béquille et olive, No 2066...........	1 00
Pose et entaille	0 80

La pièce..... ——— 4 30

2580. — — — de 0,10 :

Serrure, entrée et gâche............	2f 35
Vis	0 25
Béquille et olive, No 2066.	1 00
Pose et entaille	0 80

La pièce..... ——— 4 40

2581. — — fine dite picarde jusqu'à 0,08 de large :

Serrure, entrée et gâche	2f 75
Vis................................	0 25
Béquille et olive, No 2066....	1 00
Pose et entaille	0 80

La pièce..... ——— 4 80

2582. — — — de 0,09 :

Serrure, entrée et gâche	2f 85
Vis................................	0 25
Béquille et olive, No 2066...........	1 00
Pose et entaille	0 80

La pièce..... ——— 4 90

2583. — — — de 0,10 :

Serrure, entrée et gâche............	2f 95
Vis................................	0 25
Béquille et olive, No 2066...........	1 00
Pose et entaille	0 80

La pièce..... ——— 5 00

2584. — dite lardée clinche, à entailler dans l'épaisseur
du bois, à 2 pênes, jusqu'à 0,095 de large,
avec bouton en cuivre, une clef et deux passe-
partout :

Serrure avec bouton, entrée et gâche.	11f 00
Vis	0 50
Pose et entaille.....................	1 50

La pièce..... ——— 13 00

2585. **Serrure** dite lardée clinche, à entailler dans l'épaisseur du bois, à 2 pènes, de 0,10 à 0,12 de large, avec bouton en cuivre, une clef et deux passe-partout :

> Serrure avec bouton, entrée et gâche. 12f 00
> Vis........................... 0 50
> Pose et entaille 1 50
>
> La pièce..... ——— 14f 00

2586. — — demi-clinche, à entailler dans l'épaisseur du bois, à 2 pènes, avec bouton en cuivre, une clef et deux passe-partout :

> Serrure avec bouton, entrée et gâche. 9f 25
> Vis........................... 0 50
> Pose et entaille 1 50
>
> La pièce..... ——— 11 25

2587.   Par chaque passe-partout en sus de deux.   1 00

2588. — entaillée, clef forée, faisant mouvoir un loqueteau entaillé et lui correspondant par un fil de tirage, non compris le loqueteau :

> Serrure et entrée.................. 3f 50
> Vis........................... 0 20
> Pose et entaille.................. 0 80
>
> La pièce..... ——— 4 50

2589.   Plus-value pour serrure à double entrée, la pièce 1 00

— pour porte d'entrée, pène dormant, à chaînette, tour 1/2, gâche à rouleau, incrochetable, système Brahma :

2590. — en fer poli, de 0,12 à 0,14 :

> Serrure et gâche.................. 24f 00
> Vis........................... 0 50
> Pose........................... 1 00
>
> La pièce..... ——— 25 50

2591. — — de 0,16 :

> Serrure et gâche.................. 25f 20
> Vis........................... 0 50
> Pose........................... 1 00
>
> La pièce..... ——— 26 70

2592. — — de 0,18 :

> Serrure et gâche.................. 26f 40
> Vis........................... 0 50
> Pose........................... 1 00
>
> La pièce..... ——— 27 90

. **Serrure** pour porte d'entrée, pène dormant, à chaînette, tour 1/2, gâche à rouleau, incrochetable,
système Brahma :

2593. — — en laiton, de 0,12 à 0,14 :

Serrure et gâche..................	25f 20
Vis............................	0 50
Pose..........................	1 00
La pièce..... ——	26f 70

2594. — — de 0,16 :

Serrure et gâche..................	26f 40
Vis............................	0 50
Pose..........................	1 00
La pièce..... ——	27 90

2595. — — de 0,18 :

Serrure et gâche	28f 80
Vis............................	0 50
Pose	1 00
La pièce..... ——	30 30

— pour porte d'entrée en fer poli, montée à vis, à
chaînette, gâche basse à roulette, incrochetable,
à gorges mobiles :

2596. — — de 0,12 :

Serrure et gâche..................	14f 40
Vis............................	0 50
Pose..........................	1 00
La pièce..... ——	15 90

2597. — — de 0,14 :

Serrure et gâche..................	15f 60
Vis............................	0 50
Pose..........................	1 00
La pièce..... ——	17 10

2598. — — de 0,16 :

Serrure et gâche..................	16f 80
Vis............................	0 50
Pose..........................	1 00
La pièce..... ——	18 30

Serrures marquées *ST* ou de marques équivalentes :
— d'armoire, pène et clef en fer, tour 1/2 avec broche à épaulement, entrée et gâche :

2599. — — de 0,07 :

Serrure, entrée et gâche............	2f 50
Vis	0 15
Pose	0 30
La pièce..... ——	2 95

Serrures marquées *ST* ou de marques équivalentes :
— d'armoire, pène et clef en fer, tour 1/2 avec bro-
    che à épaulement, entrée et gâche :

2600. — — de 0,08 :

Serrure, entrée et gâche............	2ᶠ 65
Vis..............................	0 15
Pose.............................	0 30
La pièce..... ——	3ᶠ 10

2601.   Les mêmes à canon, en plus.........   0 35

— d'armoire, poussée, qualité supérieure :

2602. — — de 0,07 :

Serrure, entrée et gâche............	2ᶠ 70
Vis..............................	0 15
Pose.............................	0 30
La pièce..... ——	3 15

2603. — — de 0,08 :

Serrure, entrée et gâche............	2ᶠ 80
Vis..............................	0 15
Pose.............................	0 30
La pièce..... ——	3 25

2604.   Les mêmes à canon, en plus...... ..   0 35

— d'armoire, à 3 pènes et à canon :

2605. — — de 0,07 :

Serrure, entrée et gâche............	6ᶠ 05
Vis..............................	0 15
Pose.............................	0 30
La pièce..... ——	6 50

2606. — — de 0,08 :

Serrure, entrée et gâche............	6ᶠ 25
Vis..............................	0 15
Pose.............................	0 30
La pièce..... ——	6 70

— à pène dormant, noire, sans faux fond, sans
    gâche :

2607. — — de 0,14 :

Serrure	3ᶠ 75
Vis..............................	0 20
Pose.............................	0 40
La pièce..... ——	4 35

2608. — — de 0,16 :

Serrure	5ᶠ 30
Vis..............................	0 20
Pose.............................	0 40
La pièce..... ——	5 90

Serrures marquées *ST* ou de marques équivalentes :
— à pène dormant, à entailler dans l'épaisseur du
bois, avec gâche :

2609. — — de 0,07 à 0,08 :

Serrure et gâche	5f 20
Vis	0 25
Pose	0 80
La pièce.....	6f 25

2610. — — de 0,09 :

Serrure et gâche	5f 45
Vis	0 25
Pose	0 80
La pièce.....	6 50

2611. — — de 0,10 :

Serrure et gâche	5f 75
Vis	0 25
Pose	0 80
La pièce.....	6 80

— tour 1/2, bouton de coulisse sans gâche, cloison
de 0,02 et de 0,08 de large :

2612. — — de 0,08 :

Serrure	3f 45
Vis	0 25
Pose	0 40
La pièce.....	4 10

2613. — — de 0,11 :

Serrure	3f 55
Vis et pose. Comme au Nº 2612	0 65
La pièce.....	4 20

2614. — — de 0,14 :

Serrure	3f 80
Vis et pose. Comme au Nº 2612	0 65
La pièce.....	4 45

2615. — — de 0,16 :

Serrure	4f 40
Vis et pose. Comme au Nº 2612	0 65
La pièce.....	5 05

— tour 1/2, bouton de coulisse sans gâche, cloison
de 0,025 sur 0,085 :

2616. — — de 0,14 :

Serrure	5f 05
Vis	0 30
Pose	0 40
La pièce.....	5 75

Serrures marquées *ST* ou de marques équivalentes :
— à 2 pènes, 1/2 tour à foliot, avec gâche à baguette, entrée et rosette :

2617. — — de 0,14 :

Serrure et gâche.................	5^f 20
Vis...........................	0 40
Pose.........................	0 60
La pièce..... ——	6^f 20

2618. — — de 0,16 :

Serrure et gâche	5^f 75
Vis et pose. Comme au N° 2617......	1 00
La pièce..... ——	6 75

2619.   Les mêmes avec 2 rondelles profilées, en plus........................   0 55

— à 2 pènes avec rondelles, 1/2 tour à nervure, chanfrein de 32 degrés, gâche à baguette et monture à patte et tenon :

2620. — — de 0,14 :

Serrure et gâche	6^f 60
Vis et pose. Comme au N° 2617......	1 00
La pièce..... ——	7 60

2621. — — de 0,16 :

Serrure et gâche	7^f 20
Vis et pose. Comme au N° 2617......	1 00
La pièce..... ——	8 20

2622.   Plus-value pour ajustement tubulaire avec foliot à galets........................   2 10

— à 2 pènes, posées en long, 1/2 tour à foliot, avec gâche à baguette, entrée et rosette :

2623. — — jusqu'à 0,08 de large :

Serrure et gâche	5^f 45
Vis et pose. Comme au N° 2617.. ...	1 00
La pièce..... ——	6 45

2624. — — — de 0,09 :

Serrure et gâche	5^f 75
Vis et pose. Comme au N° 2617......	1 00
La pièce..... ——	6 75

2625. — — — de 0,10 :

Serrure et gâche.................	6^f 05
Vis et pose. Comme au N° 2617......	1 00
La pièce..... ——	7 05

Serrures marquées *ST* ou de marques équivalentes :
— à 2 pènes en long, 1/2 tour à nervure, chanfrein
de 32 degrés, gâche à baguette sans tenon :

2626. — — jusqu'à 0,08 de large :

Serrure et gâche	6ᶠ 60	
Vis et pose. Comme au Nᵒ 2617......	1 00	
La pièce..... ———		7ᶠ 60

2627. — — — de 0,09 :

Serrure et gâche..................	6ᶠ 90	
Vis et pose. Comme au Nᵒ 2617......	1 00	
La pièce..... ———		7 90

2628. — — — de 0,10 :

Serrure et gâche..................	7ᶠ 20	
Vis et pose. Comme au Nᵒ 2617......	1 00	
La pièce..... ———		8 20

— à 2 pènes à entailler dans l'épaisseur du bois :

2629. — — en long, jusqu'à 0,08 :

Serrure, entrée et gâche	5ᶠ 45	
Vis..............................	0 25	
Pose et entaille	0 80	
La pièce...✦.———		6 50

2630. — — — de 0,09 :

Serrure, entrée et gâche	5ᶠ 75	
Vis, pose et entaille, Nᵒ 2629	1 05	
La pièce..... ———		6 80

2631. — — — de 0,10 :

Serrure, entrée et gâche...........	6ᶠ 05	
Vis, pose et entaille, Nᵒ 2629	1 05	
La pièce..... ———		7 10

2632. — — en travers, de 0,12 à 0,14 :

Serrure, entrée et gâche	6ᶠ 90	
Vis, pose et entaille, Nᵒ 2629........	1 05	
La pièce..... ———		7 95

— à entailler, à coulisse, sous plaque fixe, sans
gâche :

2633. — — en long, de 0,08 :

Serrure	8ᶠ 65	
Vis..............................	0 20	
Pose............................	0 70	
La pièce..... ———		9 55

2634. — — — de 0,09 :

Serrure	8ᶠ 90	
Vis et pose. Comme au Nᵒ 2633......	0 90	
La pièce..... ———		9 80

Serrures marquées *ST* ou de marques équivalentes :
— à entailler, à coulisse, sous plaque fixe, sans
gâche :

2635. — — en long, de 0,10 :

Serrure..........................	9ᶠ 20
Vis et pose. Comme au Nᵒ 2633......	0 90
La pièce.....————	**10ᶠ 10**

2636. — — en travers, de 0,12 à 0,14 :

Serrure	10ᶠ 95
Vis et pose. Comme au Nᵒ 2633......	0 90
La pièce.....————	**11 85**

2637. — à 2 pènes, cloison de 0,027, avec gâche à baguette, sans rondelle, de 0,16 sur 0,095 :

Serrure et gâche	10ᶠ 05
Vis............................	0 40
Pose...........................	0 80
La pièce.....————	**11 25**

2638. — à 2 pènes, cloison de 0,027, avec gâche à baguette, à chanfrein de 32 degrés, avec rondelles, de 0,16 sur 0,095 :

Serrure et gâche	11ᶠ 20
Vis et pose. Comme au Nᵒ 2637......	1 20
La pièce. ...————	**12 40**

2639. — — avec ajustement tubulaire et foliot à galets :

Serrure et gâche	14ᶠ 40
Vis et pose. Comme au Nᵒ 2637......	1 20
La pièce.....————	**15 60**

2640. — de sûreté, garnitures blanchies, avec gâche à baguette, cloison de 0,020, à tour 1/2, bouton de
coulisse à verrou, de 0,14 de long :

Serrure et gâche	7ᶠ 50
Vis et pose. Comme au Nᵒ 2637......	1 20
La pièce.....————	**8 70**

— — à bouton de coulisse, 1/2 tour à nervure,
chanfrein de 32 degrés, 2 clefs :

2641. — — — de 0,14 :

Serrure et gâche	10ᶠ 55
Vis et pose. Comme au Nᵒ 2637......	1 20
La pièce.....————	**11 75**

2642. — — — de 0,16 :

Serrure et gâche	11ᶠ 80
Vis et pose. Comme au Nᵒ 2637......	1 20
La pièce.....————	**13 00**

2643.   Les mêmes, à queue à bouton, en plus....   0 60

2644.   — à foliot à rondelles profilées,
en plus.................   1 80

Serrures marquées *ST* ou de marques équivalentes :

2645. — de sûreté, à cloison de 0,027, bouton de coulisse, 1/2 tour à nervure, chanfrein de 32 degrés et gâche, de 0,16 de long sur 0,095 de haut :

Serrure et gâche 17ᶠ 25
Vis............................. 0 50
Pose........................... 1 00

La pièce.....—— 18ᶠ 75

2646.   Les mêmes, à queue à bouton, en plus.... 0 60

2647.   —   à foliot à rondelles profilées, en plus.................. 1 80

— de sûreté, à gorges mobiles, 1/2 tour à nervure, chanfrein de 32 degrés, gâche à baguette :

2648. — — en cloison de 0,020, à bouton de coulisse, de 0,14 :

Serrure et gâche 17ᶠ 85
Vis 0 50
Pose........................... 1 00

La pièce.....—— 19 35

2649.   Les mêmes, à queue à bouton, en plus.... 0 60

2650.   —   à foliot à rondelles profilées, en plus.................. 1 80

2651. — — en cloison de 0,027 sur 0,095 de large, de 0,16, à bouton de coulisse :

Serrure et gâche 20ᶠ 15
Vis et pose. Comme au Nᵒ 2648...... 1 50

La pièce.....—— 21 65

2652.   Les mêmes, à queue à bouton, en plus.... 0 60

2653.   —   à foliot à rondelles profilées, en plus.................. 1 80

— de sûreté, à pompe, avec 1/2 tour à nervure, chanfrein de 32 degrés et gâche encloisonnée, à baguette :

— — en cloison de 0,020, à bouton de coulisse :

2654. — — — de 0,14 :

Serrure et gâche 24ᶠ 15
Vis et pose. Comme au Nᵒ 2648...... 1 50

La pièce.....—— 25 65

2655. — — — de 016 :

Serrure et gâche 25ᶠ 00
Vis et pose. Comme au Nᵒ 2648...... 1 50

La pièce.....—— 26 50

2656.   Les mêmes, à queue à bouton, en plus.... 0 60

2657.   —   à foliot à rondelles profilées, en plus.................. 1 80

Serrures marquées *ST* ou de marques équivalentes ;
— de sûreté, à pompe, avec 1/2 tour à nervure.
chanfrein de 32 degrés et gâche encloisonnée,
à baguette :

— — en cloison de 0,027 sur 0,095 de large :

2658. — — — de 0,16, à bouton de coulisse :

> Serrure et gâche 26ᶠ45
> Vis et pose. Comme au Nº 2648...... 1 50
> La pièce..... ——— 27ᶠ 95

2659. Les mêmes, à queue à bouton, en plus.... 0 60

2660. — à foliot à rondelles profilées, en plus......... .... 1 80

— de sûreté, à 2 canons, garnitures blanchies, à
2 clefs et à 4 passe-partout, gâche à baguette
et foliot :

2661. — — de 0,16 :

> Serrure et gâche 25ᶠ00
> Vis et pose. Comme au Nº 2648...... 1 50
> La pièce..... ——— 26 50

2662. — — de 0,20 :

> Serrure et gâche 33ᶠ35
> Vis et pose. Comme au Nº 2648...... 1 50
> La pièce..... ——— 34 85

Les mêmes, avec gâche à rouleau, en plus :

2663. de 0,16.................... 1 20
2664. de 0,20.................... 1 80

2664 *bis.* Plus-value pour serrure avec application d'é-
chappement à détente au pène portant bec
de canne, et suppression du chanfrein afin
de faciliter la fermeture sans battement
(système Mireau, de Bordeaux), par serrure................................ 2 00

NOTA. Cette plus-value est applicable à tous les becs de canne ordinaires
ou serrures portant bec de canne. Dans le cas d'application du système
d'échappement à détente à une serrure ou bec de canne déjà en place, il
doit être tenu compte de la dépose et de la repose (art. 2285 ou 2294).

2665. **Soufre** pour scellement, en place, le kilog........ 1 50

T

2666. Taraudage de boulons, le m. l................ 3ᶠ 00

Targettes en fer, saillantes ou entaillées, platine
noire, et gâche :

2667. — — de 0,04 :

Targette........................	0ᶠ 25
Vis.............................	0 15
Pose............................	0 10
La pièce.....	——— 0 50

2668. — — de 0,05 :

Targette........................	0ᶠ 30
Vis.............................	0 15
Pose........	0 10
La pièce.....	——— 0 55

2669. — — de 0,06 :

Targette........................	0ᶠ 35
Vis.............................	0 20
Pose............................	0 10
La pièce.....	——— 0 65

2670. — — de 0,07 :

Targette........................	0ᶠ 45
Vis.............................	0 20
Pose............................	0 10
La pièce.....	——— 0 75

— renforcées, en fer, saillantes ou entaillées, platine noire, et gâche :

2671. — — de 0,05 :

Targette........................	0ᶠ 50
Vis.............................	0 15
Pose............................	0 10
La pièce.....	——— 0 75

2672. — — de 0,06 :

Targette........................	0ᶠ 60
Vis.............................	0 15
Pose............................	0 10
La pièce.....	——— 0 85

2673. — — de 0,07 :

Targette........................	0ᶠ 85
Vis.............................	0 20
Pose............................	0 10
La pièce.....	——— 1 15

2674. — — de 0,08 :

Targette........................	1ᶠ 05
Vis.............................	0 20
Pose............................	0 10
La pièce.....	——— 1 35

Targettes en laiton, avec gâche, non compris vis :
2675. — — de 0,04 :

Targette	0ᶠ 55
Pose............................	0 10
La pièce..... ——	0ᶠ 65

2676. — — de 0,05 :

Targette	0ᶠ 65
Pose	0 10
La pièce..... ——	0 75

2677. — —— de 0,06 :

Targette........................	0ᶠ 75
Pose	0 10
La pièce..... ——	0 85

2678. — — de 0,07 :

Targette........................	0ᶠ 90
Pose	0 10
La pièce..... ——	1 00

Tire-fond. (Voyez *Vis à tête carrée*.)

2679. **Tôle** ordinᵣₑ jusqu'à 0,001 d'épaissᵣ, les $^0/_0$ kilog ..   47 00
2680.   —   de 0,001 à 0,00275 d'épaissᵣ, les $^0/_0$ k.   43 50
2681.   —   de 0,003 et au-dessus, les $^0/_0$ kilog ...   40 50
2682. — douce, les $^0/_0$ kilog........................   60 00
2683. — laminée, battue, dressée et clouée, pour dou-
      blure de volets, le kilog....................   1 30
2684. — découpée pour lambrequins, au-dessus de 0,002
      d'épaisseur, le kilog 1 30
2685. — — de 0,002 d'épaisseur et au-dessous, le kilog.   1 50
2686. — pour sabots de pieux, le kilog...............   1 00
2687. — pour armatures de poutres en bois, y compris
      boulons, en place, le kilog.................   0 50
2688. — pour volets avec brisures, les feuilles d'au moins
      0,40 de largeur, y compris gonds, bandes et
      charnières, le kilog......................   1 25
2689.   Plus-value pour volets dont les lames se-
      ront inférieures à 0,40 de largeur, par
      kilog. et par chaque centimètre de lar-
      geur en moins 0 01
2690. **Tringles** en fer pour rideaux, en fer blanchi, tous
      les nᵒˢ prix réduits : de 0,40, la pièce........   0 05
2691.   de 0,50, la pièce..... ..   0 08
2692.   de 0,60, la pièce........   0 12
2693.   de 0,70, la pièce........   0 15

2694. **Tringles** en fer pour rideaux, en fer étamé, tous
    les n^os prix réduits : de 0,40, la pièce........ 0^f 08
2695.   de 0,50, la pièce........ 0 13
2696.   de 0,60, la pièce........ 0 18
2697.   de 0,70, la pièce........ 0 23

V

Vasistas en fer rainé, assemblé, en place, la mesure
    prise suivant le pourtour :
2698. — — de 0,009 :

    Fer. 0^k650, à 0^f 37, N° 2329........ 0^f 24
    Façon et mise en place............ 3 15
           Le mètre linéaire...—— 3 39

2699. — — de 0,010 :

    Fer. 0^k800, à 0^f 37, N° 2329........ 0^f 30
    Façon et mise en place............ 3 30
           Le mètre linéaire...—— 3 60

2700. — — de 0,011 :

    Fer. 0^k970, à 0^f 37, N° 2329........ 0^f 36
    Façon et mise en place............ 3 45
           Le mètre linéaire...—— 3 81

2701. — — de 0,012 :

    Fer. 1^k150, à 0^f 37, N° 2329........ 0^f 43
    Façon et mise en place............ 3 60
           Le mètre linéaire...—— 4 03

2702. -- — de 0,013 :

    Fer. 1^k355, à 0^f 37, N° 2329........ 0^f 50
    Façon et mise en place............ 3 75
           Le mètre linéaire...—— 4 25

2703. — — de 0,014 :

    Fer. 1^k570, à 0^f 37, N° 2329........ 0^f 58
    Façon et mise en place............ 3 90
           Le mètre linéaire...—— 4 48

2704. — — de 0,015 :

    Fer. 1^k800, à 0^f 37, N° 2329........ 0^f 67
    Façon et mise en place............ 4 05
           Le mètre linéaire...—— 4 72

2705. **Verrou** à ressort, 1/4 placard, pène de 0,018, com-
    pris conduits et gâche, de 0,22 de long :

    Verrou..................... 0^f 55
    Vis........................ 0 15
    Conduits et gâche........... 0 35
    Pose....................... 0 25
           La pièce.....—— 1 30

2706.   Par décimètre en plus ou en moins.... 0 17

2707. **Verrou** à ressort, 1/2 placard, pène de 0,023, compris conduits et gâche, de 0,22 de long :

Verrou	0f 78
Vis	0 15
Conduits et gâche	0 35
Pose	0 25

La pièce..... ——— 1f 53

2708.   Par décimètre en plus ou en moins 0 22

2709. — 3/4 placard, pène de 0,028, compris conduits et gâche, de 0,22 de long :

Verrou	1f 02
Vis	0 15
Conduits et gâche	0 35
Pose	0 25

La pièce..... ——— 1 77

2710.   Par décimètre en plus ou en moins 0 27

2711. — placard, pène de 0,031, compris conduits et gâche, de 0,22 de long :

Verrou	1f 25
Vis	0 15
Conduits et gâche	0 35
Pose	0 25

La pièce..... ——— 2 00

2712.   Par décimètre en plus ou en moins 0 33

2713. — tige 1/2 ronde, 1/4 placard, pène de 0,018, compris conduits et gâche, de 0,22 de long :

Verrou	0f 80
Vis	0 15
Conduits et gâche	0 35
Pose	0 25

La pièce..... ——— 1 55

2714.   Par décimètre en plus ou en moins 0 19

2715. — — 1/2 placard, pène de 0,023, compris conduits et gâche, de 0,22 de long :

Verrou	1f 10
Vis	0 15
Conduits et gâche	0 35
Pose	0 25

La pièce..... ——— 1 85

2716.   Par décimètre en plus ou en moins 0 26

2717. — — 3/4 placard, pène de 0,028, compris conduits et gâche, de 0,22 de long :

Verrou	1f 35
Vis	0 15
Conduits et gâche	0 35
Pose	0 25

La pièce..... ——— 2 10

2718.   Par décimètre en plus ou en moins 0 32

2719. Verrou à ressort, tige 1/2 ronde, placard, pène de
0,031, compris conduits et gâche, de 0,22 de
long :

Verrou	1f 65
Vis	0 15
Conduits et gâche	0 35
Pose	0 25
La pièce...... ————	2f 40

2720.   Par décimètre en plus ou en moins.... 0 39
— entaillé, ordinaire, bouton saillant, pour contrevents ou persiennes, y compris douille et
piton d'arrêt :

2721. — — de 0,09 à 0,10 de longueur :

Verrou, douille et piton	0f 75
Vis	0 12
Pose et entaille	0 60
La pièce...... ————	1 47

2722. — — de 0,11 à 0,14 de longueur :

Verrou et accessoires	1f 00
Vis	0 12
Pose et entaille	0 60
La pièce...... ————	1 72

2723. — — de 0,15 à 0,20 de longueur :

Verrou et accessoires	1f 20
Vis	0 15
Pose et entaille	0 65
La pièce...... ————	2 00

2724. — — de 0,21 à 0,30 de longueur :

Verrou et accessoires	1f 65
Vis	0 15
Pose et entaille	0 70
La pièce...... ————	2 50

2725. — — de 0,31 à 0,40 de longueur :

Verrou et accessoires	2f 00
Vis	0 20
Pose et entaille	0 75
La pièce...... ————	2 95

— renforcé, façon de maître, platine large :
2726. — — de 0,15 à 0,20 de longueur :

Verrou et accessoires	1f 70
Vis	0 15
Pose et entaille	0 65
La pièce...... ————	2 50

Verrou entaillé renforcé, façon de maître, platine
    large, bouton saillant, pour contrevents et per-
    siennes, y compris douille et piton d'arrêt :

2727. — — de 0,21 à 0,30 de longueur :

        Verrou et accessoires............... 2f 15
        Vis.......................... 0 15
        Pose et entaille 0 70

                La pièce.....———   3f 00

2728. — — de 0,31 à 0,40 de longueur :

        Verrou et accessoires............... 2f 55
        Vis.......................... 0 20
        Pose et entaille 0 75

                La pièce.....———   3 50

    — à coquille ordinaire, pour contrevents ou per-
    siennes, platine de 0,035, à 0,04 de largeur, y
    compris douille :

2729. — — de 0,16 à 0,20 de longueur :

        Verrou......................... 1f 00
        Vis.......................... 0 15
        Pose et entaille 0 60

                La pièce.....———   1 75

2730. — — de 0,21 à 0,30 de longueur :

        Verrou......................... 1f 40
        Vis.......................... 0 15
        Pose et entaille 0 70

                La pièce.....———   2 25

2731. — — de 0,31 à 0,45 de longueur :

        Verrou......................... 1f 75
        Vis.......................... 0 20
        Pose et entaille 0 80

                La pièce.....———   2 75

    — à coquille, renforcé, façon de maître, pour con-
    trevents ou persiennes, platine de 0,035 à 0,04
    de largeur, y compris douille :

2732. — — de 0,16 à 0,20 de longueur :

        Verrou......................... 1f 50
        Vis.......................... 0 15
        Pose et entaille 0 60

                La pièce.....———   2 25

2733. — — de 0,21 à 0,30 de longueur :

        Verrou......................... 1f 90
        Vis.......................... 0 15
        Pose et entaille 0 70

                La pièce.....———   2 75

Verrou à coquille, renforcé, façon de maître, pour contrevents ou persiennes, platine de 0,035 à 0,04 de largeur, y compris douille :

2734. — — de 0,31 à 0,45 de longueur :

Verrou.........................	2f 25
Vis...........................	0 20
Pose et entaille................	0 80
La pièce..... ——	3f 25

— à coquille en cuivre, monté sur platine, entaillé en feuillure, compris gâche :

2735. — — platine de 0,014 à 0,02 de large, de 0,22 de long :

Verrou.........................	1f 05
Vis...........................	0 15
Gâche	0 30
Pose et entaille................	0 40
La pièce..... ——	1 90

2736.   Par décimètre en plus ou en moins....   0 20

2737. — — platine de 0,022 à 0,027 de large, de 0,22 de long :

Verrou.........................	1f 35
Vis...........................	0 15
Gâche.........................	0 30
Pose et entaille................	0 45
La pièce..... ——	2 25

2738.   Par décimètre en plus ou en moins....   0 22

2739. — — platine de 0,03 à 0,035 de large, de 0,22 de long :

Verrou.........................	1f 65
Vis...........................	0 15
Gâche.........................	0 30
Pose et entaille................	0 50
La pièce..... ——	2 60

2740.   Par décimètre en plus ou en moins....   0 25

— entaillé, en cuivre, à bouton de coulisse et gâche, avec ressort :

2741. — — de 0,03 :

Verrou et gâche.................	0f 50
Vis...........................	0 10
Pose et entaille................	0 25
La pièce..... ——	0 85

2742. — — de 0,04 :

Verrou et gâche.................	0f 60
Vis...........................	0 10
Pose et entaille................	0 25
La pièce..... ——	0 95

Verrou entaillé, en cuivre, à bouton de coulisse et
gâche, avec ressort :

2743. — — de 0,05 :

Verrou et gâche	0f 70
Vis	0 10
Pose et entaille	0 25

La pièce..... ——— 1f 05

2744. — — de 0,06 :

Verrou et gâche	0f 80
Vis	0 10
Pose et entaille	0 30

La pièce..... ——— 1 20

2745. — — de 0,07 :

Verrou et gâche	0f 90
Vis	0 10
Pose et entaille	0 30

La pièce..... ——— 1 30

Verroux marqués *ST* ou de marques équivalentes :

2746. — à tige 1/2 avec bouton en cuivre, boîte en fonte
et gâche, n° 1, de 0,30 de longueur :

Verrou	2f 30
Conduit	0 05
Gâche	0 30
Vis	0 15
Pose	0 25

La pièce..... ——— 3 05

2747.   Par décimètre en plus ou en moins.... 0 18

2748. — à tige 1/2 ronde avec bouton en cuivre, boîte en
fonte et gâche, n° 2, de 0,30 de longueur :

Verrou	2f 53
Conduit	0 05
Gâche	0 30
Vis	0 15
Pose	0 25

La pièce..... ——— 3 28

2749.   Par décimètre en plus ou en moins.... 0 20

2750. — à tige 1/2 ronde avec bouton en cuivre, boîte en
fonte et gâche, n° 3, de 0,30 de longueur :

Verrou	4f 00
Conduit	0 05
Gâche	0 30
Vis	0 15
Pose	0 25

La pièce..... ——— 4 75

2751.   Par décimètre en plus ou en moins.... 0 25

Verroux marqués *ST* ou de marques équivalentes :

2752. — à tige 1/2 ronde avec bouton, boîte, conduits et
gâche en cuivre, n° 1, de 0,30 de longueur :

Verrou	3f 15
Conduit	0 25
Gâche	0 30
Vis	0 40
Pose	0 25

La pièce..... —— 4f 35

2753. Par décimètre en plus ou en moins.... 0 20

2754. — à tige 1/2 ronde avec bouton, boîte, conduits et
gâche en cuivre, n° 2, de 0,30 de longueur :

Verrou	3f 75
Conduit	0 25
Gâche	0 30
Vis	0 40
Pose	0 25

La pièce..... —— 4 95

2755. Par décimètre en plus ou en moins.... 0 25

— à coquille en cuivre, sur platine entaillée en
feuillure :

2756. — — platine de 0,018 à 0,02 de large et 0,30 de
long :

Verrou	2f 58
Vis	0 15
Gâche	0 30
Pose	0 45

La pièce.... —— 3 48

2757. Par décimètre en plus ou en moins.... 0 25

2758. — — platine de 0,027 de large et 0,30 de long :

Verrou	3f 45
Vis	0 15
Gâche	0 30
Pose	0 50

La pièce..... —— 4 40

2759. Par décimètre en plus ou en moins.... 0 35

2760. — — platine de 0,035 de large et 0,30 de long :

Verrou	4f 37
Vis	0 15
Gâche	0 30
Pose	0 55

La pièce..... —— 5 37

2761. Par décimètre en plus ou en moins.... 0 40

Verrouillet entaillé, en fer bronzé, à bouton de coulisse, gâche ordinaire, avec ressort :

2762. — — de 0,04 :

Verrouillet	0f 45	
Vis	0 10	
Pose et entaille	0 25	
La pièce	———	0f 80

2763. — — de 0,05 :

Verrouillet	0f 50	
Vis	0 10	
Pose et entaille	0 25	
La pièce	———	0 85

2764. — — de 0,06 :

Verrouillet	0f 55	
Vis	0 10	
Pose	0 30	
La pièce	———	0 95

2765. — — de 0,07 :

Verrouillet	0f 60	
Vis	0 10	
Pose	0 30	
La pièce	———	1 00

Vis à bois, tête plate ou ronde, tous les n^os prix réduits :

2766.	de 0,015, la pièce	0 015
2767.	de 0,025, —	0 025
2768.	de 0,035, —	0 035
2769.	de 0,045, —	0 05
2770.	de 0,055, —	0 09
2771.	de 0,065, —	0 11
2772.	de 0,075, —	0 13
2773.	de 0,085, —	0 15
2774.	de 0,095, —	0 17
2775.	de 0,10 , —	0 18
2776.	Chaque centimètre au-dessus	0 015

— à bois, en laiton, tête plate ou ronde, gonds, pitons et crochets d'armoires :

2777.	de 0,015, la pièce	0 025
2778.	de 0,025, —	0 05
2779.	de 0,035, —	0 085
2780.	de 0,045, —	0 15
2781.	de 0,055, —	0 20
2782.	de 0,06, —	0 30
2783.	de 0,07, —	0 34
2784.	de 0,08, —	0 42
2785.	de 0,09, —	0 49
2786.	de 0,10. —	0 53

Vis pour paumelles, tous les nᵒˢ prix réduits :

2787.	de 0,03, la pièce..................	0ᶠ 06
2788.	de 0,04, —	0 075
2789.	de 0,05, —	0 105
2790.	de 0,06, —	0 115
2791.	de 0,07, —	0 13
2792.	de 0,08, —	0 17

— pour tables, tous les nᵒˢ prix réduits :

2793.	de 0,09, la pièce..................	0 10
2794.	de 0,10, —	0 115
2795.	de 0,11, —	0 115
2796.	de 0,12, —	0 12
2797.	de 0,13, —	0 14

— à bois, tête carrée, tous les nᵒˢ prix réduits :

2798.	de 0,04, la pièce..................	0 18
2799.	de 0,05, —	0 19
2800.	de 0,06, —	0 27
2801.	de 0,07, —	0 30
2802.	de 0,08, —	0 38
2803.	de 0,09, —	0 40
2804.	de 0,10, —	0 43
2805.	de 0,11, —	0 44
2806.	de 0,12, —	0 47
2807.	de 0,13, —	0 50
2808.	de 0,14, —	0 54
2809.	de 0,15, —	0 57
2810.	de 0,16, —	0 61
2811.	de 0,17, —	0 65
2812.	de 0,18, —	0 66
2813.	de 0,19, —	0 68
2814.	de 0,20, —	0 72
2815.	Pour chaque centimètre en sus.........	0 03
2816.	Plus-value pour vis à tête à six pans.	
	7 p. %ₒ des prix ci-dessus...........	7 p. %ₒ

Volets en tôle. (Voyez *Tôle pour volets.*)

SONNETTES, TIMBRES ET CORDONS DE PORTE.

B

2817. **Bascule** noyée dans le mur, correspondant à la cuvette, au coulisseau à bouton de coulisse ou au
coulisseau à chapeau. la pièce.............. 5 50

2818. **Bascule** noyée dans le mur, correspondant à la cuvette, au coulisseau à bouton de coulisse ou au
coulisseau à chapeau, mais avec charnière bri-
sée, la pièce 8ᶠ 00
2819. — ordinaire (à compter pour deux mouvements).. *Observ.*
2820. **Boucle** double pour jonction, compris ressort de
rappel, la pièce 1 25
2821. — de jonction simple, la pièce 0 75
2822. — double pour jonction, compris ressort, pour porte
cochère, la pièce 2 00
2823. — de jonction simple, pour porte cochère, la pièce. 1 25

C

2824. **Chaîne ou cordon** de tirage avec son manche, pour
porte cochère, la pièce 3 00
2825. — — avec conduit à douille et à scellement, pour
porte cochère, la pièce 4 00
2826. **Coulisseau** à plaque en cuivre, avec bouton à coulisse, non compris les mouvements intérieurs,
la pièce 14 00
2827.   Par chaque bouton de tirage en plus sur
le même coulisseau 10 00

— à chapeau, en cuivre, à boucle ou à bouton en
cuivre, mouvement en quart de cercle, entaillé
et noyé dans la pierre dure, non compris les
mouvements intérieurs :

2828.   nº 1, de 0,10 de hauteur, la pièce ... 14 00
2829.   nº 2, de 0,12   —   —   ... 16 00
2830.   nº 3, de 0,14   —   —   ... 18 00
2831.   nº 4, de 0,16   —   —   ... 20 00
2832.   nº 5, de 0,19   —   —   ... 23 00

2833.   Par chaque boucle de ces coulisseaux en
plus d'une sur le même coulisseau 10 00

Cuvette en cuivre, entaillée et noyée dans la pierre
dure, non compris les mouvements intérieurs :

2834.   de 0,08 à 0,10 de diamètre, la pièce ... 10 00
2835.   de 0,11 à 0,12   —   —   ... 12 00
2836.   de 0,13 à 0,14   —   —   ... 14 00

Cuvette en porcelaine, entaillée et noyée dans la
pierre dure, non compris les mouvements intérieurs :

2837.	de 0,08 à 0,10 de diamètre, la pièce...	12f 00
2838.	de 0,11 à 0,12 — — ...	14 00
2839.	de 0,13 à 0,14 — — ...	16 00

E

2840. **Échappement** à détente, à charnière brisée, compris monture, la pièce.................... 3 50

M

Mouvement en cuivre, sur tige à pointe, sur le bout
ou sur le côté, y compris percement de cloison
ou de mur en pierre tendre jusqu'à 0,33 d'é-
paisseur, pour passage des fils, fourniture de
fil de fer et conduits :

2841.	n° 1, par mouvement............	1 00
2842.	n° 2, —	1 25
2843.	n° 3, —	1 50

2844. — — sur tige à scellement, y compris même main-
d'œuvre et fournitures que ci-dessus, par mouvement 2 50

2845. Plus-value pour percement de mur dans la
pierre tendre en plus de 0,33 d'épaisseur,
le mètre linéaire 2 00

2846. Plus-value pour percement de mur dans la
pierre d'Angoulême ou dans la brique,
le mètre linéaire 4 25

2847. Plus-value pour percement de mur dans la
pierre dure, le mètre linéaire 6 50

R

2848. **Refouloir** ordinaire pour porte cochère, sur platine
de 0,10 de largeur, entaillé et posé sur le montant de la porte, la pièce 14 00

2849. **Ressort** de rappel, simple, la pièce.............. 0 60

2850. — à boudin, en acier, la pièce................ 1 25

2851. — de rappel, simple, pour porte cochère, la pièce. 0 75

2852. — à boudin, en acier, la pièce................ 2 00

S

Sonnette montée sur ressort, à bascule :

2853.	n° 4 ou 5, la pièce.............	3f 50
2854.	n° 6 ou 7, —	4 00
2855.	n° 8 ou 9, —	5 00
2856.	n° 10 ou 11, —	6 00

T

Timbre en bronze ou en acier fondu :

2857.	de 0,08 à 0,09 de diamètre, la pièce...	6 00
2858.	de 0,10 à 0,11 — — ...	8 00
2859.	de 0,12 à 0,13 — — ...	10 00
2860.	de 0,14 à 0,15 — — ...	12 00
2861.	Plus-value pour timbre portant échappement à détente, la pièce	2 50
2862.	**Tuyaux** pour fils de sonnette ou de cordon, arrêtés sur mur, non entaillés. le mètre linéaire	1 25
2863.	— — entaillés dans la pierre tendre, le m. l.....	2 00
2864.	— — entaillés dans la pierre dure, le m. l.......	3 00

FUMISTERIE

A

2865. **Appareil Fondet** en fonte, non compris pose, le
centimètre de largeur...................... ·1ᶠ 00
2866. **Atre** de cheminée en carreaux de Gironde, taillés,
la pièce.............................. 2 50

B

2867. **Badigeon** à la chaux et à l'alun, à deux couches,
fait à la corde nouée, le m. s.............. 0 15
2867 *bis*. **Bouches** de chaleur en cuivre, de 0,10 de diamètre, avec grillage en cuivre, en place, la pᶜᵉ. 3 75
2868. **Briques** réfractaires de choix, le %ₒₒ 90 00
2869. **Buses** (de 0,11 sur 0,22) pour bouts de tuyaux, la
pièce................................. 0 75

C

Calorifères, fourneaux, étuves, etc., etc., en briques réfractaires (comme à la maçonnerie).
Châssis à rideau en tôle forte verni au feu, avec
moulures en cuivre :

2870. — moulures de 0,03 à 0,04 : de 0,30 à 0,35, la pièce.	7 25
2871. — de 0,36 à 0,40, — .	7 85
2872. — de 0,41 à 0,45, — .	8 50
2873. — de 0,46 à 0,50, — .	9 35
2874. — de 0,51 à 0,55, — .	10 20
2875. — de 0,56 à 0,60, — .	11 00
2876. — de 0,61 à 0,65, — .	12 10
2877. — de 0,66 à 0,70, — .	13 10
2878. — de 0,71 à 0,75, — .	14 45
2879. — de 0,76 à 0,80, — .	16 15
2880. — moulures de 0,05 : de 0,30 à 0,35, — .	8 15
2881. — de 0,36 à 0,40, — .	8 80
2882. — de 0,41 à 0,45, — .	9 45
2883. — de 0,46 à 0,50, — .	10 75
2884. — de 0,51 à 0,55, — .	11 65
2885. — de 0,56 à 0,60, — .	12 80

Châssis à rideau en tôle forte vernie au feu, avec moulures en cuivre :

2886. —	moulures de 0,05 :	de 0,61 à 0,65, la pièce.	14f 00
2887.	—	de 0,66 à 0,70, — .	15 20
2888.	—	de 0,71 à 0,75, — .	16 50
2889.	—	de 0,76 à 0,80, — .	18 50
2890. —	moulures de 0,065 :	de 0,30 à 0,35, — .	9 00
2891.	—	de 0,36 à 0,40, — .	9 90
2892.	—	de 0,41 à 0,45, — .	10 55
2893.	—	de 0,46 à 0,50, — .	12 10
2894.	—	de 0,51 à 0,55, — .	13 20
2895.	—	de 0,56 à 0,60, — .	14 30
2896.	—	de 0,61 à 0,65, — .	15 40
2897.	—	de 0,66 à 0,70, — .	16 70
2898.	—	de 0,71 à 0,75, — .	18 50
2899.	—	de 0,76 à 0,80, — .	20 45

2900. **Cheminée** prussienne, chambranle et tablette en marbre, moulures et corniche en cuivre, 3 plaques de fonte, le mètre linéaire de frise...... 90 00

2901. — chambranle en tôle vernie au feu, tablette en marbre, moulures et corniche en cuivre, 3 plaques de fonte, le mètre linéaire de frise...... 75 00

Cheminée à la Rumfort. (Voyez *Rumfort.*)

2902. **Chenets** en fonte, le kilog.................... 0 50

2903. **Chevrettes** en fer : au-dessous de 0,16, la pièce.. 0 45

2904.	—	de 0,16, — ..	0 55
2905.	—	de 0,19, — ..	0 65
2906.	—	de 0,24, — ..	0 90

2907. **Clefs** pour poêles, la pièce..................... 1 25

Colonnes en tôle de 0,002 d'épaisseur, vernie au feu, embase et chapiteau en cuivre :

2908. — de 0,14 de diamètre et 1,40 de hauteur :

Tôle. 9k740, à 43f 50 les % k., No 2680.   4f 24
Moulures en cuivre. 1m00, à 4f le m. l.   4 00
Façon et vernissage...................   4 25
                      La pièce.....———   12 49

2909.   Chaque décimètre en plus ou en moins.. 0 70

2910. — de 0,16 de diamètre et 1,40 de hauteur :

Tôle. 11k370, à 43f 50 les % k., No 2680.   4f 95
Moulures en cuivre. 1m12, à 4f le m. l..   4 48
Façon et vernissage...................   4 50
                      La pièce.....———   13 93

2911.   Chaque décimètre en plus ou en moins.. 0 80

Colonnes en tôle de 0,002 d'épaisseur, vernie au feu, embase et chapiteau en cuivre :

2912. — de 0,18 de diamètre et 1,40 de hauteur :

> Tôle. 12^{k}770, à 43^f 50 les °/₀ k., N° 2680.   5^{f}55
> Moulures en cuivre. 1^{m}24, à 4^f le m. l..   4 96
> Façon et vernissage..................   5 00
>   La pièce.....——   15^f 51

2913.   Chaque décimètre en plus ou en moins..   0 90

2914. — de 0,20 de diamètre et 1,40 de hauteur :

> Tôle. 14^{k}170, à 43^f 50 les °/₀ k., N° 2680.   6^f 16
> Moulures en cuivre. 1^{m}36, à 4^f le m. l..   5 44
> Façon et vernissage..................   5 50
>   La pièce.....——   17 10

2915.   Chaque décimètre en plus ou en moins..   1 05

2916. — de 0,22 de diamètre et 1,40 de hauteur :

> Tôle. 15^{k}420, à 43^f 50 les °/₀ k., N° 2680.   6^{f}71
> Moulures en cuivre. 1^{m}48, à 4^f le m. l..   5 92
> Façon et vernissage..................   6 00
>   La pièce.....——   18 63

2917.   Chaque décimètre en plus ou en moins..   1 15

2918. **Colonnes** en faïence d'une seule pièce, de 1,00 de hauteur : n° 1............................   17 00

2919.   n° 2............................   18 00

2920.   n° 3............................   19 00

2921.   n° 4............................   20 00

2922.   n° 5............................   21 00

2923.   n° 6............................   22 50

2924.   n° 7............................   24 00

Plus-value pour chaque 0,15 de hauteur :

2925.   sur les n°s 1, 2, 3................   2 00

2926.   n°s 4, 5................   2 50

2927.   n°s 6, 7................   3 00

Construction d'un poêle en faïence ou en biscuit, sur ferrures ou sur place :

2928.   Cubant 0^{m}500, le m. c................   40 00

2929.   Cubant moins de 0^{m}500, augmentation de 4 fr. par chaque dixième de mètre cube.   4 00

2930.   Cubant plus de 0^{m}500, diminution de 2^f 50 par dixième de mètre cube............   2 50

2931.   La diminution devra s'arrêter à un mètre cube. *Observ.*

2932. **Crevasses** bouchées sur les souches de cheminées, le m. l...................................   0 40

2933. — à l'intérieur des gaines, le m. l............   0 60

2934. Croissants en fer avec bouton en cuivre, la paire . 1ᶠ25
2935. — en cuivre avec rosace, la paire 3 00

D

2936. Devanture de cheminée en cuivre, compris rideau, de 0,25 à 0,30 de profil, le mètre linéaire de frise................................ .. 85 00
2937. — en tôle vernie au feu avec moulure et boudin en cuivre, compris rideau, de 0,25 à 0,30 de profil, le mètre linéaire de frise 35 00

F

Ferronnerie. (Comme à la *Serrurerie*.)
2938. Fil de fer à agrafes, le kilog................. 1 10
2939. Fonte pour plaques unies ou cannelées, cloches pour calorifères, barreaux droits ou cintrés....... 0 23
2940. — sur modèle spécial......................... 0 40
2941. — pour fourneaux potagers, le kilog............ 0 36
— pour chenets. (Voyez *Chenets*.)
Foyers de cheminée, unis ou à compartiments, en carreaux de Gironde. (Voyez *Carrelage*.)
— en briques à plat. (Voyez *Plâtrerie*.)

G

2942. Garde-cendre en tôle de 0,002 d'épaisseur, avec carrelage à l'intérieur, pour poêles :

Tôle. 39ᵏ, à 43ᶠ 50 les % k., Nº 2680.	16ᶠ 97
Carreaux. 20, à 16ᶠ 50, Nº 484......	3 30
Terre réfractaire.................	1 00
Façon	10 00

Le mètre superficiel...—— 31 27

I

Intérieur de cheminée. (Voyez *Rumfort*.)

J

2943. Journée de fumiste......................... 4 50
2944. — de garçon et apprentis................. 2 75

M

Mitre en terre cuite. (Voyez *Maçonnerie.*)

N

Nettoyage, compris lessivage de faïence, recurage
    des cuivres et passage des tôles à la mine de
    plomb :

2945.	— d'un poêle portatif, à colonne, ou d'une cheminée prussienne	2ᶠ 00
2946.	— d'un poêle de construction ordinaire, en faïence ou biscuit, avec dépose et repose de tablette, et dégorgement des conduits intérieurs	2 75
2947.	— d'un calorifère en fonte, avec démontage et remontage des pièces, frottage des tôles à la mine de plomb et recurage des cuivres	3 90

P

2948.	**Panneaux** en faïence ingerçable, 1ᵉʳ choix, jusqu'à 1,00 de hauteur, pour fourniture, le m. s.	25 00
	Poêle en fonte, dit *à socle :*	
2949.	n° 1, de 0,15 de diamètre	7 50
2950.	n° 2, de 0,16 —	8 50
2951.	n° 3, de 0,17 —	10 00
2952.	n° 4, de 0,18 —	12 00
2953.	n° 5, de 0,20 —	14 00
2954.	n° 6, de 0,23 —	16 50
2955.	n° 7, de 0,25 —	21 00
2956.	n° 8, de 0,28 —	24 00
	— en fonte, dit *à piédestal :*	
2957.	n° 1	17 00
2958.	n° 2	20 00
2959.	n° 3	23 00
2960.	n° 4	26 50
2961.	n° 5	30 00
2962.	n° 6	34 50
2963.	n° 7	38 50
2964.	n° 8	43 00

Poêle rectangulaire, en faïence, mesures prises sous
la tablette et compris pied pour la hauteur :

2965.	n° 1 petit, avec plaque en fonte sous foyer et cercles en tôle, de 0,33 de face, 0,41 de profondeur et 0,49 de hauteur.......	18ᶠ 50
2966.	n° 1 grand, de 0,33 × 0,47 × 0,68	22 50
2967.	n° 2 — de 0,34 × 0,51 × 0,72	26 90
2968.	n° 3 — de 0,42 × 0,54 × 0,75	30 00
2969.	n° 4 — de 0,45 × 0,57 × 0,78	35 00
2970.	n° 5 — de 0,49 × 0,63 × 0,88	40 00
2971.	n° 6 — de 0,55 × 0,67 × 0,94	48 00
2972.	n° 7 — de 0,56 × 0,78 × 0,96	55 00

Plus-value pour socle et frise d'une seule pièce :

2973.	n° 2...............................	5 00
2974.	n° 3...............................	6 00
2975.	n° 4...............................	7 00
2976.	n° 5...............................	8 00
2977.	n° 6...............................	9 00
2978.	n° 7...............................	10 00

Plus-value pour cercles en cuivre :

2979.	n° 1...............................	1 25
2980.	nᵒˢ 2, 3, 4.........................	2 25
2981.	nᵒˢ 5, 6, 7.........................	3 00

Lorsque la tablette en faïence sera remplacée par
une autre comptée séparément, il sera diminué
sur les prix ci-dessus :

2982.	nᵒˢ 1, 2 (Prix moyen)...................	2 50
2983.	nᵒˢ 3, 4...........................	4 00
2984.	nᵒˢ 5, 6, 7	6 00

Poêle en faïence, mesure prise de la corniche et
compris pied pour la hauteur, tablette en marbre, cercles en cuivre :

2985.	n° 1, de 0,33 de diamètre et		0,71	de haut..		36 00
2986.	n° 2, de 0,46	—	0,79	—	..	43 00
2987.	n° 3, de 0,50	—	0,82	—	..	50 00
2988.	n° 4, de 0,55	—	0,86	—	..	57 00
2989.	n° 5, de 0,60	—	0,90	—	..	67 00
2990.	n° 6, de 0,64	—	0,95	—	..	77 00
2991.	n° 7, de 0,70	—	1,00	—	..	91 00
2992.	n° 8, de 0,78	—	1,04	—	..	106 00
2993.	n° 9, de 0,82	—	1,06	—	..	120 00

Plus-value pour socle et corniche d'une seule
      pièce :

2994.	n° 1....................................	4f 00
2995.	n° 2....................................	4 50
2996.	n° 3....................................	5 00
2997.	n° 4....................................	5 50
2998.	n° 5....................................	6 00
2999.	n° 6....................................	7 00
3000.	n° 7....................................	8 00
3001.	n° 8....................................	9 00
3002.	n° 9....................................	10 00

Lorsque les cercles seront en tôle au lieu d'être en
      cuivre, il sera fait une réduction sur les :

3003.	nos 1, 2, 3	1 40
3004.	nos 4, 5, 6	1 70
3005.	nos 7, 8, 9	2 25
3006.	**Pose** de tuyaux en tôle et de tout diamètre, le m. l.	0 15

R

3007. **Ramonage** d'une gaîne de cheminée, la pièce..... 0 50

3008. — de gaînes verticales et tuyaux de poêle, compris
      dépose et repose, le m. l. 0 25

3009. **Rumfort** (Intérieur à la) pour cheminée ordinaire à
      coke, contre-cœur et contre-jambages en briques
      réfractaires, pans coupés, cylindre et contre-
      cylindre en briques de champ enduites en plâ-
      tre, y compris l'enduit des contre-jambages :

Briques réfractres. 45, à 90f, No 2868.	4f 05
· Briques simples. 45, à 29f 70, No 68..	1 34
Plâtre. 20k, à 4f 62, No 464..........	0 92
Terre réfractaire	0 20
Barre de languette	0 70
Façon...............................	6 00
La pièce.....———	13 21

3010. — pour cheminée ordinaire avec devanture en tôle,
      contre-cylindre en briques de champ enduites
      en plâtre, 3 plaques de fonte, non compris la
      devanture ni les fontes :

Briques simples. 35, à 29f 70, No 68..	1f 04
Plâtre. 15k, à 4f 62, No 464	0 69
Barre de languette	0 70
Façon...............................	4 25
La pièce.....———	6 68

3011. **Rumfort** (Intérieur à la) pour cheminée ordinaire avec ou sans châssis, pans coupés, cylindre et contre-cylindre en briques de champ enduites en plâtre, y compris enduits des contre-jambages, 3 plaques de fonte, non compris le châssis ni la fonte :

> Briques ordinaires. 50, à 29ᶠ 70, Nº 68.   1ᶠ 49
> Plâtre. 20ᵏ, à 4ᶠ 62, Nº 464.........   0 92
> Barre de languette................   0 70
> Façon........................   4 85
>
> La pièce.....———   7ᶠ 96

3012. — pour cheminée ordinaire, contre-jambages, pans coupés, cylindre et contre-cylindre en briques de champ, le tout enduit en plâtre :

> Briques ordinaires. 65, à 29ᶠ 70, Nº 68.   1ᶠ 93
> Plâtre. 30ᵏ, à 4ᶠ 62, Nº 464 ....   1 39
> Barre de languette................   0 70
> Façon........................   5 00
>
> La pièce.....———   9 02

S

3013. **Solins** en plâtre, mortier bâtard ou ciment autour des cheminées, le m. l. 0 50

T

3014. **Tampon** en tôle, rond ou carré, le kilog. 1 15
3015. **Terre** réfractaire, le m. c......................   15 00
3016. **Trappe** en tôle pour ramoneur, le kilog 1 35
Tuyaux en tôle de 0,001 d'épaissʳ, compris coudes :
3017. — de 0,06 à 0,08 de diamètre inclusivement, le k.   1 00
3018. — de 0,08 à 0,11 de diamètre inclusivement, le k.   0 95
3019. — de 0,11 à 0,14 de diamètre inclusivement, le k.   0 90
3020. — de 0,14 à 0,16 de diamètre et au-dessus, le k...   0 85
3021. — en tôle vernie au feu, 1/4 en sus 1/4
3022. — — galvanisée, 1/3 en sus........ ....   1/3
3023. — passés à la mine de plomb, le m. s...........   0 50

V

Ventouse en fonte, compris scellement :
3024.   de 0,13 de diamètre, la pièce........   0 90
3025.   de 0,16   —   — 1 25
3026.   de 0,22   —   — 2 00
3027.   de 0,24   —   — 2 20
3028. — en tôle grillagée, en place, de 0,11 de diamètre, la pièce.................................   1 20

VITRERIE

D

3029. **Dépolissage** de verre à l'émeri, le m. s.......... 3ᶠ 00
3030.   —   —   au tampon, le m. s. 0 50

G

Glaces brutes pour dalles. (Voyez *Verre à glaces*.)

J

3031. **Joints vifs** à l'émeri, le m. l................... 0 65
3032. **Journée** de vitrier. 4 00

M

3033. **Mastic** de vitrier, pour fourniture, le kilog....... 0 45
3034. **Masticage** de carreaux en réparation, le m. l..... 0 12

N

3035. **Nettoyage** de carreaux de verre jusqu'à 1ᵐ00 à l'é-
       querre et au-dessus, par chaque face, le m. s. 0 07
3035 *bis*. — — au-dessous de 1ᵐ00 à l'équerre, par car-
       reau, pour les 2 faces 0 035
3036.   —   de glaces, le m. s.................. 0 20

P

3037. **Panneaux** en verre et plomb, le m. s........... 9 25
3038. **Pose des verres** hors mesure, simples, demi-dou-
       bles ou doubles, compris toute fourniture et
       transport, le m. s. 2 20

R

Rive de joints à l'émeri. (Voyez *Joints*.)

V

Dimensions des feuilles de verre du Nord comprises
dans les mesures du commerce :

0,69 sur 0,66	0,96 sur 0,48
0,72 — 0,63	1,02 — 0,45
0,75 — 0,60	1,08 — 0,42
0,81 — 0,57	1,14 — 0,39
0,87 — 0,54	1,20 — 0,36
0,90 — 0,51	1,26 — 0,33

Les verres de Lyon ou de Panchot ont 0,06 en moins.

Verre compris dans les mesures du commerce :

3039.	— blanc du Nord, simple, n° 2, le m. s..........	2ᶠ 64
3040.	n° 3, —	2 39
3041.	n° 4, —	2 13
3042.	— demi-double, n° 2, —	3 96
3043.	n° 3, —	3 58
3044.	n° 4, . —	3 19
3045.	— double, n° 2, —	5 28
3046.	n° 3, —	4 77
3047.	n° 4, —	4 26

3048. **Verre** de Panchot. Les verres de la verrerie de Panchot valent (à Bordeaux) 3 p. % en moins que ceux du Nord. La vitrerie exécutée avec ces verres subira, sur ceux du Nord, un rabais de 3 p. % de la valeur du verre . ... *Observ.*

3049.	**Verre** cannelé, le m. s......................	5 10
3050.	— cannelé à losanges, le m. s..............	8 30
3051.	— mousseline, à dessins transparents, le m. s..	7 00

Verres coulés à relief, de 0,05 à 0,06 d'épaisseur, d'au moins 0,50 de surface par feuille :

3052.	— demi-blanc, rayé ou à petits losanges, le m. s..	9 20
3053.	— blanc, rayé ou à petits losanges, le m. s......	10 25
3054.	— — à grands losanges, le m. s.	11 25

3055. Nota. Les dimensions au-dessous de 0,50 de surface jusqu'à 0,20 subiront, sur les prix n°ˢ 3052, 3053 et 3054, une moins-value de...... 1ᶠ 10
3056. Au-dessous de 0,20 de surface, la moins-value sera de.......... 2 20

3057. **Verres** à glaces pour dalles, bruts des deux faces, de 0,009 à 0,012 d'épaisseur jusqu'à 1,00 de surface, le m. s 15 00
3058. — au-dessus de 1,00 de surface, le m. s......... 17 75

Verre ordinaire, hors mesure, fourni mais non posé : blanc du Nord, double, 2ᵉ choix :

3059. — — feuille de 0,69 sur 1,32
                   0,72 — 1,26
                   0,75 — 1,20
                   0,81 — 1,14
                   0,87 — 1,08
              La feuille............. 7 70

3060. — — feuille de 0,66 sur 0,81
                   0,63 — 0,87
                   0,60 — 0,93
                   0,57 — 0,96

3060 (*suite*) feuille de 0,54 sur 1,02
      0,51 — 1,08
      0,48 — 1,14
      0,45 — 1,20
      0,42 — 1,26
         La feuille 3f 05

Verre ordinaire, hors mesure, fourni mais non posé :
blanc du Nord, double, 3e choix :

3061. — — feuille de 0,66 sur 1,08, la pièce 3 75
3062.   0,69 — 1,08, — ...•...... 3 95
3063.   0,72 — 1,08, — 4 20

3064. **Verre** hors mesure, fourni mais non posé :
blanc du nord, double, 2e choix :

Dimensions.	Prix.
0,33 sr 1,35	6f 55
1,38	7 00
1,41	7 50
1,44	8 10
1,47	8 70
1,50	9 35
1,53	10 05
1,56	10 80
1,59	11 75
1,62	12 70
1,65	13 55
1,68	14 40
1,71	15 40
1,74	16 45
1,77	16 65
1,80	16 95
1,83	17 20
1,86	17 50
1,89	17 80
1,92	18 00
1,95	18 30
1,98	18 60
2,01	18 85
2,04	19 15
0,36 sr 1,35	7 25
1,38	7 75
1,41	8 35
1,44	8 95
1,47	9 65
1,50	10 30
1,53	11 05
1,56	11 90
1,59	12 90
1,62	13 85
1,65	14 65
1,68	15 70
1,71	16 80
1,74	17 90
1,77	18 15
1,80	18 45
1,83	18 75
1,86	19 10
1,89	19 40

Dimensions.	Prix.
0,36 sr 1,92	19f 65
1,95	19 95
1,98	20 25
2,01	20 60
2,04	20 90
2,07	21 50
2,10	22 20
2,13	22 80
2,16	23 25
2,19	23 70
0,39 sr 1,35	8 15
1,38	8 60
1,41	9 30
1,44	9 95
1,47	10 65
1,50	11 40
1,53	12 15
1,56	13 10
1,59	13 95
1,62	15 00
1,65	16 00
1,68	17 00
1,71	18 20
1,74	19 30
1,77	19 65
1,80	20 00
1,83	20 35
1,86	20 70
1,89	21 00
1,92	21 25
1,95	21 60
1,98	21 95
2,01	22 30
2,04	22 65
2,07	23 05
2,10	23 45
2,13	23 90
2,16	24 20
2,19	24 60
2,22	24 95
0,42 sr 1,35	8 95
1,38	9 55
1,41	10 20

Dimensions.	Prix.
0,42 sr 1,44	11f 00
1,47	11 75
1,50	12 50
1,53	13 35
1,56	14 30
1,59	15 25
1,62	16 25
1,65	17 35
1,68	18 35
1,71	19 65
1,74	20 00
1,77	20 35
1,80	20 65
1,83	21 00
1,86	21 35
1,89	21 70
1,92	22 05
1,95	22 40
1,98	22 70
2,01	23 05
2,04	23 40
2,07	23 75
2,10	24 20
2,13	24 65
2,16	25 10
2,19	25 45
2,22	25 85
2,25	26 25
2,28	26 75
0,45 sr 1,35	9 90
1,38	10 55
1,41	11 25
1,44	12 00
1,47	12 85
1,50	13 70
1,53	14 65
1,56	15 60
1,59	16 60
1,62	17 70
1,65	18 80
1,68	20 00
1,71	20 40
1,74	20 75

Dimensions.	Prix.
0,45 sr 1,77	21f 10
1,80	21 35
1,83	21 80
1,86	22 20
1,89	22 45
1,92	22 80
1,95	23 15
1,98	23 50
2,01	23 80
2,04	24 25
2,07	24 60
2,10	24 95
2,13	25 35
2,16	25 75
2,19	26 25
2,22	26 65
2,25	27 00
2,28	27 40
2,31	27 80
0,48 sr 1,35	10 80
1,38	11 60
1,41	12 35
1,44	13 20
1,47	14 05
1,50	15 00
1,53	15 90
1,56	16 93
1,59	18 05
1,62	19 15
1,65	20 40
1,68	20 75
1,71	21 10
1,74	21 55
1,77	21 95
1,80	22 20
1,83	22 55
1,86	22 90
1,89	23 30
1,92	23 65
1,95	24 00
1,98	24 35
2,01	24 75
2,04	25 10

Dimensions.	Prix.	Dimensions.	Prix.	Dimensions.	Prix.	Dimensions.	Prix.
0,48 sr 2,07	25f 45	0,54 sr 1,98	26f 30	0,60 sr 1,89	27f 30	0,66 sr 1,80	28f 50
2,10	26 00	2,01	26 90	1,92	27 75	1,83	28 90
2,13	26 40	2,04	27 30	1,95	28 20	1,86	29 45
2,16	26 75	2,07	27 65	1,98	28 55	1,89	29 85
2,19	27 15	2,10	27 95	2,01	28 95	1,92	30 35
2,22	27 65	2,13	28 30	2,04	29 45	1,95	30 75
2,25	28 05	2,16	28 95	2,07	29 85	1,98	31 25
2,28	28 45	2,19	29 35	2,10	30 20	2,01	31 65
2,31	28 80	2,22	29 70	2,13	30 60	2,04	32 00
0,51 sr 1,35	11 90	2,25	30 20	2,16	31 10	2,07	32 45
1,38	12 70	2,28	30 60	2,19	31 50	2,10	32 90
1,41	13 55	2,31	31 00	2,22	31 90	2,13	33 40
1,44	14 40	0,57 sr 1,35	14 30	2,25	32 25	2,16	33 80
1,47	15 30	1,38	15 25	2,28	32 80	2,19	34 30
1,50	16 35	1,41	16 15	2,31	33 15	2,22	34 70
1,53	17 35	1,44	17 20	0,63 sr 1,35	17 00	2,25	35 20
1,56	18 45	1,47	18 20	1,38	18 15	2,28	35 60
1,59	19 55	1,50	19 30	1,41	19 25	0,69 sr 1,35	20 25
1,62	20 75	1,53	20 50	1,44	20 35	1,38	21 25
1,65	21 20	1,56	21 80	1,47	21 60	1,41	22 80
1,68	21 55	1,59	22 10	1,50	22 90	1,44	23 15
1,71	21 85	1,62	22 55	1,53	23 30	1,47	24 60
1,74	22 30	1,65	22 95	1,56	23 75	1,50	25 10
1,77	22 65	1,68	23 40	1,59	24 15	1,53	25 60
1,80	22 95	1,71	23 75	1,62	24 60	1,56	26 05
1,83	23 40	1,74	24 15	1,65	25 00	1,59	26 55
1,86	23 75	1,77	24 60	1,68	25 50	1,62	26 95
1,89	24 15	1,80	25 00	1,71	25 95	1,65	27 50
1,92	24 50	1,83	25 35	1,74	26 35	1,68	28 00
1,95	24 85	1,86	25 80	1,77	26 80	1,71	28 40
1,98	25 25	1,89	26 20	1,80	27 20	1,74	28 90
2,01	25 60	1,92	26 65	1,83	27 65	1,77	29 45
2,04	26 25	1,95	26 95	1,86	28 05	1,80	29 95
2,07	26 65	1,98	27 10	1,89	28 60	1,83	30 35
2,10	27 00	2,01	28 05	1,92	29 05	1,86	31 65
2,13	27 40	2,04	28 45	1,95	29 55	1,89	32 80
2,16	27 90	2,07	28 80	1,98	29 95	1,92	33 35
2,19	28 30	2,10	29 20	2,01	30 35	1,95	33 80
2,22	28 70	2,13	29 70	2,04	30 85	1,98	34 45
2,25	29 05	2,16	30 10	2,07	31 25	2,01	34 85
2,28	29 60	2,19	30 50	2,10	31 65	2,04	35 25
2,31	29 95	2,22	30 85	2,13	32 15	2,07	35 85
0,54 sr 1,35	13 05	2,25	31 35	2,16	32 55	2,10	36 50
1,38	13 90	2,28	31 75	2,19	32 90	2,13	36 80
1,41	14 80	2,31	32 15	2,22	33 40	2,16	37 40
1,44	15 75	0,60 sr 1,35	15 60	2,25	33 80	2,19	38 05
1,47	16 85	1,38	16 60	2,28	34 20	2,22	38 40
1,50	17 80	1,41	17 60	2,31	34 70	2,25	39 05
1,53	18 90	1,44	18 70	0,66 sr 1,35	17 55	0,72 sr 1,29	19 55
1,56	20 00	1,47	19 80	1,38	19 75	1,32	20 85
1,59	21 25	1,50	21 00	1,41	20 95	1,35	22 05
1,62	21 60	1,53	22 30	1,44	22 10	1,38	23 40
1,65	22 05	1,56	22 70	1,47	23 50	1,41	24 75
1,68	22 40	1,59	23 15	1,50	23 90	1,44	25 35
1,71	22 80	1,62	23 55	1,53	24 35	1,47	25 80
1,74	23 20	1,65	24 00	1,56	24 85	1,50	26 30
1,77	23 35	1,68	24 40	1,59	25 25	1,53	26 80
1,80	24 00	1,71	24 85	1,62	25 80	1,56	27 30
1,83	24 35	1,74	25 25	1,65	26 20	1,59	27 80
1,86	24 75	1,77	25 70	1,68	26 65	1,62	28 35
1,89	25 10	1,80	26 05	1,71	27 15	1,65	28 85
1,92	25 50	1,83	26 55	1,74	27 55	1,68	29 35
1,95	25 85	1,86	26 90	1,77	28 05	1,71	29 85

Colonne 1

Dimensions	Prix
0,72 sr 1,74	30f 35
1,77	30 90
1,80	31 30
1,83	34 55
1,86	35 35
1,89	35 75
1,92	36 45
1,95	36 80
1,98	37 50
2,01	38 05
2,04	38 60
2,07	39 25
2,10	39 90
2,13	40 55
2,16	41 15
2,19	41 75
2,22	42 25
0,75 sr 1,23	18 90
1,26	20 10
1,29	21 35
1,32	22 65
1,35	24 00
1,38	25 45
1,41	25 95
1,44	26 55
1,47	27 05
1,50	27 55
1,53	28 05
1,56	28 60
1,59	29 20
1,62	29 70
1,65	30 20
1,68	30 70
1,71	31 30
1,74	31 80
1,77	32 30
1,80	34 50
1,83	36 05
1,86	36 75
1,89	37 25
1,92	37 95
1,95	38 40
1,98	39 05
2,01	39 65
2,04	40 25
2,07	40 90
2,10	41 55
2,13	42 20
2,16	42 75
2,19	43 20
0,78 sr 1,17	18 20
1,20	19 40
1,23	20 70
1,26	21 95
1,29	23 20
1,32	24 65
1,35	26 10
1,38	26 70
1,41	27 20
1,44	27 80
1,47	28 55
1,50	28 90
1,53	29 45
1,56	30 05

Colonne 2

Dimensions	Prix
0,78 sr 1,59	30f 60
1,62	31 15
1,65	31 65
1,68	32 25
1,71	32 75
1,74	33 35
1,77	36 35
1,80	37 05
1,83	37 60
1,86	38 10
1,89	38 75
1,92	39 45
1,95	39 95
1,98	40 65
2,01	41 30
2,04	41 95
2,07	42 50
2,10	43 15
2,13	43 80
2,16	44 45
0,81 sr 1,17	19 40
1,20	21 20
1,23	22 45
1,26	23 80
1,29	25 25
1,32	26 80
1,35	27 40
1,38	28 00
1,41	28 60
1,44	29 20
1,47	29 70
1,50	30 30
1,53	30 90
1,56	31 45
1,59	32 05
1,62	32 65
1,65	33 25
1,68	33 75
1,71	34 35
1,74	37 15
1,77	37 90
1,80	38 60
1,83	39 15
1,86	39 80
1,89	40 35
1,92	41 10
1,95	41 60
1,98	42 55
2,01	42 95
2,04	43 60
2,07	44 20
2,10	44 80
2,13	45 45
0,84 sr 1,11	19 25
1,14	20 40
1,17	21 20
1,20	23 05
1,23	24 40
1,26	25 95
1,29	27 50
1,32	28 05
1,35	28 65
1,38	29 35
1,41	29 95

Colonne 3

Dimensions	Prix
0,84 sr 1,44	30f 55
1,47	31 10
1,50	31 75
1,53	32 40
1,56	32 90
1,59	33 60
1,62	34 20
1,65	34 80
1,68	35 45
1,71	36 35
1,74	38 95
1,77	39 45
1,80	40 20
1,83	40 70
1,86	41 60
1,89	42 00
1,92	42 75
1,95	43 30
1,98	44 05
2,01	44 55
2,04	45 20
2,07	45 85
2,10	46 50
0,87 sr 1,11	20 90
1,14	22 20
1,17	23 55
1,20	25 00
1,23	26 55
1,26	28 15
1,29	28 75
1,32	29 45
1,35	30 05
1,38	30 70
1,41	31 30
1,44	32 00
1,47	32 65
1,50	33 25
1,53	33 85
1,56	34 53
1,59	35 20
1,62	35 80
1,65	36 50
1,68	37 25
1,71	37 90
1,74	39 53
1,77	39 90
1,80	40 85
1,83	41 50
1,86	42 15
1,89	43 00
1,92	44 20
1,95	44 60
1,98	45 40
2,01	46 10
2,04	46 95
2,07	47 90
0,90 sr 0,90	14 90
0,93	15 85
0,96	16 85
0,99	17 80
1,02	19 00
1,05	20 15
1,08	21 35
1,11	22 70

Colonne 4

Dimensions	Prix
0,90 sr 1,14	24f 15
1,17	25 60
1,20	27 15
1,23	28 75
1,26	29 45
1,29	30 10
1,32	30 80
1,35	31 45
1,38	32 15
1,41	32 75
1,44	33 45
1,47	34 10
1,50	34 80
1,53	35 45
1,56	36 15
1,59	36 85
1,62	37 50
1,65	38 15
1,68	38 95
1,71	39 45
1,74	40 20
1,77	40 70
1,80	41 50
1,83	42 25
1,86	42 75
1,89	44 05
1,92	45 60
1,95	45 95
1,98	46 75
2,01	47 65
2,04	48 50
0,93 sr 0,93	17 30
0,96	18 30
0,99	19 40
1,02	20 60
1,05	21 85
1,08	23 25
1,11	24 65
1,14	26 20
1,17	27 75
1,20	29 45
1,23	30 10
1,26	30 90
1,29	31 55
1,32	32 25
1,35	32 90
1,38	33 70
1,41	34 35
1,44	35 05
1,47	35 70
1,50	36 40
1,53	37 15
1,56	37 85
1,59	38 55
1,62	39 30
1,65	39 95
1,68	40 70
1,71	41 35
1,74	42 05
1,77	42 85
1,80	43 55
1,83	44 30
1,86	44 95
1,89	45 70

Dimensions.	Prix.
0,93 sʳ 1,92	47f 10
1,95	47 60
1,98	48 35
2,01	49 10
0,96 sʳ 0,96	19 90
0,99	21 10
1,02	22 40
1,05	23 75
1,08	25 20
1,11	26 70
1,14	28 40
1,17	30 10
1,20	30 80
1,23	31 55
1,26	32 30
1,29	33 00
1,32	33 75
1,35	34 55
1,38	35 20
1,41	36 00
1,44	36 65
1,47	37 40
1,50	38 20
1,53	38 85
1,56	39 65
1,59	40 60
1,62	41 35
1,65	42 00
1,68	42 75
1,71	43 40
1,74	44 20
1,77	44 95
1,80	45 60
1,83	46 35
1,86	47 10
1,89	47 75
1,92	48 55
1,95	49 30
1,98	49 95
0,99 sʳ 0,99	22 90
1,02	24 25
1,05	25 80
1,08	27 30
1,11	29 00
1,14	30 80
1,17	31 55
1,20	32 30
1,23	33 10
1,26	33 85
1,29	34 60
1,32	35 40
1,35	36 15
1,38	36 90
1,41	37 70
1,44	38 45
1,47	39 20
1,50	39 95
1,53	40 75
1,56	41 70
1,59	42 75
1,62	43 55
1,65	44 30
1,68	45 05
1,71	45 85

Dimensions.	Prix.
0,99 sʳ 1,74	46f 50
1,77	48 40
1,80	48 90
1,83	49 40
1,86	49 70
1,89	50 45
1,92	50 95
1,95	51 75
1,02 sʳ 1,02	26 30
1,05	27 90
1,08	29 60
1,11	31 40
1,14	32 25
1,17	32 95
1,20	33 85
1,23	34 60
1,26	35 45
1,29	36 25
1,32	37 10
1,35	37 85
1,38	38 70
1,41	39 45
1,44	40 30
1,47	41 10
1,50	41 95
1,53	43 40
1,56	44 15
1,59	44 95
1,62	45 85
1,65	46 60
1,68	47 40
1,71	48 15
1,74	49 05
1,77	49 80
1,80	50 70
1,83	51 45
1,86	52 25
1,89	53 15
1,92	53 90
1,05 sʳ 1,05	29 20
1,08	32 00
1,11	32 95
1,14	33 70
1,17	34 55
1,20	35 40
1,23	36 25
1,26	37 10
1,29	37 95
1,32	38 80
1,35	39 65
1,38	40 50
1,41	41 35
1,44	42 20
1,47	43 05
1,50	44 55
1,53	45 35
1,56	46 20
1,59	47 00
1,62	47 90
1,65	48 65
1,68	49 55
1,71	50 30
1,74	51 20
1,77	52 00

Dimensions.	Prix.
1,05 sʳ 1,80	52f 80
1,83	53 65
1,86	54 45
1,89	55 20
1,08 sʳ 1,08	34 20
1,11	35 10
1,14	36 00
1,17	36 90
1,20	37 80
1,23	38 65
1,26	39 55
1,29	40 45
1,32	41 35
1,35	42 25
1,38	43 15
1,41	44 05
1,44	44 95
1,47	45 85
1,50	46 75
1,53	47 65
1,56	48 40
1,59	49 30
1,62	50 20
1,65	50 95
1,68	51 85
1,71	52 75
1,74	53 50
1,77	54 40
1,80	55 20
1,83	56 20
1,86	57 00
1,89	57 85
1,11 sʳ 1,11	37 15
1,14	38 05
1,17	38 95
1,20	39 80
1,23	40 70
1,26	41 60
1,29	42 50
1,32	43 40
1,35	44 30
1,38	45 20
1,41	46 10
1,44	47 00
1,47	47 90
1,50	48 80
1,53	49 70
1,56	50 60
1,59	51 45
1,62	52 35
1,65	53 25
1,68	54 15
1,71	55 05
1,74	55 95
1,77	56 85
1,80	57 75
1,83	58 65
1,86	59 55
1,14 sʳ 1,14	39 95
1,17	40 85
1,20	41 75
1,23	42 65
1,26	43 55
1,29	44 45

Dimensions.	Prix.
1,14 sʳ 1,32	45f 35
1,35	46 20
1,38	47 10
1,41	48 00
1,44	48 90
1,47	49 95
1,50	50 85
1,53	51 75
1,56	52 75
1,59	53 65
1,62	54 45
1,65	55 55
1,68	56 45
1,71	57 35
1,74	58 40
1,77	59 30
1,80	60 20
1,83	61 20
1,17 sʳ 1,17	42 65
1,20	43 55
1,23	44 55
1,26	45 45
1,29	46 50
1,32	47 40
1,35	48 40
1,38	49 30
1,41	50 20
1,44	51 20
1,47	52 10
1,50	53 15
1,53	54 05
1,56	55 05
1,59	55 95
1,62	57 00
1,65	57 85
1,68	58 90
1,71	59 80
1,74	60 80
1,77	61 70
1,80	62 65
1,83	63 65
1,20 sʳ 1,20	45 70
1,23	46 75
1,26	47 40
1,29	48 65
1,32	49 55
1,35	50 45
1,38	51 35
1,41	52 35
1,44	53 40
1,47	54 30
1,50	55 20
1,53	56 35
1,56	57 25
1,59	58 25
1,62	59 30
1,65	60 20
1,68	61 20
1,71	62 20
1,74	63 10
1,77	64 15
1,80	65 15

3065. **Verre** simple, 2e choix, hors mesure, la moitié des
prix ci-dessus............................ *Observ.*

3066. — demi-double, 2e choix, hors mesure, prix moyen
entre les prix du verre double et du verre
simple.................................... *Observ.*

3067. — 3e choix, hors mesure, $^1/_{10}$ en moins que ceux de
2° choix................................. *Observ.*

3068. Le verre 1er choix sera payé $^1/_{10}$ en plus lorsqu'il
aura été fourni sur ordre exprès............ *Observ.*

Vitrerie en verre simple du Nord, jusqu'à 0,002
d'épaisseur :

3069. — · — — n° 2 :

Verre. 1,15, à 2f 64, N° 3039........   3f 04
Pose, compris pointes et mastic.....   1 35
Le mètre superficiel...———   4f 39

3070. — — — n° 3 :

Verre. 1,15, à 2f 39, N° 3040........   2f 75
Pose, compris pointes et mastic.....   1 35
Le mètre superficiel...———   4 10

3071. — — — n° 4 :

Verre. 1,15, à 2f 13, N° 3041........   2f 45
Pose, compris pointes et mastic.....   1 35
Le mètre superficiel...———   3 80

— — pour travaux d'entretien :

3072. — — — n° 2 :

Verre. 1,15, à 2f 64, N° 3039........   3f 04
Pose, compris pointes et mastic.....   1 90
Le mètre superficiel...———   4 94

3073. — — — n° 3 :

Verre. 1,15, à 2f 39, N° 3040........   2f 75
Pose, compris pointes et mastic ..r...   1 90
Le mètre superficiel...———   4 65

3074. — — — n° 4 :

Verre. 1,15, à 2f 13, N° 3041........   2f 45
Pose, compris pointes et mastic......   1 90
Le mètre superficiel...———   4 35

— en verre demi-double du Nord, d'au moins 0,0025
d'épaisseur :

3075. — — — n° 2 :

Verre. 1,15, à 3f 96, N° 3042........   4f 55
Pose, compris pointes et mastic.....   1 60
Le mètre superficiel...———   6 15

Vitrerie en verre demi-double du Nord, d'au moins
0,0025 d'épaisseur :

3076. — — — n° 3 :

Verre. 1,15, à 3f 58, N° 3043........ 4f 12
Pose, compris pointes et mastic..... 1 60

Le mètre superficiel...——   5f 72

3077. — — — n° 4 :

Verre. 1,15, à 3f 19, N° 3044....... 3f 67
Pose, compris pointes et mastic.:.... 1 60

Le mètre superficiel...——   5 27

— — pour travaux d'entretien :

3078. — — — n° 2 :

Verre. 1,15, à 3f 96, N° 3042........ 4f 55
Pose, compris pointes et mastic..... 2 15

Le mètre superficiel...——   6 70

3079. — — — n° 3 :

Verre. 1,15, à 3f 58, N° 3043........ 4f 12
Pose, compris pointes et mastic..... 2 15

Le mètre superficiel...——   6 27

3080. — — — n° 4 :

Verre. 1,15, à 3f 19, N° 3044........ 3f 67
Pose, compris pointes et mastic..... 2 15

Le mètre superficiel...——   5 82

— en verre double du Nord, d'au moins 0,003 d'é-
paisseur :

3081. — — — n° 2 :

Verre. 1,15, à 5f 28, N° 3045........ 6f 07
Pose, compris pointes et mastic..... 1 80

Le mètre superficiel...——   7 87

3082. — — — n° 3 :

Verre. 1,15, à 4f 77, N° 3046........ 5f 49
Pose, compris pointes et mastic..... 1 80

Le mètre superficiel...——   7 29

3083. — — — n° 4 :

Verre. 1,15, à 4f 26, N° 3047........ 4f 90
Pose, compris pointes et mastic..... 1 80

Le mètre superficiel...——   6 70

— — pour travaux d'entretien :

3084. — — — n° 2 :

Verre. 1,15, à 5f 28, N° 3045........ 6f 07
Pose, compris pointes et mastic..... 2 65

Le mètre superficiel...——   8 72

Vitrerie en verre double du Nord, d'au moins 0,003 d'épaisseur, pour travaux d'entretien :

3085. — — — n° 3 :

  Verre. 1,15, à 4ᶠ 77, Nᵒ 3046........   5ᶠ 49
  Pose, compris pointes et mastic.....   2 65
    Le mètre superficiel...———   8ᶠ 14

3086. — — — n° 4 :

  Verre. 1,15, à 4ᶠ 26, Nᵒ 3047........   4ᶠ 90
  Pose, compris pointes et mastic 2 65
    Le mètre superficiel...———   7 55

3087. Nota. Lorsque la vitrerie sera exécutée avec des feuilles entières comprises dans les mesures du commerce, il sera fait une réduction de 1/20 de la valeur du verre.................... ....   1/20

3088. **Vitrerie** en verre cannelé :

  Verre. 1,15, à 5ᶠ 10, Nᵒ 3049........   5ᶠ 87
  Pose, compris pointes et mastic 1 35
    Le mètre superficiel...———   7 22

3089. — en verre cannelé à losanges :

  Verre. 1,15, à 8ᶠ 30, Nᵒ 3050........   9ᶠ 55
  Pose, compris pointes et mastic 1 35
    Le mètre superficiel...———   10 90

3090. — en verre mousseline, à dessins transparents :

  Verre. 1,15, à 7ᶠ, Nᵒ 3051 ....   8ᶠ 05
  Pose, compris pointes et mastic.....   1 35
    Le mètre superficiel...———   9 40

— en verres coulés à reliefs d'au moins 0,50 de surface par feuille :

3091. — demi-blanc rayé ou à petits losanges :

  Verre. 1,10, à 9ᶠ 20, Nᵒ 3052........   10ᶠ 12
  Pose, compris pointes et mastic.....   1 80
    Le mètre superficiel...———   11 92

3092. — — pour travaux d'entretien :

  Verre. 1,15, à 9ᶠ 20, Nᵒ 3052........   10ᶠ 58
  Pose, compris pointes et mastic.....   2 65
    Le mètre superficiel...———   13 23

3093. — blanc, rayé ou à petits losanges :

  Verre. 1,10, à 10ᶠ 25, Nᵒ 3053.......   11ᶠ 28
  Pose, compris pointes et mastic.....   1 80
    Le mètre superficiel...———   13 08

3094. — — pour travaux d'entretien :

  Verre. 1,15, à 10ᶠ 25, Nᵒ 3053.......   11ᶠ 79
  Pose, compris pointes et mastic.....   2 65
    Le mètre superficiel...———   14 44

Vitrerie en verres coulés à reliefs d'au moins 0,50 de surface par feuille :

3095. — demi-blanc ou blanc, à grands losanges :

        Verre. 1,10, à 11ᶠ 25, Nᵒ 3054....... 12ᶠ38
        Pose, compris pointes et mastic..... 1 80
             Le mètre superficiel...——   14ᶠ 18

3096. — pour travaux d'entretien :

        Verre. 1,15, à 11ᶠ 25, Nᵒ 3054....... 12ᶠ94
        Pose, compris pointes et mastic..... 2 65
             Le mètre superficiel...——   15 59

3097. Nota. Les dimensions au-dessous de 0,50 de surface jusqu'à 0,20 subiront, sur les prix nᵒˢ 3091 à 3096, une moins-value de............ 1ᶠ 20

3098. Au-dessous de 0,20 de surface, la moins-value sera de.......... 2 40

MARBRERIE

C

3099.	**Carreaux** en liais, octogones, le m. s.	9ᶠ 15
3100.	— — carrés, le m. s.	10 05
	— en marbre noir, carrés :	
3101.	de 0,07, le %₀	19 30
3102.	de 0,079, —	21 60
3103.	de 0,09, —	23 85
3104.	de 0,101, —	26 40
3105.	de 0,112, —	28 95
3106.	de 0,124, —	31 65
3107.	de 0,135, —	35 10
3108.	de 0,16, —	63 40
3109.	de 0,19, —	93 65
3110.	de 0,22, —	125 30
3111.	de 0,24, —	155 85
3112.	de 0,27, —	188 05
3113.	de 0,30, —	222 95
3114.	de 0,325, —	253 25
	— en marbre blanc veiné, carrés :	
3115.	de 0,16, le %₀	132 70
3116.	de 0,19, —	168 90
3117.	de 0,22, —	206 15
3118.	de 0,24, —	243 50
3119.	de 0,27, —	280 45
3120.	de 0,30, —	321 15
3121.	de 0,325, —	356 80

Carrelage en carreaux de liais octogones, et carreaux carrés de marbre noir :

3122. — carreaux en liais de 0,325 et carreaux en marbre de 0,135 :

> Carreaux en liais. 0,88, à 9ᶠ 15, Nᵒ 3099... 8ᶠ 05
> Carreaux en marbre. 10, à 35ᶠ 10, Nᵒ 3107. 3 51
> Mortier. 0,03, à 11ᶠ 35, Nᵒ 257.......... 0 34
> Façon 2 20
>
> Le mètre superficiel...— 14 10

Carrelage en carreaux de liais octogones, et carreaux carrés de marbre noir :

3123. — carreaux en liais de 0,30 et carreaux en marbre de 0,124 :

Carreaux en liais. 0,90, à 9ᶠ 15, Nᵒ 3099... 8ᶠ 24
Carreaux en marbre. 12, à 31ᶠ 65, Nᵒ 3106. 3 80
Mortier. 0,03, à 11ᶠ 35, Nᵒ 257........... 0 34
Façon.............................. 2 40

Le mètre superficiel...—— 14ᶠ 78

3124. — carreaux en liais de 0,27 et carreaux en marbre de 0,112 :

Carreaux en liais. 0,88, à 9ᶠ 15, Nᵒ 3099... 8ᶠ 05
Carreaux en marbre. 14,50, à 28ᶠ 95, Nᵒ 3105. 4 20
Mortier. 0,03, à 11ᶠ 35, Nᵒ 257 .... 0 34
Façon...... .... 2 60

Le mètre superficiel...—— 15 19

3125. — carreaux en liais de 0,24 et carreaux en marbre de 0,101 :

Carreaux en liais. 0,88, à 9ᶠ 15, Nᵒ 3099... 8ᶠ 05
Carreaux en marbre. 19,50, à 26ᶠ 40, Nᵒ 3104 5 15
Mortier. 0,03, à 11ᶠ 35, Nᵒ 257 .... 0 34
Façon.............................. 2 80

Le mètre superficiel...—— 16 34

3126. — carreaux en liais de 0,21 et carreaux en marbre de 0,09 :

Carreaux en liais. 0,88, à 9ᶠ 15, Nᵒ 3099... 8ᶠ 05
Carreaux en marbre. 24, à 23ᶠ 85, Nᵒ 3103. 5 72
Mortier. 0,03, à 11ᶠ 35, Nᵒ 257 .... 0 34
Façon........ .... 3 00

Le mètre superficiel...—— 17 11

3127. — carreaux en liais de 0,19 et carreaux en marbre de 0,079 :

Carreaux en liais. 0,89, à 9ᶠ 15, Nᵒ 3099... 8ᶠ 14
Carreaux en marbre. 30, à 21ᶠ 60, Nᵒ 3102. 6 48
Mortier. 0,03, à 11ᶠ 35, Nᵒ 257........... 0 34
Façon.............................. 3 20

Le mètre superficiel...—— 18 16

3128. — carreaux en liais de 0,16 et carreaux en marbre de 0,07 :

Carreaux en liais. 0,88, à 9ᶠ 15, Nᵒ 3099... 8ᶠ 05
Carreaux en marbre. 42, à 19ᶠ 30, Nᵒ 3101. 8 11
Mortier. 0,03, à 11ᶠ 35, Nᵒ 257........... 0 34
Façon.............................. 3 40

Le mètre superficiel...—— 19 90

3129. — à façon, en carreaux carrés en liais de 0,325, compris fourniture de mortier, le m. s....... 1 90

3130.   Plus-value progressive par chaque échantillon, le m. s.................... 0 15

3130 *bis*. **Carrelage** à façon, en carreaux hexagones en liais de 0,325, compris fourniture de mortier, le m. s. 2ᶠ 00

3130 *ter*. Plus-value progressive par chaque échantillon, le m. s. 0 20

3131. — en carreaux carrés, marbre et liais de 0,325, compris fourniture de mortier, le m. s. 2 15

3132. Plus-value progressive par chaque échantillon, le m. s. 0 25

3133. — en carreaux carrés, tous en marbre, compris fourniture de mortier, le m. s. 2 40

3134. Plus-value progressive par chaque échantillon, le m. s. 0 30

3135. **Contre-manteau** en pierre de Bourg, pour chambranle de cheminée en marbre, le m. l. 1 00

D

3136. **Décarrelage** de carreaux en pierre ou marbre, compris nettoyage, le m. s. 0 65

F

3137. **Frottage**, passage au grès, et ponçage de carrelage, pierre et marbre, les carreaux de marbre passés à l'huile, le m. s. 0 55

J

3138. **Journée** de marbrier poseur. 5 50

M

Marbres en tranches, de 0,022 d'épaisseur, pour tablettes, chambranles de cheminées, etc., sans plus-value pour socle et chapiteau :

3139. — des Pyrénées : Blanc statuaire de Saint-Béat et blanc de Gers, 1ᵉʳ choix, le m. s. 58 00

3140. — 2ᵉ choix, le m. s. 49 35

3141. Ordinaire de Saint-Béat, le m. s. 25 00

3142. Sérancolin, Portor, le m. s. 43 30

Marbres en tranches, de 0,022 d'épaisseur, pour tablettes, chambranles de cheminées, etc., sans plus-value pour socle et chapiteau :

3143. — des Pyrénées :	Beyrède, le m. s...............	49^f 85
3144.	Campan mélangé et Campan vert, le m. s...............	54 60
3145.	Bleu d'aspin clair et foncé, Lumachelle et bleu Turquin, le m.s.	24 50
3146.	Sainte-Anne, le m. s..........	25 20
3147.	Grand antique, le m. s........	52 50
3148.	Brèche Médoux, le m. s........	41 20
3149.	Rosé clair et rosé vif, le m. s..	29 65
3150.	Brèche grise et jaune, le m. s..	28 35
3151.	Griotte des Pyrénées, le m. s..	28 35
3152.	Izeste, le m. s................	28 50
3153.	Gris veiné, gris tendre et Vielle brun, le m. s...............	28 75
3154.	Héréchède et Vielle vert, le m. s.	29 75
3155.	Stalagmite, le m. s...........	58 00
3156.	Bise africaine et bleu fleuri, le m. s.......................	29 50
3157.	Vert moulin, le m. s..........	29 65
3158. — d'Espagne :	Brocatelle jaune, le m. s.......	52 50
3159.	— violette, le m. s.....	56 95
3160. — d'Italie :	Blanc statuaire, 1er choix, le m. s.	93 45
3161.	— 2e choix, le m. s.	72 70
3162.	Mi-statuaire, le m. s..........	50 65
3163.	Blanc veiné, le m. s...........	38 05
3164.	Blanc clair, le m. s...........	29 15
3165.	Bleu Turquin, le m. s.........	37 55
3166.	Bleu fleuri, le m. s...........	39 90
3167.	Portor, le m. s...............	69 30
3168.	Jaune de Sienne, le m. s.......	95 55
3169.	Vert de mer et vert de Gênes, le m. s.......................	58 55
3170.	Vert d'Égypte, le m. s........	49 10
3171.	Levanto, le m. s..............	45 15
3172. — de Belgique :	Sainte-Anne belge, le m. s.....	25 45
3173.	Rouge de Flandre, le m. s.....	25 45
3174.	Noir fin de Dinant, le m. s.....	38 30
3175.	Noir demi-fin, le m. s.........	28 85
3176.	Granit Feluil, le m. s.........	22 30

Marbres en tranches, de 0,022 d'épaisseur, pour
  tablettes, chambranles de cheminées, etc., sans
  plus-value pour socle et chapiteau :

3177.	— du Nord :	Sainte-Anne français, le m. s....	20f 20
3178.		Noir français, le m. s..........	21 00
3179.		Id. boule de neige et amande, le m. s....................	19 70
3180.		Glageon fleuri, le m. s..........	23 10
3181.		Noir Bachan, le m. s...........	25 05
3182.	— du Pas-de-Calais :	Napoléon gris et rose, le m. s...	30 70
3183.		Lunel uni, le m. s.............	23 60
3184.		Lunel fleuri, le m. s...........	26 25
3185.	— de la Sarthe :	Sérancolin de l'Ouest, le m. s....	24 65
3186.		Rose Engugerais, le m. s.......	24 65
3187.	— des Bs-du-Rhône :	Brèche, Saint-Victor, le m. s....	28 35
3188.		— Galifet, le m. s.........	32 00
3189.		— d'Alep, le m. s.........	28 35
3190.		— Impériale, le m. s......	26 75
3191.	— du Var :	Brèche jaune de Tretz, le m. s...	30 45
3192.	— du Jura :	Brocatelle jaune et violette, le m. s.	38 30
3193.		— jaune fleuri, le m. s...	38 30
3194.	— des Hautes-Alpes :	Vert de Maurin, le m. s.........	50 65
3195.		— de Scilhac, le m. s.........	47 25
3196.	— des Vosges :	Brèche Napoléon, le m. s.......	36 20
3197.	— de l'Hérault :	Griotte dite d'*Italie,* le m. s.....	55 10
3198.		Œil de perdrix, le m. s.	63 80
3199.		Languedoc incarnat et rosé vif, le m. s.	33 60
3200.		Plus-value pour chambranles à tablette profilée, par chaque chambranle..........	3 00

Marbres en tranches de plus de 0,022 d'épaisseur
  (pour la surépaisseur seulement) :

3201.	— des Pyrénées :	Statuaire de St-Béat et blanc de Gers, 1er choix, le m. c.	1384 40
3202.		— 2e choix, le m. c.	994 85
3203.		Ordinaire de Saint-Béat, le m. c.	739 70
3204.		Sérancolin, Portor, le m. c......	1136 10
3205.		Beyrède, le m. c...............	1136 10
3206.		Campan mélangé et Campan vert, le m. c.....................	1371 80
3207.		Bleu d'Aspin clair et foncé, Lumachelle et bleu Turquin, le m. c.	736 60
3208.		Sainte-Anne, le m. c...........	767 00

Marbres en tranches de plus de 0,022 d'épaisseur
(pour la surépaisseur seulement) :

3209. — des Pyrénées :	Grand antique, le m. c........	1304ᶠ 60
3210.	Brèche Médoux, le m. c.	866 75
3211.	Rosé clair et rosé vif, le m. c....	799 05
3212.	Brèche grise et jaune, le m. c....	698 25
3213.	Griotte des Pyrénées, le m. c...	698 25
3214.	Izeste, le m. c.................	702 00
3215.	Gris veiné, gris tendre et Vielle brun, le m. c.	713 55
3216.	Héréchède et Vielle vert, le m. c.	801 45
3217.	Stalagmite, le m. c.	1384 40
3218.	Bise africaine et bleu fleuri, le m. c.	794 75
3219.	Vert moulin, le m. c.	799 05
3220. — d'Espagne :	Brocatelle jaune, le m. c........	1156 55
3221.	— violette, le m. c......	1279 40
3222. — d'Italie :	Blanc statuaire, 1ᵉʳ choix, le m. c.	2429 70
3223.	— 2ᵉ choix, le m. c.	1909 95
3224.	Mi-statuaire, le m. c.	1584 45
3225.	Blanc veiné, le m. c...........	1073 60
3226.	— clair, le m. c.	946 55
3227.	Bleu Turquin, le m. c.........	1073 60
3228.	— fleuri, le m. c...........	1137 15
3229.	Portor, le m. c................	1677 90
3230.	Jaune de Sienne, le m. c........	2115 05
3231.	Vert de mer et vert de Gênes, le m. c.	1441 65
3232.	Vert d'Égypte, le m. c..........	1441 65
3233.	Levanto, le m. c...............	1374 45
3234. — de Belgique :	Sainte-Anne belge, le m. c......	1014 30
3235.	Rouge de Flandre, le m. c.	1014 30
3236.	Noir fin de Dinant, le m. c......	1249 50
3237.	— demi-fin, le m. c..........	1047 35
3238.	Granit Feluil, le m. c.	806 40
3239. — du Nord :	Sainte-Anne français, le m. c....	754 40
3240.	Noir français, le m. c..........	794 30
3241.	— boule de neige et amande, le m. c....................	754 40
3242.	Glageon fleuri, le m. c..........	754 40
3243.	Noir Bachan, le m. c..........	993 30
3244. — du Pas-de-Calais :	Napoléon gris et rose, le m. c...	1014 30
3245.	Lunel uni, le m. c.............	754 40
3246.	— fleuri, le m. c..........	884 10

Marbres en tranches de plus de 0,022 d'épaisseur
(pour la surépaisseur seulement) :

3247. — de la Sarthe : Sérancolin de l'Ouest, le m. c...	836f 30
3248. Rose Engugerais, le m. c.......	836 30
3249. — des B⁵-du-Rhône : Brèche Saint-Victor, le m. c.....	929 25
3250. — Galifet, le m. c.........	962 85
3251. — d'Alep, le m. c..........	895 65
3252. — Impériale, le m. c.......	814 80
3253. — du Var : Brèche jaune de Tretz, le m. c...	924 50
3254. — du Jura : Brocatelle jaune et violette, le m. c.	1233 75
3255. — jaune fleuri, le m. c...	1233 75
3256. — des Hautes-Alpes : Vert de Maurin, le m. c........	1325 10
3257. — de Seilhac, le m. c........	1205 90
3258. — de l'Hérault : Griotte dite d'*Italie*, le m. c.....	1258 95
3259. Œil de perdrix, le m. c.........	1359 75
3260. Languedoc incarnat et rosé vif, le m. c.....................	955 50
3261. — des Vosges : Brèche Napoléon, le m. c.......	1100 40

P

3262. **Pose et Scellement** d'un chambranle en marbre à la capucine, sans foyer	2 00
3263. — — avec foyer.........................	2 50
3364. — d'un chambranle avec encadrement et foyer à compartiments.........................	4 00

PEINTURE

B

3265. **Badigeon** à la chaux et à l'alun, compris épousse-
tage, le m. s. 0ᶠ 08

3266.   Chaque couche en sus, le m. s. 0 04

3267. **Baguettes** d'angle, à l'huile, une couche, le m. l. .. 0 045

3268.   Chaque couche en sus, le m. l. 0 035

3269. **Barreaux,** jusques et y compris 0,15 de développement (au-dessus à compter en surface), le m. l. 0 055

3270.   Chaque couche en sus 0 045

3271. — en noir au vernis, compris couche de fond, le m. l. 0 125

3272. — en bronze, à l'effet,   —   —   — . 0 26

3273. **Blanc** de mur et de plafond à la colle, une couche,
le m. s. 0 10

3274.   Chaque couche en sus, le m. s. 0 05

3275. **Bois** (faux bois) de toute nature, sur fond à l'huile,
trois couches et vernis, compris ponçage :

         Couches de fond, Nᵒˢ 3318 à 3320....   0ᶠ 88
         Vernis, Nᵒ 3389..................   0 40
         Faux bois et ponçage.............   1 10
         Le mètre superficiel... ————   2 38

3276. — — mais avec filets :

         Couches de fond, Nᵒˢ 3318 à 3320....   0ᶠ 88
         Vernis, Nᵒ 3389..................   0 40
         Faux bois et ponçage.............   1 10
         Filets.........................   0 60
         Le mètre superficiel... ————   2 98

3277.   Plus-value pour faux bois sur pierre ou
plâtre, le m. s 0 10

3278. **Briques** sur fond à l'huile, trois couches, avec filets
d'appareil et frottis, pour grosses briques :

         Couches de fond, Nᵒˢ 3318 à 3323....   0ᶠ 99
         Filets d'appareil et frottis 1 40
         Le mètre superficiel... ————   2 39

3279.   Plus-value pour petites briques, le m. s... 0 40

3280. **Bronze** antique ou cuivre, à l'effet, sur fond à l'huile,
trois couches et une couche de vernis gras,
compris ponçage :

> Couches de fond, Nᵒˢ 3318 à 3320.... 0ᶠ 88
> Vernis, Nᵒ 3389.................... 0 40
> Bronze, compris ponçage.......... 1 00
> Le mètre superficiel...—— 2ᶠ 28

C

Chanfreins. (Voyez *Rechampissage*.)
Chiffres. (Voyez *Lettres*.)
3281. **Coaltar**, le kilog............................ 0 07
3282.   —   étendu à chaud, une couche, le m. s..... 0 20
3283.   Chaque couche en sus, le m. s....... 0 15
Coupe de pierre sur fond à l'huile, trois couches :
3284.   à 1 filet, le m. s................. 1 25
3285.   à 2 filets, — 1 35
3286.   à 3 filets, — 1 45
3287. **Contre-cœur** de cheminée : à la colle, la pièce... 0 22
3288.   à l'huile, la pièce.... 0 55
3289. **Cymaises** à l'huile, une couche, compris lessivage
et rebouchage nécessaires, le m. l............ 0 075
3290.   Chaque couche en sus................ 0 045

D

3291. **Détrempe** pour travaux ordinaires, une couche,
le m. s.................................... 0 10
3292.   Chaque couche en sus, le m. s......... 0 06
3293. — pour travaux soignés et blanc mat, une couche,
le m. s.................................... 0 14
3294.   Chaque couche en sus, le m. s......... 0 09
3295.   Plus-value pour chaque couche de teinte
composée de couleurs fines, le m. s...... 0 08

E

Échafaudages. (Voyez *Location d'échafaudages*.)
Encaustique. (Voyez *Parquets*.)
3296. — à l'essence et à la cire sur bois naturel ou sur
peintures, bois de chêne ou marbres clairs,
compris frottis. le m. s.................... 0 80

3297. **Encollage,** le m. s........ .... 0f 10
    Enduits à l'huile et à la céruse sur boiseries et
        plâtres :
3298.   Parties unies, le m. s............ 1 50
3299.   Parties à moulures, le m. s....... 2 25
3300. — sur murs et plâtres bruts, le m. s............ 2 50

F

Faux bois. (Voyez *Bois.*)
Faux marbre. (Voyez *Marbre.*)
3301. **Ferrures** peintes en gris à l'huile, une couche, le
        m. l................................. ..... 0 055
3302.   Chaque couche en sus, le m. l......... 0 045
3303. Toute pièce de ferrure ayant moins de 0,33 de
        longueur, ou toute pièce isolée ayant moins de
        5 décimètres de surface, doit être comptée pour
        0,33...................................... *Observ*.
3304.   Plus-value pour emploi de minium, par
        couche, le m. l..................... 0 015
3305. **Ferrures** peintes en noir au vernis, compris cou-
        ches de fond, le m. l..................... 0 125
3306. — — en bleu, trois couches, le m. l. 0 21
3307. — — en bronze, à l'effet, compris couches de fond,
        le m. l................................. 0 26
3308. **Filets** simples ou composant les moulures, le m. l. 0 06
3309. — — sur plafonds, le m. l. 0 12
3309 *bis.* Nota. Les filets ombrés seront comptés doubles.................. *Observ*.

G

3310. **Glacis** en blanc de neige sur peinture en marbre
        blanc, ou pour remettre à neuf d'anciens dé-
        cors, le m. s............................. 0 37
3311. — en couleurs fines, bleu d'outre-mer ou laque
        carminée, le m. s....................... 1 00
3312. **Granit** ordinaire, non compris fond, pour chaque
        jetée, le m. s.......................·.......... 0 065
3313. — chiqueté, non compris fond, pour chaque ton,
        le m. s............................... 0 21
3314. **Grattage** de murs et plafonds, le m. s........... . 0 10
3315.   — et arrachage d'anciens papiers, le m. s.. 0 06

H

3316. Huile bouillante, une couche sur bois :

<table>
<tr><td>Huile cuite. 0ᵏ180, à 1ᶠ 40 ....</td><td>0ᶠ25</td><td></td></tr>
<tr><td>Main-d'œuvre d'application et tous
faux frais ....</td><td>0 15</td><td></td></tr>
<tr><td align="right">Le mètre superficiel...———</td><td></td><td>0ᶠ 40</td></tr>
</table>

3317. — une couche sur murs ou plâtres :

<table>
<tr><td>Huile cuite. 0ᵏ200, à 1ᶠ 40 ....</td><td>0ᶠ28</td><td></td></tr>
<tr><td>Main-d'œuvre d'application et tous
faux frais ....</td><td>0 18</td><td></td></tr>
<tr><td align="right">Le mètre superficiel...———</td><td></td><td>0 46</td></tr>
</table>

3318. — (peinture à l'huile, quel que soit le ton), à une couche sur bois blanchis :

<table>
<tr><td>Peinture. 0ᵏ155, à 1ᶠ 35 ....</td><td>0ᶠ21</td><td></td></tr>
<tr><td>Main-d'œuvre d'application et tous
faux frais ....</td><td>0 16</td><td></td></tr>
<tr><td align="right">Le mètre superficiel...———</td><td></td><td>0 37</td></tr>
</table>

3319. — — pour 2ᵐᵉ couche sur bois blanchis :

<table>
<tr><td>Peinture. 0ᵏ100, à 1ᶠ 35 ....</td><td>0ᶠ14</td><td></td></tr>
<tr><td>Main-d'œuvre d'application et tous
faux frais ....</td><td>0 14</td><td></td></tr>
<tr><td align="right">Le mètre superficiel...———</td><td></td><td>0 28</td></tr>
</table>

3320. — — pour 3ᵐᵉ couche sur bois blanchis :

<table>
<tr><td>Peinture. 0ᵏ080, à 1ᶠ 35 ....</td><td>0ᶠ11</td><td></td></tr>
<tr><td>Main-d'œuvre d'application et tous
faux frais ....</td><td>0 12</td><td></td></tr>
<tr><td align="right">Le mètre superficiel...———</td><td></td><td>0 23</td></tr>
</table>

3321. — — à une couche sur murs, plâtres, briques ou bois lavés à la scie :

<table>
<tr><td>Peinture. 0ᵏ175, à 1ᶠ 35 ....</td><td>0ᶠ24</td><td></td></tr>
<tr><td>Main-d'œuvre d'application et tous
faux frais ....</td><td>0 18</td><td></td></tr>
<tr><td align="right">Le mètre superficiel...———</td><td></td><td>0 42</td></tr>
</table>

3322. — — pour 2ᵐᵉ couche sur murs, plâtres, briques ou bois lavés à la scie :

<table>
<tr><td>Peinture. 0ᵏ115, à 1ᶠ 35 ....</td><td>0ᶠ16</td><td></td></tr>
<tr><td>Main-d'œuvre d'application et tous
faux frais ....</td><td>0 16</td><td></td></tr>
<tr><td align="right">Le mètre superficiel...———</td><td></td><td>0 32</td></tr>
</table>

39

3323. **Huile** (peinture à l'huile, quel que soit le ton) pour
3me couche sur murs, plâtres, briques ou bois
lavés à la scie :

> Peinture. 0^k^090, à 1^f^ 35............ 0^f^ 12
> Main-d'œuvre d'application et tous
>   faux frais.................... 0 13
> Le mètre superficiel...——   0^f^ 25

3324. — — pour chaque couche en sus de la 3me, sur
murs ou bois blanchis :

> Peinture. 0^k^070, à 1^f^ 35............ 0^f^ 09
> Main-d'œuvre d'application et tous
>   faux frais.................... 0 10
> Le mètre superficiel...——   0 19

3325. Plus-value pour peinture à plusieurs tons, par
chaque ton, non compris celui de fond, pour
la dernière couche seulement, le m. s..... 0 07

3326. Plus-value pour emploi de couleurs fines, par
couche, prix par mètre superficiel, variant,
d'après la valeur des couleurs et suivant les
tons, de 0^f^ 05 à 0^f^ 20..................... *Obserr.*

> Nota. Cette plus-value doit être fixée avant tout commencement
> d'exécution des travaux. Elle n'est jamais applicable pour des tons
> vert ordinaire, bronze, brun, bleu d'armoire et autres tons analogues.

3327. Lorsque l'emploi d'huiles minérales aura été toléré
dans les travaux de peinture, les prix seront
réduits de 1/3............................. *Obserr.*

3328. Plus-value pour travaux de peinture exécutés à
l'échelle, par couche et par mètre superficiel. 0 05

3329. Les prix de peinture seront appliqués indistincte-
ment aux travaux sur parties neuves ou vieilles
ou sur d'anciennes peintures. Seulement, pour
les travaux neufs où les couches seront deman-
dées isolément, on appliquera le prix afférent à
chaque couche, quelles que soient les époques
d'applications successives des couches....... *Obserr.*

3330. Lorsqu'il sera employé une couche d'huile bouillante, elle comptera toujours comme première
couche..................................... *Obserr.*

J

3331. **Journée** de peintre......................... 3 90

L

3332.	**Lessivage** à l'eau, le m. s.....................	0ᶠ 04
3333.	— à l'eau seconde, le m. s..............	0 08
	Lettres romaines ou anglaises ordinaires :	
3334.	de 0,03 à 0,09, chaque............	0 07
3335.	de 0,10 à 0,15, —	0 10
3336.	de 0,16 à 0,20, —	0 13
3337.	de 0,21 à 0,25, —	0 20
3338.	de 0,26 à 0,30, —	0 26
3339.	de 0,31 à 0,35, —	0 32
3340.	de 0,36 à 0,40, —	0 39
3341.	de 0,41 à 0,45, —	0 48
3342.	de 0,46 à 0,50, —	0 57
3343.	de 0,51 à 0,55, —	0 65
3344.	de 0,56 à 0,60, —	0 75
3345.	de 0,61 à 0,65, —	0 85
3346.	— capitales anglaises, le double...............	*Observ.*
3347.	— ombrées spaltées, deux couches, moitié en sus des prix ci-dessus........................	*Observ.*
3348.	— de toutes couleurs, en relief, le centimètre.....	0 035
3349.	— dorées, de 0,027 à 0,15, —	0 06
3350.	— — de 0,16 à 0,31, —	0 07
3351.	— — de 0,32 à 0,48, —	0 10
3352.	— dorées et ombrées, la mesure prise sur l'or, un tiers en sus des prix ci-dessus...............	*Observ.*
3353.	— bronzées, ombrées et éclairées, le centimètre...	0 02
3354.	— repiquées, — ...	0 025
3355.	— enlevées d'épaisseur, — ...	0 035
	Location d'échafaudages volants :	
3356.	pour installation, par m. courant de façade.	0 85
3357.	pour location, par jour et par m. de façade.	0 25

M

3358. **Marbre** (faux) de toutes couleurs, sur fond à l'huile, trois couches et vernis, compris ponçage :

Couches de fond, Nᵒˢ 3318 à 3320....	0ᶠ 88
Vernis, Nᵒ 3389..................	0 40
Faux marbre et ponçage	1 10
Le mètre superficiel...————	2 38

3359. **Marbre** blanc veiné et granit caillouté, sur fond à
l'huile, trois couches et vernis, compris ponçage :

> Couches de fond, N⁰ˢ 3318 à 3320.... 0ᶠ 88
> Vernis, N⁰ 3389................... 0 40
> Faux marbre et ponçage........... 0 90
> Le mètre superficiel...——　2ᶠ 18

3360.　　Plus-value pour faux marbre sur pierre ou
plâtre, le m. s....................　0 10
3361. **Masticage** et rebouchage sur menuiserie, le m. s..　0 10
3362. **Minium**, une couche, le m. s..............　0 43
3363.　　— par couche en sus, le m. s............　0 38

N

3364. **Nettoyage** de chambranle de cheminée à la capu-
cine, compris foyer, la pièce..............　0 25
3365. — de chambranle de cheminée à modillons, consoles ou pilastres, compris foyer, la pièce....　0 50
3366. **Noir** au vernis, une couche, le m. s............　0 40
3367.　　　　Chaque couche en sus, le m. s......　0 35

P

Parquets mis en couleur :
3368.　　— au siccatif brillant, 1 couche, le m. s...　0 37
3369.　　　　　　　2 couches, — ...　0 69
3370.　　— à la colle,　　1 couche, — ...　0 08
3371.　　　　　　　2 couches, — ...　0 14
3372.　　— à l'huile,　　1 couche, — ...　0 30
3373.　　　　　　　2 couches, — ...　0 48
3374.　　— à l'encaustique, teinté ou non, et frotté,
le m. s. ....　0 20
Peinture à la colle. (Voyez *Détrempe*.)
　　— à l'huile. (Voyez *Huile*.)
　　— au minium. (Voyez *Minium*.)
3375. **Plaque** de propreté en noir au vernis, la pièce....　0 20
Plinthes de 0,15 de large au plus (au-dessus à
compter en surface), compris lessivage et rebouchage nécessaires :
3376. — à l'huile, 1 couche, le m. l................　0 085
3377.　　　　Chaque couche en plus, le m. l......　0 045
3378. — vernies, en plus, le m. l................　0 04

Plinthes de 0,15 de large au plus (au-dessus à
    compter en surface), compris lessivage et re-
    bouchage nécessaires :
3379. — en marbre de toutes couleurs, sur fond à l'huile,
    une couche et vernies, le m. l............... 0ᶠ 30
3380.   Chaque couche en plus, le m. l.... 0 05
3381. **Ponçage** à sec au papier à verre pour travaux soi-
    gnés, le m. s........................... 0 15
3382. — à l'eau, parties unies, le m. s............... 0 90
3383. — parties à moulures, le m. s................ 1 50

R

Rebouchage. (Voyez *Masticage*.)
3384. **Rechampissage** de chanfreins, moulures, le m. l.. 0 08
3385. — de têtes de boulons, la pièce................ 0 01
3386. — — à l'échelle, la pièce.................... 0 02

V

3387. **Vernis** blanc à l'esprit de vin, ton clair, le m. s... 0 32
3388.   ton foncé, le m. s.. 0 27
3389.   — gras pour décors, 1 couche, le m. s....... 0 40
3390.   Chaque couche en plus, — 0 35
3391.   — gras surfin,   1 couche, — 0 55
3392.   2 couches, — 1 00
3393.   — anglais,   1 couche, — 0 75

3394. NOTA. Les croisées et châssis vitrés doivent être comptés au mètre superfi-
    ciel, à trois quarts de face pour chaque, ou fois et demie pour les deux. *Observ.*
3395. Les persiennes à fois et demie pour chaque face, eu égard au développement
    des lames, ou trois pour les deux............ .... *Observ.*

MODÈLE DE MÉMOIRE.

Mémoire des travaux de peinture exécutés par M
demeurant à   rue

NUMÉRO de la série.	INDICATION DÉTAILLÉE DES TRAVAUX.	QUANTITÉ.	PRIX de l'unité.	PRODUIT.
3318 à 3320.	Peinture à l'huile, 3 couches, sur bois blanchi : Croisées : cour intérieure, $2 \times 2,00 \times 1,10 = 4,40$ — façade sur la rue, $4 \times 2,00 \times 1,20 = 9,60$ — Id. sur le jardin, $4 \times 2,00 \times 1,20 = 9,60$ 23,60 Et fois et demi pour les 2 faces (art. 3394), soit $23,60 \times 1,50 =$ 35,40 Persiennes : façade sur la rue, $4 \times 1,95 \times 1,05$ $= 8,19$, à 3 faces pour les deux (art. 3395), soit $8,19 \times 3 =$ 24,57 Portes de cave, 2 faces, $2 \times 2,03 \times 0,93 =$ 7,55 Contrevents, 2 faces, $4 \times 1,98 \times 1,16 =$ 18,37	85,89	0,88	75,58
3318 à 3320. 3325.	Peinture à l'huile, 3 couches, sur bois blanchi (art. 3318 à 3320), 2 tons (art. 3325) : Portes intérieures, 2 faces, $10 \times 2,23 \times 0,83 = 37,02$ Id. id. $1 \times 2,62 \times 1,44 = 7,55$ Chambranles............ $10 \times 5,60 \times 0,51 = 28,56$ Id. .... $1 \times 6,80 \times 0,51 = 3,47$	76,60	0,95	72,77
3321 à 3323. 3324.	Peinture à l'huile, 4 couches sur plâtre (art. 3321 à 3323, plus 3324) : Plafond du salon, compris développement de la corniche, $7,50 \times 5,50 =$	41,25	1,18	48,68
3288.	Contre-cœur de cheminée peint à l'huile : Chambres à coucher................. 5 Salle à manger.................... 1 Salon.......................... 1	7	0,55	3,85
3376. 3377.	Plinthes ordinaires peintes à l'huile, 3 couches (art. 3376, plus 2 fois 3377) : Chambres à coucher, $3 \times 15,50$...... 46,50 Cabinet de toilette............ 9,00 Salle à manger 20,00	75,50	0,175	13,21
3379. 3380.	Plinthes peintes en faux marbre sur fond à l'huile, 3 couches (art. 3379, plus 2 fois 3380) : Salon..............................	21,60	0,40	8,64
	TOTAL....	......	.....	222,73

DORURE

D

Dorure, compris tous les apprêts nécessaires. pour travaux soignés :

3396.	— à l'huile, parties unies , le m. s.............	26ʳ 00
3397.	— sculptées , le m. s............	32 00
3398.	— à l'eau mate, parties unies, le m. s...........	50 00
3399.	— sculptées, le m. s........	60 00
3400.	— à l'eau brunie, parties unies, le m. s..........	60 00
3401.	— sculptées, le m. s.......	80 00
3402.	— au cuivre, parties unies, le m. s.............	10 00
3403.	— sculptées, le m. s..........	15 00
3404.	Plus-value pour dorure par petites parties (seront considérées comme petites parties les surfaces détachées inférieures à 1 décimètre carré, et les parties dont la largeur sera inférieure à 3 centimètres), un dixième de la surface réelle........... *Observ.*	

J

3405.	**Journée** de doreur.................	5 00

TENTURE

B

3406. **Bandes** de toile forte, fournies et collées pour
charnières, le m. l.................... 0ᶠ 30

3406 *bis.* — de zinc nº 14, pour couvre-joints, jusqu'à
0,04 de largeur, clouées sur la rive des
portes avec clous en zinc ou en cuivre,
le m. l. 0 35

3407. — à l'eau sur huisseries et bâtis, le m. l.... 0 10

3408. — sous jonction de papier velouté, le m. l.. 0˙08

C

3409. **Collage** de papier de tenture ordinaire, le m. s... 0 12

3410. — — uni ou satiné, le m. s......... 0 15

3411. — — marbre collé par assises ordinaires, le m. s.................. 0 17

3412. — — velouté ou doré, le m. s....... 0 22

3413. — Plus-value pour collage sur plafond, le m. s. 0 04

3414. **Collage** de bordures, en papier mat, le m. l....... 0 025

3415. — — — satiné, le m. l...... 0 03

3416. — — — satiné velouté, le m. l. 0 035

D

3417. **Découpage** de bordures en feston, d'un côté, le m. l. 0 045

3418. — — des deux côtés, le m. l... 0 09

E

3419. **Encollage** des murs avant la pose du papier, le m. s. 0 02

J

3420. **Journée** de colleur 3 90

G

3421. **Grattage** et arrachage d'anciens papiers, le m. s.. 0ʳ06

P

3422. **Papier** gris, en place, sur mur ou sur toile, le m. s. 0 18
3423.   —   —   sur plafond, le m. s........ 0 20
3424.   —   bulle, le m. s......................... 0 21
3425.   —   bleu, dans les armoires, le m. s.......... 0 23
3426. Nota. Chaque rouleau de papier de tenture doit couvrir une surface moyenne de 3ᵐ60.. *Observ.*

T

3427. **Toile** neuve, compris marouflage, le m. s........ 0 60
3428.   —   vieille détendue et retendue, le m. s........ 0 20

CONDUITES D'EAU

ET CANALISATIONS POUR LE GAZ

B

3429. **Boulons**, le kilog 1ᶠ 45
3430. **Brides** en fer pour tuyaux de conduite, le kilog... 1 35

C

Candélabre. (Voyez *Lanterne.*)

3431. **Chandelier** en cuivre, pied en fonte   c tu au caoutchouc :

<blockquote>
Chandelier en cuivre avec robinet   ec papillon. 3ᶠ 85
Pied en fonte, compris percement de trous, collier en cuivre, pose et vis...................... 2 90
</blockquote>

La pièce...... ————— 6 75

3432. **Clefs** pour robinets sur tuyau jusqu'à 0,012 de diamètre intérieur, la pièce.................... 0 55
3433. — sur tuyaux de 0,015 de diamètre intérᵣ, la pièce. 1 10
3434. —   —   de 0,021   —   — . 1 60
3435. —   —   de 0,027   —   — . 2 50
3436. —   —   de 0,034   —   — . 3 30
3437. —   —   de 0,041   —   — . 4 40
3438. —   —   de 0,05   —   — . 5 50

Compteur pour fourniture et mise en place :

3439.   pour 3 becs.................. 47 00
3440.   pour 5 becs.................. 57 00
3441.   pour 10 becs.................. 72 00
3442.   pour 20 becs.................. 100 00
3443.   pour 30 becs.................. 130 00
3444.   pour 40 becs.................. 160 00
3445.   pour 50 becs.................. 195 00
3446.   pour 60 becs.................. 235 00
3447.   pour 80 becs.................. 310 00
3448.   pour 100 becs.................. 390 00
3449.   pour 150 becs.................. 595 00
3450.   pour 200 becs.................. 785 00

Console. (Voyez *Lanterne.*)

3451. **Cuir gras** pour brides de 0,05 de diamètre inté-
rieur, la pièce 0ᶠ 30

3452.   Par chaque centimètre de diamètre en plus.   0 06

E

3453. **Étain,** le kilog 3 50

F

3454. **Fonte** pour tuyaux de tout diamètre, le kilog 0 23

3455. Nota. Le prix de la fonte sera fixé au cours du jour de la fourniture, augmenté de 10 p. °/₀ pour tous faux frais, transport et bénéfices . . . . *Observ.*

G

Genouillère en place, compris soudure pour raccord, vis et tous accessoires :

3456. — simple brute :

Genouillère de 0,40	4ᶠ 50	
Coude en cuivre	0 38	
Bec papillon	0 18	
La pièce . . . . . . ———		5 06

3457. — simple polie :

Genouillère de 0,40	4ᶠ 70	
Bec coudé, à 20 jets	1 65	
Verre à gaz	0 36	
La pièce . . . . . . ———		6 71

3458. — double brute :

Genouillère de 0,70	7ᶠ 30	
Coude en cuivre	0 38	
Bec papillon	0 18	
La pièce . . . . . . ———		7 86

3459. — double polie :

Genouillère de 0,70	7ᶠ 57	
Bec coudé, 20 jets	1 65	
Verre à gaz	0 36	
La pièce . . . . . . ———		9 58

3460. — triple brute :

Genouillère de 0,90	10ᶠ 50	
Coude en cuivre	0 38	
Bec papillon	0 18	
La pièce . . . . . . ———		11 06

Genouillère en place, compris soudure pour raccord, vis et tous accessoires :

3461. — triple polie :

Genouillère de 0,90	10f 85
Bec coudé, 20 jets	1 65
Verre à gaz	0 36

La pièce..... ——— 12f 86

J

Joints de tuyaux en fonte. (Voyez *Tuyaux*.)

3462. **Journée** de plombier ou zingueur............. 4 40

L

3463. **Lampe** de bureau :

Lampe, comprenant lyre avec abat-jour de 0,50 à 0,55 de diamètre, bronze antique et blanc, sur fond à l'huile à 3 couches	9f 90
Bec, 20 jets	1 65
Verre à gaz	0 86
Fumivore en cuivre	0 75
Tige en cuivre avec plaque en haut et raccord en bas, bronze antique et blanc	3 75
Pose et montage de l'appareil, compris vis	2 10

La pièce..... ——— 18 51

3464. **Lanterne** sur candélabre en fonte :

Candélabre en fonte, compris peinture à 3 couches	55f 00
Lanterne cuivre rouge, complète, peinte en vert ou bronze à l'extérieur et blanc à l'intérieur sur fond à l'huile à trois couches	23 60
Vitrage en verre double	4 60
Raccord de candélabre en cuivre	2 35
Robinet	2 85
Chandelle en cuivre	0 65
Bec papillon	0 18
Pose de raccord, de candélabre et de la lanterne	3 90

La pièce..... ——— 93 13

3465. — sur console :

Lanterne, peinture et vitrage. Comme au N° 3464	28f 20
Console en fonte de 0,80 à 1,00 de long, avec tube en fer de 0,021 de diamètre et culot en cuivre	10 75
Raccord, robinet, chandelle et bec. Comme au N° 3464	6 03
Pose de la lanterne et scellement de la console, pour toute main-d'œuvre et fourniture	2 80

La pièce..... ——— 47 78

3466. Lanterne suspendue :

Lanterne en cuivre rouge, compris peinture et vitrage	35f 00
Intérieur en tube cuivre avec boule et contre-bride pour la suspension	3 65
Tige en fer de 1m00 de long	4 00
Robinet, chandelle et bec, No 3464	3 68
Pose de la lanterne, compris vis	1 35

La pièce..... ——— 47f 68

3467. — applique :

Lanterne applique en ferblanc, vitrée en verre double, peinte en vert à trois couches à l'extérieur et blanc à l'intérieur	10f 50
Manchon court	2 00
Coude	0 35
Bec papillon	0 18
Pose de la lanterne et du manchon, compris vis	0 65

La pièce..... ——— 13 68

3468. Lyre sans réflecteur, bec papillon :

Plaque de tige en cuivre	2f 35
Lyre bronzée	4 70
Tige en fer de 0,012 et de 1,25 à 2,50 de long.	3 65
Porte-bec	0 28
Bec papillon	0 18
Peinture, pose et vis	0 55

La pièce..... ——— 11 71

3469. — — avec bec, 20 jets, verre et fumivore :

Plaque, lyre et tige en fer. Comme au No 3468.	10f 70
Bec, 20 jets	1 65
Verre	0 36
Fumivore en cuivre	0 75
Peinture, pose et vis	0 55

La pièce..... ——— 14 01

N

Nœuds de soudure sur tuyaux en plomb, pour toute main-d'œuvre, fourniture de soudure, charbon, outils et ingrédients :

3470. — — — de 0,01 de diamètre intérieur :

Soudure. 0k200, à 1f 78, No 3522	0f 36
Charbon	0 05
Main-d'œuvre et menues fournitures.	0 29

Par chaque nœud.... ——— 0 70

3471. — — — de 0,015 de diamètre intérieur :

Soudure. 0k250, à 1f 78, No 3522	0f 45
Charbon	0 05
Main-d'œuvre et menues fournitures.	0 36

Par chaque nœud.... ——— 0 86

Nœuds de soudure sur tuyaux en plomb, pour toute main-d'œuvre, fourniture de soudure, charbon, outils et ingrédients :

3472. — — — de 0,020 de diamètre i térieur :

Soudure. 0ᵏ300, à 1ᶠ 78, Nᵒ 3522 .... 0ᶠ 53
Charbon 0 07
Main-d'œuvre et menues fournitures. 0 45

Par chaque nœud... ——— 1ᶠ 05

3473. — — — de 0,025 de diamètre intérieur :

Soudure. 0ᵏ400, à 1ᶠ 78, Nᵒ 3522 .... 0ᶠ 71
Charbon 0 08
Main-d'œuvre et menues fournitures. 0 55

Par chaque nœud.... ——— 1 34

3474. — — — de 0,030 de diamètre intérieur :

Soudure. 0ᵏ525, à 1ᶠ 78, Nᵒ 3522 .... 0ᶠ 93
Charbon 0 10
Main-d'œuvre et menues fournitures. 0 67 .

Par chaque nœud.... ——— 1 70

3475. — — — de 0,035 de diamètre intérieur :

Soudure. 0ᵏ650, à 1ᶠ 78, Nᵒ 3522 .... 1ᶠ 16
Charbon 0 11
Main-d'œuvre et menues fournitures. 0 78

Par chaque nœud.... ——— 2 05

3476. — — — de 0,040 de diamètre intérieur :

Soudure. 0ᵏ800, à 1ᶠ 78, Nᵒ 3522 .... 1ᶠ 42
Charbon 0 12
Main-d'œuvre et menues fournitures. 0 92

Par chaque nœud.... ——— 2 46

3477. — — — de 0,045 de diamètre intérieur :

Soudure. 0ᵏ950, à 1ᶠ 78, Nᵒ 3522 .... 1ᶠ 69
Charbon 0 15
Main-d'œuvre et menues fournitures. 1 06

Par chaque nœud.... ——— 2 90

3478. — — — de 0,050 de diamètre intérieur :

Soudure. 1ᵏ100, à 1ᶠ 78, Nᵒ 3522 .... 1ᶠ 96
Charbon 0 17
Main-d'œuvre et menues fournitures. 1 23

Par chaque nœud.... ——— 3 36

3479. — — — de 0,055 de diamètre intérieur :

Soudure. 1ᵏ250, à 1ᶠ 78, Nᵒ 3522 .... 2ᶠ 23
Charbon 0 20
Main-d'œuvre et menues fournitures. 1 39

Par chaque nœud.... ——— 3 82

Nœuds de soudure sur tuyaux en plomb, pour toute main-d'œuvre, fourniture de soudure, charbon, outils et ingrédients :

3480. — — — de 0,060 de diamètre intérieur :

Soudure. 1ᵏ400, à 1ᶠ 78, Nᵒ 3522	2ᶠ49	
Charbon	0 23	
Main-d'œuvre et menues fournitures.	1 57	
Par chaque nœud.... ——		4ᶠ 29

3481. — — — de 0,065 de diamètre intérieur :

Soudure. 1ᵏ550, à 1ᶠ 78, Nᵒ 3522....	2ᶠ 76	
Charbon	0 27	
Main-d'œuvre et menues fournitures.	1 76	
Par chaque nœud.... ——		4 79

3482. — — — de 0,070 de diamètre intérieur :

Soudure. 1ᵏ700, à 1ᶠ 78, Nᵒ 3522	3ᶠ03	
Charbon	0 31	
Main-d'œuvre et menues fournitures.	1 96	
Par chaque nœud.... ——		5 30

3483. — — — de 0,075 de diamètre intérieur :

Soudure. 1ᵏ900, à 1ᶠ 78, Nᵒ 3522....	3ᶠ 38	
Charbon......................	0 35	
Main-d'œuvre et menues fournitures.	2 17	
Par chaque nœud.... ——		5 90

3484. — — — de 0,080 de diamètre intérieur :

Soudure. 2ᵏ100, à 1ᶠ 78, Nᵒ 3522	3ᶠ 74	
Charbon......................	0 39	
Main-d'œuvre et menues fournitures.	2 50	
Par chaque nœud.... ——		6 63

3485. — — — de 0,090 de diamètre intérieur :

Soudure. 2ᵏ300, à 1ᶠ 78, Nᵒ 3522	4ᶠ 09	
Charbon......................	0 45	
Main-d'œuvre et menues fournitures.	2 65	
Par chaque nœud .... ——		7 19

P

3486. **Papier carton** pour brides de 0,05 de diamètre intérieur, la pièce......................... 0 18
3487.   Par chaque centimètre de diamètre en plus. 0 035

Patères. (Voyez *Raccords.*)

Percement de murs. (Voyez *Maçonnerie.*)

3488. Pipe de 1,25 de longueur moyenne :

Pipe à robinet	2f 35
Plaque de tige en cuivre	2 35
Coude en cuivre...................	0 38
Bec papillon......................	0 18
Tige en fer de 0,012 de diamètre....	3 65
Peinture, pose et vis...............	0 50

La pièce..... ——— 9f 41

3489. — à genouillère simple :

Plaque, coude, bec et tige. Comme au N° 3488......................	6f 56
Genouillère.......................	4 70
Peinture, pose et vis	0 75

La pièce..... ——— 12 01

3490. — à genouillère double :

Plaque, coude, bec et tige. Comme au N° 3488......................	6f 56
Genouillère.......................	7 55
Peinture, vis et pose...............	0 75

La pièce..... ——— 14 86

3491. — à genouillère triple :

Plaque, coude, bec et tige. Comme au N° 3488......................	6f 56
Genouillère	10 70
Peinture, pose et vis...............	0 75

La pièce..... ——— 18 01

3492. Plomb en saumon, le kilog..................... 0 60

3493. — pour tuyaux de tout diamètre, le kilog.... 0 70

3494. Nota. Les prix du plomb seront fixés au cours du jour de la fourniture, augmentés de 10 p. °/. pour tous faux frais, transport et bénéfices.... *Observ.*

Pose de tuyaux. (Voyez *Tuyaux*.)

3495. — de borne-fontaine :

2k plomb, à 0f 60, N° 3492.........	1f 20
Charbon, vieux cordages, etc	0 28
Main-d'œuvre. 8 heures de travail, à 4f 40, N° 3462.................	3 52

La pièce..... ——— 5 00

R

3496. Raccords pour genouillère ou plafond :

Patère en bois.....................	0f 50
Raccord en cuivre.................	0 50

La pièce..... ——— 1 00

Robinets en fonte pour toute fourniture et pose :

3497.	sur tuyaux jusqu'à 0,012 de diamètre intérieur, la pièce			2ᶠ 50
3498.	sur tuyaux de 0,015 de diamètre intérʳ, la pièce.			3 00
3499.	—	de 0,021	—	— .	3 85
3500.	—	de 0,027	—	— .	5 00
3501.	—	de 0,034	—	— .	8 45
3502.	—	de 0,041	—	— .	11 20
3503.	—	de 0,05	—	— .	18 00
3504.	—	de 0,06	—	— .	27 45
3505.	—	de 0,066	—	— .	36 35
3506.	—	de 0,072	—	— .	47 55
3507.	—	de 0,08	—	— .	56 50

— en cuivre, pour toute fourniture et pose :

3508.	sur tuyaux de 0,012 de diamètre intérʳ, la pièce.			3 00
3509.	—	de 0,015	—	— .	4 25
3510.	—	de 0,021	—	— .	6 50
3511.	—	de 0,027	—	— .	9 00
3512.	—	de 0,034	—	— ·	11 00
3513.	—	de 0,041	—	— .	14 50
3514.	Les robinets au-dessus de 4 kilog. seront comptés au kilog., le kilog			4 00

— en bronze, pour toute fourniture et pose :

3515.	sur tuyaux de 0,012 de diamètre intérʳ, la pièce.			3 50
3516.	—	de 0,015	—	— .	5 00
3517.	—	de 0,021	—	— .	7 75
3518.	—	de 0,027	—	— . .	10 80
3519.	—	de 0,034	—	— .	13 00
3520.	—	de 0,041	—	— .	16 25
3521.	Les robinets au-dessus de 4 kilog. seront comptés au kilog., le kilog			5 00

S

3522. **Soudure** sur plomb :

Plomb. 0ᵏ625, à 0ᶠ 60, Nᵒ 3492 . . . . . . 0ᶠ 38
Étain. 0ᵏ400, à 3ᶠ 50, Nᵒ 3453 . . . . 1 40

Le kilogramme . . . . . —— 1 78

3523. — sur plomb, pour fourniture et emploi :

Plomb. 0ᵏ625, à 0ᶠ 60, Nᵒ 3492 . . . . . . 0ᶠ 38
Étain. 0ᵏ400, à 3ᶠ 50, Nᵒ 3453 . . . . . . 1 40
Charbon 0 15
Main-d'œuvre et emploi 0 45

Le kilogramme . . . . . —— 2 38

3524. Soudure sur cuivre :

        Plomb. 0^k525, à 0^f 60, N° 3492...... 0^f 32
        Étain. 0^k500, à 3^f 50, N° 3453.......   1 75
              Le kilogramme.....—— 2^f 07

3525. — sur cuivre, pour fourniture et emploi :

        Plomb. 0^k525, à 0^f 60, N° 3492...... 0^f 32
        Étain. 0^k500, à 3^f 50, N° 3453.......   1 75
        Charbon 0 15
        Main-d'œuvre et emploi............   0 45
              Le kilogramme.....——   2 67

T

3526. Tranchée pour tuyaux de conduite d'eau ou de gaz, en terrain ordinaire, jusqu'à 0,80 de profondeur, compris remblais après la pose, le m l.   0 60

3527. Tuyaux en caoutchouc, le kilog................   13 00

  — en plomb, pour fourniture et transport, sans pose :

                          (Poids du mètre de tuyaux.)

		Poids du mètre de tuyaux	
3528.	de 0,013 de diamètre, le m. l...	1^k712..	1 20
3529.	de 0,021 — — ...	3^k058..	2 14
3530.	de 0,027 — — ...	4^k421..	3 09
3531.	de 0,034 — — ...	6^k178..	4 32
3532.	de 0,041 — — ...	8^k201..	5 74
3533.	de 0,048 — — ...	10^k492..	7 34
3534.	de 0,054 — — ...	12^k837..	8 99

3535. Nota. Les tuyaux en plomb devront toujours être comptés au kilog....... *Observ.*

3536. Tuyaux en plomb, pour pose et fourniture de crochets, mais non compris nœuds de soudure pour jonctions et branchements, pour tuyaux de 0,013 de diamètre, le m. l. 0 50

3537.   Par chaque centimètre de diamètre en plus ou en moins................   0 05

  — en fer étiré, munis de leurs manchons, pour toute fourniture et pose :

3538. — — de 0,005 de diamètre intér (0,010 extér) :

        1^m00 de tuyau .... 0^f 80
        Pose, compris crochets et céruse....   0 50
              Le mètre linéaire...——   1 30

3539. — — de 0,008 de diamètre intér (0,013 extér) :

        1^m00 de tuyau .... 0^f 90
        Pose, compris crochets et céruse....   0 55
              Le mètre linéaire...——   1 45

Tuyaux en fer étiré, munis de leurs manchons, pour toute fourniture et pose :

3540. — — de 0,012 de diamètre intér^r (0,017 extér^r) :

1^m00 de tuyau...................	1^f 00
Pose, compris crochets et céruse....	0 65
Le mètre linéaire...——	1^f 65

3541. — — de 0,015 de diamètre intér^r (0,021 extér^r) :

1^m00 de tuyau...................	1^f 15
Pose, compris crochets et céruse.....	0 75
Le mètre linéaire...——	1 90

3542. — — de 0,021 de diamètre intér^r (0,027 extér^r) :

1^m00 de tuyau...................	1^f 45
Pose, compris crochets et céruse	0 90
Le mètre linéaire...——	2 35

3543. — — de 0,027 de diamètre intér^r (0,034 extér^r) :

1^m00 de tuyau...................	2^f 00
Pose, compris crochets et céruse....:	1 05
Le mètre linéaire...——	3 05

3544. — — de 0,034 de diamètre intér^r (0,042 extér^r) :

1^m00 de tuyau...................	2^f 85
Pose, compris crochets et céruse	1 25
Le mètre linéaire...——	4 10

3545. — — de 0,041 de diamètre intér^r (0,049 extér^r) :

1^m00 de tuyau...................	3^f 70
Pose, compris crochets et céruse	1 45
Le mètre linéaire. .——	5 15

3546. — — de 0,050 de diamètre intér^r (0,060 extér^r) :

1^m00 de tuyau...................	5^f 40
Pose, compris crochets et céruse	1 70
Le mètre linéaire...——	7 10

3547. — — de 0,060 de diamètre intér^r (0,070 extér^r) :

1^m00 de tuyau...................	8^f 00
Pose, compris crochets et céruse	1 95
Le mètre linéaire ...——	9 95

3548. — — de 0,066 de diamètre intér^r (0,076 extér^r) :

1^m00 de tuyau...	11^f 20
Pose, compris crochets et céruse	2 25
Le mètre linéaire...——	13 45

3549. — — de 0,072 de diamètre intér^r (0,082 extér^r) :

1^m00 de tuyau...................	13^f 50
Pose, compris crochets et céruse	2 55
Le mètre linéaire...——	16 05

Tuyaux en fer étiré, munis de leurs manchons, pour toute fourniture et pose :

3550. — — de 0,080 de diamètre intér (0,090 extér) :

    1ᵐ00 de tuyau 15ᶠ00
    Pose, compris crochets et céruse 2 90
      Le mètre linéaire ... —— 17ᶠ 90

3551. Plus-value pour tuyaux recouverts en feutre d'une épaisseur de 3 à 4 millimètres, 22 p. % en sus des prix ci-dessus .... *Observ.*

3552. Chaque raccord en croix sera compté en plus-value pour 1 mètre de tuyaux .... *Observ.*

3553. Chaque raccord en T, coude droit à côtés égaux ou inégaux, coude rond à angles différents ou longue vis, sera compté en plus-value pour 0ᵐ60 de tuyaux .... *Observ.*

3554. Chaque manchon de réduction, bouchon à vis intérieure ou extérieure, mamelon ou écrou, sera compté en plus-value pour 0ᵐ25 de tuyaux .... *Observ.*

3555. Nota. Les tuyaux en fer étiré d'un diamètre supérieur à 0ᵐ05 intérieur, placés sous terre, ne seront comptés comme tuyaux en fer que lorsqu'ils auront été employés sur ordre exprès de préférence aux tuyaux en fonte. *Observ.*

Tuyaux en fonte, pour fourniture et transport, compris les emboîtements, sans pose :

         (Poids du mètre de tuyau.)

3556.	de 0,050 de diamètre, le m. l ...	17ᵏ780 ..	4 09
3557.	de 0,07 — — ...	23ᵏ280 ..	5 35
3558.	de 0,08 — — ...	25ᵏ120 ..	5 78
3559.	de 0,11 — — ...	35ᵏ010 ..	8 05
3560.	de 0,13 — — ...	41ᵏ260 ..	9 49
3561.	de 0,16 — — ...	50ᵏ200 ..	11 55
3562.	de 0,21 — — ...	66ᵏ990 ..	15 41
3563.	de 0,25 — — ...	81ᵏ150 ..	18 66

3564. Nota. Les tuyaux en fonte seront toujours comptés au kilogramme ...... *Observ.*

Tuyaux en fonte, pour pose, pour toute main-d'œuvre, fourniture de plomb, terre grasse, outils, tamponnage, etc. :

3565. — — de 0,05 de diamètre intérieur :

    Plomb. 1ᵏ290, à 0ᶠ 60, Nᵒ 3492 ...... 0ᶠ 77
    Charbon 0 18
    Vieux cordages, etc 0 08
    Main-d'œuvre 0 80
      Par chaque joint .... —— 1 83

Tuyaux en fonte, pour pose, pour toute main-d'œuvre, fourniture de plomb, terre grasse, outils,
tamponnage, etc. :

3566. — — de 0,06 de diamètre intérieur :

Plomb. 1k530, à 0f 60, No 3492......	0f 92	
Charbon	0 22	
Vieux cordages, etc...............	0 09	
Main-d'œuvre....................	0 80	
Par chaque joint.... ——		2f 03

3567. — — de 0,07 de diamètre intérieur :

Plomb. 1k820, à 0f 60, No 3492......	1f 09	
Charbon	0 27	
Vieux cordages, etc...............	0 11	
Main-d'œuvre....................	0 85	
Par chaque joint.... ——		2 32

3568. — — de 0,08 de diamètre intérieur :

Plomb. 2k125, à 0f 60, No 3492......	1f 28	
Charbon.........................	0 32	
Vieux cordages, etc...............	0 13	
Main-d'œuvre....................	0 90	
Par chaque joint.... ——		2 63

3569. — — de 0,09 de diamètre intérieur :

Plomb. 2k430, à 0f 60, No 3492	1f 46	
Charbon et matériel	0 36	
Vieux cordages, etc...............	0 15	
Main-d'œuvre....................	0 95	
Par chaque joint.... ——		2 92

3570. — — de 0,10 de diamètre intérieur :

Plomb. 2k775, à 0f 60, No 3492......	1f 67	
Charbon et matériel	0 42	
Vieux cordages, etc...............	0 17	
Main-d'œuvre....................	1 00	
Par chaque joint.... ——		3 26

3571. — — de 0,11 de diamètre intérieur :

Plomb. 3k135, à 0f 60, No 3492......	1f 88	
Charbon et matériel	0 47	
Vieux cordages, etc...............	0 19	
Main-d'œuvre....................	1 10	
Par chaque joint... ——		3 64

3572. — — de 0,12 de diamètre intérieur :

Plomb. 3k515, à 0f 60, No 3492......	2f 11	
Charbon et matériel	0 53	
Vieux cordages, etc...............	0 21	
Main-d'œuvre	1 20	
Par chaque joint.... ——		4 05

3573. — — de 0,13 de diamètre intérieur :

Plomb. 3k920, à 0f 60, No 3492......	2f 35	
Charbon et matériel..............	0 59	
Vieux cordages, etc...............	0 24	
Main-d'œuvre....................	1 30	
Par chaque joint.... ——		4 48

Tuyaux en fonte pour pose, pour toute main-d'œuvre, fourniture de plomb, terre grasse, outils,
tamponnage, etc. :

3574. — — de 0,14 de diamètre intérieur :

Plomb. 4k350, à 0f 60, No 3492......	2f 61
Charbon et matériel	0 65
Vieux cordages, etc.................	0 26
Main-d'œuvre......................	1 40

Par chaque joint.... —— 4f 92

3575. — — de 0,15 de diamètre intérieur :

Plomb. 4k800, à 0f 60, No 3492......	2f 88
Charbon et matériel	0 72
Vieux cordages, etc.................	0 29
Main-d'œuvre.....	1 55

Par chaque joint.... —— 5 44

3576. — — de 0,16 de diamètre intérieur :

Plomb. 5k265, à 0f 60, No 3492......	3f 16
Charbon et matériel	0 79
Vieux cordages, etc	0 32
Main-d'œuvre......................	1 65

Par chaque joint.... —— 5 92

3577. — — de 0,17 de diamètre intérieur :

Plomb. 5k755, à 0f 60, No 3492......	3f 45
Charbon et matériel	0 86
Vieux cordages, etc.................	0 35
Main-d'œuvre......................	1 80

Par chaque joint.... —— 6 46

3578. — — de 0,18 de diamètre intérieur :

Plomb. 6k270, à 0f 60, No 3492......	3f 76
Charbon et matériel	0 94
Vieux cordages, etc.................	0 38
Main-d'œuvre......................	1 95

Par chaque joint.... —— 7 03

3579. — — de 0,19 de diamètre intérieur :

Plomb. 6k800, à 0f 60, No 3492......	4f 08
Charbon et matériel	1 02
Vieux cordages, etc.................	0 41
Main-d'œuvre......................	2 10

Par chaque joint.... —— 7 61

3580. — — de 0,20 de diamètre intérieur :

Plomb. 7k360, à 0f 60, No 3492......	4f 42
Charbon et matériel	1 10
Vieux cordages, etc.................	0 44
Main-d'œuvre......................	2 25

Par chaque joint.... —— 8 21

3581. — — de 0,21 de diamètre intérieur :

Plomb. 7k935, à 0f 60, No 3492......	4f 76
Charbon et matériel	1 18
Vieux cordages, etc.................	0 48
Main-d'œuvre......................	2 40

Par chaque joint.... —— 8 82

Tuyaux en fonte pour pose, pour toute main-d'œuvre, fourniture de plomb, terre grasse, outils, tamponnage, etc. :

3582. — — de 0,22 de diamètre intérieur :

    Plomb. 8ᵏ535, à 0ᶠ 60, Nᵒ 3492...... 5ᶠ 12
    Charbon et matériel 1 28
    Vieux cordages, etc............... 0 51
    Main-d'œuvre.................... 2 60

            Par chaque joint....—— 9ᶠ 51

3583. — — de 0,23 de diamètre intérieur :

    Plomb. 9ᵏ155, à 0ᶠ 60, Nᵒ 3492...... 5ᶠ 49
    Charbon et matériel 1 37
    Vieux cordages, etc............... 0 55
    Main-d'œuvre.................... 2 80

            Par chaque joint....—— 10 21

3584. — — de 0,24 de diamètre intérieur :

    Plomb. 9ᵏ910, à 0ᶠ 60, Nᵒ 3492...... 5ᶠ 95
    Charbon et matériel 1 49
    Vieux cordages, etc............... 0 59
    Main-d'œuvre.................... 3 00

            Par chaque joint....—— 11 03

3585. — — de 0,25 de diamètre intérieur :

    Plomb 10ᵏ465, à 0ᶠ 60, Nᵒ 3492..... 6ᶠ 28
    Charbon et matériel 1 57
    Vieux cordages, etc 0 63
    Main-d'œuvre.................... 3 15

            Par chaque joint....—— 11 63

3586. La valeur des joints pour tuyaux au-dessus de 0,25 de diamètre sera payée au kilogramme de plomb employé :

    Plomb. 1ᵏ00, à 0ᶠ 60, Nᵒ 3492....... 0ᶠ 60
    Charbon et matériel 0 15
    Vieux cordages, etc 0 06
    Main-d'œuvre.................... 0 30

            Le kilogramme......—— 1 11

3587. Nota. Lorsque, pour la confection des joints, dans la pose des tuyaux pour la canalisation du gaz, par exemple, où la pression permet de réduire le joint, le poids du plomb indiqué n'aura pas été employé, la différence en sera déduite au prix du nᵒ 3492, augmenté d'une constante de 0ᶠ 25 pour non-emploi de charbon et main-d'œuvre, le kilog 0 85

MIROITERIE

C

3588. **Coupe** de glaces, le m. l........................ 1ʳ 00

E

3589. **Étamage** de glaces, jusqu'à 1,00 de surface, le m. s.   10 00
3590.   Plus-value par chaque mètre ou partie de
       mètre en plus, le m. s..................   1 00

G

3591. **Glaces** neuves non étamées, mais polies, de 1ʳᵉ, 2ᵉ
     ou 3ᵉ qualité, fournies par le miroitier. Prix
     du tarif, diminués des remises et rabais faits
     par les manufactures, puis augmentés de 10
     p. % pour tous faux frais et bénéfices .... *Observ.*

Au 1ᵉʳ janvier 1868 :
Glaces de 1ᵉ qualité, remise de 10 p. 0/0 sur les prix du
tarif du 1ᵉʳ mars 1862 ;
Glaces de 2ᵉ qualité, remise de 15 p. 0/0 ;
Glaces de 3ᵉ qualité, remise de 20 p. 0/0.
Nota. Le tarif du prix des glaces ne comprend les prix que jusqu'à 3,24 de
hauteur sur 2,04 de largeur. Au-dessus de ces dimensions, les prix sont
traités de gré à gré pour des glaces jusqu'à 5,30 de hauteur sur 3,37 de
largeur.

J

3592. **Journée** de miroitier........................   5 00

P

3593. **Parquet** de glace, en sapin, assemblé à petits pan-
     neaux, avec bâtis d'entourage et bâtis intérieur,
     le m. s......................................   4 25
3594. **Polissage** de glaces : sur une face, le m. s. 6 50
3595.   sur les deux faces, le m. s..   12 00
3596. **Pose** de glaces pour vitrages, jusqu'à 1,00 de sur-
     face, le m. s.............................   1 60
3597.   Plus-value par chaque mètre ou partie de
       mètre en plus, le m. s................   1 00

T

3598. **Transport** de glaces, compris chargement et déchar-
     gement, jusqu'à 1,00 de surface, le m. s.....   1 00
3599.   Plus-value par chaque mètre ou partie de
       mètre en plus. le m. s.... ....   0 90

TARIF
DU PRIX DES GLACES NON ÉTAMÉES

des Manufactures de Saint-Gobain, Chauny et Cirey.

—

1ᵉʳ Mars 1862.

Centimètres de largeur.	Centimètres de hauteur.							
	18	**21**	**24**	**27**	**30**	**33**	**36**	**39**
6	0ᶠ 30	0ᶠ 35	0ᶠ 40	0ᶠ 45	0ᶠ 50	0ᶠ 55	0ᶠ 60	0ᶠ 65
9	0 45	0 50	0 60	0 65	0 75	0 80	0 90	1 »
12	0 60	0 70	0 80	0 90	1 »	1 10	1 20	1 30
15	0 75	0 85	1 »	1 15	1 25	1 40	1 50	1 65
18	0 90	1 05	1 20	1 35	1 50	1 65	1 85	2 »
21	» »	1 25	1 40	1 60	1 80	1 95	2 15	2 35
24	» »	» »	1 60	1 85	2 05	2 25	2 50	2 70
27	» »	» »	» »	2 10	2 35	2 55	2 80	3 10
30	» »	» »	» »	» »	2 60	2 90	3 15	3 45
33	» »	» »	» »	» »	» »	3 20	3 50	3 85
36	» »	» »	» »	» »	» »	» »	3 85	4 25
39	» »	» »	» »	» »	» »	» »	» »	4 65

Centimètres de largeur.	**42**	**45**	**48**	**51**	**54**	**57**	**60**	**63**
6	0ᶠ 70	0ᶠ 75	0ᶠ 80	0ᶠ 85	0ᶠ 90	0ᶠ 95	1ᶠ »	1ᶠ 05
9	1 05	1 10	1 20	1 30	1 35	1 45	1 50	1 60
12	1 40	1 50	1 60	1 75	1 85	1 95	2 05	2 15
15	1 80	1 90	2 05	2 20	2 35	2 45	2 60	2 75
18	2 15	2 30	2 50	2 65	2 80	3 »	3 15	3 35
21	2 55	2 75	2 95	3 15	3 85	3 55	3 75	3 95
24	2 95	3 15	3 40	3 65	3 85	4 10	4 35	4 60
27	3 35	3 60	3 85	4 15	4 40	4 70	5 »	5 30
30	3 75	4 05	4 35	4 65	5 »	5 30	5 60	5 90
33	4 15	4 50	4 85	5 20	5 50	5 90	6 25	6 60
36	4 60	5 »	5 35	5 75	6 15	6 50	6 90	7 30
39	5 05	5 45	5 85	6 25	6 75	7 15	7 60	8 05
42	5 50	5 90	6 40	6 85	7 30	7 80	8 30	8 80
45	» »	6 40	6 90	7 40	7 95	8 45	9 »	9 55
48	» »	» »	7 50	8 »	8 55	9 15	9 70	10 35
51	» »	» »	» »	8 65	9 20	9 90	10 50	11 15
54	» »	» »	» »	» »	9 90	10 55	11 25	12 »
57	» »	» »	» »	» »	» »	11 30	12 05	12 75
60	» »	» »	» »	» »	» »	» »	12 80	13 60
63	» »	» »	» »	» »	» »	» »	» »	14 45

Centimètres de largeur.	Centimètres de hauteur.							
	66	**69**	**72**	**75**	**78**	**81**	**84**	**87**
6	1f 10	1f 15	1f 20	1f 25	1f 30	1f 35	1f 40	1f 45
9	1 65	1 75	1 85	1 90	2 »	2 10	2 15	2 25
12	2 25	2 40	2 50	2 60	2 70	2 80	2 95	3 05
15	2 90	3 05	3 15	3 30	3 45	3 60	3 75	3 90
18	3 50	3 70	3 85	4 05	4 25	4 40	4 60	4 80
21	4 15	4 40	4 60	4 80	5 05	5 30	5 45	5 70
24	4 85	5 10	5 35	5 60	5 85	6 15	6 40	6 65
27	5 50	5 85	6 15	6 45	6 75	7 »	7 30	7 65
30	6 25	6 60	6 90	7 25	7 60	7 95	8 30	8 70
33	6 95	7 35	7 75	8 10	8 50	8 90	9 30	9 70
36	7 75	8 15	8 55	9 »	9 50	9 90	10 35	10 80
39	8 50	8 95	9 50	9 95	10 40	10 90	11 40	11 90
42	9 30	9 80	10 35	10 85	11 40	12 »	12 50	13 05
45	10 10	10 70	11 25	11 80	12 45	13 05	13 60	14 25
48	10 95	11 60	12 20	12 80	13 50	14 10	14 70	15 30
51	11 80	12 50	13 10	13 85	14 50	15 10	15 70	16 30
54	12 65	13 40	14 10	14 80	15 45	16 05	16 70	17 35
57	13 55	14 35	15 »	15 65	16 35	17 05	17 70	18 40
60	14 40	15 15	15 85	16 55	17 30	18 »	18 80	19 70
63	15 20	15 95	16 70	17 45	18 25	19 15	19 95	20 85
66	16 »	16 80	17 60	18 40	19 30	20 25	21 20	22 15
69	» »	17 60	18 45	19 45	20 40	21 40	22 40	23 50
72	» »	» »	19 45	20 45	21 60	22 65	23 70	24 80
75	» »	» »	» »	21 65	22 70	23 80	24 95	26 20
78	» »	» »	» »	» »	23 85	25 15	26 30	27 50
81	» »	» »	» »	» »	» »	26 35	27 70	28 95
84	» »	» »	» »	» »	» »	» »	29 »	30 40
87	» »	» »	» »	» »	» »	» »	» »	31 80

Centimètres de largeur.	**90**	**93**	**96**	**99**	**102**	**105**	**108**	**111**
6	1f 50	1f 55	1f 60	1f 65	1f 75	1f 80	1f 85	1f 90
9	2 35	2 40	2 50	2 55	2 65	2 75	2 80	2 90
12	3 15	3 30	3 40	3 50	3 65	3 75	3 85	4 »
15	4 05	4 20	4 35	4 50	4 65	4 80	5 »	5 10
18	5 »	5 15	5 35	5 50	5 75	5 90	6 15	6 30
21	5 90	6 15	6 40	6 60	6 85	7 10	7 30	7 60
24	6 90	7 20	7 50	7 70	8 »	8 30	8 55	8 85
27	7 95	8 30	8 55	8 90	9 25	9 55	9 90	10 20
30	9 »	9 35	9 70	10 10	10 50	10 85	11 25	11 65
33	10 10	10 50	10 95	11 35	11 80	12 20	12 65	13 10
36	11 25	11 70	12 20	12 65	13 15	13 60	14 10	14 55
39	12 45	12 95	13 50	14 »	14 50	14 95	15 45	15 90
42	13 65	14 25	14 70	15 20	15 65	16 20	16 70	17 20
45	14 80	15 30	15 85	16 40	16 90	17 50	18 »	18 55
48	15 85	16 40	17 »	17 60	18 15	18 80	19 45	20 20
51	16 90	17 55	18 15	18 85	19 60	20 30	21 10	21 75
54	18 »	18 75	19 45	20 25	21 10	21 80	22 65	23 35
57	19 25	20 05	20 80	21 70	22 60	23 35	24 25	25 15
60	20 45	21 35	22 25	23 20	24 10	24 95	25 90	26 85
63	21 80	22 75	23 70	24 70	25 65	26 05	27 70	28 60
66	23 20	24 15	25 20	26 20	27 25	28 30	29 40	30 50
69	24 55	25 60	26 70	27 80	28 90	30 05	31 15	32 35
72	25 90	27 »	28 25	29 40	30 55	31 75	32 95	34 15
75	27 35	28 50	29 70	31 05	32 30	33 55	34 75	36 25
78	28 85	30 05	31 30	32 75	34 »	35 35	36 80	38 25
81	30 25	31 65	32 95	34 45	35 80	37 30	39 »	39 75
84	31 75	33 25	34 60	36 20	37 50	39 »	40 50	42 »
87	33 35	34 75	36 35	38 25	39 75	41 25	42 75	44 25
90	34 75	36 40	38 25	39 75	41 25	42 75	45 »	46 50
93	» »	38 25	39 75	41 25	43 50	45 »	46 50	48 »
96	» »	» »	42 »	43 50	45 »	47 25	48 75	50 »
99	» »	» »	» »	45 75	47 25	48 75	50 »	52 »
102	» »	» »	» »	» »	48 75	50 »	53 »	54 »
105	» »	» »	» »	» »	» »	53 »	54 »	56 »
108	» »	» »	» »	» »	» »	» »	56 »	58 »
111	» »	» »	» »	» »	» »	» »	» »	59 »

Centimètres de largeur.	Centimètres de hauteur.							
	114	117	120	123	126	129	132	135
6	1f 95	2f »	2f 05	2f 10	2f 15	2f 20	2f 25	2f 35
9	3 »	3 10	3 15	3 25	3 35	3 40	3 50	3 60
12	4 10	4 25	4 35	4 45	4 60	4 70	4 85	5 »
15	5 30	5 45	5 60	5 75	5 90	6 10	6 25	6 45
18	6 50	6 75	6 90	7 15	7 30	7 55	7 70	7 95
21	7 80	8 05	8 30	8 50	8 80	9 10	9 30	9 55
24	9 15	9 50	9 70	10 05	10 35	10 60	10 95	11 25
27	10 55	10 90	11 25	11 65	12 »	12 30	12 65	13 05
30	12 05	12 45	12 80	13 20	13 60	14 05	14 40	14 80
33	13 55	14 »	14 40	14 80	15 20	15 60	16 »	16 40
36	15 »	15 45	15 85	16 30	16 70	17 15	17 55	18 »
39	16 35	16 80	17 30	17 75	18 25	18 80	19 30	19 85
42	17 70	18 25	18 80	19 40	19 95	20 65	21 20	21 80
45	19 25	19 85	20 45	21 20	21 80	22 55	23 20	23 80
48	20 80	21 60	22 25	23 05	23 70	24 40	25 20	25 90
51	22 60	23 30	24 10	24 85	25 65	26 40	27 25	28 »
54	24 25	25 15	25 90	26 80	27 70	28 45	29 40	30 25
57	25 95	26 90	27 85	28 80	29 65	30 60	31 60	32 50
60	27 85	28 85	29 70	30 70	31 75	32 80	33 85	34 75
63	29 65	30 70	31 75	32 85	33 95	35 05	36 20	37 30
66	31 60	32 75	33 85	35 05	36 20	37 35	38 25	39 75
69	33 50	34 65	35 85	37 10	38 25	39 75	41 25	42 »
72	35 55	36 85	38 25	39 »	40 50	42 »	43 50	45 »
75	37 50	39 »	40 50	42 »	42 75	44 25	45 75	47 25
78	39 75	41 25	42 75	44 25	45 75	46 50	48 »	49 50
81	42 »	43 50	45 »	46 50	48 »	48 75	50 »	52 »
84	43 50	45 75	47 25	48 »	49 50	51 »	53 »	54 »
87	45 75	47 25	48 75	50 »	52 »	53 »	55 »	56 »
90	48 »	49 50	51 »	53 »	54 »	56 »	57 »	59 »
93	49 50	51 »	53 »	55 »	56 »	58 »	59 »	61 »
96	52 »	53 »	55 »	56 »	59 »	60 »	62 »	63 »
99	53 »	56 »	57 »	59 »	60 »	62 »	64 »	65 »
102	56 »	57 »	59 »	61 »	62 »	65 »	66 »	68 »
105	58 »	59 »	61 »	63 »	65 »	67 »	68 »	71 »
108	59 »	62 »	63 »	65 »	67 »	69 »	71 »	73 »
111	62 »	63 »	65 »	68 »	69 »	71 »	74 »	75 »
114	63 »	65 »	68 »	70 »	71 »	74 »	76 »	78 »
117	» »	68 »	70 »	72 »	74 »	76 »	78 »	80 »
120	» »	» »	72 »	74 »	77 »	78 »	81 »	83 »
123	» »	» »	» »	77 »	79 »	81 »	83 »	86 »
126	» »	» »	» »	» »	81 »	83 »	86 »	89 »
129	» »	» »	» »	» »	» »	86 »	89 »	91 »
132	» »	» »	» »	» »	» »	» »	91 »	94 »
135	» »	» »	» »	» »	» »	» »	» »	96 »

Centimètres de largeur.	Centimètres de hauteur.							
	138	141	144	147	150	153	156	159
6	2f 40	2f 45	2f 50	2f 55	2f 60	2f 65	2f 70	2f 75
9	3 70	3 80	3 85	3 95	4 05	4 15	4 25	4 35
12	5 10	5 20	5 35	5 45	5 60	5 75	5 85	6 »
15	6 55	6 75	6 90	7 10	7 25	7 40	7 60	7 75
18	8 15	8 40	8 55	8 80	9 »	9 25	9 45	9 65
21	9 80	10 05	10 35	10 55	10 85	11 15	11 40	11 70
24	11 60	11 85	12 20	12 55	12 80	13 15	13 50	13 85
27	13 40	13 80	14 10	14 45	14 80	15 10	15 45	15 75
30	15 15	15 50	15 85	16 20	16 55	16 90	17 25	17 65
33	16 80	17 15	17 55	18 »	18 40	18 85	19 30	19 75
36	18 45	18 95	19 45	19 95	20 45	21 10	21 60	22 15
39	20 40	20 95	21 60	22 15	22 75	23 30	23 85	24 55
42	22 40	23 10	23 70	24 30	24 95	25 65	26 30	26 95
45	24 55	25 25	25 90	26 65	27 35	28 »	28 85	29 50
48	26 70	27 40	28 25	29 »	29 70	30 55	31 30	32 20
51	28 90	29 65	30 55	31 35	32 30	33 25	34 »	35 »
54	31 15	32 15	32 95	33 95	34 75	35 80	36 80	37 50
57	33 50	34 50	35 55	36 45	37 50	38 25	39 75	40 50
60	35 85	36 95	38 25	39 »	40 50	41 25	42 75	43 50
63	38 25	39 75	40 50	42 »	42 75	44 25	45 75	46 50
66	41 25	42 »	43 50	45 »	45 75	47 25	48 »	50 »
69	43 50	45 »	46 50	47 25	48 75	49 50	51 »	52 »
72	46 50	47 25	48 75	49 50	51 »	53 »	53 »	55 »
75	48 75	49 50	51 »	53 »	53 »	55 »	56 »	57 »
78	51 »	52 »	53 »	55 »	56 »	57 »	59 »	60 »
81	53 »	55 »	56 »	57 »	59 »	60 »	62 »	63 »
84	56 »	57 »	59 »	60 »	61 »	62 »	64 »	65 »
87	58 »	59 »	61 »	62 »	64 »	65 »	67 »	68 »
90	60 »	62 »	63 »	65 »	66 »	68 »	70 »	71 »
93	62 »	64 »	66 »	68 »	69 »	71 »	73 »	74 »
96	65 »	67 »	68 »	70 »	72 »	74 »	75 »	77 »
99	68 »	69 »	71 »	73 »	74 »	77 »	78 »	80 »
102	70 »	71 »	74 »	75 »	77 »	80 »	81 »	83 »
105	72 »	74 »	77 »	78 »	80 »	82 »	84 »	86 »
108	75 »	77 »	79 »	81 »	83 »	85 »	87 »	89 »
111	77 »	80 »	82 »	84 »	86 »	88 »	90 »	92 »
114	80 »	82 »	84 »	86 »	89 »	91 »	93 »	95 »
117	83 »	85 »	87 »	89 »	92 »	94 »	96 »	99 »
120	86 »	88 »	90 »	92 »	95 »	97 »	100 »	102 »
123	88 »	90 »	93 »	95 »	98 »	100 »	103 »	105 »
126	91 »	93 »	95 »	98 »	100 »	103 »	106 »	108 »
129	93 »	96 »	98 »	101 »	104 »	107 »	109 »	112 »
132	96 »	99 »	101 »	104 »	107 »	110 »	112 »	115 »
135	99 »	101 »	104 »	107 »	110 »	113 »	116 »	119 »
138	101 »	104 »	107 »	110 »	113 »	116 »	119 »	122 »
141	» »	107 »	110 »	113 »	116 »	119 »	122 »	125 »
144	» »	» »	113 »	116 »	120 »	122 »	125 »	128 »
147	» »	» »	» »	119 »	122 »	126 »	129 »	132 »
150	» »	» »	» »	» »	126 »	129 »	132 »	136 »
153	» »	» »	» »	» »	» »	133 »	136 »	140 »
156	» »	» »	» »	» »	» »	» »	140 »	143 »
159	» »	» »	» »	» »	» »	» »	» »	146 »

Centimètres de largeur.	Centimètres de hauteur.							
	162	165	168	171	174	177	180	183
6	2f 80	2f 85	2f 95	3f »	3f 05	3f 10	3f 15	3f 20
9	4 40	4 50	4 60	4 70	4 80	4 85	5 »	5 05
12	6 10	6 25	6 40	6 50	6 65	6 80	6 90	7 05
15	7 95	8 10	8 30	8 45	8 70	8 85	9 »	9 20
18	9 90	10 10	10 35	10 55	10 80	11 »	11 25	11 45
21	12 »	12 20	12 50	12 75	13 05	13 40	13 60	13 95
24	14 10	14 40	14 70	15 »	15 25	15 55	15 85	16 10
27	16 05	16 40	16 70	17 05	17 35	17 65	18 »	18 35
30	18 »	18 40	18 80	19 25	19 70	20 10	20 45	20 90
33	20 25	20 75	21 20	21 70	22 15	22 70	23 20	23 65
36	22 65	23 20	23 70	24 25	24 80	25 30	25 90	26 45
39	25 15	25 70	26 30	26 90	27 50	28 20	28 85	29 45
42	27 70	28 30	29 »	29 65	30 40	31 10	31 75	32 45
45	30 25	31 05	31 75	32 50	33 35	34 05	34 75	35 65
48	32 95	33 85	34 60	35 55	36 35	37 15	38 25	39 »
51	35 80	36 75	37 50	38 25	39 75	40 50	41 25	42 »
54	39 »	39 75	40 50	42 »	42 75	43 50	45 »	45 75
57	42 »	42 75	43 50	45 »	45 75	47 25	48 »	48 75
60	45 »	45 75	47 25	48 »	48 75	50 »	51 »	52 »
63	48 »	48 75	49 50	51 »	52 »	53 »	54 »	55 »
66	50 »	51 »	53 »	53 »	55 »	56 »	57 »	58 »
69	53 »	54 »	56 »	56 »	58 »	59 »	60 »	62 »
72	56 »	57 »	59 »	59 »	61 »	62 »	63 »	65 »
75	59 »	60 »	61 »	62 »	64 »	65 »	66 »	68 »
78	62 »	63 »	64 »	65 »	67 »	68 »	70 »	71 »
81	65 »	65 »	67 »	68 »	70 »	71 »	73 »	74 »
84	67 »	68 »	70 »	71 »	73 »	74 »	77 »	78 »
87	70 »	71 »	73 »	75 »	77 »	78 »	80 »	81 »
90	73 »	74 »	77 »	78 »	80 »	81 »	83 »	85 »
93	76 »	77 »	80 »	81 »	83 »	85 »	86 »	89 »
96	79 »	81 »	83 »	84 »	86 »	88 »	90 »	92 »
99	82 »	84 »	86 »	88 »	89 »	92 »	94 »	95 »
102	85 »	87 »	89 »	91 »	93 »	95 »	97 »	99 »
105	89 »	90 »	92 »	95 »	96 »	98 »	101 »	103 »
108	92 »	94 »	95 »	98 »	100 »	102 »	104 »	107 »
111	95 »	97 »	99 »	101 »	104 »	106 »	108 »	110 »
114	98 »	100 »	102 »	104 »	107 »	110 »	112 »	114 »
117	101 »	104 »	106 »	108 »	110 »	113 »	116 »	118 »
120	104 »	107 »	110 »	112 »	114 »	117 »	119 »	122 »
123	107 »	110 »	113 »	116 »	118 »	121 »	123 »	126 »
126	111 »	113 »	116 »	119 »	122 »	125 »	127 »	130 »
129	114 »	117 »	120 »	122 »	125 »	128 »	131 »	134 »
132	118 »	121 »	124 »	126 »	129 »	132 »	135 »	138 »
135	122 »	125 »	127 »	130 »	133 »	136 »	139 »	143 »
138	125 »	128 »	131 »	135 »	137 »	140 »	143 »	146 »
141	128 »	131 »	134 »	138 »	141 »	144 »	147 »	151 »
144	132 »	135 »	138 »	142 »	145 »	149 »	152 »	155 »
147	136 »	139 »	142 »	146 »	149 »	152 »	156 »	160 »
150	139 »	143 »	146 »	149 »	153 »	157 »	160 »	164 »
153	143 »	146 »	150 »	154 »	158 »	161 »	164 »	168 »
156	146 »	150 »	154 »	158 »	161 »	165 »	169 »	173 »
159	150 »	154 »	158 »	161 »	165 »	170 »	173 »	177 »
162	154 »	158 »	162 »	166 »	170 »	173 »	178 »	182 »
165	» »	162 »	166 »	170 »	174 »	178 »	182 »	186 »
168	» »	» »	170 »	174 »	179 »	182 »	186 »	190 »
171	» »	» »	» »	179 »	182 »	187 »	191 »	194 »
174	» »	» »	» »	» »	187 »	191 »	194 »	198 »
177	» »	» »	» »	» »	» »	194 »	198 »	202 »
180	» »	» »	» »	» »	» »	» »	203 »	206 »
183	» »	» »	» »	» »	» »	» »	» »	210 »

Centimètres de largeur.	Centimètres de hauteur.							
	186	189	192	195	198	201	204	207
6	3f 30	3f 35	3f 40	3f 45	3f 50	3f 60	3f 65	3f 70
9	5 15	5 25	5 35	5 45	5 50	5 65	5 75	5 80
12	7 20	7 30	7 50	7 60	7 70	7 90	8 »	8 15
15	9 35	9 55	9 70	9 95	10 10	10 35	10 50	10 70
18	11 70	12 »	12 20	12 45	12 65	12 95	13 15	13 40
21	14 25	14 45	14 70	14 95	15 20	15 45	15 70	15 95
24	16 40	16 70	17 »	17 25	17 55	17 85	18 15	18 45
27	18 75	19 15	19 40	19 85	20 25	20 65	21 10	21 40
30	21 35	21 80	22 25	22 70	23 20	23 65	24 10	24 55
33	24 15	24 70	25 20	25 70	26 20	26 75	27 25	27 80
36	27 »	27 70	28 25	28 85	29 40	30 »	30 55	31 15
39	30 05	30 70	31 30	32 10	32 75	33 40	34 »	35 05
42	33 25	33 95	34 60	35 35	36 20	36 85	37 50	38 25
45	36 40	37 30	38 25	39 »	39 75	40 50	41 25	42 »
48	39 75	40 50	42 »	42 75	43 50	44 25	45 »	46 50
51	43 50	44 25	45 »	46 50	47 25	48 »	48 75	49 50
54	46 50	48 »	48 75	49 50	50 »	51 »	53 »	53 »
57	49 50	51 »	52 »	53 »	53 »	55 »	56 »	56 »
60	53 »	54 »	55 »	56 »	57 »	58 »	59 »	60 »
63	56 »	57 »	58 »	59 »	60 »	62 »	63 »	64 »
66	59 »	60 »	62 »	63 »	64 »	65 »	66 »	68 »
69	62 »	64 »	65 »	66 »	68 »	68 »	70 »	71 »
72	66 »	67 »	68 »	70 »	71 »	72 »	74 »	75 »
75	69 »	71 »	72 »	74 »	74 »	76 »	77 »	79 »
78	73 »	74 »	75 »	77 »	78 »	80 »	81 »	83 »
81	76 »	77 »	79 »	80 »	82 »	83 »	85 »	86 »
84	80 »	81 »	83 »	84 »	86 »	87 »	89 »	91 »
87	83 »	85 »	86 »	88 »	89 »	92 »	93 »	95 »
90	86 »	89 »	90 »	92 »	94 »	95 »	97 »	99 »
93	90 »	92 »	94 »	95 »	98 »	99 »	101 »	103 »
96	94 »	95 »	98 »	100 »	101 »	104 »	105 »	107 »
99	98 »	99 »	101 »	104 »	106 »	107 »	110 »	112 »
102	101 »	103 »	105 »	107 »	110 »	112 »	114 »	116 »
105	105 »	107 »	110 »	111 »	113 »	116 »	118 »	120 »
108	109 »	111 »	113 »	116 »	118 »	120 »	122 »	125 »
111	113 »	115 »	117 »	120 »	122 »	125 »	127 »	129 »
114	116 »	119 »	122 »	124 »	126 »	129 »	131 »	134 »
117	121 »	123 »	125 »	128 »	131 »	134 »	136 »	139 »
120	125 »	127 »	130 »	132 »	135 »	138 »	140 »	143 »
123	128 »	131 »	134 »	137 »	140 »	143 »	145 »	148 »
126	133 »	136 »	138 »	141 »	144 »	147 »	150 »	153 »
129	137 »	140 »	143 »	146 »	149 »	152 »	155 »	158 »
132	141 »	144 »	147 »	150 »	153 »	157 »	160 »	163 »
135	146 »	149 »	152 »	155 »	158 »	161 »	164 »	166 »
138	149 »	153 »	156 »	160 »	163 »	166 »	170 »	173 »
141	154 »	158 »	161 »	164 »	167 »	171 »	174 »	178 »
144	158 »	162 »	165 »	169 »	173 »	176 »	179 »	183 »
147	163 »	167 »	170 »	173 »	177 »	181 »	185 »	188 »
150	167 »	171 »	175 »	179 »	182 »	186 »	189 »	192 »
153	172 »	176 »	179 »	183 »	187 »	190 »	194 »	197 »
156	176 »	180 »	185 »	188 »	191 »	194 »	198 »	202 »
159	181 »	185 »	188 »	192 »	196 »	199 »	203 »	206 »
162	185 »	189 »	193 »	197 »	200 »	203 »	207 »	211 »
165	190 »	194 »	197 »	200 »	204 »	208 »	212 »	215 »
168	194 »	197 »	201 »	205 »	209 »	212 »	216 »	221 »
171	198 »	202 »	206 »	209 »	213 »	217 »	221 »	225 »
174	202 »	206 »	210 »	214 »	218 »	222 »	226 »	230 »
177	206 »	210 »	214 »	218 »	222 »	227 »	230 »	235 »
180	210 »	215 »	218 »	223 »	227 »	231 »	236 »	239 »
183	215 »	219 »	223 »	227 »	232 »	236 »	240 »	243 »
186	219 »	223 »	227 »	232 »	236 »	240 »	245 »	249 »
189	» »	227 »	232 »	236 »	241 »	245 »	250 »	254 »
192	» »	» »	236 »	241 »	245 »	250 »	254 »	259 »
195	» »	» »	» »	245 »	250 »	254 »	260 »	264 »
198	» »	» »	» »	» »	255 »	260 »	264 »	269 »
201	» »	» »	» »	» »	» »	264 »	269 »	275 »
204	» »	» »	» »	» »	» »	» »	275 »	279 »

Centimètres de largeur.	Centimètres de hauteur.							
	210	213	216	219	222	225	228	231
6	3f 75	3f 80	3f 85	3f 95	4f »	4f 05	4f 10	4f 15
9	5 90	6 05	6 10	6 20	6 30	6 45	6 50	6 60
12	8 30	8 45	8 55	8 75	8 85	9 »	9 15	9 30
15	10 85	11 »	11 25	11 40	11 65	11 80	12 05	12 20
18	13 60	13 90	14 10	14 35	14 55	14 80	15 »	15 20
21	16 20	16 45	16 70	16 95	17 20	17 45	17 70	17 95
24	18 80	19 15	19 45	19 80	20 20	20 45	20 80	21 20
27	21 80	22 20	22 65	23 05	23 35	23 80	24 25	24 70
30	24 95	25 40	25 90	26 35	26 85	27 35	27 85	28 30
33	28 30	28 90	29 40	29 95	30 50	31 05	31 60	32 20
36	31 75	32 35	32 95	33 55	34 15	34 75	35 55	36 20
39	35 35	36 15	36 84	37 45	38 25	39 »	39 75	40 50
42	39 »	39 75	40 50	41 25	42 »	42 75	43 50	45 »
45	42 75	43 50	45 »	45 75	46 50	47 25	48 »	48 75
48	47 25	48 »	48 75	49 50	50 »	51 »	52 »	53 »
51	50 »	51 »	53 »	53 »	54 »	55 »	56 »	56 »
54	54 »	55 »	56 »	57 »	58 »	59 »	59 »	60 »
57	58 »	59 »	59 »	61 »	62 »	62 »	63 »	65 »
60	61 »	62 »	63 »	65 »	65 »	66 »	68 »	69 »
63	65 »	66 »	67 »	68 »	69 »	71 »	72 »	73 »
66	68 »	70 »	71 »	72 »	74 »	75 »	76 »	77 »
69	72 »	74 »	75 »	77 »	77 »	79 »	80 »	81 »
72	77 »	77 »	79 »	80 »	82 »	83 »	84 »	86 »
75	80 »	82 »	83 »	85 »	86 »	87 »	89 »	90 »
78	84 »	86 »	87 »	89 »	90 »	92 »	93 »	95 »
81	89 »	90 »	92 »	93 »	95 »	96 »	98 »	99 »
84	92 »	94 »	95 »	98 »	99 »	101 »	102 »	104 »
87	96 »	98 »	100 »	101 »	104 »	105 »	107 »	109 »
90	101 »	102 »	104 »	107 »	108 »	110 »	112 »	113 »
93	105 »	107 »	109 »	110 »	113 »	115 »	116 »	119 »
96	110 »	111 »	113 »	116 »	117 »	119 »	122 »	124 »
99	113 »	116 »	118 »	120 »	122 »	125 »	126 »	128 »
102	118 »	120 »	122 »	125 »	127 »	129 »	131 »	134 »
105	122 »	125 »	127 »	129 »	132 »	134 »	137 »	139 »
108	127 »	130 »	132 »	134 »	137 »	139 »	142 »	144 »
111	132 »	134 »	137 »	140 »	142 »	144 »	147 »	149 »
114	137 »	139 »	142 »	144 »	147 »	149 »	152 »	153 »
117	141 »	144 »	146 »	149 »	152 »	155 »	158 »	161 »
120	146 »	148 »	152 »	155 »	158 »	160 »	163 »	166 »
123	151 »	154 »	157 »	160 »	163 »	166 »	169 »	172 »
126	156 »	159 »	162 »	165 »	168 »	171 »	174 »	177 »
129	161 »	164 »	167 »	170 »	173 »	176 »	180 »	183 »
132	166 »	169 »	173 »	176 »	179 »	182 »	185 »	188 »
135	171 »	174 »	178 »	181 »	185 »	188 »	191 »	194 »
138	176 »	179 »	183 »	186 »	189 »	192 »	195 »	198 »
141	182 »	185 »	188 »	191 »	194 »	197 »	200 »	203 »
144	186 »	190 »	193 »	196 »	199 »	203 »	206 »	209 »
147	191 »	194 »	197 »	201 »	204 »	207 »	211 »	214 »
150	196 »	199 »	203 »	206 »	209 »	212 »	216 »	219 »
153	200 »	203 »	207 »	211 »	214 »	218 »	221 »	224 »
156	205 »	209 »	212 »	215 »	219 »	223 »	227 »	230 »
159	209 »	213 »	217 »	221 »	224 »	228 »	232 »	236 »
162	215 »	218 »	222 »	226 »	230 »	233 »	237 »	241 »
165	219 »	223 »	227 »	231 »	235 »	239 »	242 »	246 »
168	224 »	228 »	232 »	236 »	239 »	244 »	248 »	251 »
171	229 »	233 »	237 »	241 »	245 »	249 »	253 »	257 »
174	234 »	238 »	242 »	246 »	251 »	254 »	259 »	263 »
177	239 »	248 »	247 »	251 »	255 »	260 »	264 »	269 »
180	244 »	248 »	252 »	257 »	261 »	265 »	269 »	274 »
183	248 »	253 »	257 »	262 »	266 »	271 »	275 »	280 »
186	254 »	258 »	263 »	267 »	272 »	276 »	281 »	285 »
189	259 »	263 »	268 »	272 »	277 »	281 »	287 »	291 »
192	264 »	269 »	273 »	278 »	283 »	287 »	292 »	297 »
195	269 »	274 »	278 »	284 »	288 »	293 »	298 »	302 »
198	274 »	279 »	284 »	289 »	293 »	299 »	303 »	308 »
201	279 »	284 »	289 »	294 »	299 »	304 »	309 »	314 »
204	284 »	290 »	294 »	299 »	305 »	310 »	315 »	320 »

Centimètres de largeur.	Centimètres de hauteur.							
	234	237	240	243	246	249	252	255
6	4f 25	4f 30	4f 35	4f 40	4f 45	4f 50	4f 60	4f 65
9	6 75	6 85	6 90	7 »	7 15	7 25	7 30	7 40
12	9 50	9 60	9 70	9 90	10 05	10 15	10 35	10 50
15	12 45	12 60	12 80	13 05	13 20	13 45	13 60	13 85
18	15 45	15 65	15 85	16 05	16 30	16 50	16 70	16 90
21	18 25	18 50	18 80	19 15	19 40	19 75	19 95	20 30
24	21 60	21 85	22 25	22 65	23 05	23 35	23 70	24 10
27	25 15	25 45	25 90	26 35	26 80	27 25	27 70	28 »
30	28 85	29 35	29 70	30 25	30 70	31 25	31 75	32 30
33	32 75	33 30	33 85	34 45	45 05	35 60	36 20	36 75
36	36 80	37 45	38 25	39 »	39 »	39 75	40 50	41 25
39	41 25	42 »	42 75	43 50	44 25	45 »	45 75	46 50
42	45 75	46 50	47 25	48 »	48 »	48 75	49 50	50 »
45	49 50	50 »	51 »	52 »	53 »	53 »	54 »	55 »
48	53 »	54 »	55 »	56 »	56 »	57 »	58 »	59 »
51	57 »	58 »	59 »	60 »	61 »	62 »	62 »	64 »
54	62 »	62 »	63 »	65 »	65 »	66 »	67 »	68 »
57	65 »	67 »	68 »	69 »	70 »	71 »	72 »	73 »
60	70 »	71 »	72 »	73 »	74 »	75 »	77 »	78 »
63	74 »	75 »	77 »	78 »	79 »	80 »	81 »	82 »
66	78 »	80 »	81 »	82 »	83 »	85 »	86 »	87 »
69	83 »	84 »	86 »	87 »	88 »	89 »	91 »	92 »
72	87 »	89 »	90 »	92 »	93 »	94 »	95 »	97 »
75	92 »	93 »	95 »	96 »	98 »	99 »	101 »	102 »
78	96 »	98 »	100 »	101 »	103 »	104 »	106 »	107 »
81	101 »	103 »	104 »	106 »	107 »	110 »	111 »	113 »
84	106 »	107 »	110 »	111 »	113 »	115 »	116 »	118 »
87	110 »	113 »	114 »	116 »	118 »	120 »	122 »	124 »
90	116 »	118 »	119 »	122 »	123 »	125 »	127 »	129 »
93	121 »	122 »	125 »	127 »	128 »	131 »	133 »	135 »
96	125 »	128 »	130 »	132 »	134 »	137 »	138 »	140 »
99	131 »	133 »	135 »	137 »	140 »	142 »	144 »	146 »
102	136 »	138 »	140 »	143 »	145 »	148 »	150 »	152 »
105	141 »	143 »	146 »	149 »	151 »	153 »	156 »	158 »
108	146 »	149 »	152 »	154 »	157 »	159 »	162 »	164 »
111	152 »	155 »	158 »	160 »	163 »	165 »	168 »	171 »
114	158 »	161 »	163 »	166 »	169 »	171 »	174 »	177 »
117	163 »	166 »	169 »	172 »	175 »	178 »	180 »	183 »
120	169 »	172 »	175 »	1.8 »	181 »	184 »	186 »	189 »
123	175 »	178 »	181 »	184 »	187 »	189 »	192 »	194 »
126	180 »	184 »	186 »	189 »	192 »	194 »	197 »	200 »
129	186 »	189 »	191 »	194 »	197 »	200 »	203 »	206 »
132	191 »	194 »	197 »	200 »	203 »	206 »	209 »	212 »
135	197 »	200 »	203 »	206 »	209 »	212 »	215 »	218 »
138	202 »	205 »	208 »	211 »	214 »	217 »	221 »	224 »
141	206 »	210 »	213 »	216 »	220 »	223 »	226 »	230 »
144	212 »	215 »	218 »	222 »	225 »	229 »	232 »	236 »
147	218 »	221 »	224 »	227 »	231 »	234 »	238 »	241 »
150	223 »	226 »	230 »	233 »	236 »	240 »	244 »	248 »
153	228 »	232 »	236 »	239 »	242 »	246 »	250 »	254 »
156	233 »	237 »	241 »	245 »	248 »	252 »	256 »	260 »
159	239 »	243 »	247 »	251 »	254 »	258 »	262 »	266 »
162	245 »	248 »	252 »	256 »	260 »	264 »	268 »	272 »
165	250 »	254 »	258 »	262 »	266 »	270 »	274 »	278 »
168	256 »	260 »	264 »	268 »	272 »	276 »	280 »	284 »
171	261 »	266 »	269 »	274 »	278 »	282 »	287 »	290 »
174	267 »	271 »	275 »	280 »	284 »	288 »	293 »	297 »
177	272 »	277 »	281 »	286 »	290 »	294 »	299 »	303 »
180	278 »	283 »	287 »	292 »	296 »	301 »	305 »	310 »
183	284 »	289 »	293 »	298 »	302 »	307 »	312 »	317 »
186	290 »	295 »	299 »	304 »	308 »	314 »	318 »	323 »
189	296 »	300 »	305 »	310 »	315 »	320 »	325 »	329 »
192	302 »	307 »	311 »	317 »	321 »	326 »	331 »	336 »
195	308 »	313 »	317 »	322 »	328 »	332 »	338 »	343 »
198	314 »	319 »	323 »	329 »	334 »	339 »	344 »	350 »
201	320 »	325 »	330 »	335 »	341 »	346 »	351 »	356 »
204	326 »	331 »	336 »	341 »	347 »	352 »	358 »	363 »

Centimètres de largeur.	Centimètres de hauteur.							
	258	**261**	**264**	**267**	**270**	**273**	**276**	**279**
6	4f 70	4f 80	4f 85	4f 95	5f »	5f 05	5f 10	5f 15
9	7 55	7 65	7 70	7 85	7 95	8 05	8 15	8 30
12	10 60	10 80	10 95	11 15	11 25	11 40	11 60	11 70
15	14 05	14 25	14 40	14 60	14 80	14 95	15 15	15 30
18	17 15	17 35	17 55	17 80	18 »	18 25	18 45	18 75
21	20 65	20 85	21 20	21 55	21 80	22 15	22 40	22 75
24	24 40	24 80	25 20	25 60	25 90	26 30	26 70	27 »
27	28 45	28 95	29 40	29 90	30 25	30 70	31 15	31 65
30	32 80	33 35	33 85	34 40	34 75	35 35	35 85	36 40
33	37 35	38 25	38 25	39 »	39 75	40 50	41 25	41 25
36	42 »	42 75	43 50	44 25	45 »	45 75	46 50	46 50
39	46 50	47 25	48 »	48 75	49 50	50 »	51 »	51 »
42	51 »	52 »	53 »	54 »	54 »	55 »	56 »	56 »
45	56 »	56 »	57 »	58 »	59 »	59 »	60 »	61 »
48	60 »	61 »	62 »	63 »	63 »	64 »	65 »	66 »
51	65 »	65 »	66 »	67 »	68 »	69 »	70 »	71 »
54	69 »	70 »	71 »	72 »	73 »	74 »	75 »	76 »
57	74 »	75 »	76 »	77 »	78 »	79 »	80 »	81 »
60	78 »	80 »	81 »	82 »	83 »	84 »	86 »	87 »
63	83 »	85 »	86 »	87 »	89 »	90 »	91 »	92 »
66	89 »	90 »	91 »	92 »	94 »	95 »	96 »	98 »
69	93 »	95 »	96 »	98 »	99 »	101 »	102 »	103 »
72	98 »	100 »	101 »	103 »	104 »	106 »	107 »	109 »
75	104 »	105 »	107 »	108 »	110 »	111 »	113 »	115 »
78	109 »	110 »	112 »	114 »	116 »	117 »	119 »	121 »
81	114 »	116 »	118 »	119 »	122 »	123 »	125 »	127 »
84	120 »	122 »	124 »	125 »	127 »	129 »	131 »	133 »
87	125 »	128 »	129 »	131 »	133 »	135 »	137 »	139 »
90	131 »	133 »	135 »	137 »	139 »	141 »	143 »	146 »
93	137 »	139 »	141 »	143 »	146 »	148 »	149 »	152 »
96	143 »	145 »	147 »	149 »	152 »	154 »	156 »	158 »
99	149 »	151 »	153 »	155 »	158 »	161 »	163 »	165 »
102	155 »	158 »	160 »	162 »	164 »	167 »	170 »	172 »
105	161 »	164 »	166 »	169 »	171 »	173 »	176 »	179 »
108	167 »	170 »	173 »	175 »	178 »	180 »	183 »	185 »
111	173 »	176 »	179 »	182 »	185 »	187 »	189 »	191 »
114	180 »	182 »	185 »	188 »	191 »	193 »	195 »	198 »
117	186 »	188 »	191 »	194 »	197 »	199 »	202 »	204 »
120	191 »	194 »	197 »	200 »	203 »	205 »	208 »	210 »
123	197 »	200 »	203 »	206 »	209 »	211 »	214 »	217 »
126	203 »	206 »	209 »	212 »	215 »	218 »	221 »	223 »
129	209 »	212 »	215 »	218 »	221 »	224 »	227 »	230 »
132	215 »	218 »	221 »	224 »	227 »	230 »	233 »	235 »
135	221 »	224 »	227 »	230 »	233 »	235 »	239 »	242 »
138	227 »	230 »	233 »	236 »	239 »	242 »	246 »	249 »
141	233 »	236 »	239 »	242 »	246 »	249 »	253 »	256 »
144	239 »	242 »	245 »	249 »	252 »	256 »	259 »	263 »
147	245 »	248 »	251 »	255 »	259 »	263 »	266 »	269 »
150	251 »	254 »	258 »	262 »	265 »	269 »	272 »	276 »
153	257 »	260 »	264 »	268 »	272 »	275 »	279 »	283 »
156	263 »	267 »	271 »	275 »	278 »	282 »	286 »	290 »
159	269 »	273 »	277 »	281 »	285 »	289 »	293 »	297 »
162	275 »	280 »	284 »	287 »	292 »	296 »	300 »	304 »
165	282 »	286 »	290 »	294 »	299 »	302 »	307 »	311 »
168	288 »	293 »	297 »	301 »	305 »	310 »	314 »	318 »
171	295 »	299 »	303 »	308 »	312 »	317 »	321 »	326 »
174	302 »	306 »	310 »	314 »	319 »	323 »	328 »	332 »
177	308 »	312 »	317 »	321 »	326 »	331 »	335 »	340 »
180	314 »	319 »	323 »	329 »	333 »	338 »	342 »	347 »
183	321 »	326 »	331 »	335 »	340 »	345 »	350 »	355 »
186	328 »	332 »	338 »	342 »	347 »	352 »	357 »	362 »
189	335 »	339 »	344 »	350 »	354 »	359 »	365 »	370 »
192	341 »	347 »	351 »	356 »	362 »	367 »	371 »	377 »
195	348 »	353 »	358 »	363 »	368 »	374 »	380 »	385 »
198	355 »	360 »	365 »	371 »	376 »	381 »	387 »	392 »
201	362 »	367 »	372 »	378 »	383 »	389 »	395 »	400 »
204	368 »	374 »	380 »	385 »	391 »	396 »	402 »	408 »

Centimètres de largeur.	Centimètres de hauteur.							
	282	**285**	**288**	**291**	**294**	**297**	**300**	**303**
6	5f 20	5f 30	5f 35	5f 40	5f 45	5f 50	5f 60	5f 70
9	8 40	8 45	8 55	8 70	8 80	8 90	9 »	9 15
12	11 85	12 05	12 20	12 30	12 50	12 65	12 80	13 »
15	15 50	15 65	15 85	16 »	16 20	16 40	16 55	16 75
18	18 95	19 25	19 45	19 75	19 95	20 25	20 45	20 80
21	23 10	23 35	23 70	24 10	24 30	24 70	25 »	25 30
24	27 40	27 85	28 25	28 55	29 »	29 40	29 70	30 15
27	32 15	32 50	32 95	33 45	33 95	34 45	34 75	35 30
30	36 95	37 50	38 25	39 »	39 »	39 75	40 50	40 50
33	42 »	42 75	43 50	44 25	45 »	45 75	45 75	46 50
36	47 25	48 »	48 75	49 »	49 50	50 »	51 »	52 »
39	52 »	53 »	53 »	54 »	55 »	56 »	56 »	57 »
42	57 »	58 »	59 »	60 »	60 »	60 »	61 »	62 »
45	62 »	62 »	63 »	64 »	65 »	65 »	66 »	68 »
48	67 »	68 »	68 »	69 »	70 »	71 »	72 »	73 »
51	71 »	73 »	74 »	75 »	75 »	77 »	77 »	78 »
54	77 »	78 »	79 »	80 »	81 »	82 »	83 »	84 »
57	82 »	83 »	84 »	86 »	86 »	88 »	89 »	90 »
60	88 »	89 »	90 »	91 »	92 »	94 »	95 »	96 »
63	93 »	95 »	96 »	97 »	98 »	99 »	101 »	102 »
66	99 »	100 »	101 »	103 »	104 »	106 »	107 »	108 »
69	104 »	106 »	107 »	109 »	110 »	112 »	113 »	115 »
72	110 »	112 »	113 »	115 »	116 »	118 »	119 »	121 »
75	116 »	118 »	119 »	121 »	122 »	125 »	126 »	128 »
78	122 »	124 »	125 »	128 »	129 »	131 »	132 »	134 »
81	128 »	130 »	132 »	134 »	136 »	137 »	139 »	141 »
84	134 »	137 »	138 »	140 »	142 »	144 »	146 »	148 »
87	141 »	143 »	145 »	147 »	149 »	151 »	153 »	155 »
90	147 »	149 »	152 »	154 »	156 »	158 »	160 »	162 »
93	154 »	156 »	158 »	161 »	163 »	165 »	167 »	170 »
96	161 »	163 »	165 »	167 »	170 »	173 »	175 »	177 »
99	167 »	170 »	173 »	175 »	177 »	180 »	182 »	185 »
102	174 »	177 »	179 »	182 »	185 »	187 »	189 »	191 »
105	182 »	184 »	186 »	188 »	191 »	194 »	196 »	198 »
108	188 »	191 »	193 »	195 »	197 »	200 »	203 »	205 »
111	194 »	197 »	199 »	202 »	204 »	206 »	209 »	212 »
114	200 »	203 »	206 »	208 »	211 »	213 »	216 »	218 »
117	206 »	209 »	212 »	215 »	218 »	220 »	223 »	225 »
120	213 »	216 »	218 »	221 »	224 »	227 »	230 »	233 »
123	220 »	222 »	225 »	228 »	231 »	234 »	236 »	239 »
126	226 »	229 »	232 »	235 »	238 »	241 »	244 »	247 »
129	233 »	236 »	239 »	242 »	245 »	248 »	251 »	254 »
132	239 »	242 »	245 »	248 »	251 »	255 »	258 »	261 »
135	246 »	249 »	252 »	255 »	259 »	262 »	265 »	269 »
138	253 »	256 »	259 »	263 »	266 »	269 »	272 »	276 »
141	260 »	263 »	266 »	269 »	273 »	276 »	280 »	284 »
144	266 »	269 »	273 »	277 »	280 »	284 »	287 »	291 »
147	273 »	276 »	280 »	284 »	287 »	291 »	295 »	299 »
150	280 »	284 »	287 »	291 »	295 »	299 »	302 »	306 »
153	287 »	290 »	294 »	299 »	302 »	306 »	310 »	314 »
156	294 »	298 »	302 »	305 »	310 »	314 »	317 »	321 »
159	301 »	305 »	309 »	313 »	317 »	321 »	325 »	329 »
162	308 »	312 »	317 »	320 »	325 »	329 »	333 »	337 »
165	315 »	320 »	323 »	328 »	332 »	337 »	341 »	345 »
168	323 »	326 »	331 »	335 »	340 »	344 »	349 »	353 »
171	330 »	334 »	338 »	343 »	348 »	352 »	356 »	362 »
174	337 »	341 »	347 »	351 »	356 »	360 »	365 »	369 »
177	344 »	349 »	354 »	359 »	363 »	368 »	373 »	377 »
180	352 »	356 »	3 2 »	366 »	371 »	376 »	381 »	386 »
183	359 »	365 »	369 »	374 »	379 »	384 »	389 »	394 »
186	367 »	372 »	377 »	382 »	387 »	392 »	398 »	403 »
189	374 »	380 »	385 »	390 »	395 »	401 »	406 »	411 »
192	382 »	388 »	392 »	398 »	404 »	409 »	414 »	419 »
195	390 »	395 »	401 »	406 »	412 »	417 »	422 »	428 »
198	398 »	403 »	409 »	414 »	420 »	425 »	431 »	437 »
201	405 »	411 »	416 »	422 »	428 »	434 »	440 »	446 »
204	413 »	419 »	425 »	431 »	437 »	443 »	448 »	454 »

Centimètres de largeur.	306	309	312	315	318	321	324	»
6	5f 75	5f 80	5f 85	5f 90	6f »	6f 05	6f 10	
9	9 25	9 30	9 50	9 55	9 65	9 75	9 90	
12	13 15	13 35	13 50	13 60	13 85	13 95	14 10	
15	16 90	17 10	17 25	17 45	17 65	17 85	18 »	
18	21 10	21 25	21 60	21 80	22 15	22 30	22 65	
21	25 65	25 90	26 30	26 65	26 95	27 30	27 70	
24	30 55	31 »	31 30	31 75	32 20	32 65	32 95	
27	35 80	36 30	36 80	37 30	37 50	38 25	39 »	
30	41 25	42 »	42 75	42 75	43 50	44 25	45 »	
33	47 25	47 25	48 »	48 75	49 50	49 50	50 »	
36	53 »	53 »	53 »	54 »	55 »	55 »	56 »	
39	57 »	58 »	59 »	59 »	60 »	61 »	62 »	
42	62 »	63 »	64 »	65 »	65 »	66 »	67 »	
45	68 »	69 »	70 »	71 »	71 »	72 »	73 »	
48	74 »	74 »	75 »	77 »	77 »	78 »	79 »	
51	80 »	80 »	81 »	82 »	83 »	84 »	85 »	
54	85 »	86 »	87 »	89 »	89 »	90 »	92 »	
57	91 »	92 »	93 »	95 »	95 »	97 »	98 »	
60	97 »	98 »	100 »	101 »	102 »	103 »	104 »	
63	103 »	104 »	106 »	107 »	108 »	110 »	111 »	
66	110 »	111 »	112 »	113 »	115 »	116 »	118 »	
69	116 »	117 »	119 »	120 »	122 »	123 »	125 »	
72	122 »	124 »	125 »	127 »	128 »	131 »	132 »	
75	129 »	131 »	132 »	134 »	136 »	137 »	139 »	
78	136 »	138 »	140 »	141 »	143 »	145 »	146 »	
81	143 »	145 »	146 »	149 »	150 »	152 »	154 »	
84	150 »	152 »	154 »	156 »	158 »	160 »	162 »	
87	158 »	159 »	161 »	164 »	165 »	167 »	170 »	
90	164 »	167 »	169 »	171 »	173 »	176 »	178 »	
93	172 »	174 »	176 »	179 »	181 »	183 »	185 »	
96	179 »	182 »	185 »	186 »	188 »	191 »	193 »	
99	187 »	189 »	191 »	194 »	196 »	197 »	200 »	
102	194 »	196 »	198 »	200 »	203 »	205 »	207 »	
105	200 »	203 »	205 »	207 »	209 »	212 »	215 »	
108	207 »	209 »	212 »	215 »	217 »	219 »	222 »	
111	214 »	217 »	219 »	221 »	224 »	227 »	230 »	
114	221 »	224 »	227 »	229 »	232 »	234 »	237 »	
117	228 »	231 »	233 »	236 »	239 »	242 »	245 »	
120	236 »	238 »	241 »	244 »	247 »	249 »	252 »	
123	242 »	245 »	248 »	251 »	254 »	257 »	260 »	
126	250 »	253 »	256 »	259 »	262 »	265 »	268 »	
129	257 »	260 »	263 »	266 »	269 »	272 »	275 »	
132	264 »	267 »	271 »	274 »	277 »	281 »	284 »	
135	272 »	275 »	278 »	281 »	285 »	288 »	292 »	
138	279 »	283 »	286 »	290 »	293 »	296 »	300 »	
141	287 »	290 »	294 »	297 »	301 »	305 »	308 »	
144	294 »	298 »	302 »	305 »	309 »	313 »	317 »	
147	302 »	306 »	310 »	314 »	317 »	321 »	325 »	
150	310 »	314 »	317 »	321 »	325 »	329 »	333 »	
153	317 »	322 »	326 »	329 »	333 »	338 »	341 »	
156	326 »	329 »	334 »	338 »	342 »	346 »	350 »	
159	333 »	338 »	342 »	346 »	350 »	354 »	359 »	
162	341 »	346 »	350 »	354 »	359 »	363 »	367 »	
165	350 »	354 »	358 »	362 »	367 »	371 »	376 »	
168	358 »	362 »	367 »	371 »	376 »	380 »	385 »	
171	366 »	371 »	375 »	380 »	384 »	389 »	394 »	
174	374 »	379 »	383 »	389 »	393 »	398 »	403 »	
177	383 »	387 »	392 »	397 »	402 »	407 »	412 »	
180	391 »	396 »	401 »	406 »	411 »	416 »	421 »	
183	399 »	404 »	410 »	415 «	419 »	425 »	430 »	
186	408 »	413 »	418 »	423 »	428 »	434 »	439 »	
189	416 »	422 »	427 »	432 »	438 »	443 »	449 »	
192	425 »	431 »	436 »	441 »	447 »	452 »	458 »	
195	434 »	439 »	445 »	450 »	456 »	461 »	467 »	
198	443 »	448 »	454 »	459 »	465 »	471 »	477 »	
201	452 »	457 »	463 »	469 »	475 »	481 »	487 »	
204	460 »	466 »	472 »	478 »	484 »	490 »	496 »	

POSE DES VOIES

B

Boulons. (Voyez *Prime pour boulons*.)

C

3600. **Chargement** en wagon de matériaux de la voie pris à terre jusqu'à 30,00 de distance de la voie de chargement, compris manœuvre des véhicules, frais d'échafaudage et plans inclinés, la tonne. — 0ᶠ 35

3601. — en wagonnet de matériaux de la voie, compris les mêmes sujétions qu'au n° 3600, la tonne.. — 0 30

3602. — — de matériaux déchargés aux abords de l'atelier de pose pour distribution des matériaux, la tonne.................................. — 0 25

Châssis de changement et de croisement. (Voyez *Démontage et pose de châssis*.)

3603. **Coaltarage** à chaud de chevillettes pour toute fourniture de coaltar, chauffage et toutes mains-d'œuvre quelconques, le $^0/_{00}$................. — 2 50

3604. **Coupe** à froid d'un rail Barlow, par coupe....... — 0 70

3605. — d'un rail Brunel ou Champignon, par coupe. — 0 50

D

3606. **Déchargement** de wagon de matériaux de la voie, coltinage jusqu'à 30,00 de la voie de déchargement et arrimage, compris manœuvre des véhicules, frais d'échafaudage et plans inclinés, la tonne.................................. — 0 30

3607. — de wagon de matériaux de la voie, amenés par les trains de travaux à l'extrémité des voies posées ou sur l'emplacement des voies à poser, pour distribution des matériaux, la tonne.... — 0 25

3608. — de wagonnet de matériaux de la voie, coltinage jusqu'à 30,00 de la voie de déchargement et arrimage, compris manœuvre des véhicules, frais d'échafaudage et plans inclinés, la tonne. — 0 25

3609. — — déchargés aux abords de l'atelier de pose, pour distribution des matériaux, la tonne.... — 0 20

3610. **Démontage** de voie Barlow, triage des matériaux et mise en dépôt à 5,00 de distance moyenne, les rivets coupés restant la propriété de l'entrepreneur, le mètre courant de voie 0ᶠ 30

3611. — de voie Brunel, triage des matériaux et mise en dépôt à 5,00 de distance moyenne, les rivets coupés restant la propriété de l'entrepreneur, le mètre courant de voie 0 80

3612. — de voie Champignon, triage des matériaux, bardage et mise en dépôt à 5,00 de distance, le m. courant de voie 0 20

3613. — de châssis de changement Brunel, à deux ou à trois voies, compris retroussement du ballast, enlèvement du châssis, bardage et mise en dépôt à 5,00 de distance moyenne, et régalage du ballast après l'enlèvement, la pièce 10 00

3614. — d'un châssis de changement Champignon, compris les mêmes sujétions que pour un changement Brunel, la pièce 8 00

3615. — d'un châssis de croisement Brunel, compris les mêmes sujétions et mains-d'œuvre que pour un châssis de changement, la pièce 12 00

3616. — d'un châssis de croisement Champignon, compris les mêmes sujétions et mains-d'œuvre que pour un châssis de changement, la pièce 10 00

3617. — d'un passage à niveau (plus-value pour), pour une voie, pour toutes mains-d'œuvre et sujétions 4 00

3618. — d'une plaque tournante de 4,20 de diamètre, compris retroussement des déblais autour de la cuve, coltinage et mise en dépôt à 5,00 de distance moyenne et régalage des déblais, la pièce. 30 00

3619. — — de 5,00 de diamètre, compris les mêmes sujétions, la pièce.................... 35 00

3620. — — de 5,60 de diamètre, compris les mêmes sujétions, la pièce.................... 40 00

J

3621. **Journée** de chef poseur........................ 5 00
3622. — de poseur........................... 3 00
3623. — de manœuvre ordinaire............... 2 65

P

3624. **Perçage** à froid d'un trou de boulon ou de rivet,
quelle que soit la nature du rail, par trou....   0ᶠ 20

3625. **Pose** de voie Barlow avec rivets, sur terre ou sur
première couche de ballast, dressage de la
forme, bourrage et mise au profil, relevage
jusqu'à 0,05 de hauteur et toutes mains-d'œuvre quelconques, le mètre courant de voie....   0 60

3626. — — avec boulons, compris les mêmes sujétions
et mains-d'œuvre, le mètre courant de voie ..   0 50

3627. — de voie Brunel, sur terre ou sur première couche
de ballast, dressage de la forme, bourrage,
serrage des boulons, mise au profil, relevage
jusqu'à 0,05 de hauteur et toutes mains-d'œuvre quelconques, le mètre courant de voie....   1 30

3628. — de voie Champignon, sur terre, dressage de la
forme, bourrage, coinçage, pose des éclisses,
serrage des boulons et mise au profil, et toutes
mains-d'œuvre quelconques, le mètre courant
de voie 0 30

3629. — sur première couche de ballast, dressage de la
forme, bourrage, coinçage, pose des éclisses,
serrage des boulons et mise au profil avec relevage jusqu'à 0,05 de hauteur et toutes mains-
d'œuvre quelconques, le m. courant de voie..   0 35

3630. — de voie Champignon à l'emplacement même de
la voie existante, pour travaux de substitution,
sans interrompre la circulation des trains, enlèvement du ballast jusqu'à la surface inférieure
de la longrine Brunel ou du rail Barlow, préparation de la forme des traverses Champignon,
dressage, bourrage, coinçage, pose des éclisses,
raccordement de la nouvelle voie avec celle
existante, et toutes mains-d'œuvre quelconques,
le mètre courant de voie................   1 00

3631. — de voie Champignon sur les voies d'exploitation,
pour travaux de modification sans interrompre
la circulation des trains, compris les mêmes
sujétions et mains-d'œuvre qu'au n° 3630, le
mètre courant de voie................   1 00

3632. **Pose** d'un châssis de changement Brunel, à deux ou à trois voies, compris préparation de la forme, remise en place du ballast, bourrage, mise au profil et toutes mains-d'œuvre, la pièce...... 18ᶠ 00

3633. — — — sur les voies d'exploitation, sans interrompre la circulation des trains, la pièce..... 22 00

3634. — d'un châssis de changement Champignon, à deux ou à trois voies, compris préparation de la forme, remise en place du ballast, bourrage, mise au profil et toutes mains-d'œuvre, la pièce. 10 00

3635. — — — sur les voies d'exploitation, sans interrompre la circulation des trains, la pièce.... 15 00

3636. — d'un châssis de croisement de voie, compris préparation de la forme, remise en place du ballast, bourrage, mise au profil et toutes mains-d'œuvre quelconques, la pièce........ 12 00

3637. — — — sur les voies d'exploitation, sans interrompre la circulation des trains, la pièce..... 15 00

3638. — d'un passage à niveau (plus-value pour), pour une voie, compris sabotage des traverses, coaltarage des entailles, courbure des contre-rails, dressage, bourrage, remaniement et mise au profil du ballast........................ 9 00

3639. — d'une plaque tournante de 4,20 de diamètre, compris fouille de l'emplacement, transport des terres à 30,00 de distance, et régalage, ballastage des fondations, pilonnage, arrosage, montage de la plaque, remblais de terre et sable autour de la cuve et pilonnage, la pièce...... 60 00

3640. — — de 5,00 de diamètre, compris les mêmes sujétions et mains-d'œuvre, la pièce.......... 70 00

3641. — — de 5,60 de diamètre, compris les mêmes sujétions et mains-d'œuvre, la pièce.......... 80 00

3642. — de supports de rail Champignon, compris toutes mains d'œuvre, la paire.................. 6 00

3643. **Prime** pour chaque boulon Barlow ou Brunel, rendu en bon état et pouvant resservir, la pièce.... 0 02

R

Relevage de voie, compris dressage, bourrage, serrage des coins et des boulons d'éclisse, mise au profil du ballast, et toutes mains-d'œuvre quelconques :

3644.   de 0 à 0,15 de hauteur, le mètre courant de voie .... 0^r20

3645.   au-dessus de 0,15 jusqu'à 0,25 de hauteur, le mètre courant de voie...... 0 28

3646.   Par chaque centimètre en sus de 0,25, le mètre courant de voie............ 0 01

3647. **Ripage** de voie Barlow, Brunel ou Champignon, jusqu'à 0,50 de distance, compris remaniement du ballast, bourrage de la voie ripée, dressage et mise au profil, le mètre courant de voie... 0 30

3648.   Par chaque 0,50 de distance en sus, le mètre courant de voie............. 0 20

3649. **Rivage** de rivets, le % 10 00

S

3650. **Sabotage** d'une traverse en chantier ou sur la ligne, quelle que soit la nature des bois, compris la fourniture du goudron pour les entailles, le chauffage et l'emploi du goudron, la pièce.... 0 15

Support de rail Champignon. (V. *Pose de support.*)

T

Transport au wagonnet entre le lieu de dépôt et le lieu d'emploi, pour distribution des matériaux de la nouvelle voie, ou pour ramassage des matériaux de la voie ancienne, les wagonnets fournis à l'entrepreneur, par tonne et par mètre de distance :

3651.   sur les voies non exploitées 0 00035
3652.   — en exploitation....... 0 0004

3653. Nota. Cette main-d'œuvre n'est pas applicable au transport au wagonnet pour distribution des matériaux transportés par les trains de travaux et déchargés aux abords de l'extrémité des voies posées. Cette main-d'œuvre est comprise dans les prix de pose de voie .... *Observ.*

Traverses. (Voyez *Sabotage.*)

TABLEAU DU POIDS DES FERS

USAGE DU TABLEAU

Il peut se présenter deux cas dans l'application du tableau : ou les dimensions seront comprises dans les limites du tableau, ou elles seront supérieures.

Dans le premier cas, on n'aura qu'à multiplier le poids du mètre par le nombre de mètres dont on voudra avoir le poids.

EXEMPLE. — Quel est le poids d'un barreau de fer de 21^m75 de longueur sur 50 millimètres d'épaisseur et 69 millimètres de largeur?

On trouvera (p. 354) que le poids d'un mètre de fer de $^{0,050}/_{0,069}$ est de 26^k869. Pour avoir le poids de 21^m75, on multiplie 26^k869 par 21^m75, et on obtient pour poids cherché 584^k401.

Dans le second cas, on subdivisera l'une de ces dimensions, ou toutes les deux, de manière à ce qu'elles soient comprises dans le tableau, et on multipliera le produit des poids correspondant à ces nouvelles dimensions par le nombre de mètres dont on voudra avoir le poids.

1er EXEMPLE. — Quel est le poids d'une barre de fer de 7^m50 de longueur sur 2 millimètres d'épaisseur et 25 millimèt. de largeur?

On subdivisera $^{0,002}/_{0,025}$ de la manière suivante :

$$^{0,002}/_{0,020},$$
$$^{0,002}/_{0,005}.$$

On trouvera (p. 350) que le poids d'un mètre de fer de $^{0,002}/_{0,002}$ est de 0^k031. Pour obtenir le poids de $^{0,002}/_{0,020}$, dimension 10 fois plus forte, on multipliera par 10, ce qui s'obtient en avançant la virgule d'un chiffre vers la droite, et on aura.......... 0^k310

Pour le poids de $^{0,002}/_{0,005}$, on trouvera (p. 350)...... $0,078$

Poids d'un mètre de fer de $^{0,002}/_{0,025}$ ..... 0^k388

Le poids d'un mètre étant 0^k388, celui de 7^m50 sera $0^k388 \times 7^m50 = 2^k910$ pour poids cherché.

44

2ᵉ Exemple. — Quel est le poids de 9ᵐ70 de fer de 66 millimètres d'épaisseur sur 95 millimètres de largeur?

On subdivisera $^{0,066}/_{0,09}$ comme suit :

$$^{0,066}/_{0,066} = (\text{p. 356}) \dots\dots\dots\dots\dots\dots\dots 33^k925$$
$$^{0,066}/_{0,035} \ [\text{ou } ^{0,033}/_{0,035} \times 2] \ (\text{p. 353}) = 8^k995 \times 2 = \ 17,990$$
$$\text{Poids d'un mètre} \dots\dots\dots\dots 51^k915$$

51^k915 multiplié par 9^m70, donne 503^k576 pour poids cherché.

Dans les fers ronds, si le diamètre était au-dessus de 135 millimètres, ce qui est un cas rare, il faudrait déterminer la surface du cercle donné par la section du barreau, la multiplier par la longueur, et le résultat par 7788^k, poids du mètre cube.

TABLEAU

DU POIDS D'UN MÈTRE LINÉAIRE

de fers carrés et méplats

DIMENSIONS en millimètres		POIDS.	DIMENSIONS en millimètres		POIDS.	DIMENSIONS en millimètres		POIDS.	DIMENSIONS en millimètres		POIDS.
Épaiss'	Largeur.		Épaiss'	Largeur.		Épaiss'	Largeur.		Épaiss'	Largeur.	
1	1	0ᵏ008	2	2	0ᵏ031	3	3	0ᵏ070	4	4	0ᵏ125
	2	0.016		3	0.047		4	0.094		5	0.156
	3	0.023		4	0.062		5	0.117		6	0.187
	4	0.031		5	0.078		6	0.141		7	0.218
	5	0.039		6	0.093		7	0.164		8	0.249
	6	0.047		7	0.109		8	0.187		9	0.280
	7	0.055		8	0.125		9	0.210		10	0.312
	8	0.062		9	0.140		10	0.234		11	0.343
	9	0.070		10	0.156		11	0.257		12	0.374
	10	0.078		11	0.171		12	0.280		13	0.405
	11	0.086		12	0.187		13	0.304		14	0.436
	12	0.093		13	0.202		14	0.327		15	0.467
	13	0.101		14	0.218		15	0.350		16	0.498
	14	0.109		15	0.234		16	0.374		17	0.530
	15	0.117		16	0.249		17	0.398		18	0.561
	16	0.125		17	0.265		18	0.421		19	0.592
	17	0.132		18	0.280		19	0.444		20	0.623
	18	0.140		19	0.296		20	0.467		21	0.654
	19	0.148		20	0.311		21	0.491		22	0.685
	20	0.156		21	0.327		22	0.514		23	0.716
	21	0.164		22	0.343		23	0.537		24	0.748

DIMENSIONS en millimètres		POIDS.	DIMENSIONS en millimètres		POIDS.	DIMENSIONS en millimètres		POIDS.	DIMENSIONS en millimètres		POIDS.
Épaiss'	Largeur.		Épaiss'	Largeur.		Épaiss'	Largeur.		Épaiss'	Largeur.	
5	5	0^k195	8	8	0^k498	11	11	0^k942	14	14	1^k526
	6	0.234		9	0.561		12	1.028		15	1.635
	7	0.275		10	0.623		13	1.113		16	1.745
	8	0.312		11	0.685		14	1.199		17	1.854
	9	0.350		12	0.748		15	1.285		18	1.963
	10	0.389		13	0.810		16	1.371		19	2.072
	11	0.428		14	0.872		17	1.456		20	2.181
	12	0.467		15	0.935		18	1.542		21	2.290
	13	0.506		16	0.997		19	1.628		22	2.399
	14	0.545		17	1.059		20	1.713		23	2.508
	15	0.584		18	1.121		21	1.799		24	2.617
	16	0.623		19	1.184		22	1.885		25	2.726
	17	0.662		20	1.246		23	1.970		26	2.835
	18	0.700		21	1.308		24	2.056		27	2.944
	19	0.740		22	1.371		25	2.141		28	3.053
	20	0.779		23	1.433		26	2.227		29	3.162
	21	0.818		24	1.495		27	2.313		30	3.271
	22	0.857		25	1.558		28	2.399		31	3.380
	23	0.896		26	1.620		29	2.484		32	3.488
	24	0.935		27	1.682		30	2.570		33	3.593
	25	0.974		28	1.745		31	2.656		34	3.707
6	6	0.280	9	9	0.631	12	12	1.121	15	15	1.752
	7	0.327		10	0.701		13	1.215		16	1.869
	8	0.374		11	0.771		14	1.308		17	1.986
	9	0.421		12	0.841		15	1.402		18	2.103
	10	0.467		13	0.911		16	1.495		19	2.220
	11	0.514		14	0.981		17	1.589		20	2.336
	12	0.561		15	1.051		18	1.682		21	2.453
	13	0.607		16	1.121		19	1.776		22	2.570
	14	0.654		17	1.192		20	1.869		23	2.687
	15	0.701		18	1.262		21	1.963		24	2.804
	16	0.748		19	1.332		22	2.056		25	2.921
	17	0.794		20	1.402		23	2.149		26	3.037
	18	0.841		21	1.472		24	2.243		27	3.154
	19	0.888		22	1.542		25	2.336		28	3.271
	20	0.935		23	1.612		26	2.430		29	3.388
	21	0.981		24	1.682		27	2.523		30	3.505
	22	1.028		25	1.752		28	2.617		31	3.621
	23	1.075		26	1.822		29	2.710		32	3.738
	24	1.121		27	1.892		30	2.804		33	3.855
	25	1.168		28	1.963		31	2.897		34	3.972
	26	1.215		29	2.033		32	2.991		35	4.088
7	7	0.382	10	10	0.779	13	13	1.316	16	16	1.994
	8	0.436		11	0.857		14	1.417		17	2.118
	9	0.491		12	0.935		15	1.519		18	2.243
	10	0.545		13	1.012		16	1.620		19	2.368
	11	0.600		14	1.090		17	1.721		20	2.492
	12	0.654		15	1.168		18	1.822		21	2.617
	13	0.709		16	1.246		19	1.924		22	2.741
	14	0.763		17	1.324		20	2.025		23	2.866
	15	0.818		18	1.402		21	2.126		24	2.991
	16	0.872		19	1.480		22	2.227		25	3.115
	17	0.927		20	1.558		23	2.329		26	3.240
	18	0.981		21	1.635		24	2.430		27	3.364
	19	1.036		22	1.713		25	2.531		28	3.487
	20	1.090		23	1.791		26	2.632		29	3.610
	21	1.145		24	1.869		27	2.734		30	3.738
	22	1.184		25	1.947		28	2.835		31	3.863
	23	1.254		26	2.025		29	2.936		32	3.987
	24	1.308		27	2.103		30	3.037		33	4.112
	25	1.363		28	2.181		31	3.139		34	4.237
	26	1.417		29	2.259		32	3.240		35	4.361
	27	1.472		30	2.336		33	3.341		36	4.486

DIMENSIONS en millimètres		POIDS.	DIMENSIONS en millimètres		POIDS.	DIMENSIONS en millimètres		POIDS.	DIMENSIONS en millimètres		POIDS
Épaiss'	Largeur.		Épaiss'	Largeur.		Épaiss'	Largeur.		Épaiss'	Largeur.	
17	17	2ᵏ251	20	20	3ᵏ115	23	23	4ᵏ120	26	26	5ᵏ265
	18	2.383		21	3.271		24	4.299		27	5.467
	19	2.516		22	3.427		25	4.478		28	5.670
	20	2.648		23	3.582		26	4.657		29	5.872
	21	2.780		24	3.738		27	4.836		30	6.075
	22	2.913		25	3.894		28	5.015		31	6.277
	23	3.045		26	4.050		29	5.195		32	6.480
	24	3.178		27	4.206		30	5.374		33	6.682
	25	3.310		28	4.361		31	5.553		34	6.885
	26	3.442		29	4.517		32	5.732		35	7.087
	27	3.575		30	4.673		33	5.911		36	7.290
	28	3.707		31	4.829		34	6.090		37	7.492
	29	3.839		32	4.984		35	6.269		38	7.695
	30	3.972		33	5.140		36	6.448		39	7.897
	31	4.104		34	5.296		37	6.628		40	8.100
	32	4.237		35	5.452		38	6.807		41	8.302
	33	4.369		36	5.607		39	6.986		42	8.504
	34	4.501		37	5.762		40	7.165		43	8.707
	35	4.634		38	5.919		41	7.344		44	8.909
	36	4.766		39	6.075		42	7.523		45	9.112
	37	4.899		40	6.230		43	7.702		46	9.314
18	18	2.523	21	21	3.435	24	24	4.486	27	27	5.677
	19	2.663		22	3.598		25	4.673		28	5.888
	20	2.804		23	3.762		26	4.860		29	6.098
	21	2.944		24	3.925		27	5.047		30	6.308
	22	3.084		25	4.089		28	5.234		31	6.519
	23	3.224		26	4.252		29	5.420		32	6.729
	24	3.364		27	4.416		30	5.607		33	6.939
	25	3.505		28	4.579		31	5.794		34	7.149
	26	3.645		29	4.743		32	5.981		35	7.360
	27	3.785		30	4.906		33	6.167		36	7.570
	28	3.925		31	5.070		34	6.354		37	7.780
	29	4.065		32	5.234		35	6.542		38	7.990
	30	4.206		33	5.396		36	6.729		39	8.201
	31	4.346		34	5.561		37	6.916		40	8.411
	32	4.486		35	5.724		38	7.103		41	8.621
	33	4.626		36	5.888		39	7.290		42	8.832
	34	4.766		37	6.051		40	7.476		43	9.042
	35	4.906		38	6.215		41	7.663		44	9.252
	36	5.047		39	6.378		42	7.850		45	9.462
	37	5.187		40	6.542		43	8.037		46	9.673
	38	5.327		41	6.705		44	8.224		47	9.883
19	19	2.811	22	22	3.769	25	25	4.868	28	28	6.106
	20	2.959		23	3.941		26	5.062		29	6.324
	21	3.107		24	4.112		27	5.257		30	6.542
	22	3.255		25	4.283		28	5.452		31	6.760
	23	3.403		26	4.455		29	5.646		32	6.978
	24	3.551		27	4.626		30	5.841		33	7.196
	25	3.699		28	4.797		31	6.036		34	7.414
	26	3.847		29	4.969		32	6.230		35	7.632
	27	3.995		30	5.140		33	6.425		36	7.850
	28	4.143		31	5.311		34	6.620		37	8.068
	29	4.291		32	5.483		35	6.815		38	8.286
	30	4.439		33	5.654		36	7.009		39	8.504
	31	4.587		34	5.825		37	7.204		40	8.723
	32	4.735		35	5.997		38	7.399		41	8.941
	33	4.883		36	6.167		39	7.593		42	9.159
	34	5.031		37	6.339		40	7.788		43	9.377
	35	5.179		38	6.511		41	7.983		44	9.595
	36	5.327		39	6.682		42	8.177		45	9.813
	37	5.474		40	6.853		43	8.372		46	10.030
	38	5.623		41	7.025		44	8.567		47	10.249
	39	5.771		42	7.196		45	8.762		48	10.467

DIMENSIONS en millimètres		POIDS.	DIMENSIONS en millimètres		POIDS.	DIMENSIONS en millimètres		POIDS.	DIMENSIONS en millimètres		POIDS.
Épaiss'	Largeur.		Épaiss'	Largeur.		Épaiss'	Largeur.		Épaiss'	Largeur.	
29	29	6k350	32	32	7k975	35	35	9k340	38	38	11k246
	30	6.776		33	8.224		36	9.813		39	11.542
	31	7.001		34	8.473		37	10.085		40	11.838
	32	7.227		35	8.723		38	10.358		41	12.134
	33	7.453		36	8.972		39	10.631		42	12.430
	34	7.679		37	9.213		40	10.903		43	12.726
	35	7.905		38	9.470		41	11.176		44	13.022
	36	8.131		39	9.719		42	11.448		45	13.317
	37	8.357		40	9.969		43	11.721		46	13.613
	38	8.582		41	10.218		44	11.994		47	13.909
	39	8.808		42	10.467		45	12.266		48	14.205
	40	9.034		43	10.716		46	12.539		49	14.501
	41	9.260		44	10.966		47	12.811		50	14.797
	42	9.486		45	11.215		48	13.084		51	15.093
	43	9.712		46	11.464		49	13.356		52	15.389
	44	9.937		47	11.713		50	13.629		53	15.685
	45	10.163		48	11.962		51	13.902		54	15.981
	46	10.389		49	12.212		52	14.174		55	16.277
	47	10.615		50	12.461		53	14.447		56	16.573
	48	10.841		51	12.710		54	14.719		57	16.869
	49	11.067		52	12.959		55	14.992		58	17.165
30	30	7.009	33	33	8.481	36	36	10.093	39	39	11.846
	31	7.243		34	8.738		37	10.373		40	12.149
	32	7.476		35	8.995		38	10.654		41	12.453
	33	7.710		36	9.252		39	10.934		42	12.757
	34	7.944		37	9.509		40	11.215		43	13.060
	35	8.177		38	9.766		41	11.495		44	13.364
	36	8.411		39	10.023		42	11.775		45	13.668
	37	8.645		40	10.280		43	12.056		46	13.972
	38	8.878		41	10.537		44	12.336		47	14.275
	39	9.112		42	10.794		45	12.617		48	14.579
	40	9.346		43	11.051		46	12.897		49	14.883
	41	9.579		44	11.308		47	13.177		50	15.187
	42	9.813		45	11.565		48	13.457		51	15.490
	43	10.047		46	11.822		49	13.738		52	15.794
	44	10.280		47	12.079		50	14.018		53	16.098
	45	10.514		48	12.336		51	14.299		54	16.402
	46	10.747		49	12.593		52	14.579		55	16.705
	47	10.981		50	12.850		53	14.860		56	17.009
	48	11.215		51	13.107		54	15.140		57	17.313
	49	11.448		52	13.364		55	15.420		58	17.616
	50	11.682		53	13.621		56	15.701		59	17.920
31	31	7.484	34	34	9.003	37	37	10.662	40	40	12.461
	32	7.726		35	9.268		38	10.950		41	12.772
	33	7.967		36	9.533		39	11.238		42	13.084
	34	8.209		37	9.797		40	11.526		43	13.395
	35	8.450		38	10.062		41	11.814		44	13.707
	36	8.691		39	10.327		42	12.102		45	14.018
	37	8.933		40	10.592		43	12.391		46	14.330
	38	9.174		41	10.856		44	12.679		47	14.641
	39	9.416		42	11.121		45	12.967		48	14.953
	40	9.657		43	11.386		46	13.255		49	15.264
	41	9.899		44	11.651		47	13.543		50	15.576
	42	10.140		45	11.916		48	13.831		51	15.888
	43	10.381		46	12.180		49	14.116		52	16.199
	44	10.623		47	12.443		50	14.408		53	16.511
	45	10.864		48	12.710		51	14.696		54	16.822
	46	11.106		49	12.975		52	14.984		55	17.134
	47	11.347		50	13.240		53	15.272		56	17.445
	48	11.589		51	13.504		54	15.560		57	17.757
	49	11.831		52	13.769		55	15.849		58	18.068
	50	12.071		53	14.034		56	16.137		59	18.380
	51	12.313		54	14.299		57	16.425		60	18.691

DIMENSIONS en millimètres		POIDS.	DIMENSIONS en millimètres		POIDS.	DIMENSIONS en millimètres		POIDS.	DIMENSIONS en millimètres		POIDS.
Épaiss'	Largeur.		Épaiss'	Largeur.		Épaiss'	Largeur.		Épaiss'	Largeur.	
41	41	13k092	44	44	15k078	47	47	17k204	50	50	19k470
	42	13.411		45	15.420		48	17.570		51	19.859
	43	13.730		46	15.763		49	17.936		52	20.249
	44	14.050		47	16.106		50	18.302		53	20.638
	45	14.369		48	16.448		51	18.668		54	21.028
	46	14.688		49	16.791		52	19.034		55	21.417
	47	15.007		50	17.134		53	19.400		56	21.806
	48	15.327		51	17.476		54	19.766		57	22.196
	49	15.646		52	17.819		55	20.132		58	22.585
	50	15.965		53	18.162		56	20.498		59	22.975
	51	16.285		54	18.504		57	20.864		60	23.364
	52	16.604		55	18.847		58	21.230		61	23.753
	53	16.923		56	19.190		59	21.596		62	24.143
	54	17.243		57	19.532		60	21.962		63	24.532
	55	17.562		58	19.875		61	22.328		64	24.922
	56	17.881		59	20.218		62	22.694		65	25.311
	57	18.201		60	20.560		63	23.060		66	25.700
	58	18.520		61	20.903		64	23.426		67	26.090
	59	18.839		62	21.245		65	23.792		68	26.479
	60	19.158		63	21.588		66	24.158		69	26.869
	61	19.478		64	21.931		67	24.524		70	27.258
42	42	13.738	45	45	15.771	48	48	17.944	51	51	20.257
	43	14.065		46	16.121		49	18.317		52	20.654
	44	14.392		47	16.472		50	18.691		53	21.051
	45	14.719		48	16.822		51	19.065		54	21.448
	46	15.046		49	17.173		52	19.439		55	21.845
	47	15.374		50	17.523		53	19.813		56	22.243
	48	15.701		51	17.873		54	20.186		57	22.640
	49	16.028		52	18.224		55	20.560		58	23.037
	50	16.355		53	18.574		56	20.934		59	23.434
	51	16.682		54	18.925		57	21.308		60	23.831
	52	17.009		55	19.275		58	21.682		61	24.228
	53	17.336		56	19.626		59	22.056		62	24.626
	54	17.663		57	19.976		60	22.429		63	25.023
	55	17.990		58	20.327		61	22.803		64	25.420
	56	18.317		59	20.677		62	23.177		65	25.817
	57	18.644		60	21.028		63	23.551		66	26.214
	58	18.972		61	21.378		64	23.925		67	26.612
	59	19.299		62	21.729		65	24.299		68	27.009
	60	19.626		63	22.079		66	24.672		69	27.406
	61	19.953		64	22.429		67	25.046		70	27.803
	62	20.800		65	22.780		68	25.420		71	28.200
43	43	14.400	46	46	16.479	49	49	18.699	52	52	21.059
	44	14.735		47	16.838		50	19.081		53	21.464
	45	15.070		48	17.196		51	19.462		54	21.869
	46	15.405		49	17.554		52	19.844		55	22.274
	47	15.740		50	17.912		53	20.225		56	22.679
	48	16.074		51	18.271		54	20.607		57	23.084
	49	16.409		52	18.629		55	20.989		58	23.489
	50	16.744		53	18.987		56	21.370		59	23.894
	51	17.079		54	19.345		57	21.752		60	24.299
	52	17.414		55	19.704		58	22.135		61	24.704
	53	17.749		56	20.062		59	22.515		62	25.109
	54	18.084		57	20.420		60	22.897		63	25.513
	55	18.419		58	20.778		61	23.278		64	25.918
	56	18.754		59	21.137		62	23.660		65	26.323
	57	19.088		60	21.495		63	24.042		66	26.728
	58	19.423		61	21.853		64	24.423		67	27.133
	59	19.758		62	22.211		65	24.803		68	27.538
	60	20.093		63	22.570		66	25.186		69	27.943
	61	20.428		64	22.928		67	25.568		70	28.348
	62	20.762		65	23.286		68	25.950		71	28.753
	63	21.098		66	23.644		69	26.331		72	29.158

DIMENSIONS en millimètres		POIDS.
Épaiss.	Largeur.	
53	53	21k876
	54	22.289
	55	22.702
	56	23.115
	57	23.527
	58	23.940
	59	24.353
	60	24.766
	61	25.179
	62	25.591
	63	26.004
	64	26.417
	65	26.830
	66	27.242
	67	27.655
	68	28.068
	69	28.481
	70	28.893
	71	29.306
	72	29.719
	73	30.132
54	54	22.710
	55	23.130
	56	23.551
	57	23.971
	58	24.392
	59	24.813
	60	25.233
	61	25.654
	62	26.074
	63	26.495
	64	26.915
	65	27.336
	66	27.756
	67	28.177
	68	28.598
	69	29.018
	70	29.439
	71	29.859
	72	30.280
	73	30.700
	74	31.120
55	55	23.559
	56	23.897
	57	24.415
	58	24.844
	59	25.272
	60	25.700
	61	26.129
	62	26.557
	63	26.985
	64	27.414
	65	27.842
	66	28.270
	67	28.699
	68	29.127
	69	29.555
	70	29.984
	71	30.412
	72	30.840
	73	31.269
	74	31.697
	75	32.126

DIMENSIONS en millimètres		POIDS.
Épaiss.	Largeur.	
56	56	24k423
	57	24.859
	58	25.295
	59	25.732
	60	26.168
	61	26.604
	62	27.040
	63	27.476
	64	27.912
	65	28.348
	66	28.784
	67	29.221
	68	29.657
	69	30.093
	70	30.529
	71	30.965
	72	31.401
	73	31.837
	74	32.273
	75	32.710
	76	33.146
57	57	25.303
	58	25.747
	59	26.191
	60	26.635
	61	27.079
	62	27.523
	63	27.967
	64	28.411
	65	28.855
	66	29.298
	67	29.742
	68	30.186
	69	30.630
	70	31.074
	71	31.518
	72	31.962
	73	32.406
	74	32.850
	75	33.294
	76	33.738
	77	34.182
58	58	26.199
	59	26.651
	60	27.102
	61	27.754
	62	28.006
	63	28.457
	64	28.909
	65	29.361
	66	29.812
	67	30.264
	68	30.716
	69	31.168
	70	31.619
	71	32.071
	72	32.523
	73	32.974
	74	33.426
	75	33.878
	76	34.330
	77	34.781
	78	35.233

DIMENSIONS en millimètres		POIDS.
Épaiss.	Largeur.	
59	59	27k110
	60	27.570
	61	28.029
	62	28.489
	63	28.948
	64	29.407
	65	29.867
	66	30.326
	67	30.786
	68	31.245
	69	31.705
	70	32.164
	71	32.624
	72	33.083
	73	33.543
	74	34.002
	75	34.462
	76	34.921
	77	35.380
	78	35.840
	79	36.300
60	60	28.037
	61	28.504
	62	28.971
	63	29.439
	64	29.906
	65	30.373
	66	30.840
	67	31.308
	68	31.775
	69	32.242
	70	32.710
	71	33.177
	72	33.644
	73	34.111
	74	34.579
	75	35.046
	76	35.513
	77	35.981
	78	35.370
	79	36.915
	80	37.382
61	61	28.279
	62	29.454
	63	29.929
	64	30.404
	65	30.879
	66	31.354
	67	31.830
	68	32.305
	69	32.780
	70	33.255
	71	33.730
	72	34.205
	73	34.680
	74	35.155
	75	35.630
	76	36.105
	77	36.580
	78	37.055
	79	37.530
	80	38.005
	81	38.481

DIMENSIONS en millimètres		POIDS.
Épaiss.	Largeur.	
62	62	29k937
	63	30.420
	64	30.903
	65	31.386
	66	31.868
	67	32.351
	68	32.834
	69	33.317
	70	33.800
	71	34.283
	72	34.766
	73	35.248
	74	35.731
	75	36.214
	76	36.697
	77	37.180
	78	37.663
	79	38.146
	80	38.628
	81	39.111
	82	39.594
63	63	30.911
	64	31.401
	65	31.892
	66	32.383
	67	32.873
	68	33.364
	69	33.854
	70	34.345
	71	34.836
	72	35.326
	73	35.817
	74	36.708
	75	36.798
	76	37.289
	77	37.780
	78	38.270
	79	38.761
	80	39.252
	81	39.742
	82	40.232
	83	40.723
64	64	31.900
	65	32.398
	66	32.897
	67	33.395
	68	33.893
	69	34.392
	70	34.890
	71	35.389
	72	35.887
	73	36.386
	74	36.884
	75	37.732
	76	37.881
	77	38.379
	78	38.878
	79	39.376
	80	39.875
	81	40.373
	82	40.871
	83	41.370
	84	41.868

| DIMENSIONS en millimètres | | POIDS. | DIMENSIONS en millimètres | | POIDS. | DIMENSIONS en millimètres | | POIDS. | DIMENSIONS en millimètres | | POIDS. |
Épaiss'	Largeur.		Épaiss'	Largeur.		Épaiss'	Largeur.		Épaiss'	Larg r.	
65	65	32k904	68	68	36k012	71	71	39k259	74	74	42k647
	66	33.411		69	36.541		72	39.812		75	43.223
	67	33.917		70	37.071		73	40.365		76	43.800
	68	34.423		71	37.600		74	40.918		77	44.376
	69	34.929		72	38.130		75	41.471		78	44.952
	70	35.435		73	38.660		76	42.024		79	45.529
	71	35.942		74	39.189		77	42.577		80	46.105
	72	36.448		75	39.719		78	43.130		81	46.681
	73	36.954		76	40.248		79	43.683		82	47.253
	74	37.460		77	40.778		80	44.236		83	47.834
	75	37.967		78	41.308		81	44.789		84	48.310
	76	38.473		79	41.837		82	45.342		85	48.987
	77	38.979		80	42.367		83	45.895		86	49.563
	78	39.485		81	42.896		84	46.448		87	50.139
	79	39.991		82	43.426		85	47.001		88	50.715
	80	40.497		83	43.955		86	47.554		89	51.292
	81	41.004		84	44.485		87	48.106		90	51.868
	82	41.510		85	45.015		88	48.659		91	52.444
	83	42.016		86	45.544		89	49.212		92	53.021
	84	42.522		87	46.074		90	49.765		93	53.597
	85	43.029		88	46.603		91	50.318		94	54.173
66	66	33.925	69	69	37.079	72	72	40.373	75	75	43.808
	67	34.439		70	37.616		73	40.934		76	44.392
	68	34.953		71	38.153		74	41.494		77	44.976
	69	35.467		72	38.691		75	42.055		78	45.560
	70	35.981		73	39.228		76	42.616		79	46.144
	71	36.495		74	39.766		77	43.177		80	46.728
	72	37.009		75	40.303		78	43.737		81	47.312
	73	37.523		76	40.840		79	44.298		82	47.896
	74	38.037		77	41.378		80	44.859		83	48.480
	75	38.551		78	41.915		81	45.420		84	49.064
	76	39.065		79	42.452		82	45.980		85	49.649
	77	39.579		80	42.990		83	46.541		86	50.232
	78	40.092		81	43.527		84	47.102		87	50.817
	79	40.607		82	44.065		85	47.663		88	51.401
	80	41.121		83	44.602		86	48.223		89	51.985
	81	41.635		84	45.139		87	48.784		90	52.569
	82	42.149		85	45.677		88	49.345		91	53.153
	83	42.662		86	46.214		89	49.906		92	53.737
	84	43.177		87	46.751		90	50.466		93	54.321
	85	43.691		88	47.289		91	51.027		94	54.905
	86	44.205		89	47.826		92	51.588		95	55.489
67	67	34.960	70	70	38.161	73	73	41.502	76	76	44.983
	68	35.482		71	38.706		74	42.071		77	45.575
	69	36.004		72	39.252		75	42.639		78	46.167
	70	36.526		73	39.797		76	43.208		79	46.759
	71	37.048		74	40.342		77	43.776		80	47.351
	72	37.569		75	40.887		78	44.344		81	47.943
	73	38.091		76	41.432		79	44.913		82	48.535
	74	38.613		77	41.977		80	45.482		83	49.127
	75	39.135		78	42.522		81	46.050		84	49.719
	76	39.656		79	43.068		82	46.619		85	50.310
	77	40.178		80	43.613		83	47.187		86	50.902
	78	40.700		81	44.158		84	47.756		87	51.494
	79	41.222		82	44.703		85	48.325		88	52.086
	80	41.744		83	45.248		86	48.893		89	52.678
	81	42.265		84	45.793		87	49.462		90	53.270
	82	42.787		85	46.339		88	50.030		91	53.861
	83	43.309		86	46.884		89	50.599		92	54.454
	84	43.831		87	47.429		90	51.167		93	55.046
	85	44.353		88	47.974		91	51.735		94	55.637
	86	44.874		89	48.519		92	52.304		95	56.229
	87	45.396		90	49.064		93	52.872		96	56.821

DIMENSIONS en millimètres		POIDS.	DIMENSIONS en millimètres		POIDS.	DIMENSIONS en millimètres		POIDS.	DIMENSIONS en millimètres		POIDS.
Épaiss'	Largeur.		Épaiss'	Largeur.		Épaiss'	Largeur.		Épaiss'	Largeur.	
77	77	46k175	80	80	49k843	83	83	53k652	86	86	57k600
	78	46.775		81	50.466		84	54.298		87	58.269
	79	47.374		82	51.089		85	54.944		88	58.940
	80	47.974		83	51.712		86	55.591		89	59.609
	81	48.573		84	52.335		87	56.237		90	60.279
	82	49.173		85	52.958		88	56.883		91	60.949
	83	49.773		86	53.581		89	57.530		92	61.151
	84	50.373		87	54.204		90	58.176		93	62.288
	85	50.972		88	54.828		91	58.823		94	62.958
	86	51.572		89	55.451		92	59.469		95	63.628
	87	52.171		90	56.074		93	60.116		96	64.298
	88	52.771		91	56.697		94	60.762		97	64.967
	89	53.371		92	57.320		95	61.408		98	65.637
	90	53.970		93	57.943		96	62.055		99	66.307
	91	54.571		94	58.566		97	62.701		100	66.977
	92	55.170		95	59.189		98	63.348		101	67.647
	93	55.770		96	59.812		99	63.994		102	68.316
	94	56.370		97	60.435		100	64.640		103	68.986
	95	56.969		98	61.058		101	65.287		104	69.656
	96	57.569		99	61.681		102	65.933		105	70.325
	97	58.169		100	62.304		103	66.580		106	70.995
78	78	47.382	81	81	51.097	84	84	54.952	87	87	58.947
	79	47.990		82	51.728		85	55.606		88	59.625
	80	48.597		83	52.359		86	56.261		89	60.302
	81	49.205		84	52.990		87	56.915		90	60.980
	82	49.812		85	53.620		88	57.569		91	61.658
	83	50.420		86	54.251		89	58.223		92	62.335
	84	51.027		87	54.882		90	58.877		93	63.013
	85	51.634		88	55.513		91	59.531		94	63.690
	86	52.242		89	56.144		92	60.186		95	64.368
	87	52.849		90	56.775		93	60.840		96	65.045
	88	53.457		91	57.405		94	61.494		97	65.722
	89	54.064		92	58.036		95	62.148		98	66.400
	90	54.672		93	58.667		96	62.802		99	67.078
	91	55.279		94	59.298		97	63.456		100	67.756
	92	55.887		95	59.929		98	64.111		101	68.433
	93	56.494		96	60.559		99	64.765		102	69.111
	94	57.102		97	61.190		100	65.419		103	69.788
	95	57.709		98	61.821		101	66.073		104	70.466
	96	58.317		99	62.452		102	66.728		105	71.143
	97	58.924		100	63.083		103	67.382		106	71.821
	98	59.531		101	63.714		104	68.036		107	72.498
79	79	48.605	82	82	52.367	85	85	56.268	88	88	60.310
	80	49.220		83	53.005		86	56.930		89	60.996
	81	49.835		84	53.644		87	57.592		90	61.681
	82	50.451		85	54.282		88	58.234		91	62.366
	83	51.066		86	54.921		89	58.916		92	63.052
	84	51.681		87	55.560		90	59.578		93	63.737
	85	52.296		88	56.198		91	60.396		94	64.422
	86	52.912		89	56.837		92	60.902		95	65.108
	87	53.527		90	57.475		93	61.564		96	65.793
	88	54.142		91	58.114		94	62.226		97	66.478
	89	54.757		92	58.752		95	62.888		98	67.164
	90	55.373		93	59.391		96	63.551		99	67.859
	91	55.988		94	60.030		97	64.212		100	68.534
	92	56.603		95	60.669		98	64.874		101	69.220
	93	57.218		96	61.307		99	65.536		102	69.905
	94	57.834		97	61.946		100	66.198		103	70.590
	95	58.449		98	62.584		101	66.860		104	71.276
	96	59.064		99	63.223		102	67.522		105	71.961
	97	59.679		100	63.862		103	68.184		106	72.646
	98	60.295		101	64.500		104	68.846		107	73.332
	99	60.910		102	65.139		105	69.508		108	74.017

Epaiss	Largeur	POIDS.	Epaiss	Largeur	POIDS.	Epaiss	Largeur	POIDS.	Epaiss	Largeur	POIDS.
89	89	61k689	92	92	65k918	95	95	70k287	98	98	74k796
	90	62.382		93	66.634		96	71.027		99	75.559
	91	63.075		94	67.351		97	71.766		100	76.322
	92	63.768		95	68.067		98	72.506		101	77.086
	93	64.461		96	68.784		99	73.246		102	77.849
	94	65.154		97	69.500		100	73.986		103	78.612
	95	65.848		98	70.217		101	74.726		104	79.375
	96	66.541		99	70.933		102	75.466		105	80.139
	97	67.234		100	71.650		103	76.206		106	80.902
	98	67.927		101	72.366		104	76.945		107	81.665
	99	68.620		102	73.083		105	77.685		108	82.428
	100	69.313		103	73.799		106	78.425		109	83.191
	101	70.006		104	74.516		107	79.165		110	83.955
	102	70.699		105	75.232		108	79.905		111	84.718
	103	71.393		106	75.949		109	80.645		112	85.481
	104	72.086		107	76.665		110	81.385		113	86.244
	105	72.779		108	77.382		111	82.124		114	87.008
	106	73.472		109	78.098		112	82.864		115	87.771
	107	74.165		110	78.815		113	83.604		116	88.534
	108	74.858		111	79.531		114	84.344		117	89.297
	109	75.551		112	80.248		115	85.084		118	90.060
90	90	63.083	93	93	67.358	96	96	71.774	99	99	76.330
	91	63.784		94	68.083		97	72.522		100	77.101
	92	64.485		95	68.807		98	73.270		101	77.872
	93	65.186		96	69.531		99	74.017		102	78.643
	94	65.886		97	70.256		100	74.765		103	79.414
	95	66.587		98	70.980		101	75.512		104	80.185
	96	67.288		99	71.704		102	76.260		105	80.956
	97	67.989		100	72.428		103	77.008		106	81.726
	98	68.690		101	73.153		104	77.755		107	82.498
	99	69.391		102	73.877		105	78.503		108	83.269
	100	70.092		103	74.601		106	79.250		109	84.040
	101	70.793		104	75.326		107	79.998		110	84.811
	102	71.494		105	76.050		108	80.748		111	85.582
	103	72.195		106	76.774		109	81.494		112	86.353
	104	72.896		107	77.498		110	82.241		113	87.124
	105	73.596		108	78.223		111	82.989		114	87.895
	106	74.298		109	78.947		112	83.737		115	88.666
	107	74.998		110	79.671		113	84.385		116	89.437
	108	75.699		111	80.396		114	85.232		117	90.208
	109	76.400		112	81.120		115	85.980		118	90.979
	110	77.101		113	81.844		116	86.727		119	91.750
91	91	64.492	94	94	68.815	97	97	73.277	100	100	77.880
	92	65.201		95	69.547		98	74.033		101	78.659
	93	65.910		96	70.279		99	74.788		102	79.438
	94	66.619		97	71.011		100	75.544		103	80.216
	95	67.327		98	71.743		101	76.299		104	80.995
	96	68.036		99	72.475		102	77.037		105	81.774
	97	68.745		100	73.207		103	77.810		106	82.553
	98	69.453		101	73.939		104	78.565		107	83.332
	99	70.162		102	74.671		105	79.321		108	84.110
	100	70.871		103	75.403		106	80.076		109	84.889
	101	71.580		104	76.135		107	80.832		110	85.668
	102	72.288		105	76.868		108	81.587		111	86.447
	103	72.997		106	77.600		109	82.343		112	87.226
	104	73.706		107	78.332		110	83.098		113	88.004
	105	74.414		108	79.064		111	83.853		114	88.783
	106	75.123		109	79.796		112	84.609		115	89.562
	107	75.832		110	80.528		113	85.364		116	90.341
	108	76.540		111	81.260		114	86.120		117	91.120
	109	77.249		112	81.992		115	86.875		118	91.898
	110	77.958		113	82.724		116	87.631		119	92.677
	111	78.667		114	83.456		117	88.386		120	93.456

TABLEAU du poids d'un mètre linéaire de fers ronds.

DIAMÈTRE en millimètres	POIDS.	DIAMÈTRE en millimètres	POIDS.	DIAMÈTRE en millimètres	POIDS.	DIAMÈTRE en millimètres	POIDS.
1	0^{k}006	35	7^{k}493	69	29^{k}121	103	64^{k}892
2	0.024	36	7.927	70	29.972	104	66.158
3	0.055	37	8.374	71	30.834	105	67.436
4	0.098	38	8.832	72	31.709	106	68.784
5	0.153	39	9.303	73	32.530	107	70.030
6	0.220	40	9.787	74	33.495	108	71.344
7	0.300	41	10.282	75	34.406	109	72.672
8	0.391	42	10.790	76	35.330	110	74.012
9	0.495	43	11.310	77	36.266	111	75.364
10	0.612	44	11.842	78	37.214	112	76.728
11	0.740	45	12.386	79	38.174	113	78.103
12	0.881	46	12.943	80	39.147	114	79.492
13	1.034	47	13.512	81	40.132	115	80.893
14	1.199	48	14.093	82	41.129	116	82.306
15	1.376	49	14.686	83	42.138	117	83.721
16	1.566	50	15.292	84	43.159	118	85.169
17	1.768	51	15.909	85	44.193	119	86.618
18	1.982	52	16.539	86	45.239	120	88.080
19	2.208	53	17.182	87	46.297	121	89.544
20	2.447	54	17.836	88	47.368	122	91.041
21	2.697	55	18.503	89	48.430	123	92.539
22	2.960	56	19.182	90	49.545	124	94.050
23	3.236	57	19.873	91	50.652	125	95.573
24	3.523	58	20.576	92	51.772	126	97.108
25	3.823	59	21.292	93	52.903	127	98.655
26	4.135	60	22.020	94	54.047	128	100.216
27	4.459	61	22.755	95	55.230	129	101.788
28	4.795	62	23.512	96	56.371	130	103.372
29	5.144	63	24.277	97	57.552	131	104.968
30	5.505	64	25.054	98	58.745	132	106.577
31	5.878	65	25.843	99	59.950	133	108.198
32	6.263	66	26.644	100	61.167	134	109.831
33	6.661	67	27.458	101	62.396	135	111.476
34	7.071	68	28.284	102	63.638		

TRÉFILERIE

TABLEAU du poids des fils de fer.

Nos des fils	DIAMÈTRES exprimés en millimètres.	POIDS de 100 mètres de longueur.	LONGUEUR de 1 kilog.	Nos des fils	DIAMÈTRES exprimés eu millimètres.	POIDS de 100 mètres de longueur.	LONGUEUR de 1 kilogramme.
30	14^{m}500	115^{k}500	0.64	8	1^{m}170	0^{k}819	122.00
29	12.500	92.072	1.08	7	1.090	0.700	143.00
28	11.000	71.303	1.40	6	1.020	0.612	163.00
27	9.650	54.706	1.80	5	0.950	0.533	187.00
26	8.550	42.763	2.30	4	0.880	0.468	213.00
25	7.700	34.916	2 80	3	0.810	0.386	259.00
24	7.000	28.875	3.40	2	0.740	0.332	301.00
23	6.050	23.838	4.20	1	0.680	0.272	364.00
22	5.700	19.611	5.10	P.P.	0.620	0.226	442.00
21	5.100	15.321	6.50	0	0.560	0.187	535.00
20	4.500	11.877	8.40	1	0.510	0.152	658.00
19	3.900	8.580	11.60	2	0.460	0.128	785.00
18	3.400	6.429	15.60	3	0.415	0.105	952.00
17	2.900	4.950	20.20	4	0.370	0.086	1.162.00
16	2.500	3.667	27.50	5	0.330	0.068	1.470.00
15	2.200	2.852	33.00	6	0.290	0.053	1.887.00
14	1.980	2.381	42.00	7	0.250	0.043	2.326.00
13	1.800	1.905	52.40	8	0.220	0.034	2.941.00
12	1.640	1.596	62.70	9	0.200	0.027	3.704.00
11	1.560	1.324	75.50	10	0.180	0.020	5.000.00
10	1.380	1.169	85.50	11	0.170	0.015	6.066.00
9	1.270	0.949	105.40	12	0.160	0.010	10.000.00

TABLEAU du poids d'un mètre superficiel de tôle.

ÉPAISSEUR.	POIDS.
0m0005	3k894
0.0010	7.788
0.0015	11.682
0.0020	15.576
0.0025	19.470
0.0030	23.364
0.0035	27.258
0.0040	31.152
0.0045	35.046
0.0050	38.940
0.0055	42.834
0.0060	46.728
0.0065	50.622
0.0070	54.516
0.0075	58.410
0.0080	62.304
0.0085	66.198
0.0090	70.092
0.0095	73.986
0.0100	77.880

TABLEAU du poids d'un mètre superficiel de fonte.

ÉPAISSEUR.	POIDS.
0m005	36k035
0.006	43.242
0.007	50.449
0.008	57.656
0.009	64.863
0.010	72.070
0.011	79.277
0.012	86.484
0.013	93.691
0.014	100.898
0.015	108.105
0.016	115.312
0.017	122.519
0.018	129.726
0.019	136.933
0.020	144.140

TABLEAU du poids approximatif des conduites en fonte assemblées par emboîtement.

DIAMÈTRE intérieur.	ÉPAISSEUR du tuyau.	POIDS d'un mètre courant.	POIDS MOYEN d'un mètre courant de conduite.	DIAMÈTRE intérieur.	ÉPAISSEUR du tuyau.	POIDS d'un mètre courant.	POIDS MOYEN d'un mètre courant de conduite.
0.05	0.01035	14k46	17k78	0.28	0.01196	79k06	92k05
0.06	0.01042	16.61	20.34	0.29	0.01203	82.27	95.76
0.07	0.01049	19.12	23.28	0.30	0.01210	85.50	99.73
0.08	0.01056	21.01	25.12	0.31	0.01217	88.78	103.52
0.09	0.01063	24.22	28.81	0.32	0.01224	92.07	107.35
0.10	0.01070	26.82	31.95	0.33	0.01231	95.41	111.21
0.11	0.01077	29.43	35.01	0.34	0.01238	98.78	115.07
0.12	0.01084	32.11	38.11	0.35	0.01245	102.18	119.30
0.13	0.01091	34.81	41.26	0.36	0.01252	105.60	123.26
0.14	0.01098	37.53	44.42	0.37	0.01259	109.11	127.34
0.15	0.01105	40.29	46.94	0.38	0.01266	112.57	131.36
0.16	0.01112	43.08	50.20	0.39	0.01273	116.10	135.45
0.17	0.01119	45.91	53.46	0.40	0.01280	119.64	139.89
0.18	0.01126	48.76	56.74	0.41	0.01287	123.24	144.08
0.19	0.01133	51.65	60.04	0.42	0.01294	126.84	148.26
0.20	0.01140	54.56	63.38	0.43	0.01301	130.52	152.54
0.21	0.01147	57.52	66.99	0.44	0.01308	134.12	157.15
0.22	9.01154	60.50	70.43	0.45	0.01315	137.94	161.50
0.23	0.01161	63.51	73.91	0.46	0.01322	141.60	165.86
0.24	0.01168	66.56	77.43	0.47	0.01329	145.37	170.59
0.25	0.01175	69.63	81.15	0.48	0.01336	149.18	174.59
0.26	0.01182	72.75	84.75	0.49	0.01343	153.08	179.17
0.27	0.01189	75.89	88.38	0.50	0.01350	156.97	184.13

TABLEAU du poids d'un mètre superficiel de plomb laminé.

ÉPAISSEUR.	POIDS.	ÉPAISSEUR.	POIDS.
0ᵐ0005	5ᵏ68	0ᵐ0055	62ᵏ43
0.0010	11.35	0.0060	68.10
0.0015	17.03	0.0065	73.78
0.0020	22.70	0.0070	79.45
0.0025	28.38	0.0075	85.13
0.0030	34.05	0.0080	90.80
0.0035	39.73	0.0085	96.48
0.0040	45.40	0.0090	102.15
0.0045	51.08	0.0095	107.83
0.0050	56.75	0.0100	113.50

TABLEAU du poids d'un mètre courant de tuyaux en plomb.

DIAMÈTRE intérieur.	ÉPAISSEUR du tuyau.	POIDS.
0.013	0.0030	1ᵏ712
0.021	0.0035	3.058
0.027	0.0040	4.421
0.034	0.0045	6.178
0.041	0.0050	8.201
0.048	0.0055	10.492
0.054	0.0060	12.837
0.06	0.0075	18.049
0.07	0.0080	22.250
0.08	0.0085	26.823
0.09	0.0090	31.771
0.10	0.0095	37.104
0.11	0.0100	42.789
0 12	0.0105	48.877
0.13	0.0110	55.304
0.14	0.0115	62.123
0.15	0.0120	69.318
0.16	0.0125	76.886
0.17	0.0130	84.828
0.18	0.0135	93.145
0.19	0.0140	101.836
0.20	0.0145	110.902
0.21	0.0150	120.343
0.22	0.0155	130.158
0.23	0.0160	140.347
0.24	0.0165	150.910
0.25	0.0170	161.848

TABLEAU du poids d'un mètre superficiel de cuivre.

ÉPAISSEUR.	POIDS.	ÉPAISSEUR.	POIDS.	ÉPAISSEUR.	POIDS.	ÉPAISSEUR.	POIDS.
0ᵐ0001	0ᵏ895	0ᵐ0014	12ᵏ530	0ᵐ0027	24ᵏ165	0ᵐ0039	34ᵏ905
0.0002	1.790	0.0015	13.425	0.0028	25.060	0.0040	35.800
0.0003	2.685	0.0016	14.320	0.0029	25.955	0.0041	36.695
0.0004	3.580	0.0017	14.215	0.0030	26.850	0.0042	37.590
0.0005	4.475	0.0018	16.110	0.0031	27.745	0.0043	38.485
0.0006	5.370	0.0019	17.005	0.0032	28.640	0.0044	39.380
0.0007	6.265	0.0020	17.900	0.0033	29.535	0.0045	40.275
0.0008	7.160	0.0021	18.795	0.0034	30.430	0.0046	41.170
0.0009	8.055	0.0022	19.690	0.0035	31.325	0.0047	42.065
0.0010	8.950	0.0023	20.585	0.0036	32.220	0.0048	42.960
0.0011	9.845	0.0024	21.480	0.0037	33.115	0.0049	43.850
0.0012	10.740	0.0025	22.395	0.0038	34.010	0.0050	44.750
0.0013	11.635	0.0026	23.270				

TABLEAU du poids d'un mètre linéaire de tuyaux en cuivre.

DIAMÈTRE intérieur.	ÉPAISSEUR du tuyau.	POIDS.
0.01	0.0005	0^{k}145
0.02	0.0006	0.343
0.03	0.0007	0.597
0.04	0.0008	0.907
0.05	0.0009	1.273
0.06	0.0010	1.695
0.07	0.0011	2.173
0.08	0.0012	2.707
0.09	0.0013	3.298
0.10	0.0014	3.944
0.11	0.0015	4.647
0.12	0.0016	5.406
0.13	0.0017	6.221
0.14	0.0018	7.092
0.15	0.0019	8.020
0.16	0.0020	9.003
0.17	0.0021	10.043
0.18	0.0022	11.138
0.19	0.0023	12.290
0.20	0.0024	13.498
0.21	0.0025	14.762
0.22	0.0026	16.083
0.23	0.0027	17.459
0.24	0.0028	18.892
0.25	0.0029	20.380

TABLEAU du poids d'un mètre superficiel de zinc.

NUMÉROS.	ÉPAISSEUR.	POIDS.
10	0.00051	3^{k}45
11	0.00060	4.05
12	0.00069	4.65
13	0.00078	5.30
14	0.00087	5.95
15	0·00096	6.55
16	0.00110	7.50
17	0.00123	8.45
18	0.00136	9.35
19	0.00148	10.30
20	0.00166	11.25
21	0.00185	12.50
22	0.00202	13.75
23	0.00219	15.00
24	0.00237	16.25
25	0.00256	17.50
26	0.00266	18.80

Zinc ondulé.

NUMÉROS.	ÉPAISSEUR.	POIDS.
14	0.00087	7.00
15	0.00096	7.70
16	0.00110	8.85

PIEDS FRANÇAIS, ANGLAIS ET DE SUÈDE

comparés aux mesures métriques

ou

Réduction des pieds, pouces et lignes en mètres.

PIEDS.	MÈTRES.	POUCES.	MÈTRES.	LIGNES.	MILLIMÈTRES.
		Pieds français.			
1	0.32484	1	0.02707	1	2.256
2	0.64968	2	0.05414	2	4.512
3	0.97452	3	0.08121	3	6.767
4	1.29936	4	0.10828	4	·9.023
5	1.62420	5	0.13535	5	11.279
6	1.94904	6	0.16242	6	13.535
7	2.27388	7	0.18949	7	15.791
8	2.59872	8	0.21656	8	18.047
9	2.92355	9	0.24363	9	20.302
10	3.24839	10	0.27070	10	22.558
20	6.49679	11	0.29777	11	24.814
30	9.74518	12	0.32484	12	27.070
		Pieds anglais.			
1	0.30483	1	0.02540	1	3.175
2	0.60967	2	0.05081	2	6.351
3	0.91450	3	0.07621	3	9.526
4	1.21933	4	0.10161	4	12.701
5	1.52417	5	0.12701	5	15.877
6	1.82890	6	0.15242	6	19.052
7	2.13383	7	0.17782	7	22.227
8	2.43867	8	0.20322	8	25.403
9	2.74350	9	0.22862		
10	3.04833	10	0.25403		
20	6.09667	11	0.27943		
30	9.14500	12	0.30483		
		Pieds de Suède.			
1	0.2975	1	0.02479	1	2.066
2	0.5950	2	0.04958	2	4.132
3	0.8925	3	0.07437	3	6.198
4	1.1900	4	0.09917	4	8.264
5	1.4875	5	0.12396	5	10.330
6	1.7850	6	0.14875	6	12.396
7	2.0825	7	0.17354	7	14.462
8	2.3800	8	0.19833	8	16.528
9	2.6775	9	0.22312	9	18.594
10	2.9750	10	0.24792	10	20.660
20	5.9500	11	0.27271	11	22.726
30	8.9250	12	0.29750	12	24.792

POIDS moyen de divers matériaux de construction.

Terre végétale	1250^{k}00	Le mètre cube.
— forte et graveleuse	1393.00	id.
— argile et glaise	1706.00	id.
Sable sec	1414.00	id.
— humide	1990.00	id.
— de rivière humide	1814.00	id.
Gravier	1428.00	id.
Chaux hydraulique en poudre (environs de Bordeaux)	580.00	id.
— — (Échoisy [Charente])	530.00	id.
— — en pierre	800.00	id.

NOTA. La tonne de chaux hydraulique réduite en pâte ferme produit, en moyenne, 1^{mc}100 La quantité de chaux en fleur nécessaire pour la composition d'un mètre cube de mortier (art. 258 et 259) peut varier entre 300 et 350 kilog., selon le degré d'hydraulicité.

Ciment de Portland	1264^{k}00	Le mètre cube.
— de Boulogne	1320.00	id.
Briques ordinaires	1865.00	id.
— réfractaires	1735.00	id.
Pierre dure (Saint-Macaire, Barsac, etc. [Gironde])	2462.00	id.
— (Rauzan, Frontenac)	2150.00	id.
— demi-dure (Angoulême [Charente])	1910.00	id.
— — (Angoulème) humide	2105.00	id.
— tendre (Bourg, Merlet, etc. [Gironde])	1680.00	id.
— — (Bourg, Merlet, etc.) humide	1890.00	id.
Moellons (les 2/3 du poids de la pierre)	approximatif	id.
Grès	2425.00	id.
Granit	2700.00	id.
Marbre	2700.00	id.
Plâtre en pierre	2168.00	id.
— en poudre	1172.00	id.
Pierre de liais	2350.00	id.
Ardoises	2600.00	id.
— modèle anglais N° 1	310.00	Le cent.
— — N° 2	290.00	id.
— — N° 3	245.00	id.
— — N° 4	202.00	id.
— — N° 5	156.00	id.
— — N° 6	133.00	id.
— — N° 7	92.00	id.
— — N° 8	71.00	id.
— — N° 9	63.00	id.
— — N° 10	47.00	id.
— ordinaires d'Angers, grande carrée	480.00	Le mille.
— — carrée forte	560.00	id.
— — carrée demi-forte	420.00	id.
— — 2me carrée	410.00	id.
— ordinaires de Tarbes, grande carrée	600.00	id.
Tuiles creuses [Gironde] (0,49 de long sur 0,165 de largeur moyenne)	1582.00	id.
Tuiles plates imprimées de Marseille	2755.00	id.

NOTA. Poids moyen du mètre superficiel de couvertures :

	ARDOISES.	LATIS OU VOLIGES	TOTAL.
En ardoises modèle anglais	30^{k}125	4^{k}650	34^{k}775
En ardoises ordinaires d'Angers	18.240	5.300	23.540
— — de Tarbes	22.800	5.300	28.100
	TUILES.		
En tuiles creuses de Gironde	50^{k}624	9.450	60.074
— plates de Marseille	38.570	1.914	40.484

Le poids des couvertures en tuiles creuses peut s'élever jusqu'à 80 kilog. par mètre superficiel, selon la nature des terres employées dans la fabrication des tuiles.

Asphalte de Seyssel	2400^{k}00	Le mètre cube.
— de Maestu (Espagne)	2200.00	id.
Bois de chêne	770.00	id.
— de sapin du Nord, blanc	497.00	id.

Bois de sapin du Nord, rouge	552^{k}00	Le mètre cube.
— de pin	573.00	id.
— de peuplier	508.00	id.
— de gaïac, ébène	1330.00	id.
— de hêtre	852.00	id.
— de frêne	845.00	id.
— d'orme	807.00	id.
— de pommier	733.00	id.
— d'oranger	705.00	id.
— de tilleul	604.00	id.

NOTA. Le poids des bois peut être porté jusqu'à 1/3 en sus de ceux indiqués ci-dessus, selon que les bois sont plus ou moins secs.

Charbon en morceaux : chêne	421^{k}00	Le mètre cube.
charme	455.00	id.
pin	323.00	id.
— de terre	1135.00	id.
Soufre	2086.00	id.
Fer	7788.00	id.
Fer fondu	7200.00	id.
Fonte	7207.00	id.
Étain	7291.00	id.
Plomb fondu	11350.00	id.
Zinc	7190.00	id.
Soudure des plombiers	9726.00	id.
Cuivre fondu	8850.00	id.
— laminé	8950.00	id.
Argent fondu	10470.00	id.
Or fondu	19260.00	id.
Platine	21530.00	id.
— laminé	22060.00	id.
Laiton	8300.00	id.
Verre	2550.00	id.
— de Saint-Gobain	2380.00	id.
Huile de lin	936.00	id.
Essence de térébenthine	869.00	id.

Dilatation linéaire des solides

(dans l'intervalle de zéro à 100 degrés).

Acier trempé	0.00122500	$\frac{1}{816}$
Cuivre jaune fondu	0.00187500	$\frac{1}{533}$
— rouge battu	0.00170000	$\frac{1}{588}$
Étain fin	0.00228333	$\frac{1}{438}$
— en grains	0.00248333	$\frac{1}{403}$
Fer	0.00125833	$\frac{1}{795}$
Laiton (fil de)	0.00193333	$\frac{1}{517}$
Plomb	0.00286667	$\frac{1}{349}$
Zinc	0.00294118	$\frac{1}{340}$
— allongé au marteau	0.00310833	$\frac{1}{322}$

Bordeaux. — Imp. G. Gounouilhou, rue Guiraude, 11.

9 782329 495798